机器学习与深度学习

算法基础

贾壮◎编著

北京大学出版社
PEKING UNIVERSITY PRESS

内 容 提 要

本书从机器学习的概念与基本原理开始，介绍了机器学习及近年来流行的深度学习领域的经典模型。阅读本书可以让读者系统地了解机器学习和深度学习领域的基本知识，领会模型算法的思路与策略。

本书分为两篇，共18章。第一篇为经典机器学习模型，主要介绍常用的机器学习经典模型，包括线性回归、支持向量机模型、逻辑斯蒂回归、决策树模型、k近邻、朴素贝叶斯、线性判别分析和主成分分析、流形学习、聚类算法、稀疏编码、直推式支持向量机、集成算法。第二篇为深度学习模型与方法，剖析神经网络的基本要素，并介绍常用的深度学习模型，包括感知机、卷积神经网络、循环神经网络、生成对抗网络。

本书试图从初学者的角度对机器学习和深度学习的经典算法进行详细阐述。本书插图丰富，语言通俗易懂，适合初入机器学习领域的“萌新”，也适合希望将机器学习算法应用到日常工作中的其他专业从业者，还可供对人工智能领域感兴趣的读者参考阅读。

图书在版编目(CIP)数据

机器学习与深度学习算法基础 / 贾壮编著. —北京 : 北京大学出版社, 2020.9
ISBN 978-7-301-31347-3

Ⅰ. ①机… Ⅱ. ①贾… Ⅲ. ①机器学习－算法 Ⅳ. ① TP181

中国版本图书馆CIP数据核字(2020)第104457号

书　　名　**机器学习与深度学习算法基础**
JIQI XUEXI YU SHENDU XUEXI SUANFA JICHU
著作责任者　贾　壮　编著
责 任 编 辑　张云静
标 准 书 号　ISBN 978-7-301-31347-3
出 版 发 行　北京大学出版社
地　　址　北京市海淀区成府路205 号　100871
网　　址　http://www.pup.cn　新浪微博: @ 北京大学出版社
电 子 信 箱　pup7@ pup.cn
电　　话　邮购部 010-62752015　发行部 010-62750672　编辑部 010-62570390
印 刷 者　北京溢漾印刷有限公司
经 销 者　新华书店
787毫米×1092毫米　16开本　25.25印张　520千字
2020年9月第1版　2022年8月第2次印刷
印　　数　4001-6000册
定　　价　89.00元

前言

如今，人工智能（Artificial Intelligence，AI）行业方兴未艾，一大批以人工智能为基本业务内容的创业公司如雨后春笋般出现。AI 不再是一个遥远的学术设想和理论概念，它早就融入现代社会的方方面面，已经成为我们日常生活中不可或缺的组成部分，并且以迅猛的势头向前发展。

人工智能在各行业的迅速落地，使很多任务的完成成本大幅降低，效率显著提升。与此同时，作为其技术内核，机器学习和深度学习算法也越来越受到人们的关注，越来越多的行业的从业者都希望了解和学习机器学习与深度学习算法的相关原理，并希望将其与自己的领域相结合，拓展新思路，形成新的解决方案。

笔者的使用体会

笔者主要研究机器学习与深度学习在图像处理与计算机视觉方面的应用。随着机器学习和神经网络模型的发展，从前困难且复杂的任务，现在都可以通过机器学习和深度学习算法得到较好的解决。

例如，对于人脸识别任务，如果不依赖任何机器学习算法，几乎是不可能解决的。而结合传统机器学习算法，我们可以手工设计滤波器，提取人脸的基本特征，然后利用分类器（如支持向量机等）进行判断，从而完成任务。然而，这样的操作工作量较大，且专用性较强，对于不同情况还需要单独改进手工特征。

近年来，随着卷积神经网络模型的出现和应用，人们得以从复杂的数学运算和滤波器设计中解放出来，只需为网络准备大量的训练数据即可。在网络训练过程中，人脸特征可以被自动提取，并用于目标任务。另外，这样的模型具有较好的通用性，只需更换其他物体的检测数据集对网络进行训练，就可以训练模型，检测出其他物体。

机器学习和深度学习算法在很大程度上改变了我们处理任务的方式，并且使很多之前不可能完成的任务变成可能。

本书的特色

由于机器学习和深度学习算法的流行，各类相关入门书籍和课程也越来越多。现有的机器学习和深度学习算法相关入门书籍内容丰富且各有侧重，角度不一。然而对于初学者及非本专业或本行业的从业者来说，这些书籍或是过于理论化和数学化，提高了学习门槛，使不具有相关专业背景的读者望而却步；或是过于偏重实操，对于算法原理的阐述过于简略，使读者无法形成对算法原理和应用场景的基本认识。

本书主要针对以机器学习与深度学习为专业方向的入门级读者，以及想要了解和学习机器学习与深度学习算法的各行业从业者，以较为通俗和形象的语言来详细讲解机器学习与深度学习算法，辅以日常生活中的例子和编程实验，涉及机器学习领域中比较常见的经典模型，以及新兴的深度学习中的卷积神经网络、循环神经网络、生成对抗网络等模型，是一本较为全面的机器学习和深度学习算法的入门读物。

本书侧重于对算法思路的梳理和分析，以及对算法中每个步骤、每条公式含义的讲解。力图让读者学习到经典模型的算法步骤和数学形式，更重要的是理解每个算法形成的思路和过程，培养算法思维，获得在日常工作和学习中更为通用的能力。

在形式上，本书深入浅出、通俗易懂，同时提供了丰富的插图和案例，并对每个操作、每条公式辅以详细的解释。另外，在每章的最后一节都有一个关于相关话题的讨论，可以使读者拓展视野，增加阅读的趣味性。

本书的内容

本书主要介绍较为经典和常用的传统机器学习算法和深度学习算法（神经网络模型）。在传统机器学习算法中，根据是否有特征和标签成对的训练样本集，将这些算法分为有监督学习算法、无监督学习算法及半监督学习算法。在有监督学习算法中，主要介绍以下内容。

- 线性回归及其改进版本——lasso 回归和岭回归，并以此介绍机器学习的一些基本概念。
- 支持向量机算法。
- 逻辑斯蒂回归算法。
- 决策树算法。
- k 近邻算法。
- 朴素贝叶斯算法。

- 线性判别分析。

在无监督学习算法部分，主要介绍以下内容。

- 主成分分析。
- 流形学习。
- 聚类算法。
- 稀疏编码。

除了以上内容，在经典机器学习算法中，还通过直推式支持向量机介绍了半监督学习算法的有关概念。另外，还讨论了集成学习的两种策略：自举汇聚和提升。

对于深度学习算法，主要介绍以下内容。

- 神经网络的原理和基本构成。
- 感知机模型。
- 卷积神经网络模型。
- 循环神经网络模型。
- 生成对抗网络模型。

此外，本书附赠书中所有源码，读者可扫描下方二维码关注微信公众号，根据提示获取。

本书读者对象

- 机器学习或深度学习程序员。
- Python 算法工程师。
- 人工智能开发者。
- 计算机相关专业的学生。

目录

第一篇 经典机器学习模型

第二篇　深度学习模型与方法

第一篇

经典机器学习模型

第1章

引言：从线性回归说起

致读者的一封信

亲爱的读者：

当你打开这本书并翻到这一页的时候，想必你一定对机器学习怀有充分的兴趣和热情，并准备到机器学习领域一探究竟。请先允许我对你来到这里表示欢迎和感谢！

也许你是一个准备入行或者刚入行不久的“萌新小白”，并希望以机器学习算法作为自己未来的工作或者研究方向；又或许你是一个非计算机类专业的研究者或从业者，但是希望在自己的学科和领域中应用一些“智能化”的方法来提高工作效率或改进现有流程；又或许，你只是一个想要了解机器学习相关理论与方法的爱好者，希望从宏观上了解机器学习为何物，领悟机器学习的思想和内涵，体会算法的巧妙。那么，你就是这本书的合适的读者。

本书的定位是一本机器学习的入门书，我在写作它的时候，主要是面向领域内的初学者、非专业的机器学习应用者，以及单纯的机器学习爱好者这三类读者的。对于这三类读者，我分别建议如下。

对领域内的初学者来说，应当通读本书的内容，涉及数学推导或算法细节的，都应细细推演。读完本书后，心中应对机器学习相关内容有一个明晰的架构，然后以此为基础，去阅读专业性和理论性更强的书籍和论文，一些较为经典的、可供进一步学习的文献会在本书末尾给出。

对于非专业的机器学习应用者来说，应该重点关心算法的基本原理，做到能够用自己的语言将流程描述清楚。另外，还要了解每种模型或方法适用的问题形式，从而可以在应用时选择合适的算法。机器学习经典算法大多都有现成的工具包，很多应用并不需要从零开始编写代码，但是要理解现有函数中各个参数在模型中的具体含义，从而可以根据需要调整参数，解决实际问题。

对于单纯的机器学习爱好者来说，可以重点关注每章最后的“本章话题”，该板块将结合每章中提到的某个思路或关键概念展开，或补充一些新的知识，或进行一些横向的讨论，

以便让读者形成对机器学习领域更宏观的认识。

以上就是我对诸位读者的一些小小的建议。说了这么多，下面就进入正题，开始学习机器学习算法吧！

祝各位阅读愉快，有所收获！

笔者敬上

1.1　什么是机器学习

当我们想要学习一门新的科目或者进入一个新的领域时，首先肯定要知道这个科目或者领域“是什么”。换句话说，就是对这门科目或这个领域进行一个定义，确定其研究的对象是什么，并且和其他类似的科目或领域划清界限，做出区分。那么本节就围绕这一问题展开介绍，并以线性回归（Linear Regression）的示例对机器学习的一些特征加以阐释和说明。

机器学习（Machine Learning，ML）通俗来说就是“计算机的学习过程”。为了让计算机完成某个特定的任务，需要让计算机（其实是计算机的程序，或者说算法）通过某种方式对该任务进行学习，从而增加对此类任务的经验，最终形成能够解决问题的方法。这其实和人类的学习在一定程度上非常相似，机器学习就是模拟人类的学习能力，从而使机器可以自动地扩充自己的知识，提高处理经验世界事物的能力。

近几年来，人工智能领域，尤其是深度学习（Deep Learning，DL）相关领域一次又一次取得突破，相关创业公司如雨后春笋般出现并成长壮大。人工智能、机器学习和深度学习的关系如图 1.1 所示。

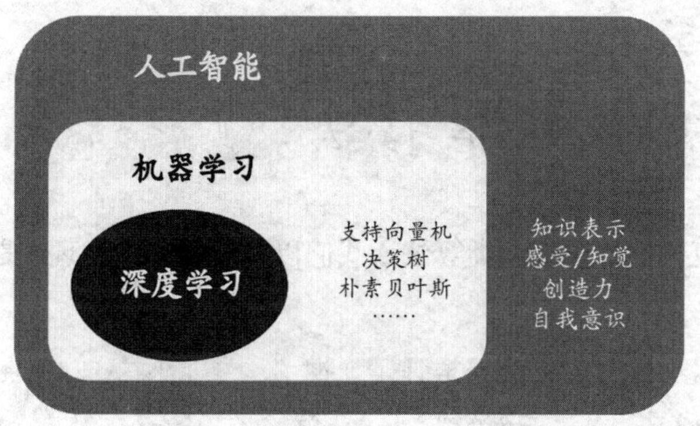

图 1.1　人工智能、机器学习和深度学习的关系

从图 1.1 中可以看出，这三个概念实际上是包含关系。人工智能包含机器学习，而机器学习包含深度学习。下面来具体说明。

先来介绍人工智能，其涵盖的内容非常广泛。人工智能分为弱人工智能和强人工智能，弱人工智能指的是看起来像智能体一样，可以处理一定任务的机器算法，但是它并不具备真正的推理（Reasoning）能力，也不具有意识，因此只是一个对智能体的模拟，并不是真正的智能体。强人工智能则不然，在人们的设想中，这样的机器算法已经具备了思考和推理的能力，甚至可以具备自我意识，从而具备和人类相当的智能水平，就像那些关于机器人的科幻题材作品中的主人公那样。与弱人工智能往往被局限于某一类任务不同，强人工智能可以利用自己的推理和思考处理通用问题，这也是它又被称为通用人工智能（Artificial General Intelligence，AGI）的原因。人工智能领域不仅包含机器学习领域的研究，还涉及情感、知觉、创造力、意识科学甚至伦理学等领域的问题，因此它的范围非常大。

而机器学习主要研究人工智能中的智能体如何从经验中学习的问题，这是一个智能体之所以被称为“智能”的原因，也是人工智能研究中的一个很核心的部分。机器学习主要的研究对象是算法，但是和传统的计算机算法不同，它的算法是“学习算法”，即它并不是固定地执行，而是根据数据学习一个模型来完成任务。

广义上来说，机器学习算法包含以神经网络为基础的深度学习算法。但是由于近年来神经网络在各种机器学习任务上的优异表现，人们开始倾向于将传统的机器学习算法（如后面将要讲的 SVM，k 近邻等）和深度学习区分开来。当然这样做也是合理的，因为深度学习理论和应用的研究从深度和广度上来说已然可以自成一体。并且，现今人工智能的工业产品中（如人脸识别、证件识别、智能问答、病理检测等），以深度学习为算法支撑的占绝大多数。作为机器学习领域的学习者，对于深度学习的相关内容自然应当予以足够的重视，因此本书将深度学习内容单独作为一篇，进行较为详细的介绍。

现在我们已经基本对这些常见的概念有所了解了，下面将用一个示例来具体说明传统算法与机器学习算法的区别，然后以线性回归及其相关“变体”来介绍机器学习的基本原理。

1.1.1 传统算法与机器学习算法

为了能够形象直观地比较这两类算法，我们以一个简单的物理问题（图 1.2）引出两个小故事。

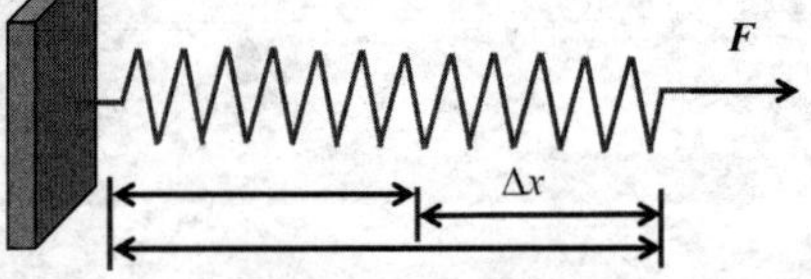

我们的问题可以这样描述：有一根弹簧，把它从原始长度随机拉开 Δx（下面简写为 x，单位为 cm），此时这个弹簧上的弹力 F（单位为 N）有多大（要用多大的力才能拉开这个长度）？当

图 1.2 弹簧上的力到底有多大?

然，我们不希望每次给一个 x 都去实际拉一次弹簧，然后测量一次，而是希望能有一个计算机程序，当给定 x 时，能直接输出弹力 F。

当然，现在来看，这是一个连初中生都能理解的物理问题（弹性材料应力与应变之间的关系）。但是我们假设，下述两个平行世界中的人还不完全具备我们现在的物理学知识，那么，会发生什么呢？

平行世界 No. 1

牛小炖看到这个问题后，心想：既然这个问题被提出来，那么这两个变量之间应该有某个确定的关系，只有知道了这个关系，才能回答这个问题。

于是他想到了他的好朋友胡小氪，因为胡小氪是研究弹簧问题的专家。于是他出发去找胡小氪。

他找到胡小氪后，把这个问题跟他说了一遍。

胡小氪回答："这个问题很简单，正所谓 ut tensio sic vis。"

牛小炖问："这是什么意思？"

胡小氪告诉他："这句话的意思是'力如伸长'，力的大小 F 和弹簧伸长的量 x 是成正比的，比例系数 k 称为弹性系数。"也就是说，根据式 (1.1)：

$$F=kx \tag{1.1}$$

就能计算出某一伸长量下的弹簧的力。这个弹簧的弹性系数 k = 2 N/cm，通过用式 (1.1) 计算，就可以得出力的大小了。

牛小炖很开心，于是写出了图 1.3 所示的程序（伪代码）。

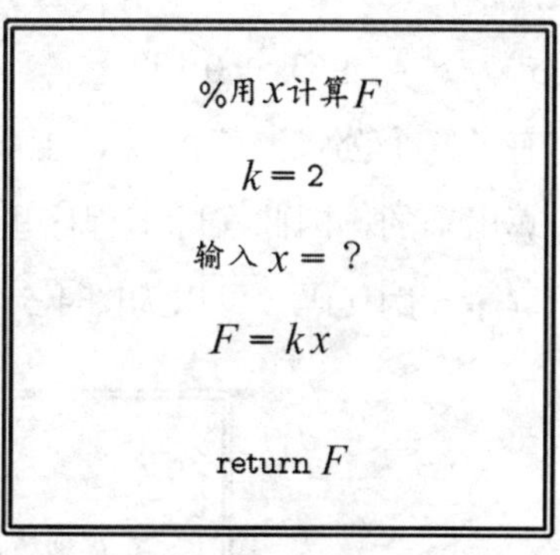

```
%用x计算F
k = 2
输入 x = ?
F = kx
return F
```

图 1.3 根据公式 $F = kx$ 计算 F

这样一来，只要给出一个 x，我们就能知道对应的 F 是多少了。

平行世界 No. 2

牛小炖看到这个问题后，心想：既然这个问题被提出来，那么这两个变量之间应该有某种确定的关系，只有知道了这个关系，才能回答这个问题。

于是他想到了他的好朋友胡小氪，因为胡小氪是研究弹簧问题的专家。于是他出发去找胡小氪。

但是没找到。

牛小炖很着急，但他转念一想，虽然不能每给定一个 x 都做一次实验，但是可以先选择一些不同的 x 进行实验，得到一些实验结果（F），然后找到它们的关系。通过这个关系，

就能对任意 x 对应的 F 进行预测了。

然后他开始了实验，得到表 1.1 所示的一些数据。

表 1.1　x 与 F 的实验结果

伸长量 x/cm	0.1	0.2	0.3	0.4	0.5	0.6	0.7	0.8	0.9	1.0
弹力 F/N	0.1673	0.5232	0.8221	0.9997	0.9457	1.3028	1.4860	1.6431	1.7646	2.1430

根据这些数据作图，如图 1.4 所示。

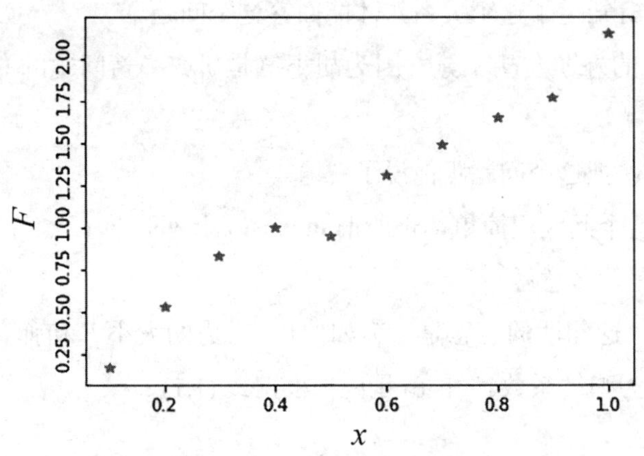

图 1.4　根据实验数据所绘图形

看到数据的分布，牛小炖觉得它们应该符合线性关系，并且有一定的偶然误差。于是他使用线性回归（1.1.2 小节将会具体介绍）算法，求出了 F 和 x 的关系，这个关系的数学表达式为 $F = 1.963x + 0.100$。

有了这个公式，就可以对任意一个 x 计算出对应的 F 了。但是由于该表达式是根据数据计算出来的，因此实际上程序里最初并没有这个公式，而是以数据对 (x, F) 作为输入的。所以程序（伪代码）可以为图 1.5 所示内容。

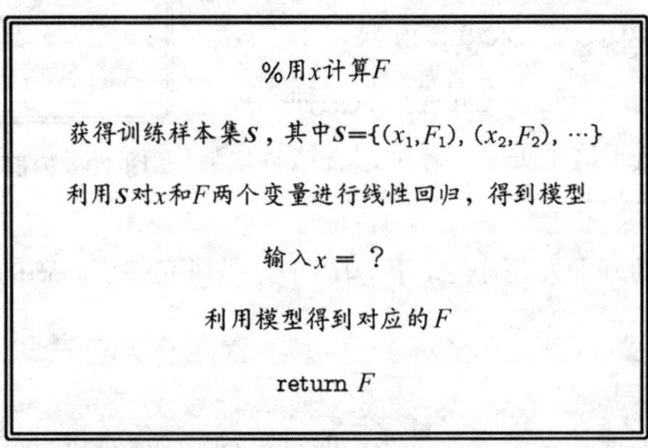

图 1.5　根据已有的实验数据计算新的 x 对应的 F

现在我们可以将这两组伪代码表示的算法流程进行对比。在对比之前，先对一些概念和说法进行统一：本任务的目的是根据 x 确定 F，因此针对任务或者问题，而不是某个算法流程来说，x 可以看作输入，F 则被视为输出。把由 x 生成 F 的过程称为一个模型。

第一个算法流程其实是比较常见的传统算法的案例。该算法虽然简单，但是它具备传统算法的特点：模型或者操作是确定的，与数据无关，只要给出一个输入，在算法中进行一些既定的操作，最终就能得到一个输出结果。这就是传统算法的基本思路。再举一个例子，冒泡排序，它不需要事先知道某个输入序列最终排出来的输出序列是什么样子，只要是一个数字的序列，通过冒泡算法都可以得到一个最终符合顺序要求的结果。

而第二个算法流程实际上就是一个简单的机器学习算法——线性回归。可以看出，其与传统算法的不同就在于它的模型并不是直接给定、不可更改的，而是从数据中学习得来的，利用学得的模型，算法可以对新的同类数据进行操作，得到对应的结果。

注意

对于机器学习算法，只要模型选择适当，一般来说，数据量增加是可以提高模型的准确度，从而提高预测结果的合理性的。

把这两种不同的算法用图示的方式表示，如图 1.6 所示。

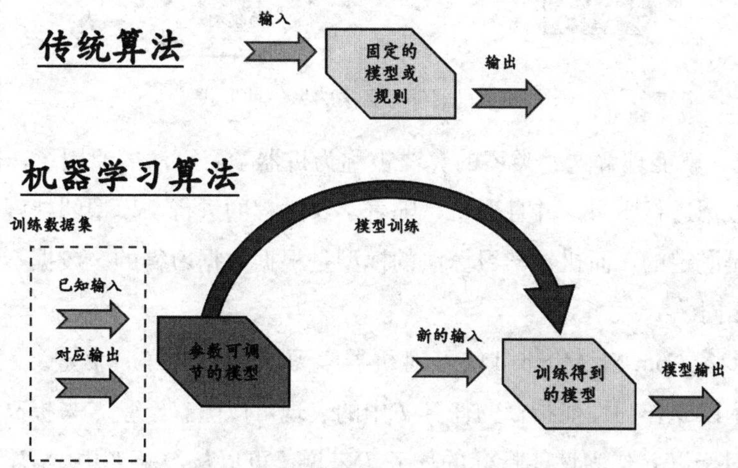

图 1.6　传统算法与机器学习算法的区别

其实，图 1.6 中的情况准确来说还不能涵盖所有的机器学习算法。再举一个例子，有一些样本点，其在二维坐标系统中的位置如图 1.7 所示。

我们的任务是将这些点分成两组。对于传统算法来说，可以指定：对于这些样本点，凡是 $x>2$ 的都分为一组，$x<2$ 的都分为一组。而对于机器学习算法来说，可以给定一个规则，如每一组内部的所有点到中心点的距离之和最小，然后通过算法的迭代，找到一个最优的划分方法（这就是第 9 章介绍的聚类算法的基本思路）。

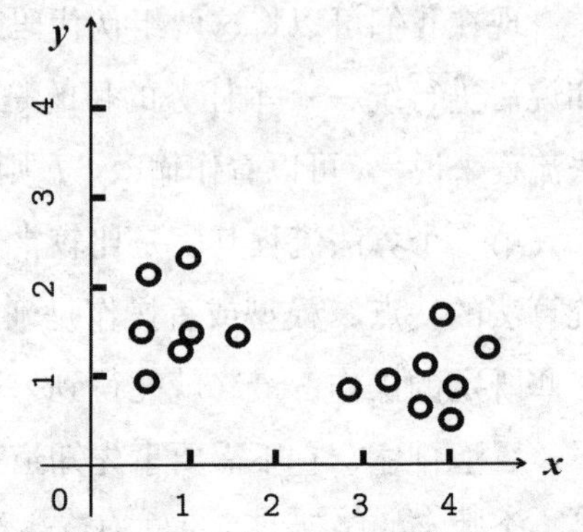

图 1.7　样本点在二维坐标系统中的位置

对于这个问题来说，并没有输入 / 输出样本供机器学习算法参考，但是可以通过某种规则或者约束条件为机器学习算法指定一个方向和目标，使其遵从这个方向和目标，达到我们期望的效果。这种情况可以用图 1.8 来表示。

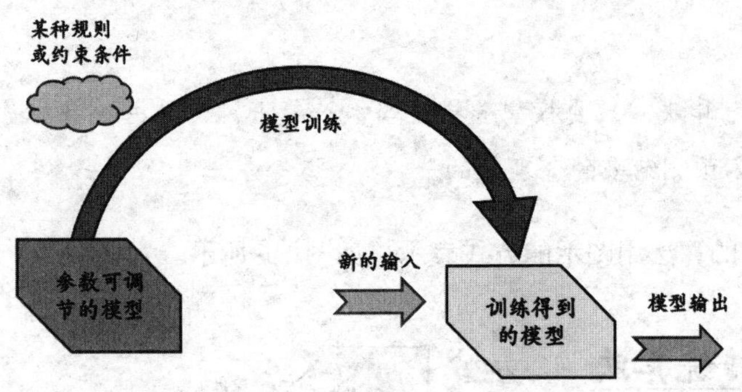

图 1.8　机器学习算法的另一种形式

由图 1.8 应该就能理解这种类型的算法被称为机器学习算法的原因了，因为这类算法的模型可以对数据进行学习，并且通常是随着学习过程的进行，模型的精度也会提高。传统算法模型都是既定的，而机器学习算法的模型是根据数据习得的。数据不同，得到的模型一般也不尽相同。

机器学习专家 Tom M. Mitchell 曾经对机器学习给出了这样一个定义："一个机器程序，如果在某个以 P 作为性能指标的任务 T 中的表现可以随着经验 E 来提高，那么这个程序就被认为，对于以 P 作为性能指标的任务 T 来说，可以从经验 E 中学习。"(A computer program is said to learn from experience E with respect to some class of tasks T and performance measure P, if its performance at tasks in T, as measured by P, improves with experience E.) 这个定义较为正式和专业，但也比较抽象，其实它主要想强调的就是性能随着经验而提高。这也正是机器学习的本质特征。

对于机器学习，还有一些专用术语，如训练（Training）是指从样本数据中得到模型的过程，而用于训练的样本数据称为训练集（Training Set）。图 1.6 和图 1.8 中所示的其实

是两类不同的机器学习算法，一般将图 1.6 所示的一类算法称为有监督学习（Supervised Learning），这是有一定的输入 / 输出的训练样本对的问题。而图 1.8 所示的一类算法称为无监督学习（Unsupervised Learning），指的是没有与输入相对应的输出作为参考答案的学习方式。在后面具体的模型中，我们将结合具体示例进一步解释。

注意

一般来说，机器学习算法从数据中学习模型的最终目的都是对同分布的新样本进行预测，而不仅仅是对现有数据进行建模。

1.1.2　线性回归

1.1.1 小节的示例中，牛小炖用最简单的只有一个参数的线性回归找到了 x 与 F 的关系。本小节即专门介绍线性回归的相关问题。

对于线性回归模型，读者应该都不陌生，在中学时代学习的线性最小二乘法，其实就是本小节讨论的线性回归的基本形式。由 1.1.1 小节的讲述，我们知道了线性回归也是一种数据驱动的有监督的机器学习算法。线性回归模型的确定需要输入 / 输出样本对。下面用数学的方法对线性回归进行描述。

假设有 n 个输入 / 输出样本对，对于每一个样本的输入 $\boldsymbol{x}_i$，其中 d 维向量 $\boldsymbol{x}_i=(x_{i1}, x_{i2}, \cdots, x_{id})$，对应输出记为 y_i，所有 y_i 组成的向量为 $\boldsymbol{y}$，其中 $\boldsymbol{y}=(y_1, y_2,\cdots, y_n)$。线性回归的目的是找到一个输入向量的各个维度元素的线性组合，使得到的结果尽量和其对应的输出接近。换句话说，就是找到一个 $\boldsymbol{w}=(w_1, w_2,\cdots, w_d, b)$，使 $f(\boldsymbol{x}_i)=\boldsymbol{w}^{\mathrm{T}}\hat{\boldsymbol{x}}_i$ 尽量接近 y_i（这里的 $\hat{\boldsymbol{x}}_i=(\boldsymbol{x}_i,1)$为增广了一个常数维的输入向量，且 $\boldsymbol{w}$ 也是 $(d+1)$ 维，最后一维为 b。这样做是为了方便简单地表示成矩阵形式）。

把每个样本输入的 $(d+1)$ 维向量作为一行，将 n 个样本的输入排列成矩阵，得到式 (1.2)。

$$\boldsymbol{X}=\begin{bmatrix} x_{11} & x_{12} & \cdots & x_{1d} & 1 \\ x_{21} & x_{22} & \cdots & x_{2d} & 1 \\ \vdots & \vdots & \ddots & \vdots & \vdots \\ x_{n1} & x_{n2} & \cdots & x_{nd} & 1 \end{bmatrix} \tag{1.2}$$

那么本问题就可以写为式 (1.3)。

$$\min_{\boldsymbol{w}} \ \| \boldsymbol{y}-\boldsymbol{X}\boldsymbol{w} \|^2 \tag{1.3}$$

这里采用的 $f(\boldsymbol{x}_i)$ 和 $\boldsymbol{y}_i$ 的接近程度的度量是向量的欧氏距离（Euclidean Distance）。这样的策略一般称为均方误差（Mean Squared Error，MSE）最小化。

对该目标函数求解最小值，实际上是有闭式解的。通过使导数为 0，就可以得到 $\boldsymbol{w}$ 的最优解。令目标函数对 $\boldsymbol{w}$ 求导，并令导数等于 0，则有式 (1.4)。

$$\boldsymbol{X}^{\mathrm{T}}\boldsymbol{X}\boldsymbol{w}^{*}=\boldsymbol{X}^{\mathrm{T}}\boldsymbol{y} \tag{1.4}$$

到这一步可以发现，$\boldsymbol{w}^{*}$ 的求解与 $\boldsymbol{X}^{\mathrm{T}}\boldsymbol{X}$ 的秩有关。如果 $\boldsymbol{X}^{\mathrm{T}}\boldsymbol{X}$ 满秩，即 $\boldsymbol{X}^{\mathrm{T}}\boldsymbol{X}$ 可逆，这时 $\boldsymbol{w}^{*}$ 有闭式解，为式 (1.5)。

$$\boldsymbol{w}^{*}=(\boldsymbol{X}^{\mathrm{T}}\boldsymbol{X})^{-1}\boldsymbol{X}^{\mathrm{T}}\boldsymbol{y} \tag{1.5}$$

如果 $\boldsymbol{X}^{\mathrm{T}}\boldsymbol{X}$ 不满秩，那么这个问题将会有多组解，是一个欠定的、病态的问题。这时要选择哪一组作为最终结果呢？这个问题放到 1.2 节的正则化部分详细讲解。

得到了 $\boldsymbol{w}^{*}$ 以后，模型就确定下来了，这里的模型是线性模型，再来一个新的增广样本点 $(d+1)$ 维输入 $\boldsymbol{x}_{new}$ 时，通过计算 $\boldsymbol{w}^{*\mathrm{T}}\boldsymbol{x}_{new}$，就可以得到预测的结果。

注意

病态问题（Ill-posed Problem）中的矩阵特征值往往相差比较大的数量级。在实际数据中，会遇到矩阵较小的特征值接近 0 或者等于 0 的情况，即不满秩或接近不满秩。这种情况下，问题往往是病态的，需要加入其他信息进行定解。

1.2 过拟合与正则化

本节仍以 1.1 节的线性回归模型为例，讨论两个在机器学习中极为重要又互相关联的概念：过拟合（Overfitting）和正则化（Regularization）。在后面章节的传统机器学习和深度学习的各种经典模型的介绍中，我们将会经常看到这一对概念。下面先介绍过拟合现象的成因。

1.2.1 样本量与过拟合

前面介绍过，机器学习算法是从经验中提高自己，或者说从样本数据中学习一个合适的模型。其实宏观上所说的经验，表现在实际中具体来说就是样本数据。

首先考虑采样或样本的功能。通俗来说，样本是总体的一个代表，即我们希望通过观察样本的一些情况，得出关于总体的某种认知。对于所有和采样有关的问题，如常见的语音信号的时间采样，或者是社会学和心理学的统计调查中对人群的采样，都是如此。那么，我们想要知道的是，在机器学习任务中，在什么样的条件下，样本数据才能比较好地代表

总体呢？

这里就涉及一个基本的假设，即用来做训练的样本数据（也就是供机器学习的经验）和那些用来做预测的数据是具有相同的分布的。这是绝大多数机器学习算法的一个共同的先决条件，如果这个假设不成立，那么很多算法就会无效。但是这个假设是很自然和合理的，我们在日常生活中其实也在不知不觉中遵循了这个假设。例如，对于一个没有天文学知识的人来说，他会认为太阳明天仍然是东升西落，因为在他所生活的每一天中，太阳都是东升西落。

注意，在这个推理的过程中，实际上已经暗含了一个大前提，即明天的太阳和到今天为止所有的太阳都是有相同的表现的。但这只是一个假设，因为一个怀疑论者可能会说："过去的经验怎么能作为普遍规则来指导明天的事情呢？"但是该假设在人类的生活中占据了如此重要的位置，让我们的生活方式变得更加简单，而且在绝大多数情况下都是有效的，所以我们也就自然地将这个假设推广到了机器学习领域，让算法也能按照这样的假设总结规律，预测同类的其他事物。

但是有了这个假设还不够，试想如果只让我们观察两天太阳的运动，即使告诉我们明天的太阳和这两天的太阳的活动方式具有同样的分布，我们就能有把握地告诉别人明天的太阳会如何运动吗？也许并不能，因为经验太少了，万一太阳的运动方向是靠阿波罗抛硬币决定的，而这两天恰好都扔到了正面呢？这里就涉及一个数据量的问题。对于总体我们无法或很难穷尽，所以要依靠样本来总结规律。那么样本就必须具有一定的规模，从而让我们的估计是无偏的（Unbiased）。只有满足同分布假设，并且具有一定规模的样本数据，才是机器学习任务真正需要的。

接下来介绍过拟合的问题。过拟合指的是这样一种现象：模型对于用于训练的样本数据拟合得过好，反而导致在新的测试数据集上表现不佳。其实与之相对的还有一种现象称为欠拟合（Underfitting），它指的是由于模型不合适（如过于简单），从而不能在训练数据上较好地拟合。欠拟合比较好理解，所以这里暂且按下不表，重点介绍过拟合。由上面的讨论我们知道，如果把样本数据作为模型训练的经验，那么模型的训练结果就和样本数据的选取关系很大。假如样本不够充足或者不具有代表性，而模型又过于复杂，就很容易让模型学习到与任务无关的特征，并且和任务错误地建立联系。这样表述似乎有些抽象，下面仍以一个示例说明。

假设想让机器通过学习一些马的图片和猪的图片，来区分一张图片中是马还是猪，那么首先要找一些马和猪的样本数据。假如找来的马的样本图片都是斑马，那么对于机器来说，它在看过训练数据之后可能会得出结论：腿长的、带有条纹的就是马，腿短的、没有条纹的就是猪。这个判断依据可以把训练样本中的所有马和猪都完美地分开。但是这样一来，对于一匹没有条纹的普通的马，机器可能会判断失误，因为它没有条纹。更有甚者，如果给出一张设特兰矮马的图片，机器一看就会得出结论：腿短、没有条纹，是猪无误了！

这就是过拟合的结果。对于马和猪这两类动物的区分，腿的长短和是否有条纹并不是合适的判断依据。但是由于训练数据中给出来的马的样本不具有对马这个群体的代表性，导致机器学到了无关的特征。

有人可能会说："那把普通马、矮种马加进去作为训练样本，问题不就解决了吗？"这个思路是对的，假如把普通马、矮种马的图片都加入训练样本，那么机器就不会认为只有有条纹的才是马，也不会认为只有腿长的才是马。不过，虽然这两个错误的特征问题解决了，但它仍然可能学习到其他和分类无关的特征。要想把所有这些错误都避免，只能不断地向训练样本集里加入不同的马的训练样本，即扩充数据量。另一种思路是对机器（也就是模型）进行一些限制，使它尽可能找到合适的特征。这是基于改进模型的思路，而正则化就是依据该思路发展出来的。

最后简单介绍一下欠拟合。还是这个示例，如果机器很"笨"，不能掌握"有没有花纹""腿的长度"等信息，只能数出腿的条数。那么对于这样的机器，为其提供再多的马和猪的样本图片，也没有任何意义。这样的模型相对于任务来说过于简单，以至于无法在训练集上正常表现，那么可称这种现象为欠拟合。

综上所述，机器学习模型会产生欠拟合和过拟合现象。欠拟合来源于模型不合适或者不够复杂，从而导致不能在训练集上很好地收敛；过拟合来源于模型错误地学到了一些特征，这些特征只在训练集上有，并不能代表总体的特性，从而导致在训练集上收敛过好，结果在测试样例上表现不佳。过拟合来源于模型的复杂性，或者训练样本不具有对总体的代表性。因此，可以通过对模型进行改进或者增加数据量的方法，在一定程度上避免过拟合现象。

1.2.2 正则化方法

通过前面的讲解，我们已经了解了机器学习中的过拟合问题，并且知道减轻过拟合的方法可以是增加数据量或者加入正则化。本节即介绍正则化，仍然是以一个示例来说明，如图 1.9 所示。

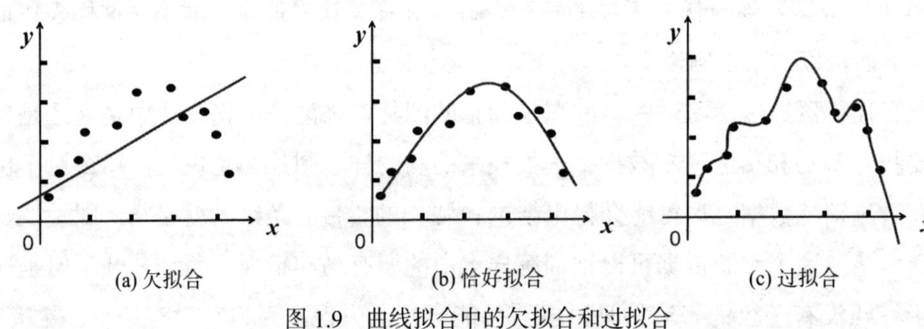

图 1.9 曲线拟合中的欠拟合和过拟合

本示例是一个曲线拟合问题，假设获得了图 1.9 中的这些散点，即 x 值与函数值 y 的样本对，现在希望拟合出一条曲线，用来对其他横坐标点的函数值进行预测。图 1.9 中给出了三种拟合方法，下面对这三种情况进行分析。

首先看到这些散点，从直观上来说，函数图像应该是一条曲线，再加上一些噪声，形成并不是完全光滑的曲线。那么图 1.9(a) 的拟合方法明显出现了欠拟合现象，因为线性函数是无法对曲线比较好地拟合的，所以这样的模型即便在训练集上也表现不佳。图 1.9(b) 拟合较好，既反映了曲线的趋势，又容忍了噪声的影响，对于其他点的预测也较为可信。对于图 1.9(c)，虽然拟合结果完美拟合了所有的点，但实际上它并未反映出曲线应有的样态，所以对于新的自变量计算出的函数值也并不是很可信，这就是过拟合现象。

通过比较图 1.9(b) 拟合较好的结果与图 1.9(c) 过拟合的结果可以发现，图 1.9(c) 的模型为了对训练样本完美拟合，使模型过于复杂。而根据我们的先验知识（这个模型一般不会这么复杂），可以将该模型进行一些限制和约束，使其更合理，这就是正则化。那么在具体问题中，如何通过数学的方法实现正则化呢？

这里就需要提到这样一个经验，即对于过拟合的模型，往往具有较大的参数值。在本章介绍的线性回归的示例中，该参数值就是增广后的系数向量 $\boldsymbol{w}$。下面简单解释原因。对比过拟合的曲线与拟合恰好的曲线可以看到，为了使曲线能“串起”所有的训练样本点，这条曲线必然具有很强烈的“抖动”，这种剧烈的抖动反映到函数上就是“在很多点的位置导数绝对值特别大”。

假设曲线都是多项式拟合出来的，那么拟合方程可以写为式（1.6）（简单起见，这里仅考虑 x 为一维的情况）。

$$\begin{aligned} f(x;\boldsymbol{w}) &= \boldsymbol{w}_n x^n + \boldsymbol{w}_{n-1} x^{n-1} + \boldsymbol{w}_{n-2} x^{n-2} + \cdots + \boldsymbol{w}_1 x + \boldsymbol{w}_0 \\ &= \sum_{i=0}^{n} \boldsymbol{w}_i x^i \end{aligned} \tag{1.6}$$

对该方程的某一点求导，得到式 (1.7)。

$$\begin{aligned} \frac{\mathrm{d}f(x;\boldsymbol{w})}{\mathrm{d}x} &= n\boldsymbol{w}_n x^{n-1} + (n-1)\boldsymbol{w}_{n-1} x^{n-2} + (n-2)\boldsymbol{w}_{n-2} x^{n-3} + \cdots + \boldsymbol{w}_1 \\ &= \sum_{i=1}^{n} i\boldsymbol{w}_i x^{i-1} \end{aligned} \tag{1.7}$$

由于过拟合在任意一个小区域都会有较强的波动，即对于任意一个 x，导数 $\mathrm{d}f/\mathrm{d}x$ 都可能会很大。那么对于过拟合的曲线，该导数值的绝对值应该较大，且与 x 无关。观察该导数公式，为了让它在任意 x 都有较大的绝对值，只能使参数值 $\boldsymbol{w}$ 变得较大。反过来说，如果曲线拟合较好，较为平滑，则导数值应该普遍比较小，这一点可以通过使参数值较小来保证。

根据上面的论述，我们似乎找到了一种数学的方法来描述过拟合，即过拟合往往意味着参数过大，导致模型过于复杂。因此，也就找到了一种通过约束参数的大小来避免过拟合的方法，这就是常用的正则化方法。

上面解释了正则化可以通过约束参数来避免过拟合。这是正则化在现实中一个很重要的应用。但是实际上，正则化的含义要更广泛一些。

正则化理论被提出的目的是解决在求解欠定问题时的多解性问题，通过引入对解的情况的先验知识（实际上是解的某种分布），缩小解空间，从而确定更合理的解。在欠定问题中能获得多个解，就像在图 1.9 中，(b) 和 (c) 的两种情况可以说基本解决了问题，即拟合到了训练样本上。但是我们有某种偏向，更倾向于图 1.9(b) 的那个解，这个倾向就被正则化项体现出来了。这也是正则化能避免过拟合的一个原因。

注意

正则化是一种在多解问题中限制解空间的方法，通过它可以确定最合理的解。过拟合现象是由于模型过于复杂，导致解空间变大而产生的，而样本数据量又不足以提供足够的信息来定解，所以引入正则项可以避免过拟合。

为了解释正则化在欠定问题中的作用，我们仍以线性回归为例，介绍两种不同的正则化的线性回归模型：岭回归（Ridge Regression）和 lasso 回归（Least Absolute Shrinkage and Selection Operator Regression）。

1.3 岭回归和 lasso 回归

岭回归与 lasso 回归是线性回归的两种加入正则化的变体。本节重点讲述两者的数学形式与相关性质，以及两者的区别和联系。

1.3.1 岭回归

线性回归优化的目标函数为式 (1.8)。

$$\min_{\boldsymbol{w}} \| \boldsymbol{y} - \boldsymbol{X}\boldsymbol{w} \|^2 \tag{1.8}$$

岭回归指的是在原有的线性回归的基础上加上对 $\boldsymbol{w}$ 的 l_2 范数正则化项。因此，岭回归的优化目标变为式 (1.9)。

$$\min_{\boldsymbol{w}} \| \boldsymbol{y} - \boldsymbol{X}\boldsymbol{w} \|^2 + \frac{\lambda}{2} \| \boldsymbol{w} \|_2^2 \tag{1.9}$$

其中 $\lambda > 0$，是调整两项权重的参数，第一项表示模型在多大程度上符合训练集样本，而第二项表示模型多大程度上符合我们的先验知识。如果让 $\lambda = 0$，岭回归模型就退化成了普通的线性回归。

参数 λ 的选取对最终学习出来的线性模型的参数 $\boldsymbol{w}$ 有很大的影响，所以线性模型参数 $\boldsymbol{w}$ 可以被视为 λ 的一个函数 $\boldsymbol{w}(\lambda)$，随着 λ 的变化而变化。那么，把 λ 从 0 开始逐渐增加，并以 $\boldsymbol{w}(\lambda)$ 的每个元素 $\boldsymbol{w}_i(\lambda)$ 为函数值，可以做出 $\boldsymbol{w}_i(\lambda)$-$\lambda$ 的函数曲线。下面通过一个示例来说明。

首先，生成一组训练数据，如表 1.2 所示。

表 1.2　部分训练数据

id	x_1	x_2	x_3	x_4	x_5	y
1	−0.21767896	0.82145535	1.48127781	1.33186404	−0.36186537	−0.37930846
2	0.68560883	0.57376143	0.28772767	−0.23563426	0.95349024	0.68168398
3	−1.6896253	−0.34494271	0.0169049	−0.51498352	0.24450929	1.25410835
4	−0.18931261	2.67217242	0.46480249	0.84593044	−0.50354158	2.81216833
5	−0.96333553	0.06496863	−3.20504023	1.05496943	0.80727669	−0.78198856
6	0.47414055	0.41092825	0.48668927	−0.53552971	−0.83890794	1.29709817
7	−0.81237482	−0.45079294	1.07080136	0.21742115	−1.17585859	−0.13909374
8	−0.92611679	−0.99394766	0.58680631	1.06381324	0.23774086	−2.10495584
9	−0.77505656	−0.97910395	−1.54936294	−1.20682824	0.44500823	0.65789405
10	−0.17308621	1.48894719	−0.79252049	1.8389971	−0.43936212	−0.62809956

选择 λ 的范围为 0~200，对这组数据进行回归，可以得到每个 λ 下的各个参数 $\boldsymbol{w}_i$ 的取值，将同一 $\boldsymbol{w}_i$ 在不同 λ 下的取值连成曲线，并作图，得到图 1.10。

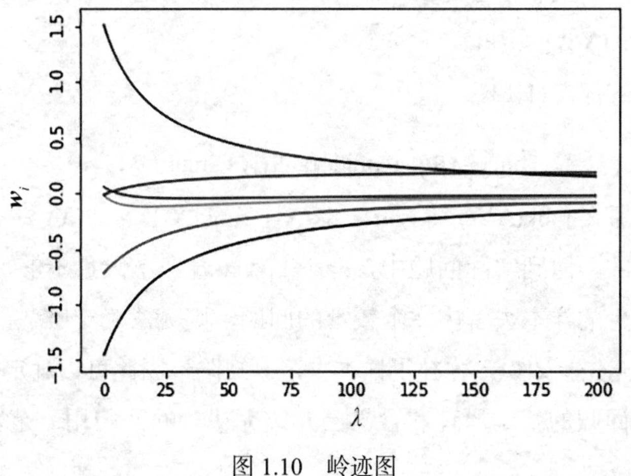

图 1.10　岭迹图

该回归模型参数 $\boldsymbol{w}_i$ 和 λ 的函数曲线通常称为岭迹图。如图 1.10 所示，λ 较小时，$\boldsymbol{w}_i$ 的绝对值较大，而随着 λ 的增加，正则项的比重提高，所有的 $\boldsymbol{w}_i$ 都逐渐变小，收敛到 0。该收敛曲线像一个山脊，因此被称为岭迹图。这也是岭回归这个模型名字的来源。

下面从另一个角度来说明岭回归的问题。由 1.1.2 小节可知，线性模型问题有闭式解，其求解方法就是解式 (1.10) 所示的矩阵方程。

$$\boldsymbol{X}^{\mathrm{T}}\boldsymbol{X}\boldsymbol{w}^* = \boldsymbol{X}^{\mathrm{T}}\boldsymbol{y} \tag{1.10}$$

如果 $\boldsymbol{X}^{\mathrm{T}}\boldsymbol{X}$ 不可逆，那么该方程就是一个病态方程，因此需要一些先验知识来确定唯一解。而本节所介绍的正则化，就是在病态问题中补充的“先验知识”。因此，当 $\boldsymbol{X}^{\mathrm{T}}\boldsymbol{X}$ 不可逆时，通过补充正则项，问题就可以得到解决。

首先求解岭回归的优化问题。对 $\boldsymbol{w}$ 求导，并使其等于 0，可以得到式 (1.11)。

$$\lambda\boldsymbol{w}^* + \boldsymbol{X}^{\mathrm{T}}\boldsymbol{X}\boldsymbol{w}^* = \boldsymbol{X}^{\mathrm{T}}\boldsymbol{y} \tag{1.11}$$

相对于普通的线性回归问题，岭回归通过在 $\boldsymbol{X}^{\mathrm{T}}\boldsymbol{X}$ 后面加上一个 $\lambda\boldsymbol{I}$，减弱了方程的病态性，使其容易求解。若 $\boldsymbol{X}^{\mathrm{T}}\boldsymbol{X}+\lambda\boldsymbol{I}$ 可逆，则岭回归问题的闭式解为式 (1.12)。

$$\boldsymbol{w}^* = (\boldsymbol{X}^{\mathrm{T}}\boldsymbol{X}+\lambda\boldsymbol{I})^{-1}\boldsymbol{X}^{\mathrm{T}}\boldsymbol{y} \tag{1.12}$$

注意

可以这样解释含有正则项的岭回归：岭回归就是在所有可能的模型中选择一个更符合我们先验知识（即正则项所规定的参数较小的）的模型。另外，$\lambda\boldsymbol{I}$ 可以被推广为 $\boldsymbol{\Gamma}^{\mathrm{T}}\boldsymbol{\Gamma}$，即矩阵方程变为 $(\boldsymbol{X}^{\mathrm{T}}\boldsymbol{X}+\boldsymbol{\Gamma}^{\mathrm{T}}\boldsymbol{\Gamma})$，此方法称为吉洪诺夫正则化 (Tikhonov Regularization)。

那么什么情况下会出现多组解呢？或者说什么情况下 $\boldsymbol{X}^{\mathrm{T}}\boldsymbol{X}$ 会变成不可逆呢？我们知道，$\boldsymbol{X}$ 的维度是 $n\times(d+1)$，其中 n 为样本数，即有多少条数据可供训练；d 为特征数，即自变量的维度，d 越大，意味着问题越复杂。那么 $\boldsymbol{X}^{\mathrm{T}}\boldsymbol{X}$ 的维度就是 $(d+1)\times(d+1)$。多组解就意味着 $\boldsymbol{X}^{\mathrm{T}}\boldsymbol{X}$ 不满秩，即 $\mathrm{rank}(\boldsymbol{X}^{\mathrm{T}}\boldsymbol{X}) < d+1$。

关于矩阵的秩，有式 (1.13)。

$$\mathrm{rank}(\boldsymbol{AB}) \leqslant \min\{\mathrm{rank}(\boldsymbol{A}), \mathrm{rank}(\boldsymbol{B})\} \tag{1.13}$$

如果 $n<d+1$，那么 $\mathrm{rank}(\boldsymbol{X}^{\mathrm{T}}\boldsymbol{X}) \leqslant \min\{\mathrm{rank}(\boldsymbol{X}^{\mathrm{T}}), \mathrm{rank}(\boldsymbol{X})\}<\mathrm{rank}(\boldsymbol{X}) \leqslant n<d+1$，即此时矩阵 $\boldsymbol{X}^{\mathrm{T}}\boldsymbol{X}$ 一定是不满秩的。回到实际问题中，$n<d+1$ 意味着样本数量不够，但是特征较多，问题较为复杂。用较少的样本去解决一个较难的问题，则无法确定唯一的解，这是符合常识的。正则项通过补充先验知识，弥补了样本少这一缺陷，因此可以确定一个合适的解。

至此，关于岭回归的基本原理和含义已介绍完毕。岭回归用 l_2 范数作为 $\boldsymbol{w}$ 的正则项，

实现了对于线性回归在病态问题中的正则化，使回归的结果更符合我们的先验判断。下面再来看另一种正则方式。

1.3.2　lasso 回归

lasso 回归也是一种对线性模型进行正则化的方法。相比用 l_2 正则的岭回归，lasso 回归用 $\boldsymbol{w}$ 的 l_1 范数作为正则项。lasso 是 Least Absolute Shrinkage and Selection Operator 的简写，其中 Absolute 就是指 l_1 范数。lasso 回归的目标函数为式 (1.14)。

$$\min_{w}\ \|\boldsymbol{y}-\boldsymbol{X}\boldsymbol{w}\|^2+\lambda\|\boldsymbol{w}\|_1 \tag{1.14}$$

这里的正则项是 l_1 范数，即分量的绝对值之和。绝对值函数在原点不可导，因此这里的优化方式就和可以直接给出闭式解的线性回归或者岭回归不同。这里的优化方法为坐标下降法。其基本思路如下：每次循环顺序地或者随机地选择一个 $\boldsymbol{w}_i$，然后对其进行更新，因为该 $\boldsymbol{w}_i$ 的更新与其他 $\boldsymbol{w}_i$ 的取值是相关的，所以需要多次迭代。迭代的终止条件是 $\boldsymbol{w}_i$ 都收敛，这可以通过该次 $\boldsymbol{w}_i$ 更新的幅度值小于某个预设值来判定。通过这样的操作，可以对 lasso 回归的目标函数进行优化求解。

可以看到，岭回归和 lasso 回归的不同点在于：lasso 回归采用 l_1 正则化，岭回归则是采用 l_2 正则化。接下来讨论 l_1 正则化和 l_2 正则化的区别。

1.3.3　l_1 正则化和 l_2 正则化

由于 l_1 正则化和 l_2 正则化分别用了 l_1 范数和 l_2 范数，因此本小节首先介绍向量的 l_p 范数的一般性质。

l_p 范数可以写成式 (1.15) 的形式。

$$l_p(\boldsymbol{x})=\sqrt[p]{\sum_{i=1}^{n}|x_i|^p}\qquad \boldsymbol{x}=(x_1,x_2,\cdots,x_n) \tag{1.15}$$

其中，p 可以取 $(0,+\infty)$。

无须对所有的 l_p 范数都考察一遍，只需要对较为感兴趣的几种进行考察即可。这几种分别是 l_0 范数、l_1 范数、l_2 范数、l_∞ 范数。

首先是 l_0 范数，严格来说，l_0 范数并不是真正意义上的“范数”，因为它不满足齐次性的要求。另外，$p=0$ 不在 p 的取值范围内，但是考虑到 p=0 时，向量的所有非零元素的 0 次幂都是 1，零元素的 0 次幂不存在，所以求和结果就是非零元素的个数。人们将 l_0 范数定义为式 (1.16)。

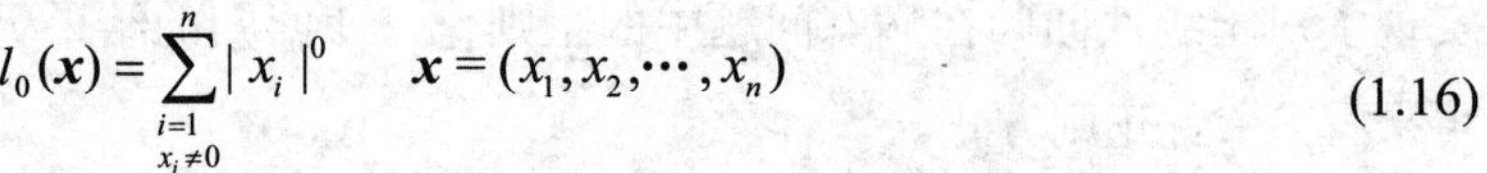

$$l_0(\boldsymbol{x})=\sum_{\substack{i=1\\x_i\neq 0}}^{n}|x_i|^0 \qquad \boldsymbol{x}=(x_1,x_2,\cdots,x_n) \tag{1.16}$$

可以看出，l_0 范数就是所有维度中不为 0 的元素的个数。其与元素的具体值无关，只关心非零元素的个数。所以，l_0 范数实际上表征了一个向量的稀疏程度（Sparsity）。l_0 范数越大，说明非零元素越多，也就意味着稀疏程度越小；反之，l_0 范数越小，说明非零元素越少，向量就越稀疏。

注意

对于作为特征系数的参数来说（如线性回归 $\boldsymbol{w}^{\mathrm{T}}\boldsymbol{x}+\boldsymbol{b}$ 中的 $\boldsymbol{w}$），系数向量稀疏也就意味着大多数系数为 0，同时说明它们对应的 x_i 在训练过程中是不起作用的，这样实际上会“挑选出”人们认为更有用的特征，即实现了特征选择的过程。这也是人们有时更喜欢稀疏解的原因。

下面介绍 l_1 范数，把 $p=1$ 代入，得式 (1.17)。

$$l_1(\boldsymbol{x})=\sqrt[1]{\sum_{i=1}^{n}|x_i|^1}=\sum_{i=1}^{n}|x_i| \qquad \boldsymbol{x}=(x_1,x_2,\cdots,x_n) \tag{1.17}$$

l_1 范数表示向量所有维度的绝对值之和的大小。l_1 范数的一个重要性质为，它是 p 取值最小的凸函数。也就是说，对于 $0\leqslant p<1$ 区间的所有 p，l_p 范数都是非凸函数；直到 $p=1$，它才变成了一个凸函数；对于 $p>1$，l_p 范数也都是凸函数。

l_2 范数如式 (1.18) 所示。

$$l_2(\boldsymbol{x})=\sqrt[2]{\sum_{i=1}^{n}|x_i|^2}=\sqrt{\sum_{i=1}^{n}x_i^{\,2}} \qquad \boldsymbol{x}=(x_1,x_2,\cdots,x_n) \tag{1.18}$$

l_2 范数即高维空间的点到原点的欧几里得距离。

最后是 l_∞ 范数。考虑到幂次 p 达到一定程度之后，在每个元素的幂的求和中，最大的那个元素的幂相比其他元素的幂会占据绝对优势，再开 p 次方后，基本只有最大值元素了。将 p 延伸至正无穷，就可以得到向量的 l_∞ 范数公式，即式 (1.19)。

$$l_\infty(\boldsymbol{x})=\sqrt[\infty]{\sum_{i=1}^{n}|x_i|^\infty}=\max\{|x_1|,|x_2|,\cdots,|x_n|\} \qquad \boldsymbol{x}=(x_1,x_2,\cdots,x_n) \tag{1.19}$$

也就是取所有维度中的绝对值的最大值作为范数。

为了更直观地了解 l_p 范数的一些共同性质，以二维向量为例，画出 p 取不同值时的 l_p 范数值等于 1 的等值线，如图 1.11 所示（分别为 p=0.5, 1, 2, 4, ∞）。

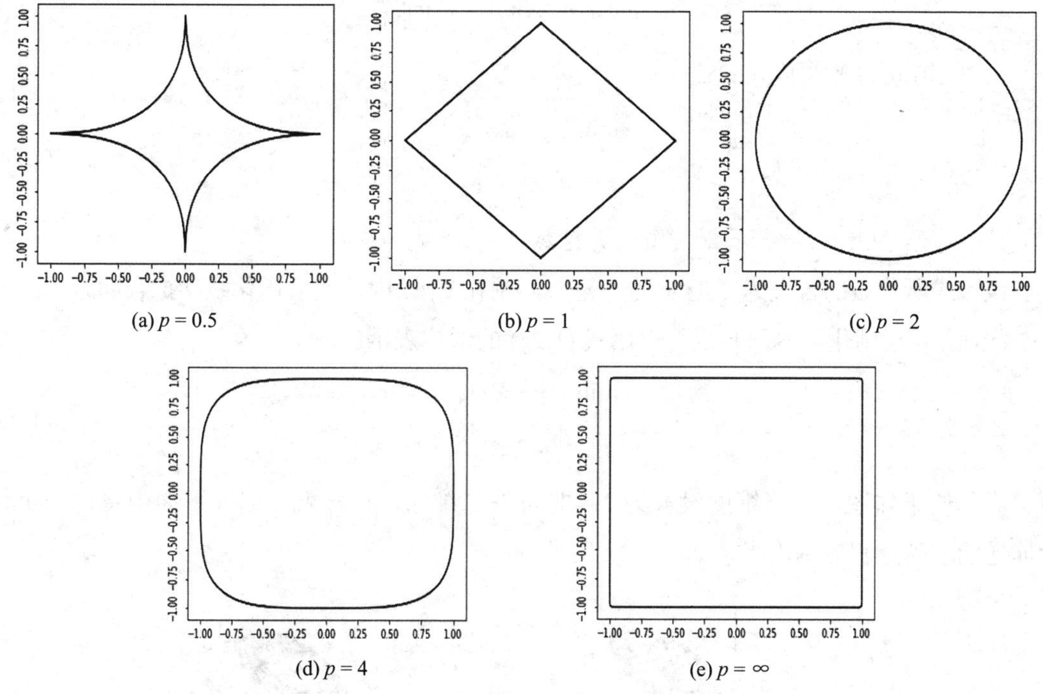

(a) $p = 0.5$　(b) $p = 1$　(c) $p = 2$

(d) $p = 4$　(e) $p = \infty$

图 1.11　不同 p 值的 l_p 范数对比

从图 1.11 可以很直观地看出，以 $p = 1$ 为界限，$p < 1$ 时函数形状是凹陷的，因此是一个非凸函数；而 $p > 1$ 时都是凸出的，因此是凸函数；$p = 1$ 时每个面都是平面，因此也是凸函数，且为 p 最小的凸函数。用较为形象的语言来表述，从 $p = 0$ 开始，随着 p 的增加，函数从坐标轴上逐渐“膨出”，并最终以每个面与坐标轴垂直的立方体为界限，限定在这个立方体中。

理解了以上关于 l_p 范数的基本知识以后，下面重点考察 l_1 和 l_2 范数。

l_1 范数是 p 最小的凸函数，即它是所有凸函数中 l_p 范数最接近 l_0 范数的一个。为什么要重点强调凸函数呢？因为一个优化问题如果以凸函数为目标，且定义在凸集上，那么它可以用通用方法解决。这里暂不详细介绍凸函数和凸优化的问题，第 2 章会结合示例进行讲解。这里只需知道凸函数比非凸函数在求解优化问题中具有优势即可。

由于 l_0 范数可以得到稀疏解，因此与 l_0 最接近的 l_1 范数相对于其他的 l_p 范数来说，也能获得相对稀疏的解。一般来说，l_1 范数通常被用来作为 l_0 范数的一个凸松弛，即如果问题中有 l_0 范数的约束，可以用 l_1 范数来代替，把它变成易于求解的凸问题，但仍会保持一些 l_0 范数的稀疏性。

l_0 范数约束的稀疏性很容易理解，因为 l_0 范数本身就是一个稀疏性度量。那么 l_1 范数为何还能保持一部分稀疏性呢？这里通过对比 l_1 正则化和 l_2 正则化的过程进行解释。

首先，l_1 正则化的线性回归，即 lasso 回归的基本形式可以写为式 (1.20)。

$$\min_{w} \| \boldsymbol{y} - \boldsymbol{Xw} \|^2 + \lambda \|\boldsymbol{w}\|_1 \tag{1.20}$$

式 (1.20) 可以改写成式 (1.21)。

$$\begin{aligned} &\min_{w} \| \boldsymbol{y} - \boldsymbol{Xw} \|^2 \\ &\text{s.t.} \quad \|\boldsymbol{w}\|_1 \leqslant C_1 \end{aligned} \tag{1.21}$$

其中，C_1 为 lasso 回归的最优解的 l_1 范数。

该形式所代表的含义为，把 $\boldsymbol{w}$ 的 l_1 范数限制在 C_1 以内，然后优化线性拟合问题。

同理，l_2 正则化的岭回归也可以用式 (1.22) 的形式表示。

$$\begin{aligned} &\min_{w} \| \boldsymbol{y} - \boldsymbol{Xw} \|^2 \\ &\text{s.t.} \quad \|\boldsymbol{w}\|_2^2 \leqslant C_2^2 \end{aligned} \tag{1.22}$$

为了便于作图，仍将维度设置为 2，即 $\boldsymbol{w}$ 是二维的，这样就可以在平面中将这两个优化问题的求解过程展示出来，如图 1.12 所示。

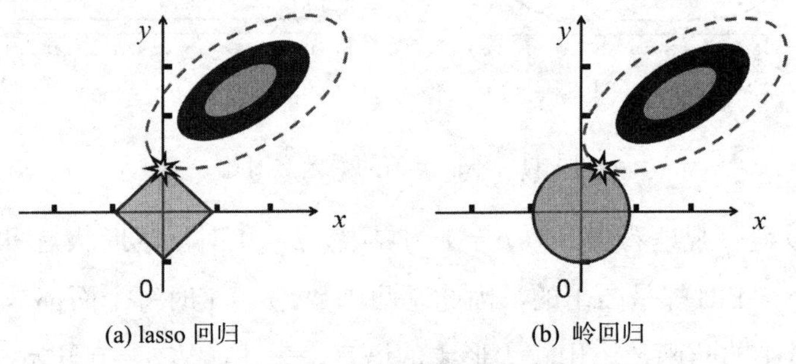

(a) lasso 回归　　(b) 岭回归

图 1.12　lasso 回归与岭回归求解过程

可以看到，由于线性拟合项是以 l_2 范数为目标函数的，因此其是一个椭圆形，这些椭圆形也就是线性拟合项 l_2 范数拟合损失的各个取值的等值线，而原点附近的形状分别是 l_1 和 l_2 范数为 C_1 和 C_2 的等值线。可以看到，可行域被范数正则项约束限制在了原点附近这一块区域。那么，最优解就是椭圆形的等值线第一次进入可行域时的临界点，如图 1.12 中虚线所示。从图 1.12 中可以看到，由于 l_2 范数和 l_1 范数形状的差异，该临界点对 l_1 范数的可行域很容易交到坐标轴上的点，而 l_2 范数则容易落在象限以内。因为坐标轴的点是稀疏的，所以 l_1 范数更容易得到稀疏解。

注意

继续以图 1.12 为例，考虑 l_0 范数，实际上 l_0 范数等于 1 的等值线就是坐标轴（等于 0 则为原点，等于 2 则为除去坐标轴和原点后的整个平面），那么以此为可行域，交点必然在轴上，所以肯定是稀疏的。进一步来说，该可行域的性质越接近坐标轴，即 l_p 范数的 p 越小，解越偏向稀疏。但是由于 $p < 1$ 的范数都是非凸函数，不便于求解，因此 l_1 范数的重要性就体现出来了。

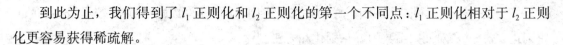

到此为止，我们得到了 l_1 正则化和 l_2 正则化的第一个不同点：l_1 正则化相对于 l_2 正则化更容易获得稀疏解。

下面简单介绍另一个不同点。前面提到，正则化就是对要学习的参数的分布施加某种先验的约束。实际上，l_1 正则化是对参数施加了拉普拉斯分布（Laplacian Distribution）的先验，而 l_2 正则化是对参数施加了高斯分布（Gaussian Distribution）的先验。

这个性质的数学推导过程需要用到贝叶斯模型的相关理论，所以在此暂不进行推导，将它放到第 6 章的最后部分予以讨论。这里只简要说明这两种分布，以及其与前面的性质的关联。

高斯分布的公式为式 (1.23)。

$$f(x)=\frac{1}{\sqrt{2\pi}\sigma}\exp\left[-\frac{(x-\mu)^2}{2\sigma^2}\right] \tag{1.23}$$

拉普拉斯分布的公式为式 (1.24)。

$$f(x)=\frac{1}{2\lambda}\exp\left(-\frac{|x-\mu|}{\lambda}\right) \tag{1.24}$$

分别画出这两种分布的概率密度函数图（取 λ=1，μ=0，σ=1），如图 1.13 所示。可以看到，相对于高斯分布，服从拉普拉斯分布的数据在靠近 0 的位置概率较大，即符合该分布的数据有更大的可能值为 0 或接近 0，这也说明 l_1 范数约束更倾向于稀疏解。

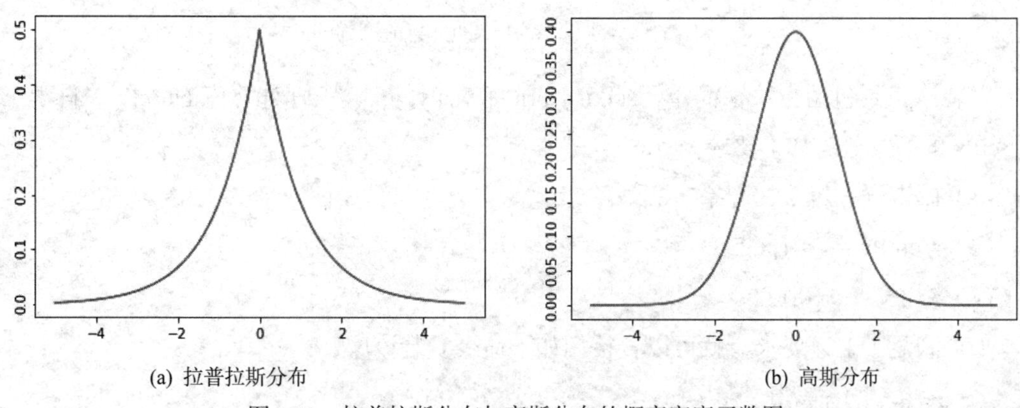

(a) 拉普拉斯分布　　(b) 高斯分布

图 1.13　拉普拉斯分布与高斯分布的概率密度函数图

1.4　本章小结与代码实现

本章讨论了机器学习的概念，以及它与人工智能、深度学习等概念的关系，并通过示例说明了机器学习算法与传统算法的区别。接着以一个较为简单的，也是我们熟知的线性回归为例，介绍了机器学习的一些基本特点。另外，讨论了机器学习中的样本量问题、过拟合问题，以及用于解决过拟合问题的正则化的一般思路。同时，结合线性回归的两种改进形式——岭回归与 lasso 回归，详细解释了正则化的作用和意义，并比较了两种常见的正则化方式——对回归系数的 l_1 正则化和 l_2 正则化。

本节给出线性回归、岭回归及 lasso 回归的代码实现方法。这里采用 Python 语言中的 scikit-learn 工具包。scikit-learn 是一个机器学习库，功能非常强大。该工具包的主页如图 1.14 所示，网址为 https://scikit-learn.org。

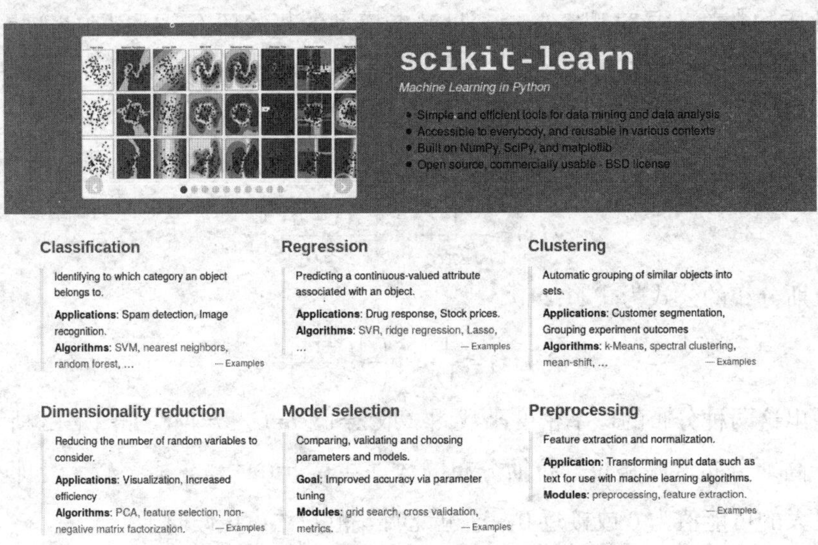

图 1.14　机器学习库 scikit-learn 主页

安装该工具包的方法很简单，scikit-learn 库对 Python、矩阵计算库 NumPy、科学工程库 SciPy 的版本号有如下要求。

（1）Python：≥ 2.7 或者≥ 3.4。

（2）NumPy：≥ 1.8.2。

（3）SciPy：≥ 0.13.3。

如果满足了上述要求，就可以直接用如下命令安装该库：

```
pip install -U scikit-learn
```

如果已经安装了 Anaconda，则可以用 conda 命令直接安装：

```
conda install scikit-learn
```

安装好 scikit-learn 之后，在 Python 中可以通过如下方式调用 sklearn 或者 sklearn 中的某个子模块，以及子模块中的某个函数：

```
import sklearn
from sklearn import xxx
from sklearn.xxx import xxx
```

下面就可以基于 scikit-learn 实现线性回归、岭回归和 lasso 回归了，具体代码与注释如下：

```
# 导入用到的 Python 模块，并打印 sklearn 的版本号
# 后面的所有 sklearn 的机器学习代码都是基于该版本的 sklearn 库
import sklearn
import numpy as np
from sklearn import datasets, linear_model
import matplotlib.pyplot as plt
from sklearn.model_selection import train_test_split
print(sklearn.__version__)
```

命令行输出：

```
0.19.0
```

```
# 定义训练和测试函数，训练函数输出拟合误差，测试函数返回预测结果与预测得分
def TrainLinearRegression(X,y):
    model = linear_model.LinearRegression()
    model.fit(X, y)
    print('E(|y-wTx|^2) : ' + str(np.mean((model.predict(X) - y) ** 2)))
    return model
def TrainRidgeRegression(X,y,coeff):
    model = linear_model.Ridge(alpha=coeff)
    model.fit(X, y)
    print('E(|y-wTx|^2) : ' + str(np.mean((model.predict(X) - y) ** 2)))
    return model
def TrainLassoRegression(X,y,coeff):
    model = linear_model.Lasso(alpha=coeff)
    model.fit(X, y)
    print('E(|y-wTx|^2) : ' + str(np.mean((model.predict(X) - y) ** 2)))
    return model
def TestModel(X_test, y_test, model):
    score = model.score(X_test, y_test)
    y_pred = model.predict(X_test)
    print( 'model test score is ' + str(score))
    return y_pred, score
```

下面准备数据，并进行模型训练与测试：

```
# 这里用 sklearn 自带的公开数据集：波士顿房价数据集
data, label = datasets.load_boston(return_X_y=True)
print(data.shape, label.shape)
# 将数据切分成训练数据和测试用的数据
X_train, X_test, y_train, y_test = train_test_split(data, label, test_size=0.2)
print(X_train.shape, y_train.shape, X_test.shape, y_test.shape)
```

命令行输出：

```
(506, 13) (506,)
(404, 13) (404,) (102, 13) (102,)
```

该输出说明模型共有 506 条数据，13 个特征。训练集包括 404 条数据，其余 102 条用作测试。

```
LinearModel = TrainLinearRegression(X_train, y_train)
RidgeModel = TrainRidgeRegression(X_train, y_train, 0.5)
LassoModel = TrainLassoRegression(X_train, y_train, 0.01)
```

命令行输出：

```
E(|y-wTx|^2) : 21.903411602936536
E(|y-wTx|^2) : 21.996648802872265
E(|y-wTx|^2) : 21.943467471436612
```

可以看出，在训练集上，线性模型拟合得最好，而岭回归和 lasso 回归的误差反而较大。这是因为有了正则化项，在一定程度牺牲了在训练集上的精度。

```
y_pred_linear, score_linear = TestModel(X_test, y_test, LinearModel)
y_pred_ridge, score_ridge = TestModel(X_test, y_test, RidgeModel)
y_pred_lasso, score_lasso = TestModel(X_test, y_test, LassoModel)
```

上面是在测试数据上进行预测，命令行输出：

```
model test score is : 0.7721672798305218
model test score is : 0.7731634799835443
model test score is : 0.7732626761603127
```

可以看到，虽然正则化使模型牺牲了部分在训练集上的精度，但是提高了模型在新的测试样本上的表现。将三组预测结果与真实结果的对比图分别画出来（为了清晰，只显示了前 30 个测试样本），如图 1.15 所示。

```
plt.figure()
plt.plot(range(30), y_pred_linear[:30], 'bo-', y_test[:30], 'y.--')
plt.title('Linear model prediction',fontsize='large')
plt.figure()
plt.plot(range(30), y_pred_ridge[:30], 'r>-', y_test[:30], 'y.--')
plt.title('Ridge model prediction',fontsize='large')
plt.figure()
plt.plot(range(30), y_pred_lasso[:30], 'ks-', y_test[:30], 'y.--')
plt.title('Lasso model prediction',fontsize='large')
plt.show()
```

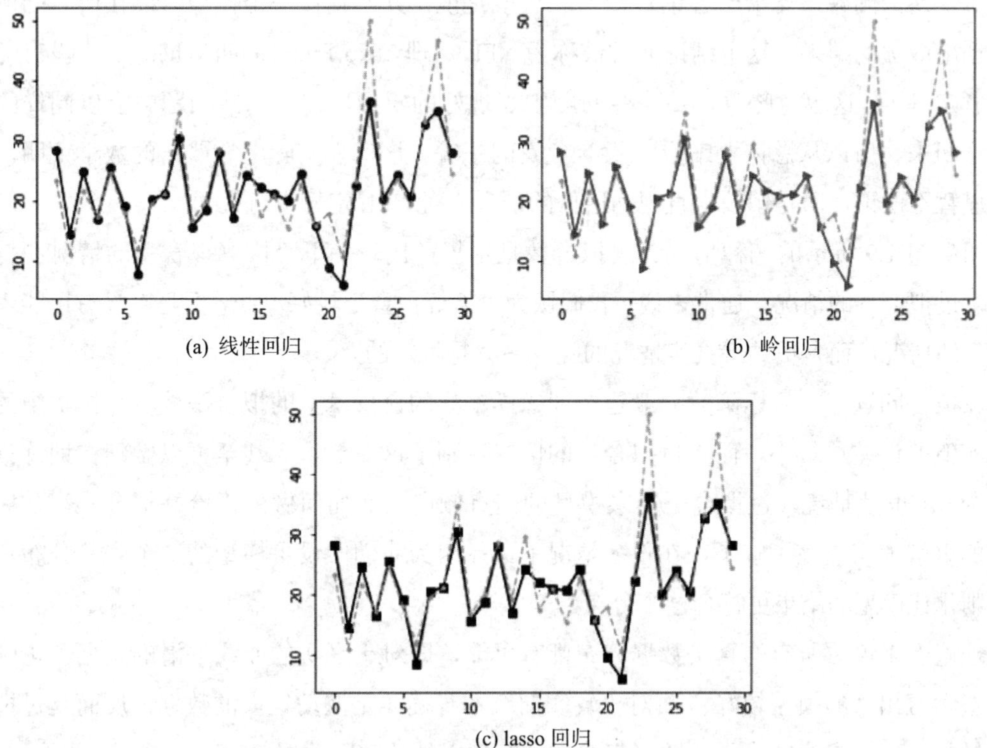

(a) 线性回归　　(b) 岭回归

(c) lasso 回归

图 1.15　线性回归、岭回归和 lasso 回归的预测结果与真实结果对比（虚线表示真实结果）

1.5　本章话题：机器学习的一般原理

> “奥卡姆剃刀当然不是一个武断的法则，也不需要借助它在实践中的成功来得到证实。它只是简单地说符号系统中不必要的元素没有意义。指向同一个目标的符号是逻辑等价的，没有指向目标的符号是逻辑上无意义的。”
>
> —— 路德维希 • 维特根斯坦《逻辑哲学论》

本章最后讨论几个关于机器学习的比较通用的、一般性的话题，如下所示。

◎　机器学习任务中，什么样的模型是最好的？或者说有没有对所有任务都是最优的模型？

◎　应依据什么原则选取合适的模型？

◎　在含有人工参数的模型中应如何挑选参数？

首先讨论第一个问题，即有没有一种模型可以在任何场景、任何数据中都表现出最优的结果？如果有，那么应该是什么模型？

对于这个问题，先给出答案：没有。也就是说，并不存在一个模型可以在所有问题中都表现出最优的结果。这个结论通常被称为 NFL 定理（No Free Lunch Theorem，没有免费的午餐定理）。这也意味着，在一些问题中表现好的模型，在另一些问题中会以同样的代价补偿回来，所以从总体上来看：没有免费的午餐。该定理实际上有严格的数学证明，但是这里暂不谈论，而是用较为直观和通俗的语言来对 NFL 定理进行说明。

回到图 1.9 所示的三种情况。欠拟合暂且不提，比较一下“恰好拟合”的情况和普遍认为“过拟合”的情况。通常来说，我们认为“恰好拟合”较好一些，但是有没有可能“过拟合”的情况反而是更贴近真实情况的呢？答案是肯定的。

在拟合问题中，目标函数一般是在训练样本集的自变量上的拟合函数值与样本中的对应真实值的误差尽量小，而“过拟合”的情况达到了这一要求，甚至可以做到在训练集上误差为 0。也就是说，过拟合是复杂模型的固有倾向。而如何做到“恰好拟合”呢？根据本章的讲解大家应该了解了，在很多情况下，是因为我们假设了模型的一个先验分布，通过正则化让模型的结果更符合这个分布。

理论上来说，所有的真实数据分布都有可能，即对于真实的曲线平滑的数据，正则化的算法学习出来的模型较好；而对于真实曲线本身确实是波动较大的数据，反而是过拟合的结果更好。如图 1.16 所示 ，“×”表示训练集以外的实际数据。

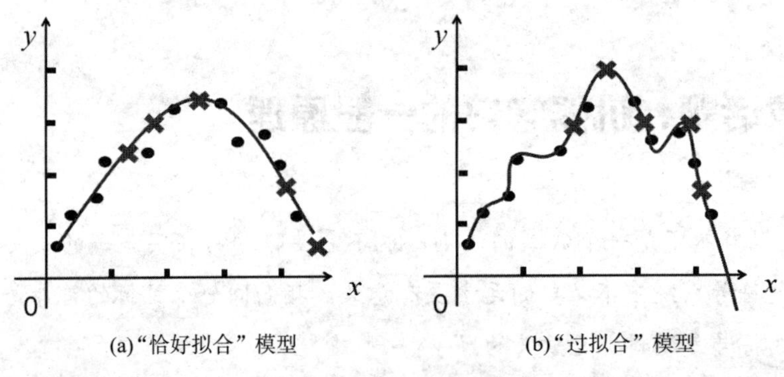

(a)“恰好拟合”模型　　(b)“过拟合”模型

图 1.16 “恰好拟合”模型与“过拟合”模型对比

假设所有的问题都均匀分布，即什么真实情况都等可能，那么 NFL 定理告诉我们：并不存在一种算法，它的表现在所有问题中都是最好。换言之，如果一个算法 A 在某些问题上的性能不如算法 B，那么必然有另外一些问题，在那些问题上，算法 A 的性能比算法 B 要好。

令人惊讶的是，这个结论居然是普遍的。也就是说，如果不谈问题，只是笼统地比较算法，那么最精巧的算法和随机猜测的算法其实有同样的水平。既然如此，那我们研究和改进不同的机器学习不就没有意义了吗？

当然不是！NFL 定理的一个大前提是，所有真实情况等可能。但是，一旦限定了问题，那这个大前提就不再成立。仍考虑前面的示例，对于一个由有限的自变量与函数值对构成的样本集，它对应的真实函数形式可能是各种各样的。但是，如果限定了它的问题范围，如该函数应当是平滑的，那么能够使“过拟合”的结果反而更好的可能性就几乎不存在了。这时我们还是会说：图 1.16 中“恰好拟合”的结果最好。

所以，NFL 定理的主要思想就是：只有确定了具体问题场景，才有可能比较不同算法的优劣。不指定场景，空泛地说某种模型是最好的，这样的说法是没有意义的。对于模型的比较，我们应该说它们分别更适合何种问题，而不是笼统地认定孰优孰劣（当然，为了避免误会，将欠拟合，即模型不足以解决该问题的情况抛开不讨论。因为如果比较图 1.9 中的线性模型好还是二次曲线模型更好，那我们当然可以说二次曲线模型更好，因为线性模型连训练集都不能拟合，何谈训练集以外的点的预测？这种情况和这里讨论的并不是一个问题）。

接下来讨论第二个问题，即应根据什么原则选择合适的模型。这里介绍一个著名的法则 —— 奥卡姆剃刀（Occam’s Razor）。

奥卡姆剃刀原则简要来说就是：“如无必要，勿增实体。”本节开头引用的维特根斯坦的话就是他对于这个法则的阐释。该法则的命名来源于 14 世纪的英国经院哲学家、逻辑学家奥卡姆的威廉（图 1.17）。但实际上，该法则并不是真正来源于他，而是被他广泛使用，因此后人将此原则称为奥卡姆剃刀，其中“剃刀”意味着将不必要的、多余的假设和内容剃掉。在当时的经院哲学中，这一原则已经被广泛采用。其基本含义就是，如果没有必要，不应当假设更多东西，对于一件事物，如果能用简单的、需要较少前提的方式来解释，那么就不应用更加繁复的、多余的方法来阐明。

图 1.17 奥卡姆的威廉

（图片来源：https://en.wikipedia.org/wiki/File:William_of_Ockham.png）

该原则对科学研究，尤其是理论模型的研究具有重要的指导意义。对于任何对数据建模的问题，原则上都有无数种模型可以满足要求。复杂的模型也可以解释现象，但是会引入各种假设；而简单的模型不需要引入过多假设，这种情况下，我们就会偏好简单模型。例如天文学的天体模型，实际上，托勒密的地心体系也能建模出各天体的运行轨迹，但是其模型异常复杂。相比之下，对于同样的观测数据，哥白尼建立的日心体系模型简单优美，因此我们更愿意接受哥白尼的学说，并认为它的模型更能反映天体运行的本质。在科学领域中这样的例子还有很多，实际上这些就是奥卡姆剃刀原则在科学中的体现。

在机器学习模型的选择中，常见的正则化手段大部分情况下都起到了奥卡姆剃刀的效果。例如，l_2 范数正则可以让模型更加平滑简单，l_1 范数正则更是起到了稀疏化特征，从而对特征进行优选的作用，使与任务无关的特征都被这把“剃刀”给剃掉了。

最后讨论第三个问题，即在实际操作中如何选取参数。这里将要介绍的内容是交叉验证（Cross Validation），该方法被普遍应用在机器学习算法的选参调参上。

要理解交叉验证，先引入三个概念：训练集、验证集和测试集。

机器学习的目的是通过对已有数据的建模来实现预测新数据的功能。在机器学习中，用来训练模型的样本集合称为训练集；用来预测的新数据的集合称为测试集（Testing Set）；而验证集（Validation Set）则是用来验证模型的有效性和合理性，并且优选参数的样本集合。这里重点介绍验证集。

对于有监督学习来说，训练集的数据是已知真实答案的，测试集则不知道真实答案。验证集实际上也是已知真实答案的数据集，但是验证集数据不参与模型的训练过程。一般来说，获取训练数据后，都会将数据集切分成训练集和验证集。利用训练集数据得到训练好的模型后，用该模型对验证集数据进行预测（Predict）。由于验证集真实答案已知，因此可以计算出该模型对于新样本（验证集没有参与训练，因此对模型而言是新样本）预测的准确率有多高，或者误差有多大。通过这种方式，就可以验证模型的性能。

下面介绍 5 折交叉验证，如图 1.18 所示。

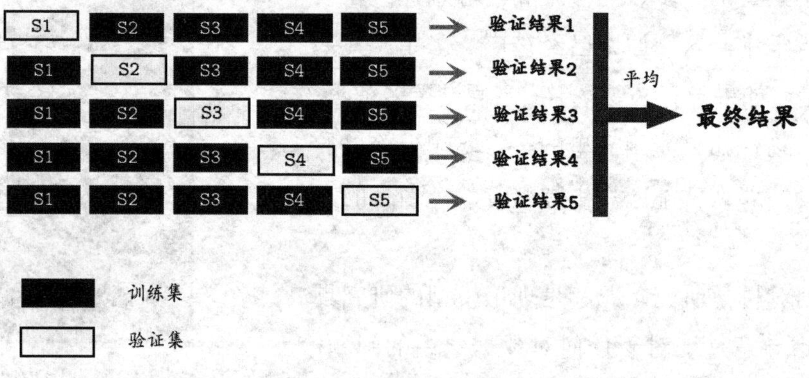

图 1.18　5 折交叉验证

在图 1.18 中，将所有标记真实答案的样本进行平均划分，分成了 5 个互斥的子集 S1~S5。第一次用 S2~S5 进行训练，S1 对得到的模型进行验证；第二次用 S1 和 S3~S5 进行训练，S2 对得到的模型进行验证，后面以此类推。这样可以进行 5 次实验，得到 5 个验证结果。最后只需将其进行平均，即可得到最终对模型的评价结果。

这里选择将样本划分成 5 份，因此这种模型评价方式被称为 5 折交叉验证。一般将样本平均分为 K 个互斥子集进行验证的方法称为 K 折交叉验证（K-Fold Cross Validation）。

K 折交叉验证可以用于参数选择。将不同参数下的模型利用该方法进行训练和验证，可以得到每个参数下的验证结果。如果设定一个参数范围并进行遍历，即可得到该范围中评价效果的参数。那么该参数就可以被选择为最终的模型参数。

利用 K 折交叉验证选择好参数后，就可以将参数固定，然后将所有带真实答案的样本（包括之前的训练集和验证集）用来训练模型。此时训练得到的模型就是最终结果。将其应用于测试集，即可对测试集数据进行预测。

本章的话题讨论到这里就结束了。综上所述，机器学习任务中，算法的优劣评价必须在其处理的特定问题中讨论。在实际问题中，我们更偏向于简单有效的模型，而不喜欢复杂的、需要大量预定假设的模型。最后，在模型的参数选择中，交叉验证是一个通用且有效的方法。

第2章

阴阳剖分：支持向量机模型

第 1 章介绍了机器学习的概念及其与传统算法的区别，并且通过简单的线性回归及与它相关的岭回归、lasso 回归等解释了过拟合和正则化这一对在机器学习领域非常重要的概念。本章将开始正式学习一些机器学习领域的经典算法。

本章将具体讲解支持向量机（Support Vector Machine, SVM）模型的原理和应用。从本章开始，每一章的开篇部分会先对模型进行简单介绍，并说明该模型在实践中可以应用的具体任务类型。这样做是希望读者能够更快地了解该算法的特点，并在实际的某一个具体问题或场景中，可以想到适合处理该问题或场景的机器学习算法。下面是对 SVM 的通俗解释与其适合的任务类型。

（1）通俗解释：给定两组不同类别的数据点，找一个超平面把它们分割开，并希望这个超平面离这两组数据点的距离尽可能大。这样，我们就认为超平面一侧是一个类别，另一侧则是另一个类别。当新来一个数据点时，只需看它在这个分割平面的哪一侧，就可以预测其类别。

（2）任务类型：通常用来处理有监督的分类问题，即需要一定的有类别标注的训练样本来确定超平面，然后对没有标注的样本进行类别预测。SVM 既可以处理两类别分类问题，也可以通过对类别进行划分，处理多类别分类问题。以 SVM 的思路处理回归问题的算法称为支持向量回归（Support Vector Regression, SVR），本章暂不讨论，读者可参考相关文献进行了解。

2.1 支持向量机模型的基本思路

在讲解具体的算法实现和数学推导之前，本节先讨论 SVM 模型的基本思路和流程，以便读者能从整体上对 SVM 模型的原理进行把握，并形成对机器学习问题处理过程的较为宏观的认知。

2.1.1　支持向量机模型的基本思路

SVM 主要是用于解决分类问题（Classification）的一种有监督模型。该表述涉及两个概念：分类问题和有监督模型。首先介绍分类问题。分类问题是机器学习中常见的任务，也就是确定某个样本的类别。当然，该确定过程需要知道样本的一些信息，这些信息一般称为特征（Feature）或属性（Attribute）。其通常用多维向量来描述，称为特征向量（Feature Vector）。每个特征就是向量的一个维度。例如，对于一个人，可以用如下特征来描述：

【性别，年龄，国籍，职业，母语，身高，体重】

再例如，某个人通过这种描述方法，得到的特征向量如下：

【男，35，中国，教授，汉语，170cm，90kg】

通过这个已知特征向量，可以对一些其他信息进行预测和分类。例如，如果想根据这个人的特征向量推测他是否上过大学，或者是否喜爱运动，那么该问题实际上就是普通的二分类问题，即上过大学 / 未上过大学，或者喜爱运动 / 不喜爱运动。作为一个具有一定生活常识的人，我们会推测，这个人被划分为【上过大学】的可能性很大，这是根据他的职业性质进行推断的；而且被划分为【不喜爱运动】的可能性很大，这是根据他的身高和体重合理推断的。

通过这个示例可知，分类问题就是根据样本的特征向量，对该样本从属于我们所关注的类别中的哪一个进行推断的问题。日常生活中的很多场景和科研中的很多问题都可以转化为分类问题，如生活中车牌号码的识别实际上就是一个将图像作为特征，对 0~9 的阿拉伯数字进行分类的分类问题；而病理图像的诊断实际上就是是不是某一类疾病的二分类问题；在科研中，如在天文学中将天体的频谱作为特征，对其属于哪一类天体进行分类，等等。因此，分类问题在机器学习中非常重要。

下面介绍有监督学习。在上面的示例中，为什么会根据特征向量合理地推断这个人很可能上过大学呢？原因在于我们具有常识，或者称为经验。这种经验来源于我们见过很多人，并总结出了这样的规律。这种经验的总结对于机器学习也是非常必要的。有监督学习指的就是在预测之前，先用已知特征和对应类别的样本对模型进行训练（Train），从而让模型更好地建立起特征与类别的对应关系，然后用这种习得的经验对未知类别的特征做出预测。如果有足够的数据用来训练，并且训练出来的模型具有一定的普适性（训练出的模型不仅对这一批数据有用，对同类任务的其他数据也有用），那么有监督学习就是一个很好的思路和方法。

接下来讨论 SVM 的基本思路。对于一组由特征向量组成的已知类别的数据，其分布如图 2.1 所示。

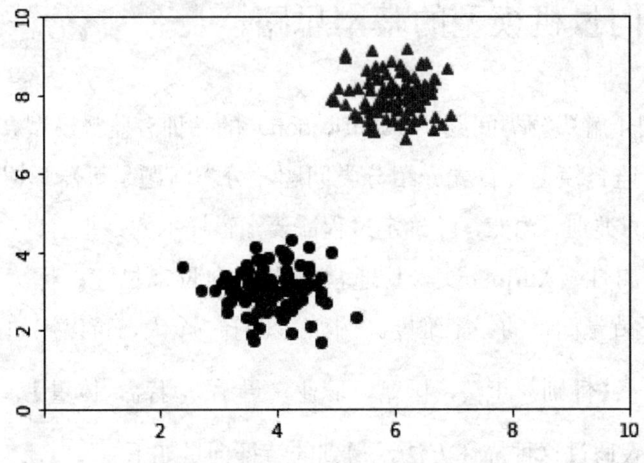

图 2.1　二维特征向量的两类数据分布

这里为了方便可视化，使用二维特征向量来表征每个样本数据，从而可以在二维平面上展示出点的分布。对于两类样本的分类问题，可以将两类样本分别称为正样本和负样本。在图 2.1 中，用圆形表示正样本，用三角形表示负样本。正负样本的特征和类别如表 2.1 所示。

表 2.1　正负样本的特征和类别

样本编号	特征 1 数值	特征 2 数值	类别
1	4.410727677296012	3.1598671866344477	+
2	4.740638904519546	2.8795603717979086	+
3	4.665932021115609	3.181014586259809	+
4	6.199985368782565	9.172908648944873	−
5	5.974741399130101	7.3484679149497225	−
6	6.680502409037118	7.435214863861759	−

SVM 的基本思想很直观，既然特征向量能够预测类别，那么不同类别的特征向量应该在特征空间中占据不同位置。例如图 2.1 中的点，特征向量占据左下区域的是一类，而占据右上区域的是另一类。那么只需要在这两类特征向量之间画一条分界线（对于二维是分界线，对于三维是分界面，对于大于三维的则是超平面，这里暂时只考虑直线、平面和超平面，对于分界面为曲面的情况在 2.3.2 小节讨论），就可以将两类特征向量分开，分界线的两侧分别是正和负两种类别的“势力范围”。对于一个新来的样本点，要判断它的类别，只需要看它落在谁的“势力范围”内就可以了。

但是，只是这样还不能完整体现 SVM 的思想。仍以图 2.1 为例，可以发现，能够分开这两组样本点的分界线有无数种画法，那么什么样的画法是更好的呢？如图 2.2 所示，我

们手工画了三条线，直观感觉应该很明显，图 2.2(a) 比图 2.2(b) 和图 2.2(c) 更好。原因何在呢？设想有一个未知的样本，其特征向量落在这两簇数据大概中间的位置，即中间分界线的位置，那么很难确认它属于哪一类，因为它距这两类样本的距离都差不多；而如果该样本落在更靠近正样本的那一簇数据点，那么它更有可能是一个正样本，负样本亦然。因为我们对中间这块区域的具体界限形态一无所知，如图 2.2(b) 和图 2.2(c) 真实的分界线可能是图 2.2(b)，也可能是图 2.2(c)，所以为了让模型具有更好的泛化性能（在新来的样本上的表现），对于未知事物，我们不应有任何偏向（这是非常重要的思想，也是机器学习中一个经典模型 —— 最大熵模型的基本原理），即不应把分界线画得更靠近某一侧的数据点，所以位于中间的分界线是更为公平合理的。

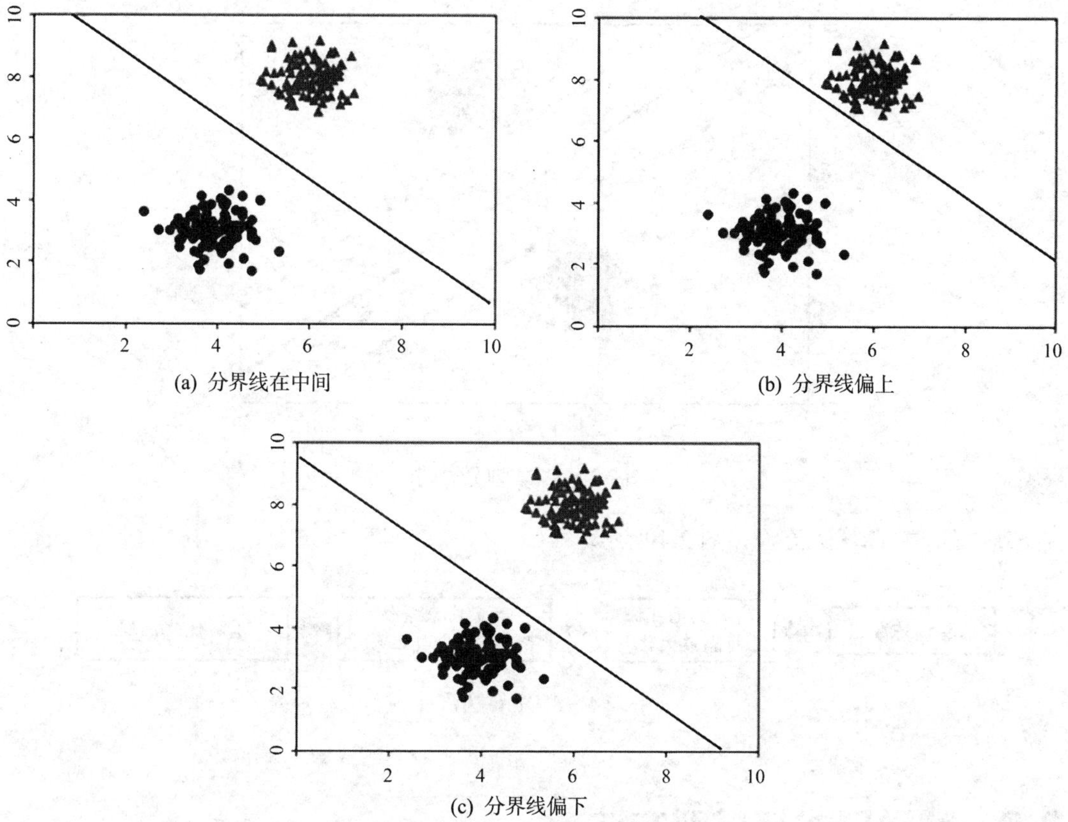

(a) 分界线在中间

(b) 分界线偏上

(c) 分界线偏下

图 2.2　不同分界线效果示例

以上只是粗略的直觉，那么如何定义“公平”或“中间”呢？SVM 的思路是，让该分界线（或面）距两簇训练数据的距离最远，而分界线应与训练数据有一定的间隔，而且这个间隔应尽量最大化。

以上就是 SVM 模型的原理和思路。根据该原理，其流程也不难得到了。

2.1.2 支持向量机算法的基本流程

仍以图 2.1 的数据集为例，为了让分界面更靠近“正中间”，并且和已有的训练数据有一定间隔，如图 2.3 所示，我们找到两条边界线（图中的两条虚线），使正样本都在靠近正样本边界的一侧，而负样本都在靠近负样本边界线的一侧，它们中间的这些空白就是为了更好地泛化能力而留出来的间隔。最终的分界线就在这两条边界线的正中间。SVM 的基本流程就是把上述操作转化为一个优化问题。用两类样本分别在边界的一侧而不越界作为约束条件，优化的目标是使间隔最大。找到最优解后，将其作为分界线，就可以对新来的测试样本进行分类了。

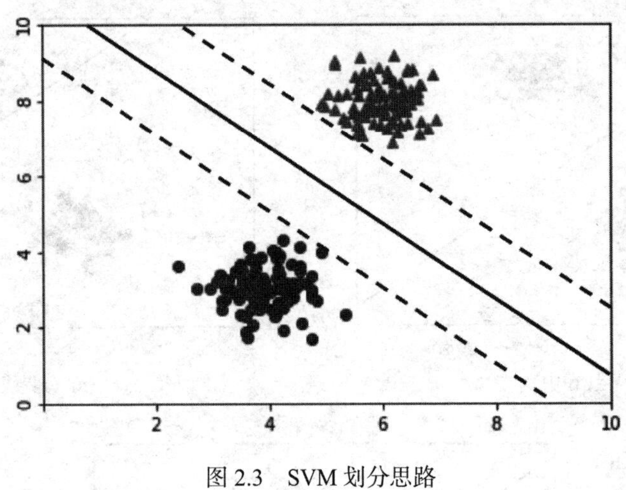

图 2.3 SVM 划分思路

基本的 SVM 算法流程如图 2.4 所示。

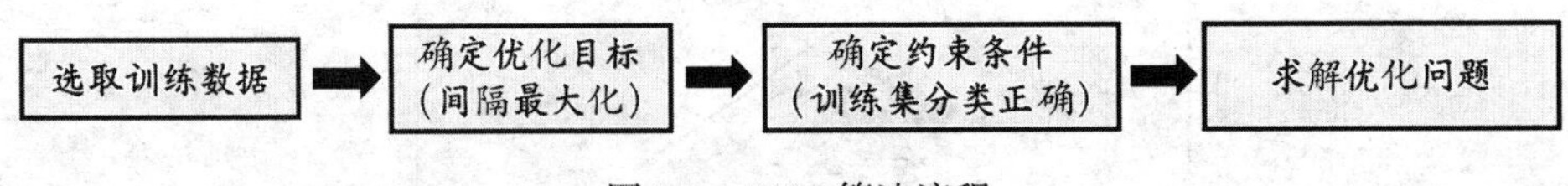

图 2.4 SVM 算法流程

2.2 数学形式与求解方法

经过上面的描述和分析，我们已经基本厘清了 SVM 模型的思路与流程，接下来就用数学方法进行建模和求解该问题。在进行具体的数学推导之前，为了后续描述的简单和流畅，先对可能用到的基本数学知识做一些补充。如果读者已经对这些数学知识非常熟悉，则可以跳过 2.2.1 小节。

2.2.1　数学知识补充

由于涉及空间间隔的距离、超平面等内容，因此先简单回顾解析几何中的一些概念和方法。

1. 超平面的表示方法

超平面的表示方法为式 (2.1)。

$$\boldsymbol{w}^{\mathrm{T}}\boldsymbol{x}+b=0 \tag{2.1}$$

其中，$\boldsymbol{w}$ 为超平面的法向量；b 为相对于过原点超平面的偏移。

式 (2.2) 中的两个公式分别表示超平面两侧的区域。

$$\begin{aligned}\boldsymbol{w}^{\mathrm{T}}\boldsymbol{x}+b>0\\ \boldsymbol{w}^{\mathrm{T}}\boldsymbol{x}+b<0\end{aligned} \tag{2.2}$$

2. 点到超平面的距离公式

超平面上的点 $\boldsymbol{x}$ 都满足 $\boldsymbol{w}^{\mathrm{T}}\boldsymbol{x}+b=0$，超平面外的点 $\boldsymbol{x}$ 到超平面的距离与 $\boldsymbol{w}^{\mathrm{T}}\boldsymbol{x}+b$ 成正比关系，绝对值越大，距离越远。考虑到超平面方程等式右边为 0，法向量 $\boldsymbol{w}$ 可以任意倍率缩放而不改变表示的超平面（如 $a\boldsymbol{w}^{\mathrm{T}}\boldsymbol{x}+ab=0$ 仍表示 $\boldsymbol{w}^{\mathrm{T}}\boldsymbol{x}+b=0$ 这个超平面），所以应针对 $\boldsymbol{w}$ 进行归一化处理。经过推导，可以知道实际上点到超平面的距离公式为式 (2.3)。

$$d(\boldsymbol{x}_0,\boldsymbol{w}^{\mathrm{T}}\boldsymbol{x}+b)=\frac{1}{\|\boldsymbol{w}\|}|\boldsymbol{w}^{\mathrm{T}}\boldsymbol{x}_0+b| \tag{2.3}$$

3. 凸优化问题的相关背景知识

鉴于凸优化理论较为复杂，这里只简要介绍几个在 SVM 模型中可能用到的知识点。

凸优化问题的定义涉及凸集、凸函数等知识，这里仅直观介绍，读者如对精确定义和相关理论感兴趣，可以参考凸优化相关资料。所谓凸集，可以直观想象为一个高维空间中的点集，其中任意两点的连线都在集合内。如果放在三维空间，就是我们直观想象的凸的样子。凸函数的定义域是凸集，且函数本身满足 Jensen 不等式 (2.4)。

$$f(\lambda\boldsymbol{x}_1+(1-\lambda)\boldsymbol{x}_2)\leqslant\lambda f(\boldsymbol{x}_1)+(1-\lambda)f(\boldsymbol{x}_2) \tag{2.4}$$

凸优化问题可以从两部分进行描述：优化目标和约束条件。优化目标就是优化过程中希望函数值最大化或最小化的函数；约束条件可有可无，一般在实际问题中都是具有一定的约束条件的。约束条件可以分为等式约束和不等式约束，指在优化过程中，全部或部分变量需要满足的条件。凸优化问题的标准数学形式为式 (2.5)。

$$
\begin{aligned}
&\min_{x} f(\boldsymbol{x}) \\
&\text{s.t.} \begin{array}{l} g_i(\boldsymbol{x}) \leqslant 0, \quad i=1,\cdots,m \\ h_j(\boldsymbol{x}) \leqslant 0, \quad j=1,\cdots,p \end{array}
\end{aligned} \tag{2.5}
$$

凸优化相对于普通优化问题的优势在于，其局部最值点就是全局最值点。也就是说，只要沿着梯度下降的策略一直优化，就一定能找到最小值。就像一个有唯一谷底的山谷，只要一直朝下走，一定可以到底。从另一个角度来说，凸优化问题有着较为完善的理论体系和通用的解法，只要能把一个问题转化为凸优化问题，那么这个问题就可以被认为已经解决了。

在含有约束条件的凸优化问题的求解中，如果该优化问题本身（称为原问题）的数学形式不方便求解，则通常采用拉格朗日乘子法（Method of Lagrangian Multiplier）将其转化为对偶问题（Dual Problem）进行求解。拉格朗日乘子法的步骤是：对每一个不等式约束条件都添加一个拉格朗日乘子 $\alpha_i \geqslant 0$，等式约束添加 β_j，并将这些已经有拉格朗日乘子的约束条件加入优化目标，形成对偶问题。当满足强对偶性条件时，求解对偶问题就等价于求解原问题。

$$
\begin{aligned}
&\max_{\alpha} \ \inf\left(f(\boldsymbol{x}) + \sum_i \alpha_i g_i(\boldsymbol{x}) + \sum_j \beta_j h_j(\boldsymbol{x}) \right) \\
&\text{s.t.} \ \ \alpha_i \geqslant 0
\end{aligned} \tag{2.6}
$$

以上就是可能用到的数学知识的补充，下面进入正题，对 SVM 算法进行数学描述和推导。

2.2.2 数学模型与理论推导

将上述问题进行数学化的表述如下：训练集记为 S，共含有 n 个样本，每个样本点都记作 $(\boldsymbol{x}_i, y_i)$，其中 $\boldsymbol{x}_i$ 为特征向量，y_i 为类别。这里为了方便，将正样本的类别记为 +1，负样本的类别记为 -1。注意，为了考虑一般性，这里的 $\boldsymbol{x}_i$ 为高维向量，不局限于前面示例中的二维平面。

注意

将要找的超平面记作 $\boldsymbol{w}^{\mathrm{T}}\boldsymbol{x}+b=0$，因为要把两类数据完美分开，所以对于 y_i=+1 的样本的特征向量 $\boldsymbol{x}_i$ 来说，$\boldsymbol{w}^{\mathrm{T}}\boldsymbol{x}+b>0$。同理，对于 y_i=−1 的 $\boldsymbol{x}_i$ 来说，$\boldsymbol{w}^{\mathrm{T}}\boldsymbol{x}+b<0$（注意：这里只考察可以完美分开并且能够留出间隔的情况，这种情况称为线性可分，而不满足的情况称为线性不可分。对于线性不可分的情况，会在 2.3 节和 2.4 节进行讨论）。考虑

到要在两类之间留有一个间隔，因此将不等式中的 >0 改成 ≥ 1，而 <0 改成 ≤ -1。由于 $\boldsymbol{w}$ 和 b 是可以乘以系数的，因此虽然不等式右边是 +1 或 -1，但是通过 $\boldsymbol{w}$ 的调节可以改变实际的间隔大小。公式为式 (2.7)。

$$\begin{cases} \boldsymbol{w}^{\mathrm{T}}\boldsymbol{x}_i + b \geqslant 1, & y_i = 1 \\ \boldsymbol{w}^{\mathrm{T}}\boldsymbol{x}_i + b \leqslant -1, & y_i = -1 \end{cases} \tag{2.7}$$

如图 2.5 所示，显然在每一类数据中，肯定存在使式 (2.7) 中的不等式取等号的点，这些点到分隔超平面的距离可根据点到超平面的距离公式 (2.8) 计算得到。

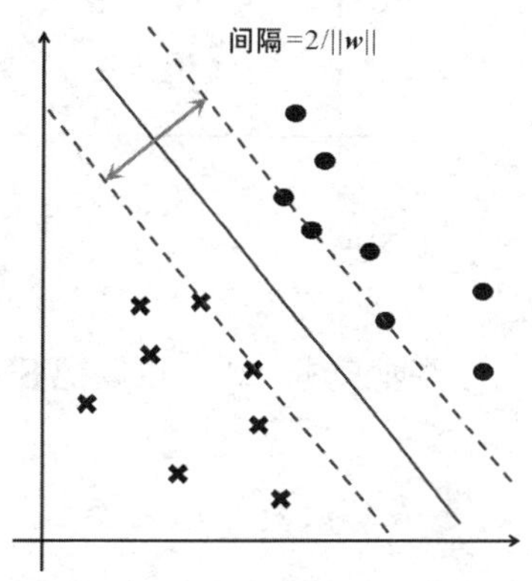

图 2.5　SVM 模型中的间隔

$$\begin{cases} d_+ = \dfrac{1}{\|\boldsymbol{w}\|} |\boldsymbol{w}^{\mathrm{T}}\boldsymbol{x}_{\text{support vector }+} + b| = \dfrac{1}{\|\boldsymbol{w}\|} |+1| = \dfrac{1}{\|\boldsymbol{w}\|} \\ d_- = \dfrac{1}{\|\boldsymbol{w}\|} |\boldsymbol{w}^{\mathrm{T}}\boldsymbol{x}_{\text{support vector }-} + b| = \dfrac{1}{\|\boldsymbol{w}\|} |-1| = \dfrac{1}{\|\boldsymbol{w}\|} \end{cases} \tag{2.8}$$

也就是说，两类点到超平面的最近距离都是 $1/\|\boldsymbol{w}\|$，分隔超平面在“正中间”，符合前面描述的目标。同时，这两类点在通过这样的超平面划分之后，其之间的间隔为式 (2.9)。

$$\gamma = d_+ + d_- = \frac{2}{\|\boldsymbol{w}\|} \tag{2.9}$$

该距离通常称为 SVM 的间隔（Margin），而这些使等式成立的样本点称为支持向量（Support Vector）。这个名称非常形象，因为就是这些点支撑着整个类别的数据集不越过边界，进入被预留出来的距离为 γ 的间隔中。同时，这也是支持向量机模型的名称的由来。

支持向量还有一个重要的特点：它是真正决定分界面位置的样本点。即如果两类样本中新加入了一些样本点，但是这些样本点没有成为支持向量，那么分界面的位置不会改变。也就是说，可以简单地认为，这些点对于 SVM 模型的学习并不重要。相反，如果加入的点成为一个支持向量，那么分界面位置就会改变，说明这个点的加入对模型的学习提供了新的信息，让它有了新的判断。

如图 2.6 所示，空心的点表示新加入的训练样本。图 2.6(a) 所示的新加入样本点并没有改变分界面，而图 2.6(b) 所示的新加入样本点则改变了分界面。这也说明，SVM 中起作用的其实只有少量关键的样本点。

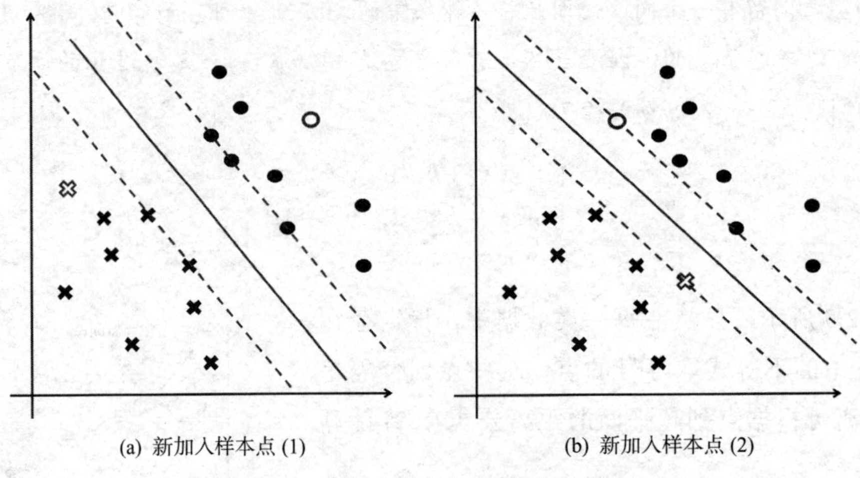

(a) 新加入样本点 (1)　　(b) 新加入样本点 (2)

图 2.6　新加入样本点对分界面的影响

整理前述公式，可以把 SVM 模型写成一个优化问题，即式 (2.10)。

$$
\begin{aligned}
&\max_{\boldsymbol{w},b}\ \frac{2}{\|\boldsymbol{w}\|}\\
&\text{s.t.}\quad y_i(\boldsymbol{w}^{\mathrm{T}}\boldsymbol{x}_i+b)\geqslant 1,\quad i=1,2,\cdots,n
\end{aligned}
\tag{2.10}
$$

简单说明一下，这里的目标函数是使间隔 γ 尽量大，同时约束条件又保证了两类数据点都不越过支持向量所划定的边界。式 (2.10) 其实只是最大化 $\|\boldsymbol{w}\|$ 的倒数，为了数学上求解的简便，可以将式 (2.10) 改写为式 (2.11)。

$$
\begin{aligned}
&\min_{\boldsymbol{w},b}\ \frac{1}{2}\|\boldsymbol{w}\|^2\\
&\text{s.t.}\quad y_i(\boldsymbol{w}^{\mathrm{T}}\boldsymbol{x}_i+b)\geqslant 1,\quad i=1,2,\cdots,n
\end{aligned}
\tag{2.11}
$$

这是一个凸优化问题，而且是一个凸二次规划（Convex Quadratic Programming）。这样，把求解分割超平面的问题转化为可求解的凸优化问题，至此，该问题基本解决。

另外，式 (2.11) 是最基本的 SVM 的标准形式。之所以是最基本的标准形式，是因为在现实世界中，能够满足如此完美的线性可分的假设的数据并不多，在多数情况下，需要对个别“越界”的点及不那么平整的分界面有一些容忍，这就是 2.3 节和 2.4 节将要讨论的问题。

2.3　核方法与维度问题

上面介绍了在线性可分的情况下，如何通过优化间隔最大化找到一个合适的分割超平面，并得到了一个基本的 SVM 的优化问题的数学形式。上面的分界面是一个超平面，那么

我们很自然地就会考虑，如果数据点不是线性可分的该如何处理呢？这时会涉及本节的内容：核方法。

2.3.1　核方法的含义

仍以一个示例来说明：如图 2.7(a) 所示，两种形状不同的点代表两个不同的类别。很显然，我们无法找到一条直线（直线相当于二维的超平面）将两类数据点分开。但是，我们可以通过一个函数式 (2.12)

$$z = \exp(-\frac{x^2 + y^2}{2}) \tag{2.12}$$

将其映射到三维空间，得到图 2.7(b)。

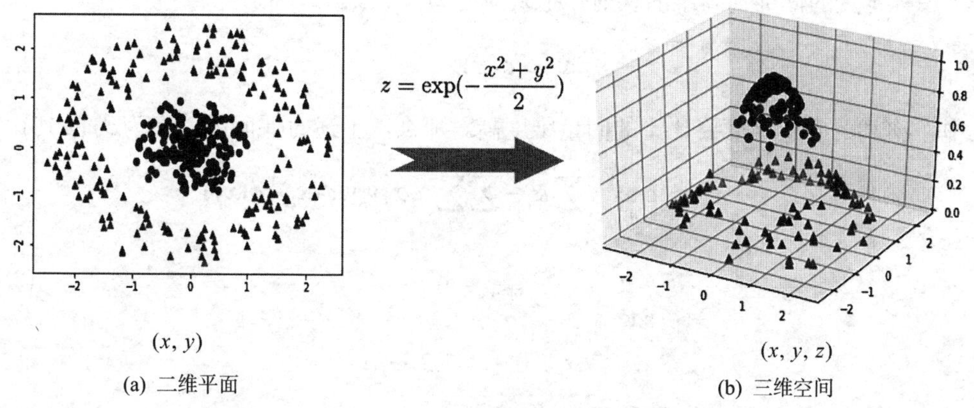

图 2.7　样本数据线性不可分示例

这里用的函数以二维数据点 (x, y) 为自变量，得到函数值 z，并将 (x, y, z) 作为新的三维空间数据点。可以看到，在三维空间中，两类数据变成了线性可分的，只需要一个与 xOy 平面平行的分界面，即可将两者顺利分开。

本质上来说，这就是核方法的基本出发点，即通过将线性不可分的数据映射到高维空间，从而使其线性可分。当然，这仅仅是核方法思路的起点，具体的低维到高维的映射操作部分将在后面的推导中讲解。到最后你会惊讶地发现，甚至不需要显式地写出这个映射表达式，而这也正是核方法的奇妙之处。

2.3.2　核函数 SVM

要讨论核函数 SVM，需要先回到标准的线性可分的 SVM 的求解问题，即 2.2 节式 (2.11)

的求解。这是一个具有不等式约束的凸优化问题，应用拉格朗日乘子法将其转化为拉格朗日函数，得到式 (2.13)。

$$L(\boldsymbol{w},b,\alpha)=\frac{1}{2}\|\boldsymbol{w}\|^2+\sum_i \alpha_i[1-y_i\ (\boldsymbol{w}^{\mathrm{T}}\boldsymbol{x}+b)] \tag{2.13}$$

对 $\boldsymbol{w}$ 和 b 求导，并代入式 (2.13)，找到 $L(\boldsymbol{w},b,\alpha)$ 的下界 $\inf(L)$，得到对偶问题式 (2.14)。

$$\begin{aligned}&\max_{\alpha} && \sum_i \alpha_i-\sum_i\sum_j \alpha_i\alpha_j y_i y_j \boldsymbol{x}_i^{\mathrm{T}}\boldsymbol{x}_j\\ &\text{s.t.} && \sum_i \alpha_i y_i=0\\ & && \alpha_i \geqslant 0,\ \ i=1,2,\cdots,n\end{aligned} \tag{2.14}$$

至此，准备工作完成，下面将求解该对偶问题。

先考虑样本点的低维到高维的映射，把映射写为式 (2.15)。

$$\boldsymbol{x}\rightarrow \phi(\boldsymbol{x}) \tag{2.15}$$

其中，$\phi(\boldsymbol{x})$的向量维度要比 $\boldsymbol{x}$ 的向量维度高。那么，上述对偶问题就变为式 (2.16)。

$$\begin{aligned}&\max_{\alpha} && \sum_i \alpha_i-\sum_i\sum_j \alpha_i\alpha_j y_i y_j \phi(\boldsymbol{x}_i)^{\mathrm{T}}\phi(\boldsymbol{x}_j)\\ &\text{s.t.} && \sum_i \alpha_i y_i=0\\ & && \alpha_i \geqslant 0,\ \ i=1,2,\cdots,n\end{aligned} \tag{2.16}$$

可以发现，由于$\phi(\boldsymbol{x})$是一个列向量，因此式 (2.16) 中的最后两项$\phi(\boldsymbol{x}_i)^{\mathrm{T}}\phi(\boldsymbol{x}_j)$就是该列向量的内积。由于预设了$\phi(\boldsymbol{x})$的维度较高（甚至是无穷维），因此如果对每个 $\boldsymbol{x}$ 都先做一个到$\phi(\boldsymbol{x})$的映射，然后两两计算内积，计算量会非常大。那么，能不能有一个二元函数，它的每个点的值刚好就是某个$\phi(\boldsymbol{x})$的内积呢？如果这样，就可以直接根据特征向量两两组合构成的二元变量计算函数值，即可得到对应的内积。事实证明，这个想法是可行的，该函数具有式 (2.17) 所示的形式。

$$K(\boldsymbol{x},\boldsymbol{y})=\phi(\boldsymbol{x})^{\mathrm{T}}\phi(\boldsymbol{y})=\langle\phi(\boldsymbol{x}),\phi(\boldsymbol{y})\rangle \tag{2.17}$$

$K(\boldsymbol{x},\boldsymbol{y})$ 函数称为核函数（Kernel Function）。通过数学的方式可以证明：只要 K 函数对定义域内的 $\boldsymbol{x}$ 和 $\boldsymbol{y}$ 形成的二维矩阵总是半正定的，那么它就能被当作一个核函数来使用。也就意味着，它可以表示一个从低维映射到高维的高维向量之间的内积。

这样，就得到了核函数 SVM 的标准形式 (2.18)。

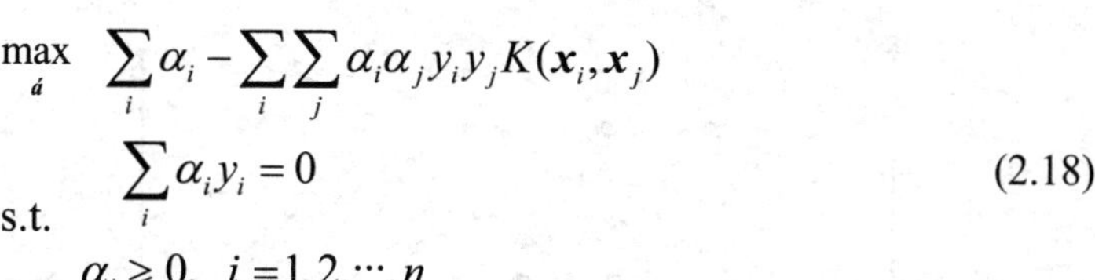

$$
\begin{aligned}
&\max_{\alpha} \quad \sum_i \alpha_i - \sum_i \sum_j \alpha_i \alpha_j y_i y_j K(\boldsymbol{x}_i, \boldsymbol{x}_j) \\
&\text{s.t.} \quad \sum_i \alpha_i y_i = 0 \\
&\qquad \alpha_i \geqslant 0, \ \ i = 1, 2, \cdots, n
\end{aligned}
\tag{2.18}
$$

SVM 常用的核函数如表 2.2 所示。

表 2.2　SVM 常用的核函数

核函数	表达式	备注
多项式核函数	$K(\boldsymbol{x},\boldsymbol{y}) = (\boldsymbol{x}^{\mathrm{T}}\boldsymbol{y}+c)^d$	参数$d>1, c\geqslant 0$
高斯核函数	$K(\boldsymbol{x},\boldsymbol{y}) = \exp(-\Vert\boldsymbol{x}-\boldsymbol{y}\Vert^2/2\sigma^2)$	参数$\sigma>0$

值得一提的是，高斯核函数实际上是将样本映射到了无穷维度的空间中。

2.4　软间隔支持向量机

上面已经对线性可分的 SVM 及应用核方法的 SVM 进行了简单介绍和理论梳理。其实无论是线性可分的 SVM 还是映射到高维度再进行划分的核函数 SVM，都有一个共同点，即它们都是严格地将两种类别划分到分界面的两边，并且留出最大的间隔。这种使两类所有样本点必须都要分类正确的 SVM 称为硬间隔（Hard Margin）SVM，但这种策略会带来一些弊端。因此，本节介绍另一种策略，即软间隔（Soft Margin）SVM 的相关内容。

2.4.1　软间隔的含义

软间隔是指仍然采取间隔最大化的思想来寻找 SVM 的分界面，但是不完全严格地要求所有点都被正确无误地分到距离分界面有一定间隔的、被支持向量确定出来的边界以内。允许错分，但是错分的点要受到惩罚。该惩罚被写入目标函数，与间隔最大化一起进行优化。

为什么要采取软间隔？下面用图 2.8 来进行说明。

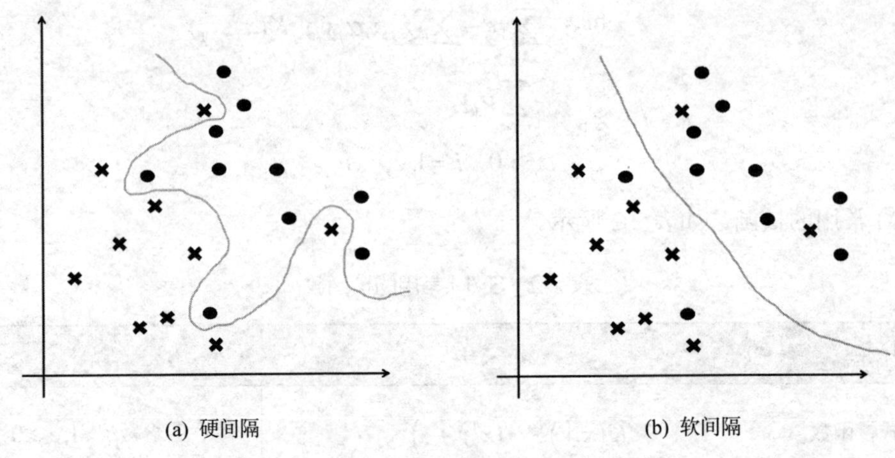

(a) 硬间隔　　(b) 软间隔

图 2.8　硬间隔与软间隔

图 2.8 所示的样本点和前面介绍的有所不同，它们具有一定的混杂，在正样本集中的地方有一些负样本，而负样本集中的地方有一些正样本。当然，我们可以采用向高维度映射的核方法将它们完美地划分开来（注意：核方法映射到高维空间中的超平面再转换回数据所在的低维空间后，就变成了曲线 / 面），就像图 2.8(a) 所示的结果。但是这个结果我们并不满意，因为该曲线的形状过于复杂，而且那几个正样本集中区域的负样本和负样本集中区域的正样本很可能是错误的噪声数据，很显然图 2.8(a) 的结果对于训练样本过拟合了。第 1 章已经介绍了过拟合与正则化相关的内容，正则化就是通过容忍一部分训练集上的精度损失，来达到更好的泛化能力与抗噪性能的策略。软间隔就是这样的策略，如图 2.8(b) 所示，虽然有几个错分的点，但是我们会认为这个结果比图 2.8(a) 更加合理。这就是软间隔 SVM 的基本意义。

2.4.2　软间隔 SVM 的损失函数

回顾 2.2 节的硬间隔的基本 SVM 的标准数学形式，如式 (2.9) 所示。

$$\begin{aligned}&\min_{\boldsymbol{w},b}\quad \frac{1}{2}\|\boldsymbol{w}\|^2\\&\text{s.t.}\quad y_i(\boldsymbol{w}^{\mathrm{T}}\boldsymbol{x}_i+b)\geqslant 1,\ \ i=1,2,\cdots,n\end{aligned}\tag{2.19}$$

要想采用软间隔代替硬间隔，只需要将约束条件中的硬性约束$y_i(\boldsymbol{w}^{\mathrm{T}}\boldsymbol{x}_i+b)\geqslant 1$用违反该约束的惩罚项来代替即可。用$L(y_i(\boldsymbol{w}^{\mathrm{T}}\boldsymbol{x}_i+b))$来表示这个惩罚函数，那么软间隔 SVM 的问题形式就变成了式 (2.20)。

$$\min_{\boldsymbol{w},b}\quad \frac{1}{2}\|\boldsymbol{w}\|^2+C\sum_i L(y_i(\boldsymbol{w}^{\mathrm{T}}\boldsymbol{x}_i+b))\tag{2.20}$$

其中，C 为惩罚的力度。

如果 C 较大，则更偏向硬间隔 SVM（如果 $C\to\infty$，则等价于硬间隔 SVM）；如果 C 较小，表示对训练集上的误差容许度较大，因而越界的样本点会更多，但是分界面会更简洁。实际上，$C\sum_i L(y_i(\boldsymbol{w}^{\mathrm{T}}\boldsymbol{x}_i+b))$ 这一项体现的就是正则项的功能。

关于惩罚函数 $L(z)$，对于二分类问题，理论上其损失函数应该是一个 0-1 损失，即对于错分的样本点，我们给它一个惩罚；对于没有错分的，则不予惩罚。这样一来，$L(z)$ 就变成了一个分段函数，该分段函数在 $z\geqslant 0$（真实类别和该分界面下的预测类别同正负号）时，$L(z)=0$；而 $z<0$（两者异号）时，$L(z)=1$。

但是该分段函数是不连续的，对求解优化问题不利，所以需要寻找可以替代它的函数。实际上，软间隔 SVM 中最常用的 L 函数是合页函数（Hinge Function），该函数的形式为式 (2.21)。

$$L_{\text{hinge}}(z)=\max(0,1-z) \tag{2.21}$$

把该合页损失的函数图形与标准的 0-1 损失的函数图形画出来，如图 2.9 所示。

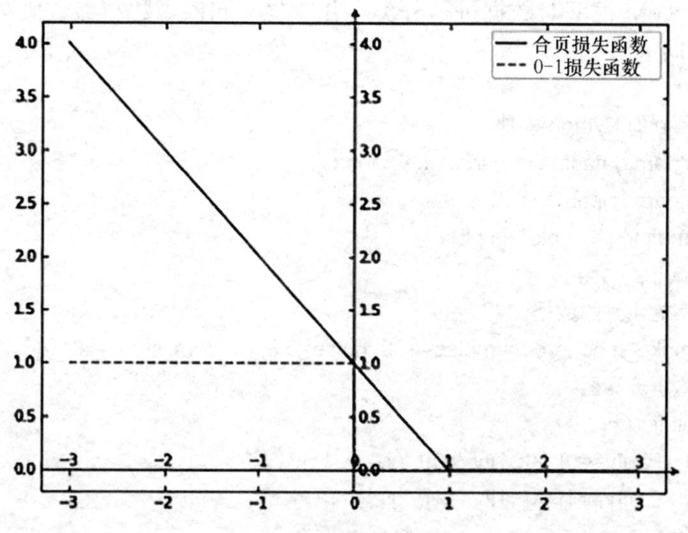

图 2.9　合页损失函数与 0-1 损失函数

图 2.9 中，横轴表示 $y(\boldsymbol{w}^{\mathrm{T}}\boldsymbol{x}+b)$，即样本点离分界面的距离间隔（带符号）。可以看出，合页损失实际上是 0-1 损失的一个上界，它比普通的 0-1 损失更为严格。例如，当该间隔在 [0,1) 区间时，0-1 损失没有惩罚，因为分对了；而合页函数则给了惩罚，因为它越过了 SVM 的间隔。对于错分的点，即负半轴部分，合页函数的惩罚会因为样本点距离分界面更远而惩罚力度更大。

通过引入一个松弛变量 $\xi_i\geqslant 0$，可以把软间隔 SVM 写成式 (2.22) 的形式。

$$
\begin{aligned}
&\min_{\boldsymbol{w},b,} \quad \frac{1}{2}\|\boldsymbol{w}\|^2 + C\sum_i \xi_i \\
&\text{s.t.} \quad \begin{array}{l} y_i(\boldsymbol{w}^{\mathrm{T}}\boldsymbol{x}_i + b) \geqslant 1 - \xi_i \\ \xi_i \geqslant 0 \end{array} \quad i = 1, 2, \cdots, n
\end{aligned}
\tag{2.22}
$$

其中，ξ_i 为越过硬间隔边界的距离，如果未越界，则不考虑惩罚。

越界距离与惩罚力度成正比，这就是合页函数的本质特征。

2.5 本章小结与代码实现

到这里为止，SVM 的相关内容已经介绍完毕。综上所述，我们的逻辑思路是这样的：首先考虑最简单的线性可分问题，给出 SVM 的基本形式；然后对于线性不可分的问题，给出核方法 SVM 的处理策略；最后，针对实际数据中可能具有的噪声，为了算法的泛化性能，给出能够一定程度容错的软间隔 SVM。在实际应用中，结合核函数法和软间隔法，就可以对实际数据进行基于 SVM 的分类处理。

本节将利用 SVM 模型对数据进行分类，并考察不同核函数与参数值对结果的影响。其具体代码与注释如下：

```
# 导入用到的 Python 模块
from sklearn.datasets import make_moons
from sklearn import svm
import matplotlib.pyplot as plt
import numpy as np
# 生成实验用到的数据
X, y = make_moons(n_samples=100, noise=0.3, random_state=2019)
# 画出数据分布图
fig1 = plt.figure()
plt.plot( X[:,0][y==0], X[:,1][y==0], "bo" )
plt.plot( X[:,0][y==1], X[:,1][y==1], "g^" )
plt.show()
# 定义函数，该函数可以在 SVM 训练好之后对数据集范围内的点进行预测并作图，从而显示出
# SVM 的分界线
def predict_each_value(X, y, cls):
    x1_min, x2_min = np.min(X,axis=0) - 1
    x1_max, x2_max = np.max(X,axis=0) + 1
    X1, X2 = np.meshgrid(np.arange(x1_min, x1_max, 0.01), \
                         np.arange(x2_min, x2_max, 0.01))
    CLS = cls.predict(np.transpose(np.array([X1.ravel(),\
                         X2.ravel()]))).reshape(X1.shape)
    plt.figure()
```

```
    plt.contourf(X1, X2, CLS)
    plt.xlim(x1_min, x1_max)
    plt.ylim(x2_min, x2_max)
    plt.plot( X[:,0][y==0], X[:,1][y==0], "bo" )
    plt.plot( X[:,0][y==1], X[:,1][y==1], "g^" )
    plt.show()
# 高斯核函数，C=100 为惩罚项的系数，越大表示对越界惩罚力度越大，从而导致模型越复杂，
# 在训练集上越准确，泛化性能越低；反之，C 越小，模型越简单，泛化性能越强，但是在训练集
# 上误差越大
clf = svm.SVC(kernel='rbf',random_state=2019,gamma=0.1,C=100.0)
# 对 SVM 进行训练
clf.fit(X,y)
# 做出训练结果图
predict_each_value(X, y, clf)
# 输出支持向量的个数
print(clf.n_support_)
# C=10，仍用高斯核函数
clf = svm.SVC(kernel='rbf',random_state=2019, gamma=0.1, C=10.0)
clf.fit(X,y)
predict_each_value(X, y, clf)
print(clf.n_support_)
# C=1，仍用高斯核函数
clf = svm.SVC(kernel='rbf',random_state=2019, gamma=0.1, C=1.0)
clf.fit(X,y)
predict_each_value(X, y, clf)
print(clf.n_support_)
# C=10，改为线性核函数，即不进行低维到高维映射，是最基本的软阈值 SVM 形式
clf = svm.SVC(kernel='linear',random_state=2019, gamma=0.1, C=10.0)
clf.fit(X,y)
predict_each_value(X, y, clf)
print(clf.n_support_)
# C=10，改为多项式核函数进行实验
clf = svm.SVC(kernel='poly',random_state=2019, gamma=0.1, C=10.0)
clf.fit(X,y)
predict_each_value(X, y, clf)
print(clf.n_support_)
```

实验结果如图 2.10 所示。从实验结果可以看出，惩罚项的系数越大，表示越偏向于硬间隔，因此在训练集上错分率低，但分界面较为复杂；反之，惩罚项的系数小，则模型更简单，但是有一定的训练集错分率。从图 2.10(d) 和图 2.10(e) 可以看到，线性核函数是超平面分割，多项式核函数是曲面分割。

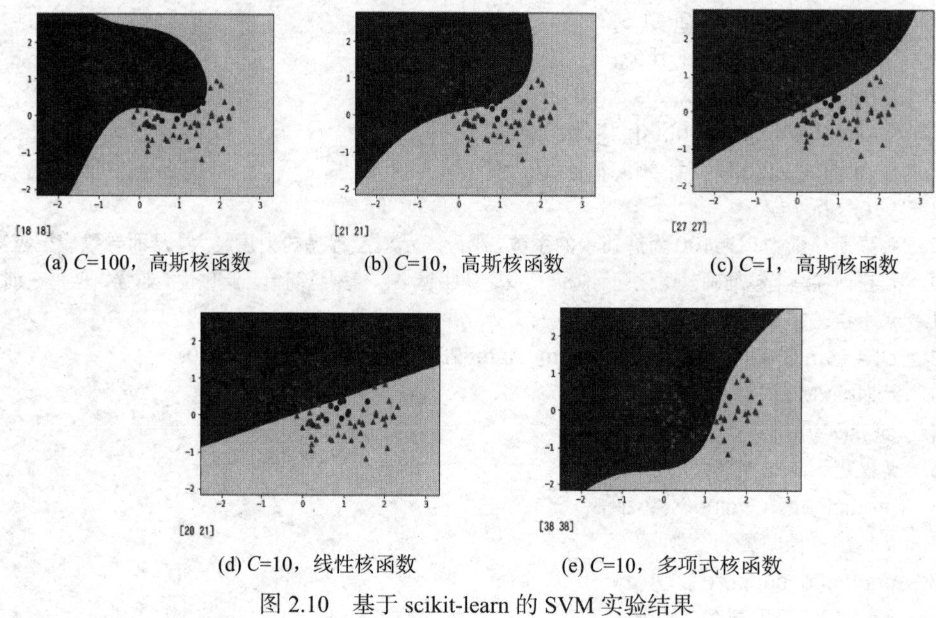

(a) C=100，高斯核函数　(b) C=10，高斯核函数　(c) C=1，高斯核函数

(d) C=10，线性核函数　(e) C=10，多项式核函数

图 2.10　基于 scikit-learn 的 SVM 实验结果

2.6　本章话题：高维度，是灾难还是契机？

“她切开了他的脑壳？”君士坦丁扫了一眼身后的狄奥伦娜，她站在那里裹紧斗篷瑟瑟发抖，目光像一只惊恐的老鼠。

“不，陛下，安纳托利亚后头部完好无损，全身各处也都完好。我派了二十个人监视他，每次五个轮班，从不同的角度死死盯着他。地窖的守卫也极严，一只蚊子都飞不进去……”法扎兰说着停了下来，好像被自己下面的回忆震惊了，皇帝示意他继续，“她走后不到两个小时，安纳托利亚人突然全身抽搐，两眼翻白，然后就直挺挺倒地死了。在场的监视者中有一名经验丰富的希腊医生，还有打了一辈子仗的老兵。他们都说从来没见过人有这种死相。又过了一个多小时她回来了，拿着这个东西。这时医生才想起切开死者的头颅，一看，里面没有大脑，是空的。”

君士坦丁再次仔细观察袋中的大脑，发现它十分完整，没有什么破裂和损伤。这是人体最脆弱的部分，如此完好，一定是被很小心地摘下来的。皇帝看看狄奥伦娜露在斗篷外的一只手，手指修长纤细，他想象着这双手摘取大脑时的情景，小心翼翼地，像从草丛里摘一朵蘑菇，从枝头上摘一朵小花……

——刘慈欣《三体 3 • 死神永生》

上面这一段摘自刘慈欣的科幻著作《三体 3• 死神永生》中的第一部分。在这一章节中，作者以天才的笔法和惊人的想象力描述了一个虚构的历史故事：在君士坦丁堡保卫战中，

女巫狄奥伦娜因为无意间发现了高维空间的碎片而获得了超凡的魔法。她可以从古老的密室中取出圣杯，放一串葡萄进去，还能在没有任何破坏的情况下毫发无损地取出囚犯的大脑。于是处于绝境的君士坦丁大帝想利用她的魔法，让她暗杀敌人穆罕默德二世，但是最终却因为无法再次进入高维空间而导致任务失败，而狄奥伦娜被人怀疑是并没有魔法的骗子，最终落得被刺杀的下场。

在刘慈欣笔下的科幻世界中，高维空间被描绘成一个广阔、浩渺、无限重复，并且具有人类难以把握的纵深感的一种存在，以至于相比之下三维空间似乎只是广阔的高维空间的一个横断面。事实上，通过经验世界中对于一维和二维、二维和三维的空间关系的类比，我们不得不承认，这确实是一个合理的推测与想象。在前面提到的这个故事中，女巫通过进入高维空间，使许多在三维空间中不可能发生的事情发生了。高维空间可以跨越低维空间中的障碍，如图 2.11 所示，二维空间中的猫是无法越过由一条线（一维的障碍）隔开的空间抓住对面的老鼠的。而三维空间中的老鼠就没有那么幸运了，在三维空间中，一维的障碍物并不是障碍，三维空间的猫可以利用第三个维度越过分界线，把老鼠抓住。当然，三维空间中如果有一个封闭的或无限大的面作为隔板，那仍然会将两边隔开，这正是我们所在的物理世界中的情况。要解决这个问题，只能求助于更高的维度。

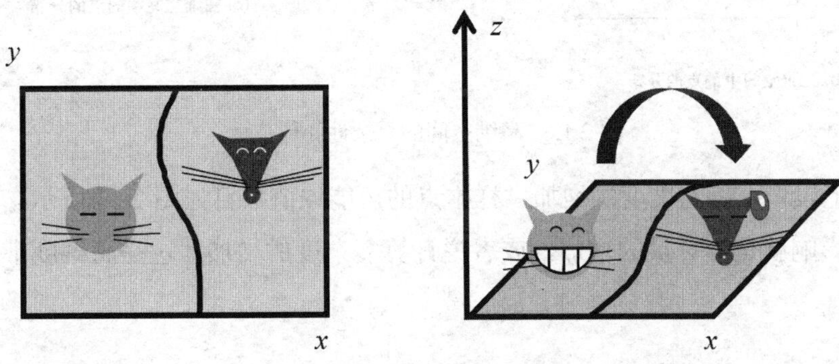

图 2.11　低维和高维空间中的猫和老鼠

回到机器学习算法的话题，本章介绍的 SVM 的核方法，本质上就是利用高维空间解决低维空间中的问题，和女巫狄奥伦娜的操作似乎如出一辙。高维空间确实具有低维度不具有的优势，因此对于一个机器学习问题，在获取了样本的特征向量之后，通过对特征向量之间的处理，得到一些新的特征，从而进行特征维度的提升，该策略有时会是一个很有效的预处理措施。举一个直观的例子，假如想要利用机器学习预测一个人的“颜值”，而能够使用的特征向量只有五官的一些精确测量，如眼睛的长和宽、眉毛的角度、鼻梁的高度、眼间距离等。但是我们通过经验可以知道，人类对于“颜值”的判断可能并不仅仅与这些单个的要素有关，而是和各部分的协调和比例，甚至更加复杂的数学关系相关。那么这时如果通过某种策略，将这些判断依据找出来，并作为新的特征向量的元素加入，特征维度增加，会更有利于机器学到一个具有更好的泛化能力的模型，从而使预测更加准确。

高维度空间对机器学习带来的优势并非绝对的，向着高维度的扩充有时也会带来不利的影响。有学者将这种因为维度提高而带来的困境称为“维数灾难”（Curse of Dimensionality）。

先来看图 2.12。把边长为 1 的 d 维立方体作为要考察的分布的总体，设定样本点每个维度上的间隔为 0.1，在这些点上进行采样，用得到的样本点预测总体的分布情况。如图 2.12 所示，随着维度的增加，样本空间大大增加，这是每个维度上样本点个数通过幂运算后的必然结果。

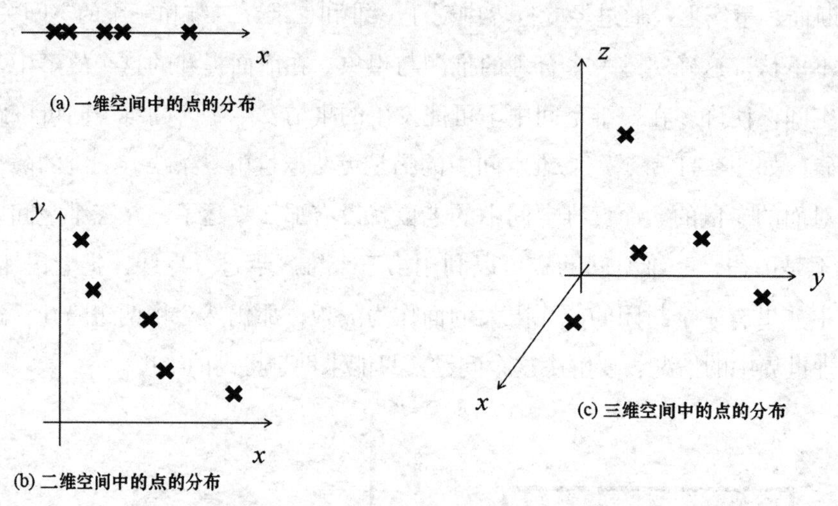

图 2.12　高维空间的复杂性和稀疏性

按照以上设定，随着维度的增加，样本点的可能取值数目如图 2.13 所示。这种现象最直接的一个影响就是计算量的增加，或者说计算复杂度的增加。这是高维度带来的第一个不利影响。

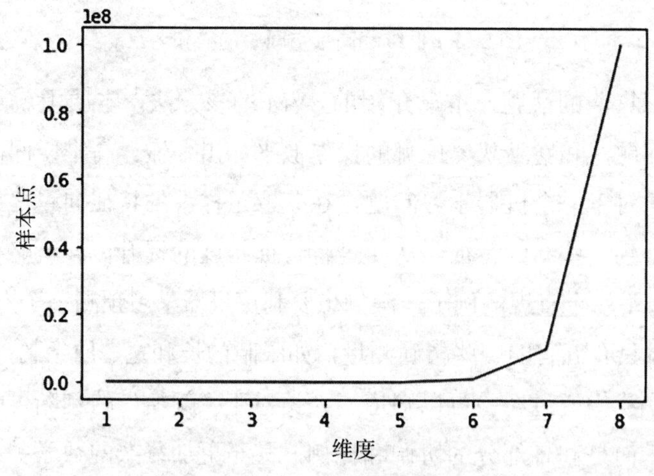

图 2.13　样本点数与维度的关系

再看图 2.12 会发现，高维度中的样本点相对更稀疏。这是很容易理解的，因为样本空间变大了，同样数量的样本所占的比例变小，所以高维空间中的样本更加稀疏。这将会对机器学习算法产生什么影响呢？我们知道，机器学习模型都是通过样本数据训练得到的，我们希望预测的是总体，但是我们拿到的是样本。因此，我们希望样本足够，这样才能代表总体的特征。而由于高维空间中的样本可以取值的范围实在太大，导致样本量显得不充足。第 1 章介绍过，样本量太少会引起过拟合，从而降低模型的推广性，或者称为泛化能力。为了避免这一点，也有很多降维操作，只关心主要矛盾，对细枝末节不予考虑。这些将在后面的章节中展开介绍。总之，样本的稀疏性也是高维度带来的一个不利影响。

综上所述，特征向量究竟是向高维度扩充，还是向低维度压缩，在机器学习中是一个很重要的问题。高维空间可能会有更好的对任务有用的特征，但是也会面临复杂度增加、容易过拟合等不利因素；而低维度空间虽然具有一定的局限性，但是在一定程度上能够提炼出特征中最重要的内容，从而使算法更为鲁棒。因此，高维度究竟是灾难还是处理问题的契机，这个问题应该根据实际数据与任务场景来做出合理的回答。

第3章

化直为曲：逻辑斯蒂回归

第 2 章介绍了一个经典的机器学习算法 ——SVM，并且讨论了它的思路、数学原理及适用的问题类型。通过讨论支持向量机算法，我们也了解了机器学习中一些基本的和通用的原则。

本章介绍另一种传统机器学习方法 —— 逻辑斯蒂回归（Logistic Regression, LR），有的书上也称为对数几率回归或者逻辑回归等。虽然称为“回归”，但是逻辑回归主要还是被用来解决分类问题。首先通俗解释一下逻辑斯蒂回归的原理，以及它所适用的任务类型。

（1）通俗解释：逻辑斯蒂回归是一个较为简单的分类器，既可以处理二分类问题，也能处理多分类问题。它通过一个非线性函数对数据样本的类别进行学习，可以看作对样本属于某一类别的概率进行回归，已经被标定为某一类别标签的训练样本，我们就认为是它属于该类别的概率为 1，属于其他类别的概率为 0，然后将训练好的模型应用于新的样本，就可以输出该样本是每个类别的概率分别为多少，选择概率最大的类别作为最终的分类结果。

（2）任务类型：通常用来处理二分类问题或多分类问题。与 SVM 直接在空间上进行划分，并给出硬性指标的类别不同，逻辑斯蒂回归可以将每个样本点的特征向量映射为其是否归属某一类别的一个概率值。在广告技术的 CTR（Click Through Rate，点击通过率，指广告实际被点击的次数与广告出现次数的比率）等具有概率性质的预测中，逻辑斯蒂回归也具有广泛的应用。

3.1 逻辑斯蒂回归的基本原理

逻辑斯蒂回归是一个分类器，通常被用于解决分类问题。可能有人会问：为何这个算法被称为逻辑斯蒂“回归”呢？本节就来解答这个问题。首先介绍分类问题和回归问题的区别和联系，然后从直观的角度来说明逻辑斯蒂回归的原理和思路。

3.1.1　分类问题与回归问题

回想第 1 章讲过的线性回归的相关内容，以及第 2 章中支持向量机模型解决分类问题的内容，不难发现分类问题和回归问题的区别和联系。

分类问题：根据样本特征预测其属于哪一个类别。类别是离散值。

回归问题：根据输入的样本特征预测出一个连续值的输出。

注意

一般来说，分类问题中的类别和类别之间是无序存在的。例如，将水果按颜色分类，分成红色、黄色、绿色、紫色。我们没有理由进行“红色水果与黄色水果更接近”或者“紫色水果与绿色水果更不同”之类的判断和论述，因而只能将它们认为是两两“等距离”的。

这里之所以强调这一点，是为了和“离散化的数值”区分开来。例如，一个只能显示整数温度的空调显示屏，其显示的数值虽然也是离散的，如 23℃、24℃、25℃等，但是 23℃与 24℃的距离比 23℃与 25℃的距离更近。而一般来说，离散的类别变量，如第 1 类、第 2 类、第 3 类等，并不具有这个性质。

分类问题也可以划分成二分类问题与多分类问题，顾名思义，就是类别数为 2 和类别数大于 2 的分类问题。从形式上说，二分类问题可以是多分类问题的一个特例，如果一个算法可以直接处理多分类问题，那么将类别数设定为 2，一般就能求解二分类问题。（如本章介绍的逻辑斯蒂回归的多分类模型，将类别换成 2，稍加推导即为二分类的逻辑斯蒂模型的形式）。另外，二分类问题有时又是解决多分类问题的基础，因为多分类问题都可以转化为二分类问题，然后用二分类的模型来解决。

这种多分类任务到二分类任务的转化主要有如下几种策略。

（1）二分类问题可以看作“是某类”与“不是某类”的分类。对多分类问题中的每一类都进行“是该类”和“不是该类”的二分类划分，最终每个样本都会得到对所有类别的一个判断，找出判断样本为该类的置信度最高的类别，作为样本的最终分类结果。这样就实现了多分类问题的分类任务。由于这种策略将样本划分为某一类（One）和非某一类［剩余所有类（Rest），我们认为样本必须属于这些类别里的某一个］，因此通常称为 OvR（One versus Rest）。

（2）在这些类别中每次取出两个类别，如 A 类和 B 类，训练二分类器。这样的操作总共要进行$C_n^2=n(n-1)/2$次，对于每个样本来说，由于每次比较都会得到一个类别，因此总共得到$n(n-1)/2$个类别。假设该样本的真实类别为 A 类，那么在所有含有 A 类的$(n-1)$次比较中，该样本都应该被划分成 A 类，而其他不含有 A 类的结果则较为随机。因此，通过投票的方式，即可得到真正的类别。由于所有的二分类都是某一类和另一类逐个进行预测，因此该策略通常称为 OvO（One versus One）。

（3）将所有类别先进行划分，如有 C1~C4 四个类别，先将 C1 和 C2 作为正例，C3 和 C4 作为反例，训练分类器；再将 C1 和 C4 作为正例，C2 和 C3 作为反例，训练另一个分类器，以此类推，就可以得到多个二分类器。训练好之后，将要预测的样本放入每个分类器中进行分类，并通过比较所有分类器最终的结果与哪一类距离更近来作为最终结果。

举一个简单的例子，样本在 (C1,C2)/(C3,C4) 的分类器中结果为正样例，即 (C1,C2)，而在 (C1,C4)/(C2,C3) 的分类器中结果为负样例 (C2,C3)。那么只从这两个分类器来看，样本类别应该被判断为 C2。

可以这样理解，如果样本为 C1 类，那么这两个分类器的结果应该是第一个为“+”，即属于 (C1,C2) 中的某一个；第二个为“+”，即属于 (C1,C4) 中的某一个。以此类推，可以得到每个类别在这些分类器上的编码，即：

C1：[+,+]　C2：[+,−]　C3：[−,−]　C4：[−,+]

这样，根据多个分类器的结果，就能判断其为哪一类。这里还可以加上如 (C1)/(C2,C3,C4) 的分类器、(C1,C3)/(C2,C4) 的分类器等，使结果更为可靠。实际上，使用这种策略时，将哪些类别划分为正样例、哪些类别划分为负样例的过程，以及分类器给出编码后如何判断是哪一类的过程，都是需要进行复杂且巧妙的设计的，这里暂不介绍。

由于这种策略将多个（Many）类别与多个类别进行划分，因此称为 MvM（Many versus Many）。

以上策略为只能进行二分类的模型提供了处理多分类任务的能力。这些模型往往被设计成只能产生“非此即彼”的硬性分类指标。例如，SVM 模型本身被设计成处理二分类的任务，它的输出是一个分界面，界面一侧的是一类，另一侧是另一类。这样的模型就可以通过以上三种策略来解决多分类问题。

但是有些模型并不局限于只产生一个类别指标，而是可以产生一个“认为样本属于某个类别”的置信度（Confidence）。例如逻辑斯蒂回归模型，它的输出是一个 0~1 的连续值，代表该样本有多大可能性是这一类。然后通过设定一个阈值（Threshold），将置信度高于这个阈值的判定为是该类，低于该阈值的判定为不是该类，从而实现了样本的分类问题。

可以发现，虽然逻辑斯蒂回归是一个分类模型，但是它是用回归的思路来处理分类问题的，所以称为逻辑斯蒂“回归”。那么，通过回归类别的概率来处理分类问题有什么优势呢？

首先，相比直接给出类别的模型，该类模型具有更好的适应性和可调节性，因为其可以把阈值设定得高一些，从而选出我们认为很有把握的结果；也可以将阈值设定得低一些，这样就可以将所有疑似的都找出来。根据问题性质的不同，可以在这两点之间找到一个平衡，这是其一个优点。

另外，对于样本不均衡的情况，也可以通过一些处理，使输出类别更能符合总体中样本可能的分布。这种处理也可以通过对输出结果的阈值来调整。这是以连续的概率值作为输出的分类模型的另一个优点。

还有一点，如果这类输出概率的模型可以应用于多个类别，即可以直接回归出多个类别中每个类别分别的可能性，那么就无须按照上述方法把多分类任务转化成多个二分类任务，而是直接选择置信度最高的一个作为结果。当然，如果前几个置信度相差不多，有时可以选择前 k 个置信度最高的（Top k），然后通过其他约束条件确定具体是哪一个类别。这也是可以输出概率的分类模型的一个优点。

了解到这些以后，就不难理解为何要在分类问题中引入可以输出连续值的逻辑斯蒂回归了。在实际场景中，对于需要利用概率作为决策依据的任务来说，如本章开头提到的 CTR 预估，对作为连续值的概率的回归具有很重要的意义。

接下来介绍逻辑斯蒂回归算法的整体思路。

3.1.2　逻辑斯蒂回归算法思路

第 2 章介绍了如何通过 SVM 算法来处理有监督的分类问题，下面沿着 SVM 的思路，尝试将其引导到逻辑斯蒂回归的算法思路中。

既然要从 SVM 的思路来导入逻辑斯蒂回归的思路，那么首先需要知道这两个算法的目的有何不同。简言之，SVM 是通过训练数据找到一个超平面，预测新的样本时看其在平面的哪一侧，就可以直接给出类别的预测结果；逻辑斯蒂回归是通过训练数据得到一个函数，预测新的样本时把特征输入该函数，就能得到样本数据为某一类的概率。

可以看出，两者的最终目标的区别是，一个给出结果，另一个给出概率。

既然如此，问题就变成了：如何从一个分类平面来得到一个分类概率？

首先，假设有一个分类问题，已经有了超平面进行划分，超平面为 $\boldsymbol{w}^{\mathrm{T}}\boldsymbol{x}+b$，如图 3.1 所示。对于落在两类样本点中间的某个新的样本，它必然会被分到超平面的这一侧或那一侧。而返回概率值的思路就是将这一硬性指标“软化”，使它成为一个渐变的数值。

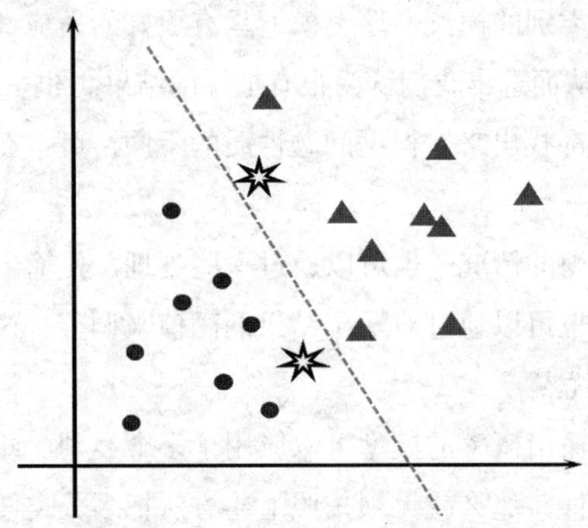

图 3.1　由超平面（此处为二维空间中的直线）作为决策面的两类样本

对于一个样本点 $\boldsymbol{x}$，以 $\boldsymbol{w}^{\mathrm{T}}\boldsymbol{x}+b$ 为横轴，以其实际类别为纵轴，可以作出图 3.2。

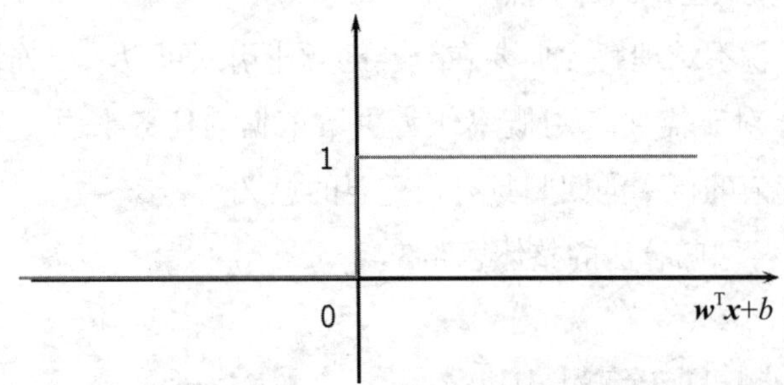

图 3.2　到超平面的距离与类别的关系

注意

这里为了和本章后面的示例统一，将第 2 章中的用 +1 和 -1 表示正样例和负样例改为用 1 表示正样例，0 表示负样例。这样做的好处在于，回归出来的概率值可以直接解释为“样本是正样例的概率”，即已经标注的正样例，它是正样例的概率是 1；而已经被标为负样例的样本，它是正样例的概率是 0。

可以看到，如果直接以超平面作为分类依据，那么对于线性可分问题，在训练集上，模型预测的类别和真实类别是一致的。也就是说，模型的预测结果也是这样一个阶跃函数（Heaviside Step Function）。阶跃函数的定义为式 (3.1)。

$$f(x)=\begin{cases}0 & x<0\\1/2 & x=0\\1 & x>0\end{cases}\tag{3.1}$$

可以看到，阶跃函数是一个不光滑的函数，它在自变量为 0 的位置不可导，且只有 0

和 1 两种取值。这样的函数虽然能分类，但是不能输出连续值。于是，我们用另一种函数，即逻辑斯蒂函数（Logistic Function）对阶跃函数进行替代。逻辑斯蒂函数的数学表达式为式 (3.2)。

$$\text{logistic}(x)=\frac{1}{1+\mathrm{e}^{-x}} \tag{3.2}$$

其函数图形如图 3.3 所示（为了便于对比，将阶跃函数用虚线显示在图中）。

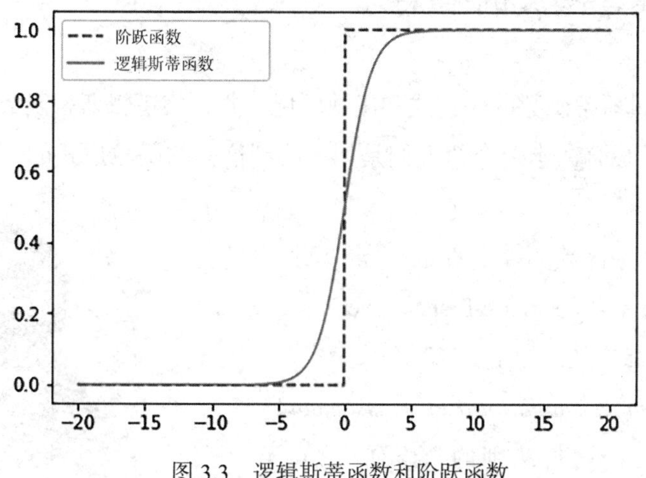

图 3.3　逻辑斯蒂函数和阶跃函数

与阶跃函数相比，逻辑斯蒂函数在交界处较为平滑，并且是一个连续函数。将 $\boldsymbol{w}^{\mathrm{T}}\boldsymbol{x}+b$ 作为输入，利用该函数进行回归，即可得到属于 0~1 的概率值。这样，就达到了逻辑回归最初的目的。

综上所述，逻辑斯蒂函数的基本思路就是，先用一个线性函数以样本的特征向量为输入计算出结果，然后通过一个非线性操作，即逻辑斯蒂函数，将结果转化为 0~1 的概率。这种非线性操作相比硬指标的线性回归加阈值，具有更强大的拟合能力，对于不确定的样本可以输出更加合理的结果（如置信度为 50%，说明不容易判别该样本属于哪一类，而直接给出类别结果的分类器则没有输出该信息）。

另外，本章给逻辑斯蒂模型起的小题目是“化直为曲”，主要是强调将线性函数的结果映射为 0~1 的概率值的非线性函数，即逻辑斯蒂函数。其实严格来说，非线性虽然的确是逻辑斯蒂模型的一个特点，但是不足以概括它的全部。在第 2 篇的神经网络模型中会介绍，逻辑斯蒂函数是一个很重要的函数，其作用就是在神经网络中提供非线性，而非线性在神经网络中是有着非常重要的意义的。

3.2 逻辑斯蒂函数

在 3.1 节，我们已经从函数图像上看到了逻辑斯蒂函数代替阶跃函数的可行性，然而逻辑斯蒂函数的形式和物理含义似乎仍然不是很直观。因此，本节即讨论该函数的由来，以及它所具有的优势。

3.2.1 逻辑斯蒂函数的由来

3.1 节给出了逻辑斯蒂函数的表达式和函数图像，并且将逻辑斯蒂函数理解成对阶跃函数的一个可导函数的拟合。本节介绍人们是如何找到这样的函数形式的，以及该函数在最开始时的含义。

实际上，逻辑斯蒂函数的提出者是一位 19 世纪的比利时数学家，名为 Pierre-François Verhulst（图 3.4）。他在 1845 年发表了一篇论文——*Recherches mathématiques sur la loi d'accroissement de la population*（《种群增长法则的数学研究》），这篇论文中给出了人口增长的 S 形曲线，并且把对应的函数命名为逻辑斯蒂函数。这就是逻辑斯蒂函数的由来。

图 3.4 数学家 Pierre-François Verhulst

那么，这个函数形式是怎么得到的呢？又和人口增长有什么关系呢？下面简单推导逻辑斯蒂函数是如何从生态学的相关研究中被获得的。

生态学的研究涉及不同尺度，包括从种群到群落，再到整个生态系统。种群生态学主要考虑单一物种的生存模式和状态，其中一个重要内容就是研究种群个体的数量变化。对于这个问题，通常来说有马尔萨斯模型和逻辑斯蒂模型可以解决。

注意

对人口数量的研究实际上可以看作生态学中种群数量变化的一个特例，即以人类这一特殊种群作为研究对象。因此，人口模型和动物的种群数量变化的研究模型基本是通用的。马尔萨斯模型或逻辑斯蒂模型最初都用来研究人口，但是在现在的生态学中也被用来研究其他生物的种群数量变化。

简要来说，马尔萨斯模型是指种群在某一状态下的增长速率与这一状态下种群的大小

成正比，即种群越大，增速也就越快。这很容易理解，因为种群越大，可以繁殖的个体的数目就越多，自然增速就大，把这个正比关系的模型假设写成数学形式，即可得到式 (3.3) 所示的微分方程。其中，等号左边代表种群数量随着时间的增长速率；右边表示其和种群现在的数量成正比，比例系数为 r。

$$\frac{\mathrm{d}N(t)}{\mathrm{d}t}=rN(t) \tag{3.3}$$

其中，$N(t)$ 为种群数量；t 为时间；r 为种群的增长率。

由该微分方程可以看出，这里的种群数量函数是一个指数函数。种群数量随时间的变化为式 (3.4)。

$$N(t)=\mathrm{e}^{rt} \tag{3.4}$$

这种模型所描述的种群增长是一个指数型的过程，因此也被称为指数增长模型。如果用该模型来解释人口增长，那么人口的增长速度将越来越快，最终造成灾难性的后果。因此模型的倡导者马尔萨斯鼓励通过各种方式节制生育，从而避免人口激增。

而另一种模型，即逻辑斯蒂模型，实际上是在马尔萨斯模型上做了一些修正的结果。马尔萨斯模型可以较好地拟合一些物种的种群数量随着时间的增长状况，但是对于有些物种来说，模型与实际结果并不相符。原因在于，马尔萨斯模型仅仅考虑到了种群生存中的“生”，而没有考虑到物种生下来以后的“存”的问题。实际情况是，生物繁殖的速率确实和此时的种群数量有关，但是同时，种群数量过大也会对每个个体的存活带来限制，因为资源毕竟是有限的。因此，应该对式 (3.3) 做出修正，得到式 (3.5)。

$$\frac{\mathrm{d}N(t)}{\mathrm{d}t}=rN(t)\left(1-\frac{N(t)}{K}\right) \tag{3.5}$$

其中，K 为种群最大的容纳量（Capacity）。

仔细分析该微分方程可以出现，当 $N(t)$ 本身很小时，即竞争不太激烈时，基本上就是按照马尔萨斯模型的方式来增长的。但是，当 $N(t)$ 增大到接近 K 时，由于 $1-N(t)/K$ 趋近于 0，因此增长速度变慢。这表示在种群数量增长到趋近于环境所能支配的极限时，增速变慢。

式 (3.5) 求解出来的形式为式 (3.6)。

$$N(t)=\frac{K}{1+CK\mathrm{e}^{-rt}} \tag{3.6}$$

可以发现，除了系数不同以外，该函数的形式就是逻辑斯蒂函数，因此该模型也称为种群增长的逻辑斯蒂模型。

另外，在最终的微分形式的逻辑斯蒂模型中，主要参数有两个，即 r 和 K，其中 r 代表种群增长，K 代表环境容纳。在生态学中，有一个概念称为生活史对策，指的是种群在应对环境时形成的适应性策略。种群的生活史对策通常分为两种对立的策略，即 r- 策略和 K- 策略，分别对应 r 和 K 这两个参数。

r- 策略指种群的特点是较大的增长率，如老鼠、各种昆虫等。它们往往会生育大量的后代（高 r），但是存活率较低（低 K）。而 K- 策略一般具有较低的 r，即一次生育的后代数量不多，但是存活率高（高 K），如鲸、大象等。另外，人类其实也是执行 K- 策略的物种。对于相关问题，读者如有兴趣，可以参考生态学相关书籍。由于该内容与本章的主题关系不大，因此在此不再赘述。

3.2.2 逻辑斯蒂函数的优势

通过上面的讨论，我们知道了逻辑斯蒂函数在逻辑斯蒂回归模型中的作用，并且了解了它的来历。本节讨论应用逻辑斯蒂函数的原因及其优点。

首先，如果把逻辑斯蒂函数同阶跃函数相比，从函数图像上就能看出，逻辑斯蒂函数是阶跃函数的一个近似。因此，它可以代替阶跃函数，作为分类问题中输出的预测结果。

但是，阶跃函数是不连续、不可导的，这就使其具有很大的局限性。作为优化问题，我们希望目标函数是可导的，这样就可以应用梯度来对参数进行更新，最终获得最优解。而用逻辑斯蒂函数代替阶跃函数后，模型变成了连续可导的，这就使后续工作可以较好地进行。

不仅如此，逻辑斯蒂函数的导数还有一个有趣的特点。逻辑斯蒂函数的导数如式 (3.7) 所示。

$$\begin{aligned}\frac{\mathrm{d}\,\text{logistic}(x)}{\mathrm{d}t} &= \frac{0\cdot(1+\mathrm{e}^{-x})-(-\mathrm{e}^{-x})\cdot 1}{(1+\mathrm{e}^{-x})^2}\\ &= \frac{\mathrm{e}^{-x}}{(1+\mathrm{e}^{-x})^2}\\ &= \frac{1}{1+\mathrm{e}^{-x}}\cdot\frac{\mathrm{e}^{-x}}{1+\mathrm{e}^{-x}}\\ &= \text{logistic}(x)\cdot[1-\text{logistic}(x)]\end{aligned} \tag{3.7}$$

可以发现，逻辑斯蒂函数在某一点的导数就是这一点的函数值乘以 1 减去该函数值。也就是说，我们无须知道自变量 x 的取值，只需要知道该点的函数值，就能计算出这一点的导数。因此，在实际计算过程中，优化到某一个输入 $\boldsymbol{x}_0$ 后，需要计算出函数值，那么该计算结果可以直接用于求出导数，而不需要再用另一个公式代入 $\boldsymbol{x}_0$ 重新进行计算。这也是逻辑斯蒂函数求导的特点。

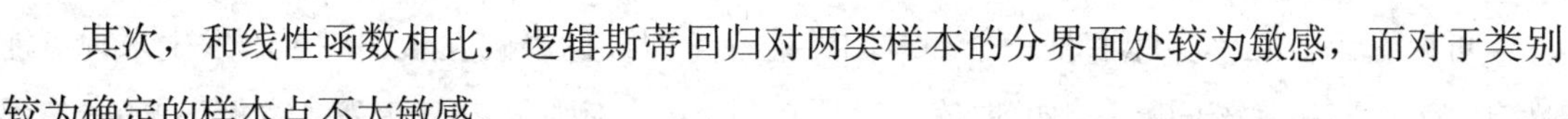

其次，和线性函数相比，逻辑斯蒂回归对两类样本的分界面处较为敏感，而对于类别较为确定的样本点不太敏感。

如果不用逻辑斯蒂函数对 $\boldsymbol{w}^{\mathrm{T}}\boldsymbol{x}+b$ 进行一次非线性处理，而是直接用线性回归的方式处理二分类问题，那么对于一个样本，如果它距离分界面较远，即这是一个比较典型的某类样本，它仍会对分界面的优化有较大的影响。而实际上，这样的样本不应予以太多关注，我们应该关注的是在分界面边缘的地方，只有通过对这里的样本点进行分离，才能确定两类的边界位置。

如果用逻辑斯蒂函数作为输出则不同，对于 $\boldsymbol{w}^{\mathrm{T}}\boldsymbol{x}+b$ 的绝对值较小的点，即分界面附近的点，函数具有较大的导数，也就意味着对这些值比较敏感；而对于 $\boldsymbol{w}^{\mathrm{T}}\boldsymbol{x}+b$ 的绝对值较大的点，即距离分界面较远的点，导数较小，说明逻辑斯蒂函数对这里的点较为不敏感。这个特点是我们希望拥有的。

最后，逻辑斯蒂函数还有一个重要的优点，即把分类结果从硬性类别指标变成了一个类别的概率。例如，如果有两个需要预测的样本 A 和 B 都落在分界面的边界，较难区分。假设用逻辑回归的方法得到 A 是类别 1 的概率为 54%，B 是类别 1 的概率为 48%。那么如果直接用分界面，只能把 A 分成类别 1，而把 B 分成类别 2。可是由逻辑回归可以看到，这两个分类都不太确定，A 样本是类别 1 的可能性略大一些，B 样本是类别 2 的可能性略大一些。而直接输出类别的分类方法则无法看出这些信息。

3.3　逻辑斯蒂回归的数学原理

前面重点介绍的是逻辑斯蒂函数的一些性质及其来源，本节讨论逻辑斯蒂回归的数学原理。

3.3.1　逻辑斯蒂回归的数学形式

3.2 节从来源上解释了逻辑斯蒂函数的函数形式。本节将从分类问题的数学推导中得到逻辑斯蒂回归的数学形式，并给出逻辑斯蒂回归模型的数学解释。

首先定义一个概念，即几率（Odds）。假设有一个随机事件，其发生的概率是 p，而不发生的概率是 $1-p$，那么这件事发生的几率就是式 (3.8)。

$$o=\frac{p}{1-p} \tag{3.8}$$

可以看出，几率实际上是一个相对的可能性，即某件事的发生相对于不发生来说可能性有多大。与概率不同，几率的取值可以从 0 到 +∞。例如，某件事发生的概率为 0.2，那么其几率就是 0.2/0.8 = 0.25；而如果发生的概率为 0.8，那么几率就是 0.8/0.2 = 4。几率与概率的关系如图 3.5 所示。

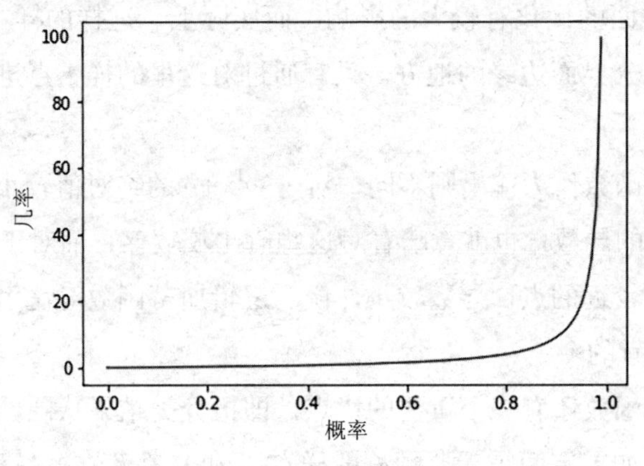

图 3.5　几率与概率的关系

相对于概率的线性变化而言，几率随着概率的增大并不是线性的，因此几率在可能性大的事件和可能性小的事件上反映出来的差别就会更明显。

下面对逻辑斯蒂回归模型进行数学上的推导和说明。之所以介绍几率的定义，是因为在后面的推导中会用到它。

逻辑回归实际上就是在线性函数上加上一个非线性的映射，将输出映射为一个概率，如式 (3.9) 所示。

$$p = f(\boldsymbol{w}^{\mathrm{T}}\boldsymbol{x} + b) \tag{3.9}$$

那么，反过来想，也可以从概率出发，找到一个非线性映射，将概率映射为一个与概率值一一对应的新变量，然后用线性回归去拟合这个新变量即可，如式 (3.10) 所示。

$$f^{-1}(p) = \boldsymbol{w}^{\mathrm{T}}\boldsymbol{x} + b \tag{3.10}$$

沿着这个思路思考，首先遇到的困难就是：线性函数的值域是 (-∞,+∞)，而概率的值域为 [0,1]。也就是说，函数 f^{-1} 必须是定义域为 [0,1] 而值域为 (-∞,+∞)。另外，我们还希望这个函数具有一定的可解释性。

注意

在常用函数中，定义域为有限区间，而值域为 (-∞,+∞) 的，只有反正切函数 arctan 和反双曲正切函数 arctanh，实际上，反正切函数求导和计算不便，而反双曲正切函数经过推导之后，实际上和最终的逻辑斯蒂函数的反函数形式是一致的。然而，直接用上述两个单一函数不能较好地解释模型的实际意义，这也是两者面临的共同问题。

这时，我们就想到了前面提到的几率函数。将概率转为几率，可以使有限的区间变成 [0,+ ∞) 的无限区间，那么只需要再找到一个定义在正半轴，而值域为 (− ∞ ,+ ∞) 的函数即可。

仍然在常见函数中寻找这个映射，一个自然的选择就是对数函数。对几率函数进行对数化，就可以得到 (− ∞ ,+ ∞) 的区间。也就是说，找到了一个具有一定解释性的函数 f^{-1}，即式 (3.11)。

$$f^{-1}(p)=\ln\frac{p}{1-p} \tag{3.11}$$

该函数称为对数几率函数。将概率 p 作为自变量，对该函数作图，如图 3.6 所示。

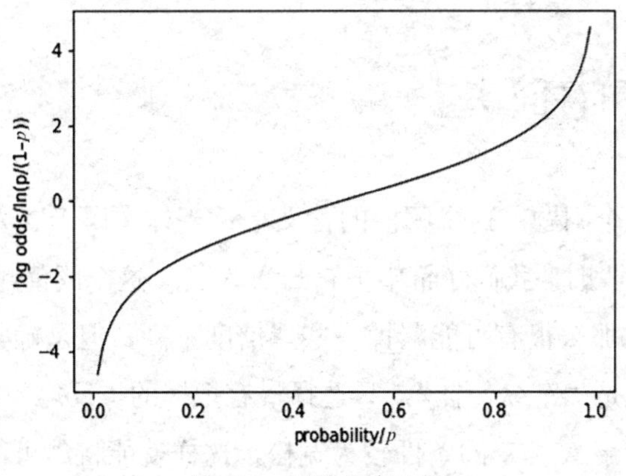

图 3.6 对数几率函数

对比之前以 p 为自变量的几率函数，可以看出，对数函数由于其本身的性质，对于较大的数值有一定的压缩作用。例如，对于 p=0.999 来说，几率函数的函数值为 0.999/0.001 = 999；而经过对数化以后，结果为 ln(0.999/0.001) = 6.9068。这就使较为极端的值对模型的拟合影响降低。

用线性函数拟合该函数值，即为逻辑斯蒂回归，如式 (3.12) 所示。

$$\ln\frac{p}{1-p}=\boldsymbol{w}^{\mathrm{T}}\boldsymbol{x}+b \tag{3.12}$$

将式 (3.12) 整理成以 $\boldsymbol{w}$ 为参数，$\boldsymbol{x}$ 为输入，p 为输出的形式，即可得到逻辑斯蒂回归的标准形式，也就是式 (3.13)。

$$p=\frac{1}{1+\mathrm{e}^{-(\boldsymbol{w}^{\mathrm{T}}\boldsymbol{x}+b)}}=\frac{\mathrm{e}^{\boldsymbol{w}^{\mathrm{T}}\boldsymbol{x}+b}}{1+\mathrm{e}^{\boldsymbol{w}^{\mathrm{T}}\boldsymbol{x}+b}} \tag{3.13}$$

这就是前面提到的逻辑斯蒂函数的形式，只是这里将线性函数的结果作为了逻辑斯蒂函数的输入。

所以，逻辑斯蒂回归模型处理二分类问题的策略概括说来就是：用线性回归去拟合属于某类别概率的对数几率。通过在训练集上进行训练，得到合适的参数 $\boldsymbol{w}$，从而将模型确定下来，利用该模型对新来的样本进行概率预测，并以此概率作为依据进行分类。具体的训练方法将在 3.4 节进行讲解。

这是较为考虑数学含义的解释。而最直观的解释已在 3.1 节给出了，即用逻辑斯蒂函数代替表示类别的 0-1 函数，对线性函数的计算结果进行分类。

由于逻辑回归可以给出一个连续的概率值，一般来说，对于二分类问题，直接用 0.5 作为阈值即可。如果有 A、B 两类，属于 A 类的概率大于 0.5 的归为 A 类，属于 A 类的概率小于 0.5（属于 B 类的概率大于 0.5）的则归为 B 类。

但是，既然有了连续概率值，我们也可以调整该阈值，改变模型分类判断的结果。

3.3.2 准确率和召回率

首先直观地考虑这个问题。这个阈值的含义是：当样本属于 A 类（这里的 A 类代指目标类别）的概率大于多少时，我们才希望把它归为 A 类。这个阈值越大，对于“属于 A 类”的条件要求就越苛刻，那么很有可能漏掉一些置信度不高，但是确实属于 A 类的样本。通俗地理解，这种情况就是“宁纵勿枉”，只选择最有把握的。反之，如果阈值设置较小，也就意味着对于样本“属于 A 类”的条件较为宽松，这样就能将尽可能多地将疑似 A 类的样本选进来，但是选错的可能性也会随之增加，即将不是 A 类的也判断为了 A 类。这种情况则是“宁枉勿纵”，尽可能保证没有遗漏。

在实际应用中，以上两种情况都有应用的场合。

例如，对于一个精密仪器的生产厂家来说，如果用自动识别拣选的方法对生产出来的零件进行良品和次品的分类，假设输出的概率表示是良品的概率。由于零件质量的要求较高，因此应将阈值设置得较高，从而保证良品一定是可用的，而被误判为次品的良品带来的损失只能舍弃。这是“宁纵勿枉”的一个例子。

而对于一些其他的场景，如医生利用自动判读医疗影像的仪器对病人的病理切片的良性和恶性进行分类，且输出是恶性的概率。由于对任何可能是恶性的情况都有进行进一步检查和排除的必要，因此应当将阈值设置得低一些，从而尽可能不产生漏检。对于良性病人因为误判为恶性而进行的过度检查，则是不得不牺牲的成本。这是“宁枉勿纵”的一个例子。

从这两个例子可以看出，实际上阈值的调节是在以下两种损失之间进行权衡的过程。

（1）实际是 A 类，但是被漏判造成的损失。

（2）实际不是 A 类，但是被误判成 A 类造成的损失。

那么，如何用定量的方法来衡量这两种损失呢？

下面用图 3.7 来进行说明。图中的这四个值所组成的矩阵通常称为混淆矩阵（Confusion Matrix），表示分类模型输出的结果与真实结果的相似程度。这里是二分类的混淆矩阵。

真实类别 \ 预测结果	A 类	非A类
A类	TP	FN
非A类	FP	TN

图 3.7　二分类的混淆矩阵

图中的两行分别表示真实答案，两列分别表示预测结果。因此，对角线上的元素表示准确的预测，非对角线上的元素表示错误的预测。矩阵中的数字表示样本数量，如第 1 行第 2 列表示：实际上是 A 类但是预测结果为非 A 类的样本数量。

注意

混淆矩阵可以推广到多分类，仍然是每一行表示真实答案（第 1 类，第 2 类，…，第 n 类），每一列表示预测结果（第 1 类，第 2 类，…，第 n 类）。同样地，对角线上的元素表示正确的预测。所以，对于混淆矩阵，对角线元素越大，其他位置元素越小，说明预测越准确。

混淆矩阵中，TP 表示 True Positive，即真阳性。这里的阳性表示目标类别；FN 表示 False Negative，即假阴性。同理，TN 表示真阴性，FP 表示假阳性。

为了便于记忆，这里说明一下，真 / 假表示的是预测结果是正确的还是错误的，而阴性 / 阳性表示预测结果。例如，假阳性表示预测结果为阳性，但是预测是错误的，即该样本本身是阴性，被预测成了阳性。

从该混淆矩阵中的四个部分，可以定义式 (3.14) 所示的两个比率。

$$
\begin{aligned}
P &= \frac{\mathrm{TP}}{\mathrm{TP}+\mathrm{FP}} \\
R &= \frac{\mathrm{TP}}{\mathrm{TP}+\mathrm{FN}}
\end{aligned}
\tag{3.14}
$$

第一个比率称为准确率（Precision，P），第二个比率称为召回率（Recall，R）。下面介绍这两个指标。

准确率衡量的是预测的准确程度，指判断为阳性的样本里有多少是真阳性。这时，分母是所有预测为阳性的样本。准确率越高，预测为目标类别的结果中确实属于该类别的比例就越大，表示预测越准确。

召回率表示在所有真正的阳性中有多少被预测了出来，或者说被“召回”了。它的分母是实际为阳性的样本。召回率越高，说明对目标类别的预测越完全。

有了这两个指标，就能量化地解释前面的两个例子了。对于第一个零件加工的例子，那么我们希望预测的准确率更高，那么可以牺牲一部分召回率。对于第二个病理诊断的例子，我们希望的则是召回率更高一些，以便把所有可能为恶性的病人都召回，那么势必会牺牲一部分准确率。

实际上，准确率和召回率是一对相互制约的量，因此在实际问题中，必然会对两者做一个权衡（Trade-off）。本小节开头所讨论的调节阈值就是一个权衡的策略。由上面的讨论可以总结出以下两点。

（1）阈值低：准确率低，召回率高。

（2）阈值高：准确率高，召回率低。

由于阈值的调节会改变最终的分类结果，那么如何比较两个分类模型的效果呢？

一个常用的方法是 P–R 曲线，如图 3.8 所示。

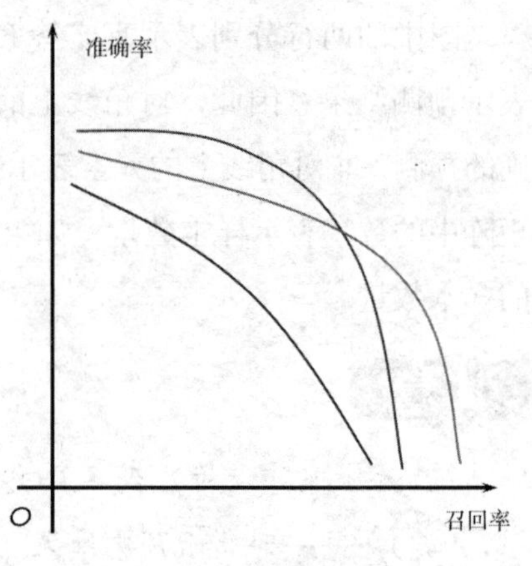

图 3.8　P–R 曲线

观察曲线，右端点为召回率最高，而准确率最低的时候，对应阈值设置为最小的情况，此时几乎把所有的值都召回了，但实际上并没有进行任何区分，因此准确率不高。而随着阈值的增大，(P, R) 点沿着曲线逐渐左移，直到最左边，此时阈值最高，要求最严格，因此准确率达到最高，但也丢掉了很多真实的阳性样本，因此召回率最低。

那么如何利用 P–R 曲线比较不同模型的整体效果呢？观察图 3.8 可以发现，如果一个模型的 P–R 曲线可以将另一个模型的 P–R 曲线完全覆盖，那么这个模型的效果就更好；如果不能完全覆盖，可以计算它们分别围成的面积，面积越大，模型效果越好。

在很多实际场景中，一个很重要的问题是，如何在 P–R 曲线中选择一个合适的点，使模型能兼顾准确率和召回率。一个常用的指标称为 F1_score，它被定义为 P 和 R 的调和平均，即式 (3.15)。

$$\text{F1\_score} = \frac{2 \times P \times R}{P + R} \tag{3.15}$$

F1_score 越大，表示此时性能越好。

注意

本小节介绍的准确率、召回率及 F1_score 并不仅适用于模型本身，而是机器学习中进行模型评估和参数选择的一般性准则。

本节探讨了逻辑回归的数学解释，并介绍了准确率等模型评估指标。下面简单了解逻辑斯蒂回归模型是如何训练的，或者说模型的参数是如何通过对样本集的学习确定下来的。

3.4　参数确定的方法

简单说来，逻辑斯蒂回归模型参数的确定方法是，假设参数确定后的类别分布为伯努利分布（Bernoulli Distribution），然后利用统计学中的最大似然估计（Maximum Likelihood Estimation，MLE）进行确定。下面对此进行简单介绍。

3.4.1　似然函数简介

首先介绍似然函数的相关知识。

对于一个概率模型来说，如果已知参数就能得到随机变量的分布情况，用概率的形式写出来就是式 (3.16)（这里为了表示方便，将 $\boldsymbol{w}$ 视为法向量加上截距的增广向量，$\boldsymbol{x}$ 也为增广了常数项 1 后的增广向量，后同）。

$$P(z \mid \boldsymbol{w}) \tag{3.16}$$

而对于很多实际问题来说，情况恰好相反，即已知一些随机变量样本，然后去估计模型参数。似然函数就是指在已知样本集的情况下，模型参数的取值函数，即式 (3.17)。

$$L(\boldsymbol{w} \mid z = z_1, z_2, \cdots) = P(z_1, z_2, \cdots \mid \boldsymbol{w}) \tag{3.17}$$

式 (3.17) 表示：在已知参数的情况下，z 为随机变量。而在似然函数中，样本集合，即 z 的实际取值的集合是已知的，而将 $\boldsymbol{w}$ 看作变量。

最大似然估计法就是对似然函数求最大值，得到 $\boldsymbol{w}$ 的最优估计，即在何种参数下，该分布最有可能得到现在已经观测到的这些样本。

下面举一个例子来说明。

假如有一个随机变量服从伯努利分布，即有式 (3.18)。

$$f(z \mid p) = \begin{cases} p & \text{if } z = 1 \\ 1 - p & \text{if } z = 0 \end{cases} \tag{3.18}$$

显然，这里的 p 是一个参数，决定具体的实际分布状况。假如有一个样本集，如式 (3.19) 所示。

$$s = \{z_0, z_1, \cdots, z_n\} \tag{3.19}$$

其满足独立同分布假设（Independently and Identically Distributed, IID），那么它们在某一个参数 p 下的联合概率就是每个样本概率的乘积，如式 (3.20) 所示。

$$P(\boldsymbol{s} \mid p) = \prod_{i=1}^{n} p^{z_i} (1-p)^{1-z_i} \tag{3.20}$$

式 (3.20) 即该情况下的似然函数。

将式 (3.20) 中的变量 p 作为优化变量，对 $P(\boldsymbol{s} \mid p)$ 进行最大化，即可得到式 (3.21)。

$$p^* = \arg\max{}_p P(\boldsymbol{s} \mid p) \tag{3.21}$$

式（3.21）即为参数 p 的最大似然估计。

3.4.2 逻辑斯蒂回归的损失函数

前面说过，逻辑斯蒂回归的参数求解利用了最大似然估计的方法。逻辑斯蒂回归对于二分类问题，假设样本类别 c 在其特征 $\boldsymbol{x}$ 已知的条件下符合伯努利分布，即式 (3.22)。

$$P(c \mid \boldsymbol{x},\boldsymbol{w}) = \begin{cases} p(\boldsymbol{x},\boldsymbol{w}) & \text{if } c=1 \\ 1-p(\boldsymbol{x},\boldsymbol{w}) & \text{if } c=0 \end{cases} \tag{3.22}$$

那么，逻辑斯蒂回归就可以表示为式 (3.23)。

$$\ln\frac{P(c=1 \mid \boldsymbol{x},\boldsymbol{w})}{P(c=0 \mid \boldsymbol{x},\boldsymbol{w})} = \ln\frac{p(\boldsymbol{x},\boldsymbol{w})}{p(\boldsymbol{x},\boldsymbol{w})} = \boldsymbol{w}^{\mathrm{T}}\boldsymbol{x} \tag{3.23}$$

对于已知的训练样本集$\boldsymbol{s}=\{(\boldsymbol{x}_1, c_1),(\boldsymbol{x}_2, c_2), \cdots, (\boldsymbol{x}_n, c_n)\}$，似然函数可以写为式 (3.24)。

$$L(\boldsymbol{w} \mid \boldsymbol{s}) = P(\boldsymbol{s} \mid \boldsymbol{w}) = \prod_{i=1}^{n} p(\boldsymbol{x}_i, \boldsymbol{w})^{c_i} (1-p(\boldsymbol{x}_i, \boldsymbol{w}))^{1-c_i} \tag{3.24}$$

由于求积计算求导不方便，因此对似然函数取对数，得到对数似然函数，从而将求积运算转化为求和运算。这也是似然函数最大化的一个常用技巧。

注意

由于对数函数是单调函数，因此其函数最大值也是自变量的最大值，不影响优化结果。

对数似然函数可以写为式 (3.25)。

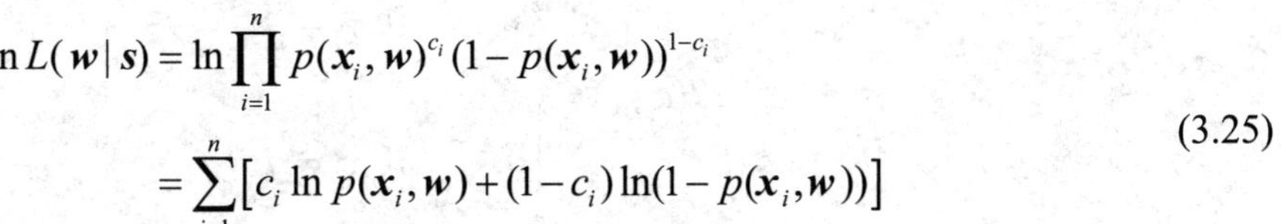

$$\begin{aligned}\ln L(\boldsymbol{w}\,|\,\boldsymbol{s}) &= \ln\prod_{i=1}^{n} p(\boldsymbol{x}_i,\boldsymbol{w})^{c_i}(1-p(\boldsymbol{x}_i,\boldsymbol{w}))^{1-c_i} \\ &= \sum_{i=1}^{n}\left[c_i \ln p(\boldsymbol{x}_i,\boldsymbol{w}) + (1-c_i)\ln(1-p(\boldsymbol{x}_i,\boldsymbol{w}))\right]\end{aligned} \tag{3.25}$$

对其求解最大值，也就是对其相反数求解最小值，即式 (3.26)。

$$\begin{aligned}\text{loss}(\boldsymbol{w},\boldsymbol{s}) &= -\ln L(\boldsymbol{w}\,|\,\boldsymbol{s}) \\ &= -\sum_{i=1}^{n}\left[c_i \ln p(\boldsymbol{x}_i,\boldsymbol{w}) + (1-c_i)\ln(1-p(\boldsymbol{x}_i,\boldsymbol{w}))\right]\end{aligned} \tag{3.26}$$

式 (3.26) 就是逻辑斯蒂回归的损失函数，以此为优化目标进行最小化，就可以训练得到参数 $\boldsymbol{w}$。该损失函数一般称为交叉熵损失（Cross Entropy Loss）。

3.5 多项逻辑斯蒂回归

前面提过，逻辑斯蒂回归可以推广到多分类任务中。本节即简单介绍多分类中的逻辑斯蒂回归模型。

3.5.1 多分类问题的逻辑斯蒂回归

用来处理多分类问题的逻辑斯蒂回归模型通常称为多项逻辑斯蒂回归（Multinominal Logistic Regression），其基本形式为式 (3.27)。

$$P(c=c_i\,|\,\boldsymbol{x}) = \frac{\mathrm{e}^{\boldsymbol{w}_i^{\mathrm{T}}\boldsymbol{x}}}{\sum_{i=1}^{K}\mathrm{e}^{\boldsymbol{w}_i^{\mathrm{T}}\boldsymbol{x}}} \tag{3.27}$$

式 (3.27) 表示 K 类的分类问题的多项逻辑斯蒂回归。这里的 $P(c=c_i\,|\,\boldsymbol{x})$ 表示将样本预测为第 c_i 类的概率，而 $\boldsymbol{w}_i$ 表示第 i 类上的参数。所有的 $\boldsymbol{w}_i$（$i=1,\cdots,K$）都是通过训练集学习得到的。

同样地，可以得到多项逻辑斯蒂回归的交叉熵函数，如式 (3.28)。

$$\text{loss}(\boldsymbol{W},\boldsymbol{s}) = -\sum_{i=1}^{n}\sum_{j=1}^{K}\boldsymbol{I}(c_i,j)\ln p(\boldsymbol{x}_i,\boldsymbol{w}_j) \tag{3.28}$$

其中，$\boldsymbol{I}(c_i,j)$为示性函数，定义如式 (3.29)。

$$\boldsymbol{1}(c_i, j)=\begin{cases}1 & \text{if } c_i = j \\ 0 & \text{if } c_i \neq j\end{cases} \tag{3.29}$$

对该函数进行优化，得到参数 $\boldsymbol{w}_i$，并将 $\boldsymbol{w}_i$ 已确定的模型应用于新样本的分类，则可以输出该样本属于每个类别的可能的概率。通常直接选择最大值作为预测结果。

回想二分类的逻辑斯蒂回归问题，两种类别的预测概率可以写为式 (3.20)。

$$\begin{aligned} p(c=1 \mid \boldsymbol{w}) &= \frac{\mathrm{e}^{\boldsymbol{w}^{\mathrm{T}}\boldsymbol{x}}}{1+\mathrm{e}^{\boldsymbol{w}^{\mathrm{T}}\boldsymbol{x}}} \\ p(c=0 \mid \boldsymbol{w}) &= \frac{1}{1+\mathrm{e}^{\boldsymbol{w}^{\mathrm{T}}\boldsymbol{x}}} \end{aligned} \tag{3.30}$$

将二分类逻辑斯蒂回归的形式进行一定的变化，得到式 (3.31)。

$$\begin{aligned} p(c=1 \mid \boldsymbol{w}) &= \frac{\mathrm{e}^{\boldsymbol{w}^{\mathrm{T}}\boldsymbol{x}}}{1+\mathrm{e}^{\boldsymbol{w}^{\mathrm{T}}\boldsymbol{x}}} = \frac{\mathrm{e}^{(\boldsymbol{w}_1+\boldsymbol{w})^{\mathrm{T}}\boldsymbol{x}}}{\mathrm{e}^{\boldsymbol{w}_1^{\mathrm{T}}\boldsymbol{x}}+\mathrm{e}^{(\boldsymbol{w}_1+\boldsymbol{w})^{\mathrm{T}}\boldsymbol{x}}} = \frac{\mathrm{e}^{\boldsymbol{w}_2^{\mathrm{T}}\boldsymbol{x}}}{\mathrm{e}^{\boldsymbol{w}_1^{\mathrm{T}}\boldsymbol{x}}+\mathrm{e}^{\boldsymbol{w}_2^{\mathrm{T}}\boldsymbol{x}}} \\ p(c=0 \mid \boldsymbol{w}) &= 1-\frac{\mathrm{e}^{\boldsymbol{w}_2^{\mathrm{T}}\boldsymbol{x}}}{\mathrm{e}^{\boldsymbol{w}_1^{\mathrm{T}}\boldsymbol{x}}+\mathrm{e}^{\boldsymbol{w}_2^{\mathrm{T}}\boldsymbol{x}}} = \frac{\mathrm{e}^{\boldsymbol{w}_1^{\mathrm{T}}\boldsymbol{x}}}{\mathrm{e}^{\boldsymbol{w}_1^{\mathrm{T}}\boldsymbol{x}}+\mathrm{e}^{\boldsymbol{w}_2^{\mathrm{T}}\boldsymbol{x}}} \end{aligned} \tag{3.31}$$

可以看出，式 (3.31) 与多项逻辑斯蒂回归的形式一样，说明多项逻辑斯蒂回归是二分类逻辑斯蒂回归的推广形式。

3.5.2 softmax 函数

本小节重点讨论多项逻辑斯蒂回归的基本形式，即式 (3.32)。

$$P(c=c_i \mid \boldsymbol{x}) = \frac{\mathrm{e}^{\boldsymbol{w}_i^{\mathrm{T}}\boldsymbol{x}}}{\sum_{i=1}^{K}\mathrm{e}^{\boldsymbol{w}_i^{\mathrm{T}}\boldsymbol{x}}} \tag{3.32}$$

该函数通常称为 softmax 函数，其在神经网络中具有广泛应用。

那么，softmax 函数处理多分类问题的优势在哪里呢？

观察这个函数，可以将其理解为对每个类别的 $\boldsymbol{w}_i^{\mathrm{T}}\boldsymbol{x}$ 进行指数化，然后对所有类别的计算结果求和，用来对每个类别进行归一化。

通过指数化，模型可以把 $\boldsymbol{w}_i^{\mathrm{T}}\boldsymbol{x}$ 的结果转化为正值；通过归一化，使所有类别的预测概率均为 0~1，从而符合概率的定义。

这样做的好处在于，由于有归一化操作，因此在优化过程中，每个类别的取值都会受到其他类别的影响。换句话说，模型优化的不是单个类别的得分，而是所有类别上的概率

分布。如果某一个类别计算得到的 $\boldsymbol{w}_i^{\mathrm{T}}\boldsymbol{x}$ 值较大，那么它在归一化之后就会更接近 1。同时，其他类别由于在分母上有 $\exp(\boldsymbol{w}_i^{\mathrm{T}}\boldsymbol{x})$ 这一值较大的项，因此输出概率在归一化之后会变小。这样一来，通过优化，就可以使样本属于所有类别的概率分布都“集中”到真实的类别。这是我们所希望的。

3.6　本章小结与代码实现

本章讨论了逻辑斯蒂函数的来源和性质，探讨了逻辑斯蒂回归的基本原理及特点，并将其推广到多变量的分类问题。通过本章的讨论，我们了解到逻辑斯蒂回归可以输出样本属于某类别的概率值。这种输出连续值再利用阈值分类的策略，在一定程度上增加了模型的灵活性和可解释性。另外，利用似然函数法推导了逻辑斯蒂回归的损失函数，得到了逻辑斯蒂回归模型的交叉熵损失函数。

下面通过一个例子来实现逻辑斯蒂回归，并简单展示模型效果。

该例子利用了 scikit-learn 中自带的数据集 digits，即手写数字的数据集。该数据集包含 1797 个 0~9 的手写体数字，这里只取 0 和 1 作为任务数据集。我们的任务是通过逻辑斯蒂回归的方法，将一个手写体数字图像分类到正确的数值。

首先展示 digits 数据集中的 0 和 1：

```
# 导入用到的 Python 模块
import numpy as np
from sklearn.datasets import load_digits
import matplotlib.pyplot as plt
# 加载 digits 数据集
digits = load_digits()
data = digits.data
target = digits.target
# 打印数据集大小
print(data.shape)
print(target.shape)
# 找到 0 和 1 手写体数据的位置
where_0 = np.where(target == 0)
where_1 = np.where(target == 1)
# 显示前 9 个不同写法的 0 和 1
for i in range(9):
    plt.subplot(3,3,i+1)
    plt.imshow(digits.data[where_0[0][i],:].reshape([8,8]))
plt.show()
for i in range(9):
```

```
    plt.subplot(3,3,i+1)
    plt.imshow(digits.data[where_1[0][i],:].reshape([8,8]))
plt.show()
# 制作后面用于分类任务的 0 和 1 手写体数据集，并打印出数据集大小
zero_data = data[where_0[0],:]
one_data = data[where_1[0],:]
print(zero_data.shape)
print(one_data.shape)
# 生成样本输入和对应的真实答案
X = np.concatenate((zero_data, one_data),axis=0)
y = np.array([0] * zero_data.shape[0] + [1] * one_data.shape[0])
print(y.shape)
```

结果如图 3.9 所示。

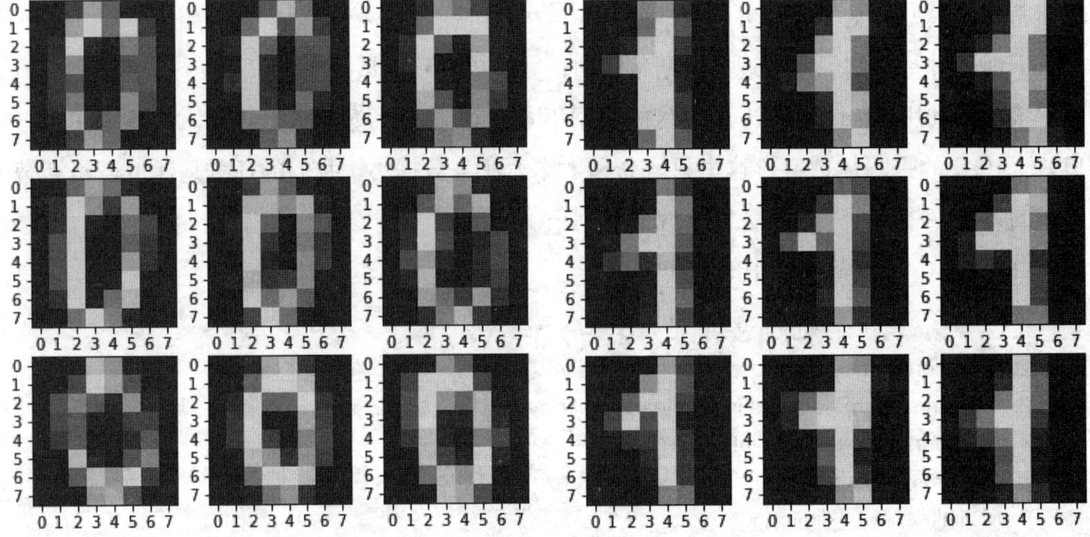

图 3.9　digits 数据集中的 0 和 1

数据集中的手写数字的大小为 8×8，被向量化为 64 维的向量。该 64 维的向量就是样本特征，对应的真实数字 0 和 1 为类别。这里将 1 作为目标类别（或者称为正例、阳性等），预测结果就是该手写数字被判断为 1 的概率。

下面利用这个小数据集，测试逻辑斯蒂回归的性能。

```
from sklearn.linear_model import LogisticRegression
from sklearn.model_selection import train_test_split
# 将训练集随机重排
order = np.random.permutation(X.shape[0])
X = X[order,:]
y = y[order]
```

```
# 划分训练集和测试集
X_train, X_test, y_train, y_test = train_test_split(X, y, test_size=0.4, random_state=42)
print(X_train.shape, X_test.shape)
clf = LogisticRegression(random_state=42, solver='lbfgs', multi_class='multinomial', max_
iter=10000, tol=1e-8, C=50)
# 训练逻辑斯蒂回归模型
clf.fit(X_train, y_train)
# 打印训练集和测试集精度
print(clf.score(X_train, y_train))
print(clf.score(X_test, y_test))
# 测试集的预测类别结果
y_pred = clf.predict(X_test)
# 测试集的预测概率
y_proba = clf.predict_proba(X_test)[:,1]
# 将预测概率与实际答案作图显示
plt.bar(range(len(y_proba)),+y_proba,width=0.8,facecolor='red')
plt.bar(range(len(y_test)),-y_test,facecolor='blue')
plt.show()
```

运行结果如下：

```
(216, 64) (144, 64)
1.0
1.0
```

实验中用了 216 个样本训练，144 个样本测试。由于任务比较简单，模型在训练集和测试集上的精度都达到了 100%。

在程序中把预测的样本被分类为 1 的概率和实际的类别 0 或 1 作图显示，如图 3.10 所示，上面的柱状图表示每个样本点的预测概率，下面的柱状图表示真实类别。

图 3.10　预测概率与实际类别

从图 3.10 可以看出，模型预测的概率都在 0 和 1 附近，即模型将样本判别为 0 或 1 的置信度都较高，说明模型较为成功。

下面基于上述结果再做另一个测试。前面只用了 0 和 1 做训练，试想，如果将 4 的手写体给模型进行预测，结果如何呢？

首先找到一个 4 的手写体（图 3.11），如下：

```
four = data[np.where(target==4)[0][0],:]
plt.imshow(four.reshape([8,8]))
plt.show()
```

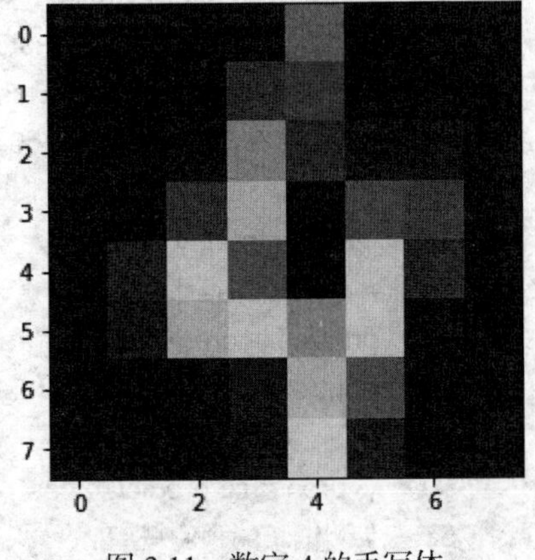

图 3.11　数字 4 的手写体

然后用训练好的逻辑斯蒂回归模型进行预测：

```
print(clf.predict(four.reshape(1,64)))
print(clf.predict_proba(four.reshape(1,64)))
```

结果如下：

```
[0]
[[ 0.5035809  0.4964191]]
```

可以看到，模型最终将这个手写体的 4 判断为了 0 而不是 1。但是可以看到，判断为 0 的概率为 0.504 左右，而判断为 1 的概率为 0.496 左右。也就是说，模型对于这个样本几乎无法判断。数字 0 的类别只是以极其微弱的优势超过了数字 1 的类别（也许是因为手写体 4 中间也有一个孔，和手写体的 0 类似），然而这种置信度并不能说明问题。我们只能认为，模型对于该样本无法判断。

由于手写体 4 并未出现在训练样本集中，因此这样的结果是合理的。这就是输出结果为概率的优势所在：不但可以知道模型预测的结果，还能知道模型对结果有多大的把握。这是直接判断类别的模型所不具备的。

3.7　本章话题：广义线性模型

在本章的话题部分，我们来聊一聊广义线性模型（Generalized Linear Model，GLM）。在介绍广义线性模型的定义之前，首先重新审视线性回归模型和逻辑斯蒂回归模型的形式。

如图 3.12 所示，线性回归模型与逻辑斯蒂回归模型本质上都是含参的函数，通过训练集数据将参数确定下来，然后用这个函数来输出预测的结果。

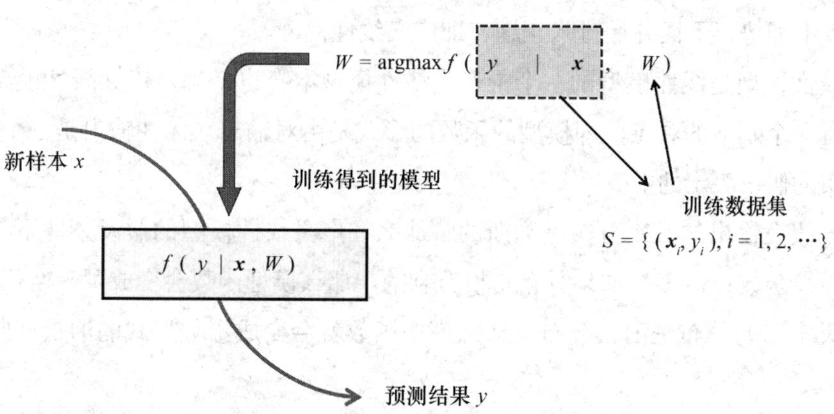

图 3.12　线性回归和逻辑斯蒂回归模型

这个过程我们已经很了解了，但是这里还有一个问题，那就是这个输出的结果究竟代表什么呢？即模型到底在预测什么？

考虑这样一种简单的情况：将一个一维变量作为输入 $\boldsymbol{x}$ 来线性预测一个一维变量 y，那么，在训练集上很可能有一些 $\boldsymbol{x}$ 取值一样的样本，如式 (3.33) 所示。

$$\boldsymbol{x}_1 = \boldsymbol{x}_2 = \boldsymbol{x}_3 = c \tag{3.33}$$

其对应的 y 可能是不同的，即式 (3.34)。

$$y_1 = d_1, y_2 = d_2, y_3 = d_3 \tag{3.34}$$

那么，如果要预测的样本的输入也等于 c，应该输出什么呢？

一个很自然的答案就是，既然样本中对应于 c 的结果不同，而且又没有任何依据认为某个结果比其他结果更优，那么最好的办法就是输出它们的平均值，或者称为期望（Expectation），如式 (3.35) 所示。

$$f(c \mid \boldsymbol{w}^*) = \text{average}(d_1, d_2, d_3) \tag{3.35}$$

可以看出，实际上，在 $\boldsymbol{w}$ 和 $\boldsymbol{x}$ 都确定的情况下，即用一个已经训练好的模型（$\boldsymbol{w}$ 确定）去预测一个给定的样本（$\boldsymbol{x}$ 确定）时，输出的 y 并不是一个确定值，而是一个具有一定分布的随机变量。而线性回归预测的实际上就是该分布的期望。

明确了这个概念之后，就可以进一步讨论了。在讨论之前，先介绍一个概念，即指数分布族（Exponential Family），简称指数族。

指数分布族指的是这样的一族分布，它们的概率密度函数符合式 (3.36) 的形式。

$$P(y;\eta) = b(y) \cdot \exp[\eta^{\mathrm{T}} T(y) - a(\eta)] \tag{3.36}$$

实际上，很多常见的分布都属于指数分布族，如高斯分布、伯努利分布、泊松分布（Poisson Distribution）等。在后面的数学推导中，会将它们写成指数分布族的形式。

有了以上铺垫，下面开始进入正题，即广义线性模型。

广义线性模型是线性模型的一个推广。线性模型本身也是满足广义线性模型的。广义线性模型有一个基本的观点，即模型的函数的形式是由对输出（已知输出是一个随机变量）的概率分布的假设决定的。

例如，假设输出的概率分布是高斯的，那么在广义线性模型的假设条件下，模型函数就是一个线性函数；同理，如果分布是伯努利的，那么模型函数会变成逻辑斯蒂回归模型；而如果假设输出的分布是泊松分布，那么模型函数就会变成指数形式的泊松回归模型，如表 3.1 所示。

表 3.1　分布假设与回归模型

分布假设	回归模型
高斯分布	线性回归
伯努利分布	逻辑斯蒂回归
泊松分布	泊松回归

下面推导如何从分布假设得到回归模型。

广义回归模型具有如下三个假设。

（1）输出的分布$P(y|\boldsymbol{x},\boldsymbol{w})$是指数族分布。

（2）模型输出预测的函数f，其输出的结果为满足上述分布的输出的期望，即$f(y|\boldsymbol{x},\boldsymbol{w})=E[y|\boldsymbol{x},\boldsymbol{w}]$。

（3）指数分布族分布的参数η和$\boldsymbol{x}$是线性关系，即$\eta=\boldsymbol{w}^{\mathrm{T}}\boldsymbol{x}$，这也正是广义线性模型的含义。

第一个假设很直接，不做解释。第二个假设前面已经做了直观的说明。第三个假设需要进行简单说明。由第一个假设可知，输出的分布是由输入$\boldsymbol{x}$和参数$\boldsymbol{w}$共同决定的，那么，由于已经假设了分布是满足指数分布族的，而指数分布族里的分布只有一个可变的参量，即η，因此实际上就是$\boldsymbol{w}$和$\boldsymbol{x}$共同决定η。而这里假设$\boldsymbol{w}$和$\boldsymbol{x}$是通过线性加权和的形式来作用于η的。

有了这些假设，就可以描述广义线性模型的整个流程，如图 3.13 所示。

图 3.13 中的虚线表示根据广义线性模型理论给出的步骤。而实际应用中，模型训练得到$\boldsymbol{w}^*$后就可以直接计算输出，当然，这里的输出实际上就是期望值。

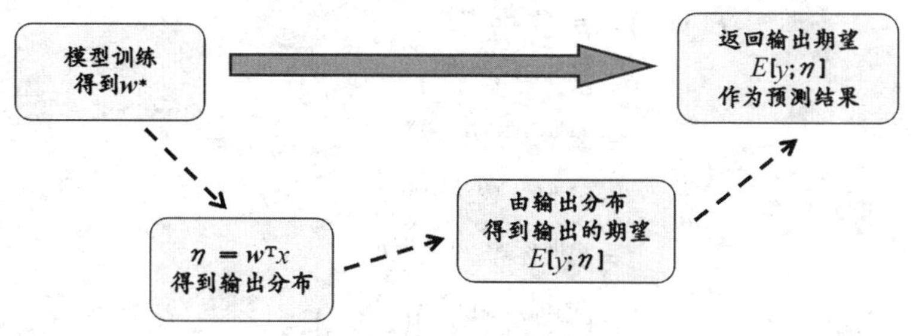

图 3.13　广义线性模型的流程

下面整理表 3.1 中的三种情况。

对于高斯分布，将其写为指数分布族形式，得到式 (3.37)。

$$
\begin{aligned}
P(y;\mu,\sigma^2) &= \frac{1}{\sqrt{2\pi}}\mathrm{e}^{-\frac{(y-\mu)^2}{2\sigma^2}} \\
&= \frac{1}{\sqrt{2\pi}}\mathrm{e}^{-\frac{y^2-2\mu y+\mu^2}{2\sigma^2}} \\
&= \left(\frac{1}{\sqrt{2\pi}}\mathrm{e}^{-\frac{y^2}{2\sigma^2}}\right)\left(\mathrm{e}^{\mu y/2\sigma^2}\right)\left(\mathrm{e}^{\frac{-\mu^2}{2\sigma^2}}\right)
\end{aligned}
\tag{3.37}
$$

注意

将分布的概率密度函数整理成指数分布族分布，实际上就是将其分解为三个因子，第一个因子只和 y 有关，第二个因子和模型参数及 y 都有关，第三个因子只和模型参数有关。第二个和第三个因子需要写成 exp(·) 的形式。

在式 (3.37) 中，可以令 $\eta=\mu$，根据假设，有式 (3.38)。

$$\mu = \eta = \boldsymbol{w}^{\mathrm{T}}\boldsymbol{x} \tag{3.38}$$

模型函数输出的是在该 η 下的期望，而高斯分布的期望就是 μ。因此，对于输出分布形式假设为高斯分布的情况，模型为式 (3.39)。

$$P(y\,|\,\boldsymbol{w},\boldsymbol{x}) = \mu = \boldsymbol{w}^{\mathrm{T}}\boldsymbol{x} \tag{3.39}$$

这就是线性回归的形式。

接下来介绍逻辑斯蒂回归。对于伯努利分布，将其整理为指数分布族形式，得到式 (3.40)。

$$\begin{aligned}P(y;p)&=p^y(1-p)^{1-y}\\&=\mathrm{e}^{\ln[p^y(1-p)^{1-y}]}\\&=\mathrm{e}^{y\ln p+(1-y)\ln(1-p)}\\&=\mathrm{e}^{y\ln p-y\ln(1-p)+\ln(1-p)}\\&=\mathrm{e}^{y[\ln p-\ln(1-p)]+\ln(1-p)}\\&=\left(\mathrm{e}^{y[\ln p-\ln(1-p)]}\right)\left(\mathrm{e}^{\ln(1-p)}\right)\end{aligned}\tag{3.40}$$

可以看出，这里的 $\eta=\ln(p/(1-p))$，而伯努利分布的期望就是 p，所以有式 (3.41)。

$$\begin{aligned}\eta&=\ln\left(\frac{p}{1-p}\right)=\boldsymbol{w}^{\mathrm{T}}\boldsymbol{x}\\P(y\,|\,\boldsymbol{w},\boldsymbol{x})&=p=\frac{1}{1+\mathrm{e}^{-\boldsymbol{w}^{\mathrm{T}}\boldsymbol{x}}}\end{aligned}\tag{3.41}$$

这是二分类逻辑斯蒂回归的一般形式。

下面考察泊松分布作为输出分布假设的情况。泊松分布一般用来预测在一定的连续时间段内某件事发生的次数。例如，在 10 min 内会有多少辆公交车到站，或者在一年内某森林会发生多少次火灾等。对于泊松分布，将其整理成指数分布族形式，即式 (3.42)。

$$\begin{aligned}P(y;\lambda)&=\frac{\lambda^y}{y!}\mathrm{e}^{-\lambda}\\&=\left(\frac{1}{y!}\right)\left(\mathrm{e}^{y\ln\lambda}\right)\left(\mathrm{e}^{-\lambda}\right)\end{aligned}\tag{3.42}$$

$$y=0,1,2,\cdots$$

这里的 $\eta=\ln(\lambda)$，所以有式 (3.43)。

$$\eta=\ln(\lambda)=\boldsymbol{w}^{\mathrm{T}}\boldsymbol{x}\tag{3.43}$$

泊松分布期望为 λ，因此输出为式 (3.44)。

$$\begin{aligned}\eta&=\ln(\lambda)=\boldsymbol{w}^{\mathrm{T}}\boldsymbol{x}\\P(y\,|\,\boldsymbol{w},\boldsymbol{x})&=\lambda=\mathrm{e}^{\boldsymbol{w}^{\mathrm{T}}\boldsymbol{x}}\end{aligned}\tag{3.44}$$

这就是泊松分布的一般形式，即指数形式。

第4章

层层拷问：决策树模型

第 3 章探讨了逻辑斯蒂回归模型的相关问题，通过对逻辑斯蒂回归的讨论，以及与 SVM 模型的对比和参照，我们了解了分类问题的两种处理思路：直接划分判决边界和预测类别概率。

然而，无论是 SVM 还是逻辑斯蒂回归，甚至是线性回归模型，都默认用来做分类预测的样本的特征向量是连续值。正因为如此，才能采用 $\boldsymbol{w}^{\mathrm{T}}\boldsymbol{x}+b$ 这样的形式对特征向量 $\boldsymbol{x}$ 进行处理。而在实际问题中，可能特征向量本身也是离散的，如颜色特征取值集合为 { 红色，白色，蓝色 }。这时就不能再采用之前的方法直接进行处理了。本章将介绍一种新的模型：决策树（Decision Tree）模型，该模型可以处理这种特征本身为类别的问题。按照惯例，先通俗地解释一下模型原理，并给出适用的任务类型。

（1）通俗解释：对于一个根据特征向量来对样本进行分类的问题，首先挑出一个最有价值的特征，对该特征进行提问，如样本颜色是什么；然后根据得到的不同回答，如红色、蓝色等，将数据集划分成子集，对每个子集重复上面的操作，即在剩下的特征集合中再找出一个对最终的分类任务最有用的特征，根据特征的不同取值再划分成更小的子集，直到最终子集内的样本都属于或者几乎属于同一类。此时认为模型已经训练好（这里的模型实际上就是这些提问组成的决策规则），保留这些提问（划分子集的依据），当有新样本需要预测时，通过进行一级级的提问，得到最终的类别。

（2）任务类型：和前几章介绍的模型一样，决策树也用来处理有监督的分类问题。但是决策树和之前的模型不同，它处理的数据的特征往往也是类别变量，而不是连续值。当然，决策树也可以处理连续变量的分类，但其实际上也是利用同样的思路，可以理解成对连续变量进行提问，如值是否大于 3.5，根据回答是或者否，将数据集划分成子集，继续提问。所以一般来说，决策树较为适合处理特征向量中类别变量比较多的任务，以及对模型的可解释性要求较高的任务。

4.1 模型思路与算法流程

本节先用一个例子来直观体会决策树的问题场景及算法的基本思路，然后简要说明按照决策树的思路处理分类问题有哪些关键的步骤。

4.1.1 决策树的思路——以读心术游戏为例

可能很多人都玩过微软开发的人工智能小冰的一个小游戏 —— 读心术。如图 4.1 所示，这个游戏的基本规则如下：首先在心中想一个人物，可以是自己身边的，也可以是历史人物，或者现代的公众人物，甚至虚拟人物等。然后，小冰会针对你想的人物提出最多 15 个问题，如“他是歌手吗？”等，你只需要回答是或者不是（当然，也可以回答不知道）。回答完一个问题后，小冰就会提出下一个问题。当回答完所有问题后，小冰就会说出你心中在想的人物。

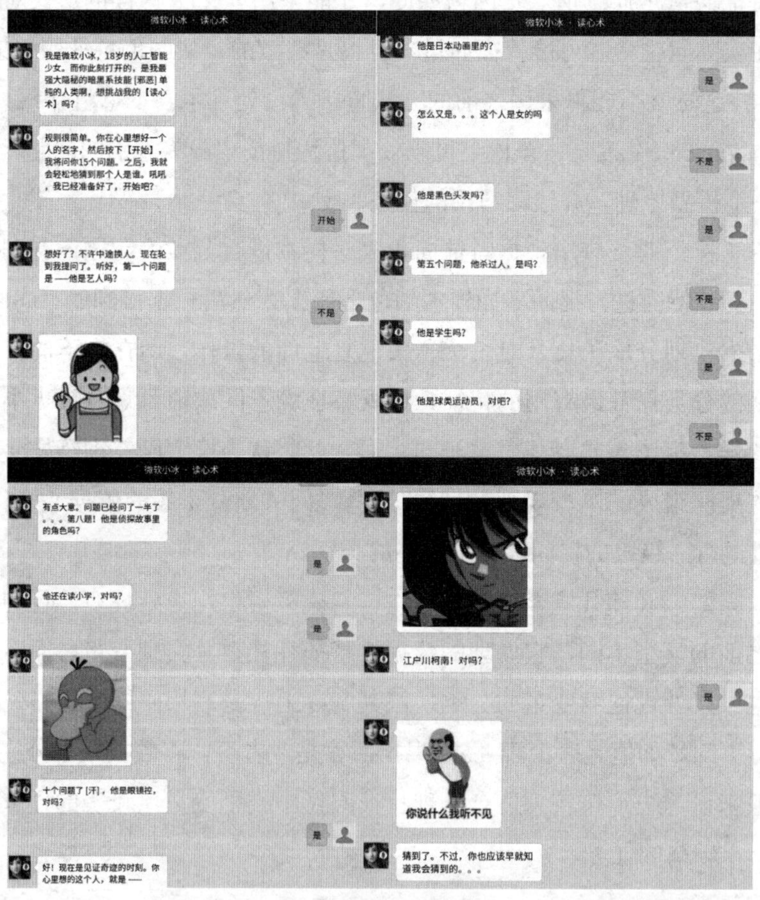

图 4.1 微软小冰的读心术

这个游戏的答案准确率很高，即使是比较小众的人物，小冰也能通过仅仅十几个问题把他 / 她找到。那么，小冰是如何做到从庞大的数据库中找到具体的一个人呢？以上面的问题为例，读心术的游戏过程如图 4.2 所示。

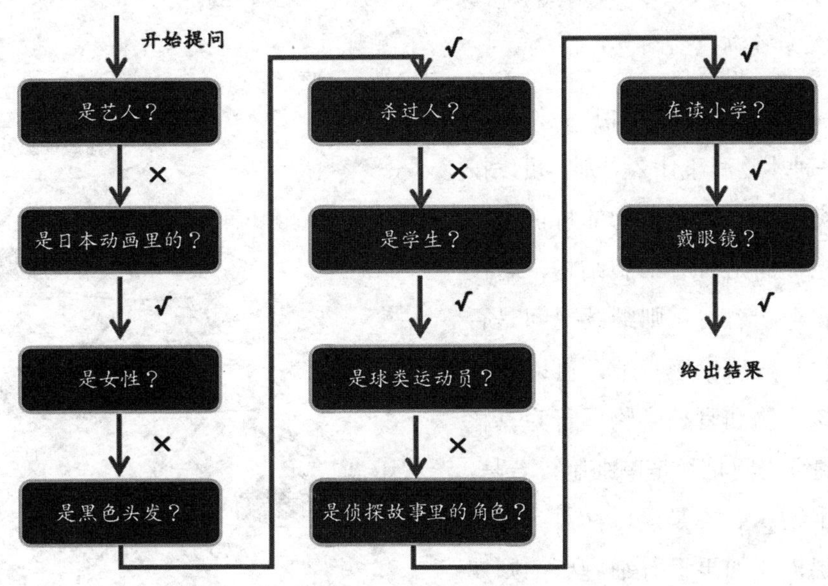

图 4.2　读心术的游戏过程

注意，图 4.2 所示的游戏过程仅仅是实际问答的流程，考虑到每个问题都有两个答案，实际上整个问答的策略可以用图 4.3 来表示。

可以看到，对每个问题进行回答以后，对于不同答案可能会有不同的新问题。如果回答“不知道”，那么说明这个问题并没有任何效果，或者说在这个问题这里没有分叉。简单起见，先只考虑有两个答案的情况，即是或不是。从图 4.3 中可以看到，整个问答过程组成了一棵树的结构（这里是一棵二叉树）。

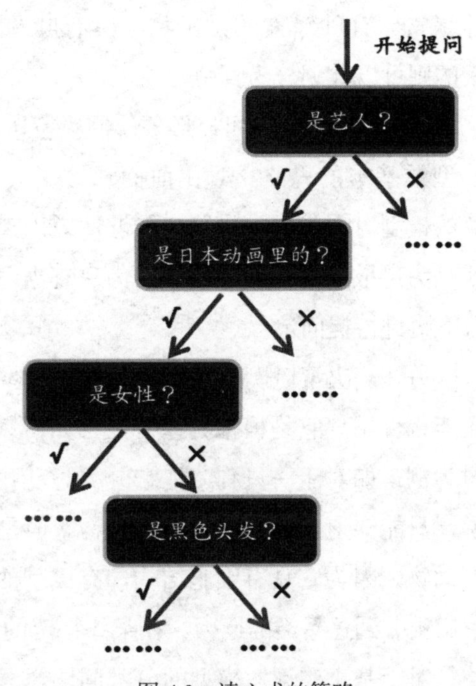

图 4.3　读心术的策略

对于该过程可以这样理解：每个问题实际上对应人的一个特征，通过是否具有该特征可以将所有人分成两类，这样一来，范围就缩小了一些。如果特征选择得当，就可以在较少的步数内，通过二分法不断逼近，最终锁定目标（当然，这只是一个原理性的简单直观的理解，具体的算法肯定要复杂得多）。

注意

实际上，这种通过不断地选择特征，并以此来了解对样本的更多信息的策略就是决策树模型的基本思路。另外，选择特征的顺序是有一定策略的，往往先对重要的特征进行提问，然后逐渐偏向细节。

再举一个例子，如图 4.4 所示，如果想要知道一种生物属于什么类别，可以按照生物分类学的原理对生物的特征进行提问。首先提问是否有细胞结构，若没有，则为病毒；若有，则继续提问是否有成型细胞核，根据该特征，可以将生物分成原核生物和真核生物。若为真核生物，则继续提问是否是单细胞，若是，则为原生生物；若不是，再针对有无细胞壁进行提问。如果没有细胞壁，则属于动物；如果有细胞壁，再提问是否有叶绿素。有叶绿素的是植物，没有叶绿素的则可以被划分为真菌。

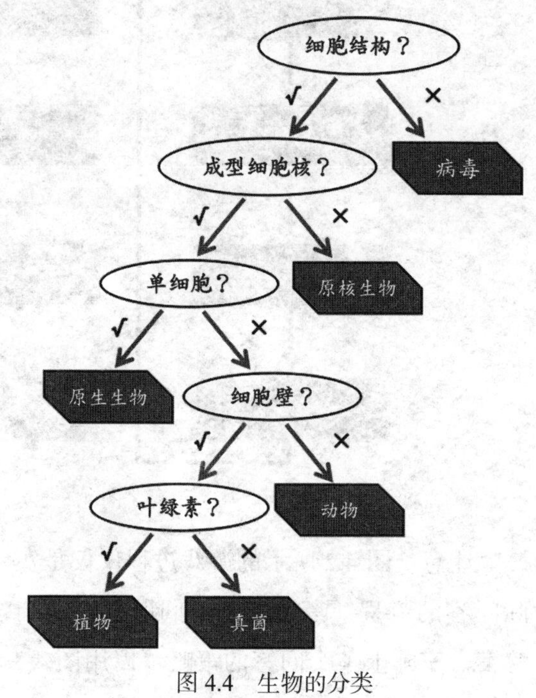

图 4.4　生物的分类

通过以上示例，可以形象说明决策树模型最基本的思路。对比前面章节中讲解的模型可以发现，决策树能够适应以离散变量为特征的数据，或者说决策树的思路本身就是为离散型特征设计的。因为只有当每个问题的答案是有限个时，才能继续针对每一个答案再进行提问。

另外，决策树模型具有较好的可解释性。模型的可解释性是指模型不但能预测出类别，还能告诉用户它是根据哪些特征、如何判断，才得到最终预测结果的。以生物分类的决策树为例，如对于一只狗，把它分类为动物。对于不具有可解释性或者可解释性差的模型来说，只能知道狗最终被分类为动物。但是对于决策树模型来说，我们可以知道：狗被分类为动物，因为它具有细胞结构，有成型的细胞核，但是没有细胞壁。经过模型的解释，了解它被分到这一类的原因。在某些特定的场合下，这样的解释尤为重要。

对于基于决策树模型的分类问题，只要能从训练集中构建出一组这样的判决问题的集合，即构建出一棵合适的决策树，就能够对新的样本进行预测。下面主要讲解如何通过对训练样本的训练来构建这样一棵决策树。

4.1.2 决策树模型的基本流程

为了说明决策树模型的构建流程，本小节使用 UCI Machine Learning Repository 的开源数据集中的 Car Evaluation 数据集进行具体说明。数据集链接为 https://archive.ics.uci.edu/ml/datasets/Car+Evaluation。

首先介绍一下这个数据集。该数据集最初是用来进行专家系统决策模型的说明和演示的，目的是根据一些参考指标来评估汽车的优劣。其特征指标如图 4.5 所示。

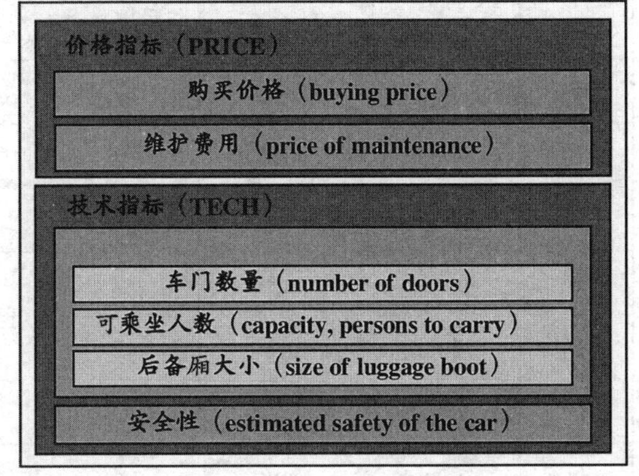

图 4.5　Car Evaluation 数据集的特征指标

由图 4.5 可以看出，对汽车的评估来自两个方面的指标：价格指标和技术指标。而价格指标可以分为购买价格和维护费用；技术指标包括舒适度和安全性。舒适度的衡量指标有车门数量、可乘坐人数及后备厢大小。每个指标都用离散变量来进行衡量。各个变量的取值范围如下。

（1）汽车评估分类结果：unacc, acc, good, vgood。

（2）购买价格：vhigh, high, med, low。

（3）维护费用：vhigh, high, med, low。

（4）车门数量：2, 3, 4, 5more。

（5）可乘坐人数：2, 4, more。

（6）后备厢大小：small, med, big。

（7）安全性：low, med, high。

其中，分类结果有四类，分别是不接受（unacc）、可以接受（acc）、较好（good）、很好（vgood），这是要预测的目标。购买价格和维护费用分为四类：很高（vhigh）、较高（high）、中等（med）及较低（low）。车门数量和可乘坐人数用数字表示。后备厢大小也分为较小（small）、中等（med）和较大（big）。安全性分为低（low）、中（med）和高（high）。下面用这些特征指标来预测最终的评估分类结果。

由于该数据集共有 1728 条数据，这里为了方便表述和举例，对每类数据随机抽取若干个，组成一个小数据集，用来说明决策树算法的流程。最终选出的小数据集如表 4.1 所示。

表 4.1　本节所用汽车评估数据集

编号	购买价格	维护费用	车门数量	可乘坐人数	后备厢大小	安全性	评估分类结果
1	vhigh	vhigh	2	2	small	low	unacc
2	vhigh	vhigh	2	2	small	med	unacc
3	vhigh	vhigh	2	2	small	high	unacc
4	vhigh	vhigh	2	2	med	low	unacc
5	vhigh	med	2	more	med	high	acc
6	vhigh	med	2	more	big	low	unacc
7	vhigh	med	2	more	big	med	acc
8	vhigh	med	2	more	big	high	acc
9	vhigh	low	2	more	big	med	acc
10	vhigh	low	2	more	big	high	acc
11	med	low	4	4	small	high	good
12	med	low	4	4	med	low	unacc
13	med	low	4	4	med	med	good
14	med	low	4	4	med	high	vgood
15	med	low	4	4	big	low	unacc
16	med	low	4	4	big	med	good
17	med	low	4	4	big	high	vgood
18	med	low	4	more	small	low	unacc
19	med	low	4	more	small	med	acc
20	med	low	4	more	small	high	good
21	med	low	4	more	med	low	unacc
22	med	low	4	more	med	med	good
23	med	low	4	more	med	high	vgood
24	med	low	4	more	big	low	unacc
25	med	low	4	more	big	med	good
26	med	low	4	more	big	high	vgood
27	high	high	5more	4	big	low	unacc
28	high	high	5more	4	big	med	acc

续表

编号	购买价格	维护费用	车门数量	可乘坐人数	后备厢大小	安全性	评估分类结果
29	high	high	5more	4	big	high	acc
30	high	high	5more	more	small	low	unacc
31	high	high	5more	more	small	med	unacc
32	low	high	4	more	med	med	acc
33	low	high	4	more	med	high	vgood
34	low	high	4	more	big	low	unacc
35	low	high	4	more	big	med	acc
36	low	high	3	2	small	med	unacc
37	low	high	3	2	small	high	unacc
38	low	high	3	2	med	low	unacc
39	low	high	3	2	med	med	unacc
40	low	high	3	2	med	high	unacc

这个小数据集共有 40 条数据，每个特征的所有取值都被取到过。下面的讨论都基于该数据集展开。

要解决的第一个问题是：当拿到这样一批数据之后，为了能形成一个合理的决策，第一个应该提问的特征或者说汽车的指标应该是什么？

做一个简单的实验，假如第一个提问维护费用，即根据维护费用的不同，直接判断汽车的评估分类结果。那么根据训练数据集，可以发现如下结论。

（1）维护费用为 vhigh 的样本共有 4 个，它们的评估分类结果都是 unacc，即不接受。

（2）维护费用为 high 的样本共有 14 个，这些样本里有 9 个 unacc，即不接受；4 个 acc，即可接受；0 个 good，即较好；1 个 vgood，即很好。

（3）维护费用为 med 的样本共有 4 个，其中 3 个为 acc，即可接受；1 个 unacc，即不接受。

（4）维护费用为 low 的样本共有 18 个，其中 3 个 acc，即可接受；6 个 good，即较好；5 个 unacc，即不接受；4 个 vgood，即很好。

这样一来，如果只根据维护费用进行判断，根据上面的结论，我们很可能会这样说：维护费用非常高的，消费者不接受；维护费用较高的，也不接受（因为不接受的样本最多）；对于维护费用中等的，消费者可接受；而维护费用较低的，根据样本情况，只能判断为较好，该判断和前面的几个相比较为牵强，因为维护费用较低的数据中，评估分类结果的四种类别差别不大，直观上就能看出来，这样的判断肯定有较大的误差。

为了对比，再用另一个特征——购买价格，作为第一个判断依据。那么，与上面类似，可以得到如下结论。

（1）购买价格为 vhigh 的样本共有 10 个，其中 5 个 unacc，即不接受；5 个 acc，即可接受。

（2）购买价格为 high 的样本共有 5 个，其中 2 个 acc，即可接受；3 个 unacc，即不接受。

（3）购买价格为 med 的样本共有 16 个，其中 4 个 vgood，即很好；6 个 good，即较好；1 个 acc，即可接受；5 个 unacc，即不接受。

（4）购买价格为 low 的样本共有 9 个，其中 6 个 unacc，即不接受；2 个 acc，即可接受；1 个 vgood，即很好。

如果用购买价格来判断，对于价格非常高的，实际上无法判断是可接受还是不接受，因为这两种在购买价格为 vhigh 的样本数据中的数量一样。而对于购买价格比较高的，也只能勉强判定为不接受，因为不接受的比可接受的略多（仅多一个）。购买价格为 med 的，可以判定为较好，但是很好的可能性也比较大。购买价格为 low 的，可以较有把握地判断为不接受。

对比以上面两个特征作为分割判断依据的结论，即提问后根据回答分成的不同子集，我们直观上会觉得用维护费用分割会比用购买价格分割更好一些。这种直觉来自以下事实：根据维护费用将数据集分割成不同的子集以后，每个子集中的种类较为单一，即每个子集中所含的数据的种类更“纯”一些。这也意味着维护费用这个特征指标和最终评估的类别之间具有的关联性更强一些。与此相对地，购买价格对最终评估的影响较小。因为即使按照购买价格划分了子集，对于每个子集的元素，很多时候我们仍然无法看出哪个种类更占优势。对于这样的分割标准或者说提问策略，我们相对更不喜欢，因为提问后无论哪个回答，都没有带来多少信息，所以这个提问相对来说就是“无效”的。

注意

前面提到过，提问应该先针对重要特征进行。这里所说的“能将子集划分得更纯”的特征，或者说“与最终的分类任务目标更相关”的特征，直观理解就是比较重要的特征。

到此为止，我们已经找到了一个挑选特征的思路，即找到能将子集划分得更“纯”的特征。再次强调，这里的“纯”是针对最终的分类目标而言的，即希望找到能带来更多信息的提问。

接下来就可以构建决策树模型了：首先，对所有特征进行遍历，找到能带来最多信息

的，即能使划分后的子集纯度最高的特征，对数据集进行划分。对于每一个划分后的子集，仍然采用上面的思路，在剩下的所有特征中遍历，同样找到最优的特征，以此进行子集的划分，直到达到停止条件，如图 4.6 所示。

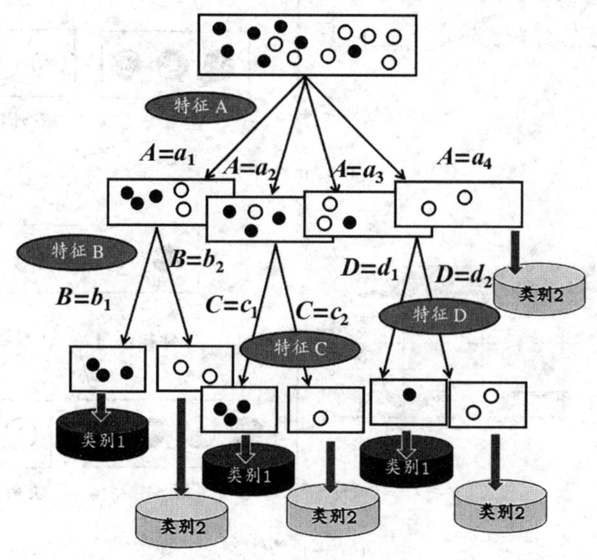

图 4.6　决策树的结构

这些划分方式就组成了一棵决策树。决策树经过训练后，对于新来的需要进行预测分类的样本，只需从树的根节点开始，依次回答关于特征的类别的问题，走完一条路径到叶子节点，就可以得到样本的类别。

这里也可以看出，决策树的每个叶子节点都对应着一个样本类别。当然，不同的叶子节点可能对应同样的类别。

还有一个问题，就是停止条件：针对某特征划分子集的过程在达到什么状态时应该停止呢？

设想一下，之所以要对特征进行提问、划分子集，目的是让子集具有单一类别，从而使满足这条路径的新样本能够得到一个类别的预测结果。那么，首先想到的就是，如果子集内的样本已经是同一个类别了，那自然就不需要继续划分了。这种情况应该是一个停止条件，如图 4.7（a）所示。

但是情况并不一定总是这么乐观，如图 4.7（b）所示，可能子集内的样本特征都一样，但是它们的类别仍然不同。这种情况是可能的，因为已有的特征可能不足以将所有的样本完全分开。遇到这种情况，即子集内样本的特征取值都一样，此时无法对它们再进行任何区分，因此停止划分。这是另一个停止条件。

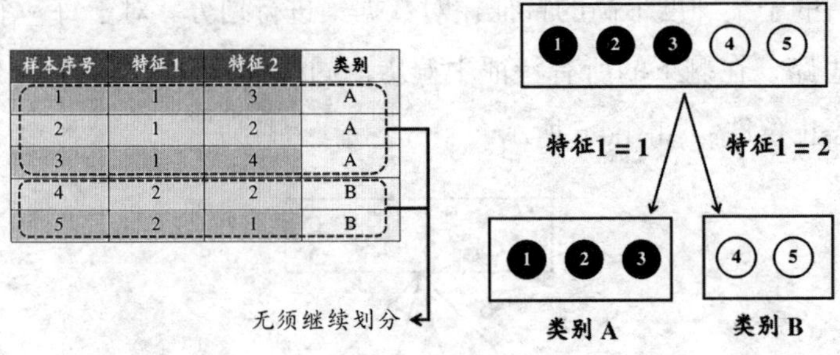

(a) 停止条件 1

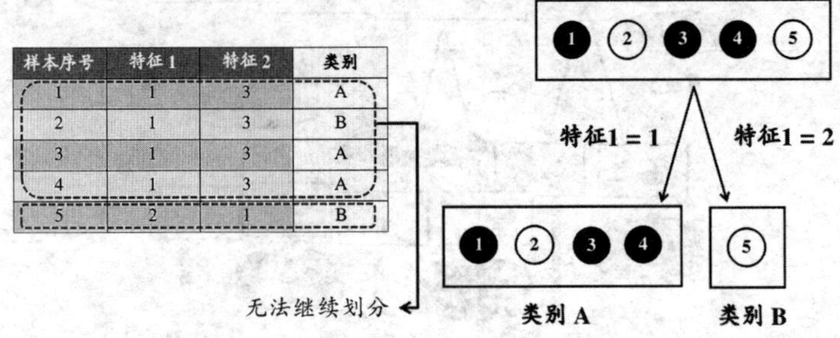

(b) 停止条件 2

图 4.7　决策树的两种停止条件

上面两种停止条件，一种是无须继续划分，另一种是无法继续划分。除了这两种情况以外，就需要不断地迭代，选择特征，并划分子集。决策树的基本流程如下。

（1）输入训练集 S。

（2）如果 S 中的所有样本为同一类别，标记为该类别，return。

（3）如果 S 中的所有样本各个特征均相同，标记为数目最多的类别，return。

（4）待划分集合 M 初始化为 S，初始化根节点 root。

重复以下操作。

在所有特征中找到最优的特征 $a*$，根据 $a*$ 的不同取值将 M 划分成不同的子集，记为 $U_1, U_2, U_3, \cdots$，并产生一个划分节点（node）。

对于每个子集 U_1 的处理方式如下。

①如果无法划分，以最多的类别作为预测类别，成为树的一个叶子，return。

②如果无须划分，将该子集样本类别作为预测类别，成为树的一个叶子，return。

③如果非以上两种情况，则把该子集作为待划分集合 M（成为上次划分的节点的孩子节点），重复步骤（4）。

（5）待全部划分结束，即可得到一棵以 root 为根节点的决策树。

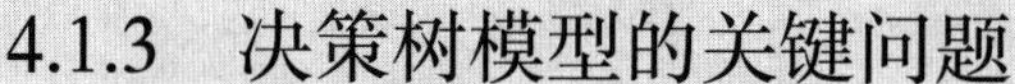

4.1.3　决策树模型的关键问题

我们已经了解了决策树模型的基本流程，但还有一个最关键的问题没有解决：特征的优选。在遍历所有特征时，需要根据以该特征划分得到子集的纯度为这些特征打分，从而选取最优特征。那么，这个分数应当如何计算呢？

这正是决策树模型的关键。计算该特征的分数其实就是计算划分后子集的纯度。更确切地说，是以该特征划分以后，子集的纯度比未划分时增加了多少。增加得多，说明特征更有用，所以应该给分高一些；反之，则说明基于该特征的划分作用不太大，应该给分低一些。

纯度是为了形象直观地描述才提出的，是一个较为抽象的概念。实际上，这里的“纯”表示在所有可能的取值中，某一个取值占据较大的百分比，即具有主导性。例如，对于一个有 A、B、C 三种取值的随机变量，如果其中一种分布中 A 出现的概率为 90%，而 B 和 C 都是 5%，那么这个分布就比较纯。或者从样本集的角度来说，取值为 A 的样本数占所有样本的 90%，B 和 C 各占据 5%，那么这个样本集就较纯；而如果 A 和 B 各占 30%，C 占 40%，那么这个样本集的纯度就较低，即较为杂乱。

那么如何度量这种纯度或杂乱程度呢？实际上，在数学领域，有一些概念具有这样的能力，如信息熵（Information Entropy）、基尼系数（Gini Index）等。利用这些概念，就可以将计算纯度的变化过程量化，从而对特征进行评分和优选。

下面重点介绍选择这些特征的原则。

4.2　特征选择原则

特征选择原则是某种数学工具，该数学概念可以表征和度量一个分布的混杂程度。本节将介绍两种这样的数学工具：信息熵和基尼系数，并以此形成三种特征选择原则。

4.2.1　信息增益原则

信息增益原则（Information Gain Criteria）是用信息量的变化来度量按照某个特征划分后，子集的纯度的增加程度。

信息量就是一个事件包含的信息的量。“信息”是一个比较抽象的概念，那么如何度量事件中包含的信息呢？在信息论中，通常用信息熵，或者称为熵（Entropy），对随机事件的信息进行度量。信息熵表示一个随机事件的不确定程度，即混乱程度。信息熵的数学公式

为式 (4.1)。

$$H(X) = -\sum_{i=1}^{k} p_i \log p_i \tag{4.1}$$

其中，X 是一个随机事件，其总共有 k 种可能的情况，每种情况发生的概率分别为 p_1，…，p_k。

对于这样一个随机事件，其信息熵就是 $H(X)$。首先按照公式来计算之前介绍的两个随机事件的信息熵。

（1）对于事件 X："太阳升起的方向"，其只有一种情况，概率 p=1，从而计算得到 $H(X) = 0$。

（2）对于事件 Y："骰子向上的点数"，k=6，且 p_i = 1/6（i=1,…,6），于是得到其信息熵为 $H(Y) = \log 6$。

可以看出，骰子的点数包含的信息比太阳升起的方向这个事件要多，而且由于"太阳升起的方向"是一个确定事件，因此不含有任何信息，这种信息的多少即可通过信息熵的数值表现出来。

在决策树特征选择与节点分裂时，将该节点上包含的训练集样本的类别看成一个随机事件，通过统计各类别的比例，代替上面各种情况中的概率，就可以计算出某个节点的信息熵。所谓信息增益（Information Gain），指的是按照某个特征将节点分裂后，相对于分裂前的节点，分裂后的各个子节点的加权平均信息熵减少了多少。即通过某个特征的辅助，对于样本集类别的认知的不确定性消除了多少。

注意

简要来说，信息熵数值小，表示数据集类别的"纯度"高；信息熵数值大，表示数据集类别的"纯度"低。决策树分裂节点的目的，就是要让分开的子集中的样本更加一致，即"纯度"更高。所以，我们倾向于选择能让信息熵变得更小，带来的信息增益更大的特征。

显然，我们希望通过这样的分裂，尽量多地消除对样本类别的不确定性，即选择能使信息增益取到最大值的特征。信息增益的数学形式为式 (4.2)。

$$\text{InfoGain}(X,F) = H(X) - \sum_{i} \frac{|X_i|}{|X|} H(X_i) \tag{4.2}$$

其中，X 为划分前的数据集；F 为用来划分的特征；X_i 为划分后的每个集合的数据集。

由式 (4.2) 可以看出，第一项表示原来的信息熵，第二项表示分裂后的子集的加权平均信息熵（由子集中的样本比例进行加权）。利用信息增益，可以计算出此时最好的特征，

用于分裂节点。具体方法是，对所有特征遍历计算该函数值，找到最大值对应的特征，进行分裂。

4.2.2　信息增益比原则

用信息增益原则选取特征有一个固有的缺陷，即其倾向于情况更多的特征。但是在很多情况下，这种特征过于细致，并不能真正地表达特征与类别的关系，即发生了过拟合。

例如，对于一个训练样本集，如果将“姓名”作为一个特征，按照该特征划分子集、分裂节点，那么，在没有重名的情况下，甚至能将信息量降低到 0（每个子集都只含有一个样本）。但是显然，这种划分是没有意义的，而且在新的数据集上也不具备任何泛化能力。再如，如果每条数据前面都有一个日期和时间，那么该特征和“姓名”一样，也可以将各个子集的信息量降低到 0。

这样的特征有一个共同的特点，即特征本身的取值比较多，也就是特征本身的信息熵较大。根据这个特点，人们对信息增益原则进行了改进，得到了信息增益比（Information Gain Ratio）原则。

信息增益比的数学公式为式 (4.3)。

$$\text{InfoGainRatio}(X,F)=\text{InfoGain}(X,F)/H(F) \tag{4.3}$$

实际上，信息增益比就是信息增益和特征本身的信息熵的比值。将信息增益比取最大值，可以避免过度划分的情况。

4.2.3　基尼系数原则

另一种度量集合中样本类别纯度的方法是基尼系数。基尼系数的数学含义是：在一个集合中任意取出两个样本，其不属于同一类的概率。例如，如果一个集合 S 中含有 9 个 A 类样本，1 个 B 类样本，那么其基尼系数计算过程为：如果第一次取到了 A 类样本，第二次取到了 B 类样本；或者第一次取到了 B 类样本，第二次取到了 A 类样本，其概率为式 (4.4)。

$$\begin{aligned}\text{Gini}(S) &= \frac{9}{10}\times\frac{1}{10}+\frac{1}{10}\times\frac{9}{10}\\ &= \frac{9}{50}\end{aligned} \tag{4.4}$$

也可以更简单地进行计算，即先计算两次取到的样本属于同一类的概率，再用 1 减去它得到基尼系数，如式 (4.5) 所示。

$$\begin{aligned}\text{Gini}(S) &= 1 - \frac{1}{10}\times\frac{1}{10} + \frac{9}{10}\times\frac{9}{10} \\ &= \frac{9}{50}\end{aligned} \tag{4.5}$$

由于第二种方式比较简便，因此通常使用的基尼系数的计算公式为式 (4.6)。

$$\text{Gini}(S) = 1 - \sum_i p_i^2 \tag{4.6}$$

其中，p_i 为取到的样本为第 i 类的概率。

用基尼系数来度量集合的类别纯度，可以看出，集合越“纯”，即类别越单一，取到同类样本的概率就越大，因此基尼系数就越小；反之，集合越混乱，就越容易两次取到不同类别的样本，基尼系数就越大。因此，我们倾向于选择分裂之后基尼系数的加权和最小的划分方式。作为决策树特征选择原则的基尼系数公式为式 (4.7)。

$$\text{GiniInd}(N,a) = \sum_{i=1}^{k}\frac{|N_i|}{|N|}\text{Gini}(N_i) \tag{4.7}$$

其中，N 为节点分裂前的集合；N_i 为分割成的子集合；a 为用来分裂的特征。最终的目标特征为式 (4.8)。

$$a^* = \arg\min \text{GiniInd}(N,a) \tag{4.8}$$

以上介绍了特征选择的几种原则和指标，至此，我们已经知道了决策树的节点分裂方法和终止条件，因此其基本流程已经可以实现了。下面要讨论的是决策树模型如何防止过拟合，即剪枝（Pruning）策略。

4.3 剪枝策略

剪枝是决策树模型防止过拟合的一种策略。之前介绍的具有显式数学表达式的模型（如 SVM、线性回归等）往往通过改变数学形式或者加入正则化项来防止过拟合，正则化的基本原则就是对模型的复杂度进行惩罚。而对于决策树来说，其复杂度就是分支的多少。因此，决策树要避免过拟合，就要求助于操作上的策略，即剪枝操作，以减少模型的复杂度。

剪枝操作就是将无益于模型泛化能力提高的节点分支“剪掉”。那么，如何判断某个分支是有益还是无益于模型泛化能力呢？第 1 章最后提到过用验证集来检验模型效果的方法，决策树的剪枝策略就是基于验证集的检验来判断是否剪枝的。其具体的操作如下：对一个节点来说，如果分裂后比分裂前在验证集上表现得更好（准确率更高），那么就允许这个节点分裂，形成“树枝”；反之，如果一个节点在分裂后反而在验证集上表现更差了，那么就不希望这个节点分裂，即将已经分裂的“树枝”进行“剪枝”，从而避免泛化能力的下降，如图 4.8 所示。

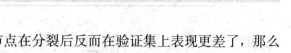

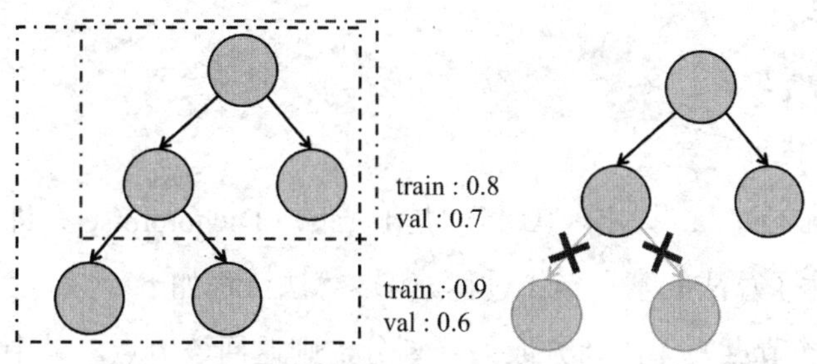

图 4.8　剪枝操作过程

在具体的处理方式上，剪枝策略一般分为预剪枝和后剪枝。顾名思义，预剪枝指的是在每一次选择特征分裂节点的过程中，如果一个节点需要剪枝，那么就直接不对其进行分裂。而后剪枝指的是先对决策树进行分裂，得到一棵完整的决策树后，考查每个节点，对需要剪枝的节点进行剪枝处理。

对于预剪枝操作，由于一开始就将不能提高模型效果的树枝剪掉了，因此会导致一个可能的问题：虽然在该节点分裂后效果变差或不变，但是在该节点分裂后继续分裂，可能会存在一个更优的结果，如图 4.9 所示。然而由于预先就不再对该节点进行分裂，因此无法找到这个更优的解。这是预剪枝的一个固有缺陷（实际上是所有贪心策略的固有缺陷）。

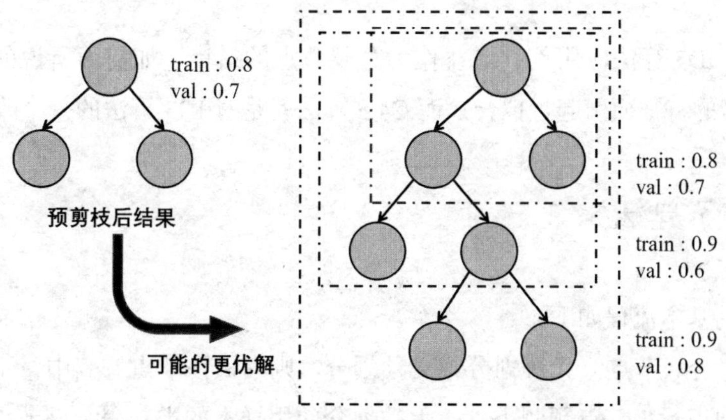

图 4.9　预剪枝可能会错过更优解

由于后剪枝是对已经生成的一棵决策树进行剪枝，因此就避免了这种情况。然而，后剪枝需要的计算量显然比采用贪婪策略的预剪枝要大得多，这是后剪枝策略的一个缺点。

4.4 常用决策树模型：ID3 与 C4.5 算法

下面介绍两个经典的决策树算法实例，分别为 ID3 和 C4.5 算法。

4.4.1 ID3 算法

ID3 算法由 Ross Quinlan 提出，ID 指的是 Iterative Dichotomiser，即迭代二分法。这个名称十分形象地表达了算法的基本操作过程。ID3 算法流程如下。

（1）如果集合（节点）无法划分或无须划分，则返回该节点。其中，无法划分的用样本数最多的类别表示该节点预测类别，无须划分的用样本的类别表示该节点预测类别，否则转入步骤（2）。

（2）计算现有集合（节点）的信息熵。对于所有的特征，分别计算以其为划分标准所得的子集的信息熵（各个子集加权平均），选择能使信息增益最大的特征。

（3）如果信息增益大于设定的阈值，那么选择该特征分裂节点，并转入步骤（4），否则返回该节点。

（4）对于分裂得到的各个子集（子节点），重复步骤（1）~（3）。

注意

这时集合指的是子集中所包含的集合，而特征则为除去已经被选择来分裂节点的特征之外的其他所有特征。

可以看出，ID3 算法应用信息增益作为分裂节点的指标，如前面所说的那样，该指标会由于取值较多的特征而引起过拟合，而 C4.5 算法就是对 ID3 算法的一个改进版本。

4.4.2 C4.5 算法

C4.5 算法的基本流程如下。

（1）如果集合（节点）无法划分或无须划分，则返回该节点。其中，不能划分的用样本数最多的类别表示该节点预测类别，无须划分的用样本的类别表示该节点预测类别，否则转入步骤（2）。

（2）计算现有集合（节点）的信息熵。对于所有的特征，分别计算以其为划分标准所得的子集的信息熵（各个子集加权平均）及特征本身的信息熵，选择能使信息增益比最大的特征。

（3）如果信息增益比大于设定的阈值，那么选择该特征分裂节点，并转入步骤（4），否则返回该节点。

（4）对于分裂得到的各个子集（子节点），重复步骤（1）~（3）。

注意

这时集合指的是子集中所包含的集合，而特征则为除去已经被选择来分裂节点的特征之外的其他所有特征。

C4.5 算法通过用信息增益比代替信息增益，改进了 ID3 算法。

4.5　多变量决策树简介

本节介绍多变量决策树（Multivariate Decision Tree）。在前面介绍的决策树算法中，每一次的节点分裂都是通过对每个特征进行遍历优选，然后使用被选出的单一特征进行的。换句话说，每次决策只用了单一变量来进行。而多变量决策树，顾名思义，就是利用多个变量来共同指导节点的分裂过程。下面用一个例子来说明。

如图 4.10 所示，样本被分成了两类，每个样本分别具有两个特征，即横纵坐标表示的值（注意，这里的特征是连续的）。对于普通决策树（单变量）来说，决策树实际上就是用与坐标轴垂直的直线（对更高维度的情况来说，则是与坐标轴垂直的超平面）将两类样本尽可能地分开。这样的划分往往需要很多次，因而在很多时候可能是不经济的一种策略。由于每次只能用一个特征来分裂节点，因此得到的每个分界面都是与轴垂直的。那么，如果每次可以考虑多个特征间的相关性，应该就能解决这个问题。

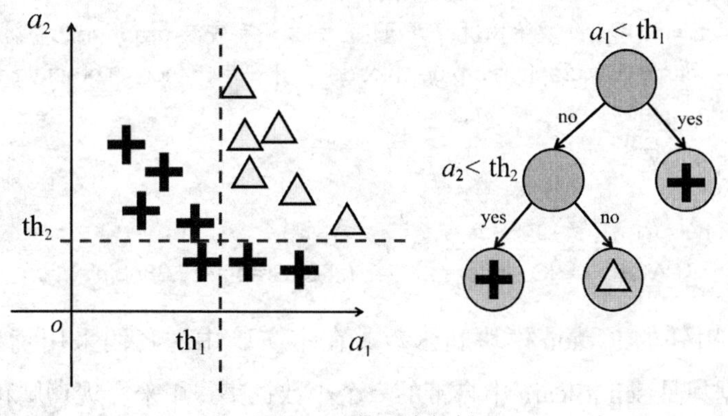

图 4.10　普通决策树

图 4.11 所示为一个多变量决策树，其基本思想就是在每个节点都用多个特征共同参与决策。具体实现方法就是，在每个节点用一个线性分类器代替单一属性的阈值。可以看出，

多变量决策树具有更强的适应性，在很多问题上可以取得更好的效果。

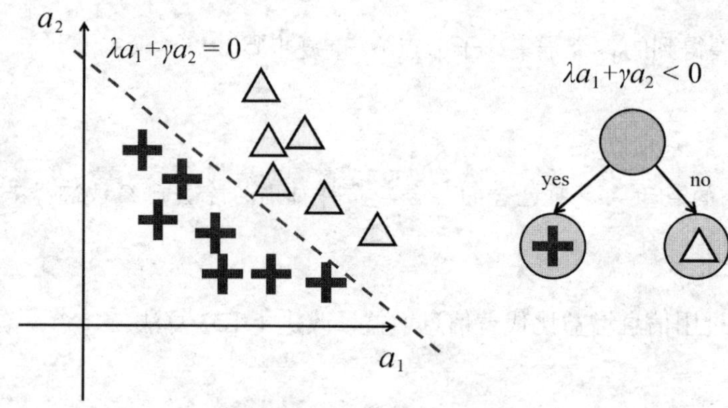

图 4.11　多变量决策树

4.6　本章小结与代码实现

本章主要讨论了机器学习中经典的决策树算法。决策树通过不断地利用特征对数据进行分组，以实现对样本类别的预测。在如何选取合适特征的问题上，有一些可以采用的评判原则和标准，如信息增益、基尼系数等。针对决策树可能具有的过拟合问题，本章介绍了决策树的剪枝策略及其实现方法，最后简要讨论了多变量决策树的相关概念。

下面用一个实例来展示决策树的应用效果。

```
# 导入用到的 Python 模块
from sklearn.datasets import load_iris
from sklearn.tree import DecisionTreeClassifier, export_graphviz
from sklearn.cross_validation import train_test_split
# graphviz 可以用来对决策树进行可视化。如果没有安装 graphviz，需要先下载 graphviz
#（链接：http://www.graphviz.org/download），并安装 Python 的 graphviz 包（通过 pip install
# 或 conda install）
import graphviz
import os
# 将 graphviz 的路径添加到环境变量
os.environ["PATH"] += ';C:\Program Files (x86)\Graphviz2.38\\bin'
```

先导入需要用到的 Python 模块和函数。在本实验中，我们采用鸢尾花数据集（Iris Dataset）。该数据集是 scikit-learn 中自带的一个小数据集，用来实现鸢尾花种类的分类。下面简单介绍该数据集。

```
# 加载 Iris 数据集
iris = load_iris()
```

```
# 得到数据与类别标签
iris_data = iris.data
iris_target = iris.target
# 类别标签名称
iris_target_names = iris.target_names
# 用来训练的特征名称
iris_feat_names = iris.feature_names
# 输出类别和特征名称，以及数据集的简单描述
print(iris_feat_names)
print(iris_target_names)
```

输出如下：

```
# 加载 Iris 数据集
['sepal length (cm)', 'sepal width (cm)', 'petal length (cm)', 'petal width (cm)']
['setosa' 'versicolor' 'virginica']
Iris Plants Database
====================
Notes
-----
Data Set Characteristics:
    :Number of Instances: 150 (50 in each of three classes)
    :Number of Attributes: 4 numeric, predictive attributes and the class
    :Attribute Information:
        - sepal length in cm
        - sepal width in cm
        - petal length in cm
        - petal width in cm
        - class:
                - Iris-Setosa
                - Iris-Versicolour
                - Iris-Virginica
    :Summary Statistics:
    ============== ==== ==== ======= ===== ====================
                    Min  Max   Mean    SD   Class Correlation
    ============== ==== ==== ======= ===== ====================
    sepal length:   4.3  7.9   5.84   0.83    0.7826
    sepal width:    2.0  4.4   3.05   0.43   -0.4194
    petal length:   1.0  6.9   3.76   1.76    0.9490  (high!)
    petal width:    0.1  2.5   1.20   0.76    0.9565  (high!)
    ============== ==== ==== ======= ===== ====================
```

可以看出，该数据集共有三种类别，即鸢尾花的三个种类：Setosa（山鸢尾花）、Versicolor（变色鸢尾花）及 Virginica（维吉尼亚鸢尾花）。为了实现分类，所采用的特征有四个维度，分别是萼片（Sepal）的长度和宽度及花瓣（Petal）的长度和宽度。下面用该数据集来测试决策树模型。

为了测试模型的预测能力，先将数据集进行切分，得到训练集和测试集：

```
# 对数据集进行划分，将 30% 的数据作为测试集，其余作为训练集
X_train, X_test, y_train, y_test = train_test_split(iris_data, iris_target, test_size=0.3, random_state=2019)
print(X_train.shape, X_test.shape, y_train.shape, y_test.shape)
```

输出如下：

```
(105, 4) (45, 4) (105,) (45,)
```

也就是说，选择了 105 个样本做训练，剩下的 45 个样本做测试。下面利用决策树模型进行建模：

```
# 建立决策树模型，采用信息增益准则，在最优值处划分，最大深度不设定，即不限制深度
clf = DecisionTreeClassifier(criterion='entropy', splitter='best', max_depth=None, random_
state=2019)
clf.fit(X_train, y_train)
# 计算训练集和测试集精度
train_acc = sum(clf.predict(X_train) == y_train)/len(y_train)
test_acc = sum(clf.predict(X_test) == y_test)/len(y_test)
print('Train Accuracy is : {:.2f}'.format(train_acc))
print('Test Accuracy is : {:.2f}'.format(test_acc))print(X_train.shape, X_test.shape, y_train.shape, y_test.shape)
```

输出结果如下：

```
Train Accuracy is : 1.00
Test Accuracy is : 0.96
```

可以看出，训练集精度可以达到 100%，但是测试集精度只有 96%。这种情况说明，模型可能在训练集上过拟合了。可以通过限制最大深度的方式在一定程度上避免过拟合。例如，将 max_depth 设置为 3：

```
clf = DecisionTreeClassifier(criterion='entropy',splitter='best',max_depth=3, random_
state=2019)
clf.fit(X_train, y_train)
train_acc = sum(clf.predict(X_train) == y_train)/len(y_train)
test_acc = sum(clf.predict(X_test) == y_test)/len(y_test)
print('Train Accuracy is : {:.2f}'.format(train_acc))
print('Test Accuracy is : {:.2f}'.format(test_acc))
```

输出结果如下：

```
Train Accuracy is : 0.98
Test Accuracy is : 0.98
```

可以看出，训练集精度下降，但是测试集精度提高。该结果说明通过限制树的深度，减缓了过拟合。

另外，还可以利用 Graphviz 对决策树进行可视化：

```
dot_data = export_graphviz(clf,feature_names=iris_feat_names,out_file=None)
dot = graphviz.Source(dot_data)
dot.view()
```

结果如图 4.12 所示。

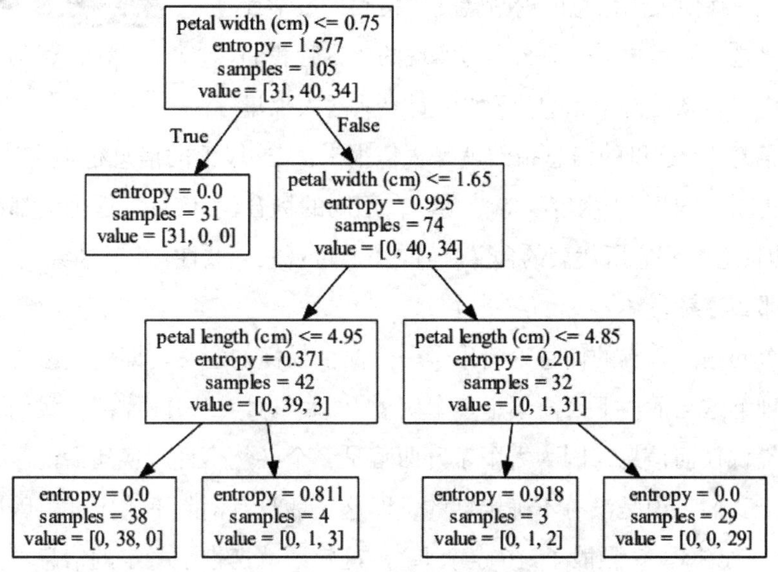

图 4.12　决策树可视化结果

可以看出，第一个选择的特征是花瓣的宽度，以 0.75cm 为界限，不大于 0.75cm 的样本有 31 个，其信息熵为 0，也就意味着它们已经都属于同一类别。通过 value 的值可以看到，这 31 个样本都属于第一类。同理，对于花瓣宽度大于 0.75cm 的，信息熵为 0.995，共 74 个样本，其中 40 个是第二类，34 个是第三类。其余节点的含义与此同理。通过可视化结果，可以清晰直观地看出划分的规则。这也正是决策树可解释性的优势体现。

4.7　本章话题：信息论与特征选择

在讲解决策树的实现过程时，介绍了作为划分特征的选取依据的信息增益和信息增益比。这两者都利用了信息论中的一个重要概念，即信息熵。因此，在本章话题中，就来简单讨论信息论（Information Theory）及其在特征选择领域的应用。

谈到信息论，就不得不提到天才数学家、通信专家、密码学家——克劳德·香农（Claude Shannon）（图 4.13）。1948 年，香农发表了一篇具有划时代意义的论文——《通信中的数学原理》（*A Mathematical Theory of Communication*），从而奠定了信息论理论的基础。信息论在现在的很多学科理论和工程领域中都占据着重要且基础性的地位，如我们日常可以接触到的通信系统、数据压缩、编码、数据传输等，都是以信息论为最基本的理论根基。

图 4.13　克劳德·香农

信息论的一个基本的目标就是：如何定义信息并将它进行量化，最终使关于信息的论断转变成精确的数学计算。实际上，这一目标并不是那么容易实现的。尽管我们在日常生活中经常谈论起“信息”，如“间谍从敌人那里带回来一些信息”，这里的信息指的就是“情报”；“这段话的信息很丰富”，这里的“信息”则更偏重于“知识”“内容”等范畴。在不同的场合，“信息”这个词都有不同的侧重点，而我们也能意会到它所代表的含义。但是，通过观察其共性，将其抽象成一个数学概念，似乎并不是那么容易。

对于这个问题，香农的信息论给出了一个简洁易懂的定义，即信息指的是不确定性的消除。为了理解这句话，下面简单举一个例子。“太阳明天东升西落”，我们直观地就知道这句话没有提供任何信息，因为太阳东升西落是一个必然事件。换句话说，太阳升起和落下的方向对于我们来说是没有不确定性的，即这句话没有消除不确定性，因此其信息量就应该为 0。而“投掷了一颗骰子，6 点朝上”，这句话就携带了一定的信息，因为如果没有人告诉我们 6 点朝上，那么我们对于骰子上面的点数是一无所知的。换句话说，从 1 点朝上到 6 点朝上，这 6 种情况对于我们来说是等可能的，而有了这句话，其他 5 种可能都被消除了，因此，这句话提供了一定的信息。而如果有一句话是“今年七月份北京下起了鹅毛大雪”，那么其所蕴含的信息量应该更大，因为这件事情发生的可能性极其微小。

顺着这个思路继续思考，如何将这个“不确定性”写成数学形式呢？这时可以想到，不确定性意味着存在随机事件，而随机事件是通过概率论的方法来研究的。这样一来，信息的概念就和概率论建立了联系。可以这样说：概率越小的事件，其信息量就越大；反之，概率越大的事件，其所含的信息量就越小（极限情况就是必然事件，其概率为 1，因此信息量就是 0）。

现在就可以尝试用概率来建立信息量的公式了。首先，根据事件发生概率与信息量的负相关关系，信息量应该是概率为自变量的减函数，因此，信息量的公式里可能有 $1/p$ 的形式。另外，对于两个独立事件，它们的信息量应该能相加。例如，事件 A 的信息量为 $I(\mathrm{A})$，

事件 B 的信息量为 I(B)，那么这两件事提供的信息量应该是 I(A)+I(B)。但是，考虑到独立事件的概率是相乘的形式，要想将乘法转变成加法，那么应该需要一个对数函数 log(•)。由于 log 是一个单调增函数，因此可以将 log 作用于 1/p，仍能保持对 p 的单调减函数性质。另外，我们希望概率为 1 的事件的信息量为 0，把 1 代入 log(1/p)，结果刚好为 0，因此不再需要其他参数。

到此为止，对于一个事件的信息量的计算公式已经可以得到了，那就是式 (4.9)。

$$I(\mathrm{A}) = -\log(p_{\mathrm{A}}) \tag{4.9}$$

但是一般来说，我们要处理的往往不是一种情况的信息量，我们更希望知道一个随机事件的总体信息含量。例如，希望知道“投掷一枚骰子向上的点数”的信息量，而不仅仅是“点数 6 朝上”的信息量。因此，从信息量推广出来信息熵的概念，用来度量一个随机事件所包含的信息，如式 (4.10) 所示。

$$H(X) = -\sum_{i=1}^{k} p_i \log p_i \tag{4.10}$$

其中，p_i 为随机事件 X 的第 i 种可能情况。这里可以看到，随机事件的信息熵实际上就是其各种可能发生的情况的加权和。

如果上面的 log(•) 函数是以 2 为底数，那么信息熵的单位是比特（bit）。1bit 即一个 0/1 位置，所以 n 个比特位就有 2^n 种可能性，取能使熵最大的等可能分布，每种可能性的概率是 $1/2^n$。因此，根据信息熵公式计算，得到这个随机事件的信息熵为 n。这就说明，信息熵的值和用来表示这个随机事件的比特位数是相同的。实际上，一个信息量为 n 的随机事件，可以用平均码长为 n 个比特位的编码表示出来。例如，扔一枚硬币，其可能结果有两种，概率各为 1/2，那么信息熵就是 1bit。而我们也确实可以用一个 0/1 的比特位来表示这个事件（如比特位取值为 1 代表正面，为 0 代表反面）。人们已经证明：信息熵是随机事件编码的最小平均码长。

从比特位编码的角度还可以得到另外一个概念，即交叉熵（Cross Entropy）。交叉熵表示用一个分布编码另一个分布所需要的平均码长，写成公式为式 (4.11)。

$$H(X,Y) = -\sum_{i=1}^{k} p_i \log q_i \tag{4.11}$$

其中，p 和 q 分别为随机事件 X 和 Y 的概率分布。$H(X,Y)$ 的含义是：如果用 Y 的分布的编码表示 X 的分布，那么所需平均码长是多少。将信息熵看作各种可能情况的信息量的加权和，即每种情况所需的编码长度的加权和。交叉熵公式中，每种情况的编码已经被替换为了另外的分布 Y 的每种情况的编码，但是加权仍然用的是实际的情况，因此可以反映出将错误的编码应用于真实分布时的平均码长。由于利用信息熵（用正确分布编码）得到的是最小平均码长，因此交叉熵在分类任务中通常作为损失函数来计算预测分布的准确性，这一点在介绍逻辑斯蒂回归的损失函数时提到过。

信息熵在特征选择领域中也有很多应用，这里简要介绍两种：无监督场景下的熵权法（Entropy Weight Method）和有监督场景下的特征选择方法。

对于一个没有标签的无监督学习问题，要想选出哪些特征更加重要，就可以借助特征本身的信息熵，这种方法一般称为熵权法。

熵权法的思路非常朴素：对于一些可能有用的特征属性，那些不确定性较大的，或者说变异较大的特征，理应具有更强的评价作用；而那些在不同样本上差别不大的，甚至对于所有样本取值都一样的特征，就不太具有评价上的意义。因此，通过计算数据表单中的每一列（代表不同的特征属性）的信息熵，再加以简单的数学变换，就能得到不同特征的权重。其中熵越大，权重越大。这就是熵权法的基本思路。

而对于有标签的情况，其与决策树划分节点时计算信息熵的增益较为类似。考察每一个特征属性，计算以此特征将样本集分成子集后，信息熵增加了多少。按照信息熵增加的量对各个特征进行排序，优先选择能使划分后的信息熵增加最多的特征。这种方法可以应用于特征维数较高的机器学习问题，降低进入模型的特征维度，减少计算量，并拣选出比较有效的特征。

第5章

近朱者赤：k 近邻模型

第 4 章讨论了决策树算法，了解了它的基本原理和适用范围。至此，我们已经学了好几个机器学习算法了。它们有一个共同的特点，那就是需要先用已知的样本集来训练模型，然后将模型应用于新样本的预测。该特点是机器学习算法的一个普遍策略。但是，本章将要介绍一个比较特殊的算法，即 k 近邻（k-Nearest Neighbor）法。该算法思路很简单，也需要训练集的数据驱动，但是它并不需要事先的训练过程，而是直接利用已有的训练集数据对新来的样本进行预测。在本章开头，先给出 k 近邻模型的通俗解释与适用的任务类型。

（1）通俗解释：k 近邻模型用来处理根据特征预测类别的分类问题。它的实现方式很直接也很简单：假设有一定量的训练数据，这些数据是已知类别的。对于新来的样本，在特征空间中找到距离它最近的 k 个训练样本，并找到这 k 个样本里所属最多的是哪个类别，将该类别作为新来样本的预测结果。

（2）任务类型：k 近邻模型处理的任务类型主要是有监督的分类问题，但是实际上 k 近邻模型也可以处理回归问题。在回归问题中，将分类问题中对 k 个近邻样本的类别多数表决得到最终预测结果的过程修改为：对 k 个近邻样本的输出值进行平均（也可以是与距离相关的加权平均），得到预测结果。在实际操作中，k 近邻模型思路简单，对于数据分布等也没有太多假设，因此很多任务场景都可以应用。由于其没有训练过程，因此比较适用于训练集经常更新的任务（如在线的预测或者分类）。

5.1 模型的思路和特点

本节介绍 k 近邻模型的基本思路和特点。

5.1.1 模型思路

k 近邻模型的思路非常简单和直接，下面以一个简单的例子来说明。

假设有一个已知的外星人体貌特征及其星球籍贯的数据集，如表 5.1 所示。

表 5.1　外星人数据集

人员编号	身高 /cm	头部尺寸 /cm	触须个数	来源星球
1	266	50	6	Macrotopia
2	37	6	38	Microtopia
3	32	5	18	Microtopia
4	283	56	3	Macrotopia
5	236	44	5	Macrotopia
6	28	3	21	Microtopia

如果此时又捕获到了一个外星人，经过测量后，其特征如表 5.2 所示。

表 5.2　新样本特征

人员编号	身高 /cm	头部尺寸 /cm	触须个数	来源星球
7	248	39	4	？？？

此时，让我们猜一下，这个外星人来自哪个星球呢？

可能大家很快就能判断出，他更可能来自 Macrotopia 星球。判断方式非常简单，因为他的体貌特征与已知的数据集中来自 Macrotopia 星球的外星人更接近。

实际上，在做出这个判断时，我们已经自觉地利用了“特征空间中的相似性往往预示着类别的相似性”这一预设，通俗来说就是“近朱者赤，近墨者黑”。而这个朴素而合理的预设正是 k 近邻模型的基本思路。

注意

换一个角度思考，在实际生活中，人们对于事物的类别划分，往往就是根据某些特征来进行的。这也正是“特征”这一词的含义，即特有的、异于其他事物的特点，或者说事物所具有的将自身与他物区分开的凭据。所以，只要特征选择恰当，即特征与任务是相关的，那么用特征的相近直接预测类别的相近是一个自然且合理的思路。

利用这个思路，最基本的一个想法就是最近邻法（Nearest Neighbor）。如图 5.1 所示，如要判断这个新样本点的类别，则在所有已知的训练样本中，找到和它特征最接近的一个样本，并把它的类别直接看作样本点的类别。

可以看出，在上面这种不同类别样本相互分离较好的情况下，最近邻法可以比较合理地找到新样本的类别；而如果训练集中有噪声点，最近邻法则会受影响比较大，如图 5.2 所示。

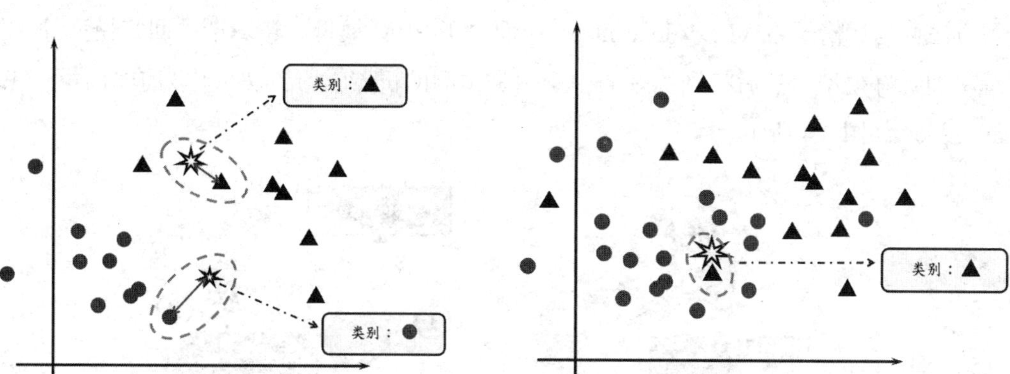

图 5.1　最近邻法　　图 5.2　含噪声点的最近邻法

可以看到，由于与新样本距离最近的是一个噪声点，因此样本类别被误判。这种对噪声点的敏感不是我们希望的。对于一个模型的抗噪声性能，即输入数据有一定的错误或异常的情况下，模型仍然能表现较好的能力，通常被称为鲁棒性（Robustness）。我们总是倾向于较为鲁棒的模型，即具有一定容错能力的模型，而不是对噪声敏感的模型。

于是，就有了本章要介绍的 k 近邻模型（k-Nearest Neighbor）。该模型的基本思路是：对于需要预测的新样本，选择训练集中距离它最近的 k 个样本，并用这 k 个样本的类别进行投票（Voting），选择得票最多的，即这 k 个样本中出现最多的类别，作为新样本的类别的预测，如图 5.3 所示。

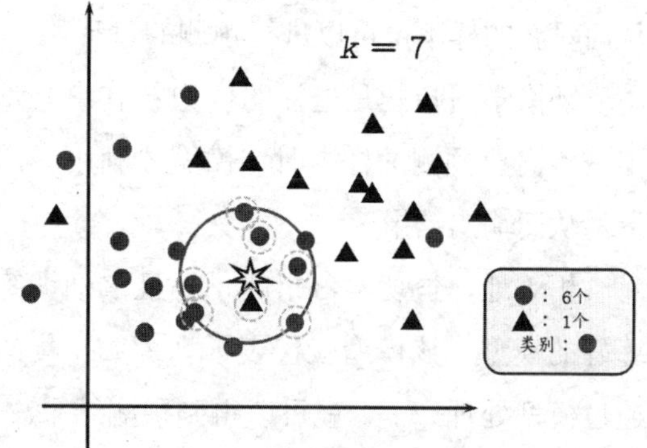

图 5.3　k 近邻模型

通过增加用来决策的训练样本的数量，并用投票表决取最多数类别来代替单一样本直接做决策，k 近邻模型有效地避免了最近邻法对噪声点敏感的缺陷，具有更好的鲁棒性和稳定性。当 k 取值为 1 时，模型就退化为最近邻法。因此，最近邻法实际上是 k 近邻模型的特例，而 k 近邻模型则是最近邻法的改进与推广。

5.1.2　懒惰学习与迫切学习

介绍完 k 近邻模型的思路后，接下来讨论 k 近邻模型相对于之前介绍的模型（如 SVM、逻辑斯蒂回归等）有何特点。

仔细对比 k 近邻模型的操作步骤与其他算法的步骤可以发现，k 近邻模型算法相对于其他算法而言有一个重要的不同之处，即它没有显式的模型训练过程。具有这种性质的机器学习方法称为懒惰学习（Lazy Learning）；而对于 SVM 模型、逻辑斯蒂回归模型等，先用训练集训练好模型，然后将训练好的模型用来预测的机器学习方法，称为迫切学习（Eager Learning），如图 5.4 所示。

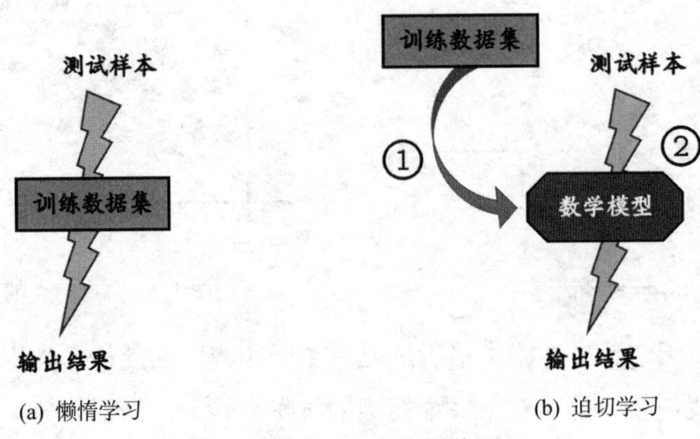

(a) 懒惰学习　　(b) 迫切学习

图 5.4　懒惰学习和迫切学习

第 1 章已经介绍过，机器学习算法就是将已知的训练数据集或者已知的规则推广泛化，从而对新的样本也可以进行预测的过程。

懒惰学习指的是这样的模型：在拿到训练数据集时，并不将其推广泛化，只有当提交了一条需要预测的样本时，模型才利用一定的规则，将训练集推广泛化到需要预测的样本上，从而输出结果。

相对地，迫切学习指的是一旦拿到训练数据集，就对模型进行训练，从而得到一个训练好的模型，该模型就代表了训练数据集的推广泛化的结果。对于需要预测的样本，只要通过模型处理一下，就可以得到预测结果。

现在常见的机器学习经典算法中，大部分都能归入迫切学习的范畴，即算法的实现包含了从建立数学模型到用训练集更新参数，再到模型预测的整个过程。实际上，懒惰学习方法的提出最先是在在线推荐领域。在线的任务相对于离线任务具有数据时常会更新的特点，这样一来，如果每更新一次数据集都要重新训练模型，时间成本会很大，从而难以实现（通常来说，这类模型的训练时间往往很长，但预测速度会很快。该特点对于许多特定任务来说是很好的。例如，如果想要训练一个可以识别手写汉字的模型，我们只关心它在遇到新的字时能不能准确快速地将其识别出来，至于用了多少张图片训练，以及训练花费了多长时间，在实际应用中影响并不大。原因在于该任务是非常特定的，一旦模型训练好，就能在任意场合的该任务下应用，不需要重复训练）。

懒惰学习的优势在于，当数据更新后，可以直接用更新后的数据计算出预测结果，这样数据的更新对于模型的影响并不大，模型依然能在可接受的时间内给出结果。

但是，懒惰学习也有一些弊端，其中一项就是需要大量的空间来储存已有的训练数据。

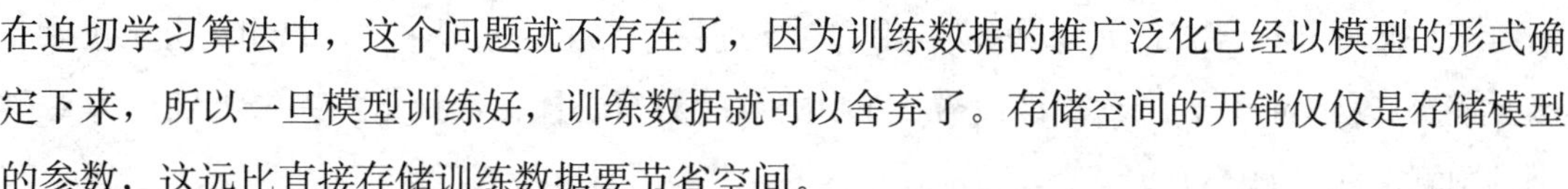

在迫切学习算法中，这个问题就不存在了，因为训练数据的推广泛化已经以模型的形式确定下来，所以一旦模型训练好，训练数据就可以舍弃了。存储空间的开销仅仅是存储模型的参数，这远比直接存储训练数据要节省空间。

懒惰学习的另一个弊端在于，预测的过程较为花费时间。例如，本章中的 k 近邻算法，每预测一个新样本都要计算它与所有已知样本的距离，并排序比较远近。如果训练样本数量较大，那么这里的预测时间开销也将随之增大。实际上，现在已经有各种 k 近邻模型的改进版本对该问题进行了优化，基本思路就是将训练数据按照某种规则存储，这样一来，在查找前 k 个值时就可以更快一些。

接下来讨论 k 近邻模型的相关性质。

5.2　模型的相关性质

本节将对 k 近邻算法从数学的角度加以考查，并就其相关性质进行讨论，最后将会介绍几种 k 近邻模型的改进策略。

5.2.1　数学形式

为了表述方便，下面用数学的方法对 k 近邻模型进行表示。

首先考查分类问题的 k 近邻模型。假设得到的已知类别的训练数据集为式 (5.1)。

$$s=\{(x_1,c_1),(x_2,c_2),\cdots,(x_n,c_n)\} \tag{5.1}$$

如前所述，由于 k 近邻模型是懒惰学习，因此没有具体的数学函数作为模型的表示，直接存储 s，用来对新样本进行预测。对于一个新样本 x^*，计算其与训练集中的样本特征的距离（Distance），得到式 (5.2)。

$$\text{Dist}(x^*,s)=\{\text{Dist}(x^*,x_1),\text{Dist}(x^*,x_2),\cdots,\text{Dist}(x^*,x_n)\} \tag{5.2}$$

对 Dist 集合中的所有距离进行排序，得到式 (5.3)。

$$\text{Dist}_{\text{order}}(x^*,s)=\{\text{Dist}(x^*,x_{p_1}),\text{Dist}(x^*,x_{p_1}),\cdots,\text{Dist}(x^*,x_{p_n})\} \tag{5.3}$$

其中，$p_1 \sim p_n$ 为 $1 \sim n$ 的一个排列。

然后根据设定的参数 k 选择 $\text{Dist}_{\text{order}}$ 集合中的前 k 个值所对应的训练样本点，得到 x^* 的 k 近邻集合，即式 (5.4)。

$$N_k(x^*)=\{x_{p_1},\cdots,x_{p_k}\} \tag{5.4}$$

有了 k 近邻集合 $N_k(x^*)$，就可以利用它对 x 进行分类了。一般来说，这里的分类准则是多数表决（Majority Voting），即以 $N_k(x^*)$ 中的点所对应的样本数最多的一个类别作为 x^* 类别的预测，如式 (5.5) 所示。

$$c^* = \text{Majority}(c_{p_1}, \cdots, c_{p_k}) \tag{5.5}$$

以上就是分类问题的 k 近邻模型的一般流程，如图 5.5 所示。

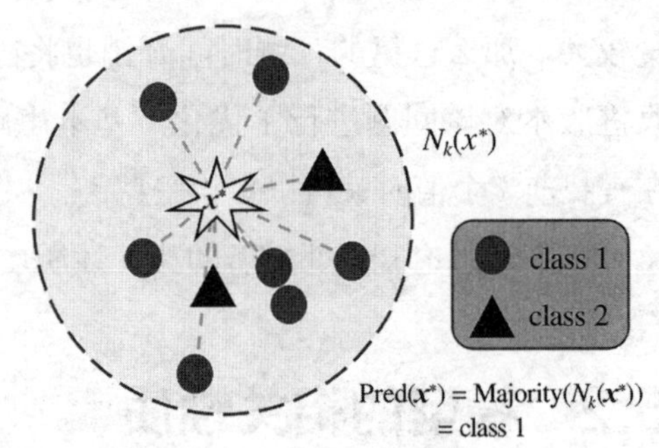

图 5.5　k 近邻模型处理分类问题

对 k 近邻模型的流程进行分析可以发现，k 近邻模型实际上是将样本特征空间进行了一个划分。例如，对于前面计算得到的 k 个样本的集合 $N_k(x^*)$ 来说，其样本特征空间中，所有的 k 近邻是该集合的样本点（包括但不限于 x^*），它们的类别都由该集合里出现最多的类别决定。因此，这些点全部被划分为了这个类别。以此类推，整个样本特征空间的点在训练集确定时就已经被划分好了，如图 5.6 所示。

简单起见，图 5.6 中的训练样本只有两个，而且 k 近邻的参数 k 设为 1，即最近邻法的模型。另外，距离选择大家最熟悉的欧几里得距离（Euclidean Distance），也称欧氏距离。可以看到，用这两个训练数据，就将整个特征空间划分成了两个区域，分界线上的点与两个不同类别的训练数据的距离相等。换句话说，分界线即两点的垂直平分线（中垂线），左边空间中的点属于左边训练数据点的同一类，右边空间中的所有样本点则属于右边训练数据的类别。

以此类推，对于多个训练样本，如果仍用最近邻法和欧氏距离，那么就会形成图 5.7 所示的划分。

图 5.7 所示的图案是训练样本集中所有邻近两点的中垂线共同形成的格子（Cell），每个格子中都有一个训练样本点，格子中的类别就由该样本点来决定。

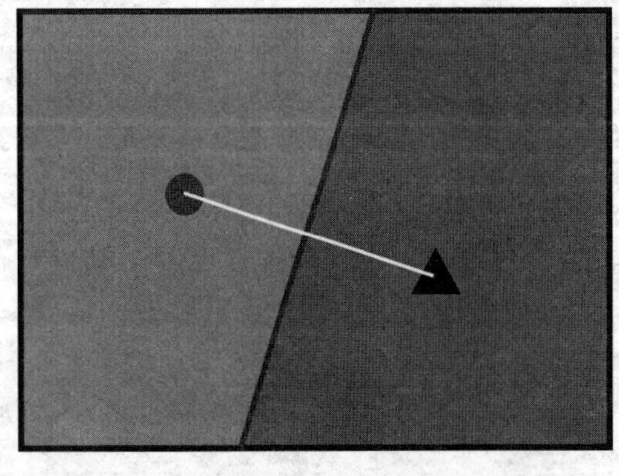

图 5.6　k 近邻模型是对样本特征空间的划分

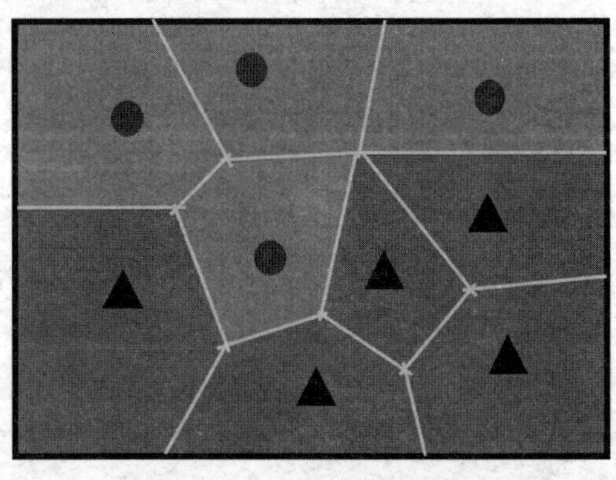

图 5.7　最近邻法划分结果

图 5.7 所示的图形称为沃罗诺伊图（Voronoi Diagram），又称狄利克雷镶嵌（Dirichlet Tessellation）或者泰森多边形（Thiessen Polygons）。生成该图形的样本点通常称为种子点（Seed）。沃罗诺伊图在很多科学和技术领域都有重要的应用。举一个众所周知的例子，我国国家游泳中心“水立方”的设计就参考了沃罗诺伊图的形式，如图 5.8 所示。

图 5.8 “水立方”中的沃洛诺伊图

（图片来源：https://en.wikipedia.org/wiki/Beijing_National_Aquatics_Center）

以上介绍的是对于分类问题的 k 近邻模型。对于回归问题的 k 近邻模型，主要是在最后的判决阶段与分类问题有所区别。

对于回归问题的 k 近邻模型，假设训练数据集为式 (5.6)。

$$q=\{(x_1,v_1),(x_2,v_2),\cdots,(x_n,v_n)\} \tag{5.6}$$

对于新样本 x^*，与分类问题中的 k 近邻算法一样，计算其与训练集中的样本特征的距离并排序，如式 (5.7) 所示。

$$\mathrm{Dist}(x^*,q)=\{\mathrm{Dist}(x^*,x_1),\mathrm{Dist}(x^*,x_2),\cdots,\mathrm{Dist}(x^*,x_n)\} \tag{5.7}$$

然后找到最近的 k 个样本，如式 (5.8) 所示。

$$N_k(x^*)=\{x_{p_1},\cdots,x_{p_k}\} \tag{5.8}$$

得到 k 近邻集合 $N_k(x^*)$ 后，以此来预测新样本 x^* 所对应的输出值 v^*。在回归问题中，通常采用平均的方法来对 v^* 进行预测，即式 (5.9)。

$$v^*=\mathrm{Average}(N_k(x^*))=\frac{1}{k}\sum_{i=1}^{k}v_{p_i} \tag{5.9}$$

再考虑 k 近邻集合中的样本点，其中的 k 个样本与 x^* 在特征空间中的距离也有区别。因此，一个自然的想法就是：让距离 x^* 近的样本点起更大的作用，而距离 x^* 远的样本点起的作用相对小一些。用权重来表示影响的大小，那么距离远的权重较小，距离近的权重较大。如果用归一化后的距离的倒数作为权重，就可以体现这种影响，如式 (5.10) 所示。

$$v^* = \text{WeightedAverage}(x^*, N_k(x^*)) = \frac{1}{k}\sum_{i=1}^{k}\frac{1/\text{Dist}(x^*, x_{p_i})}{\sum_{j=1}^{k}1/\text{Dist}(x^*, x_{p_j})}v_{p_i} \tag{5.10}$$

以上就是 k 近邻算法处理回归问题的步骤和流程，如图 5.9 所示。

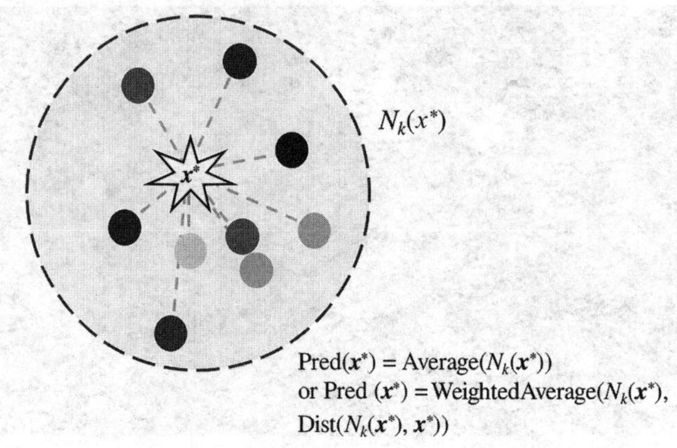

$N_k(x^*)$
x^*
Pred($\boldsymbol{x}^*$) = Average($N_k(\boldsymbol{x}^*)$)
or Pred ($\boldsymbol{x}^*$) = WeightedAverage($N_k(\boldsymbol{x}^*)$,
Dist($N_k(\boldsymbol{x}^*)$, $\boldsymbol{x}^*$))

图 5.9　k 近邻模型处理回归问题

5.2.2　损失函数与误差

考虑分类问题的 k 近邻模型时，假设采用标准的 0-1 损失对误差进行衡量，即正确的分类损失为 0，错误的损失为 1。那么，对于一个真实类别为 c_i，样本特征为 x_i 的样本来说，其误分类的损失为式 (5.11)。

$$\text{loss}(c_i, \text{Pred}(x_i)) = 1 - 1(\text{Pred}(x_i), c_i) \tag{5.11}$$

式中，Pred(x_i) 为对该样本的预测结果；1(• , •) 为第 3 章提到的示性函数，括号内两者相等则函数值为 1，否则为 0。

对于一个样本，特征为 x_i，它的训练集中的 k 近邻的集合记为 $N_k(x^*)$。假设该集合具有同样的类别 c^*，那么其在训练集上的错分率为式 (5.12)。

$$\text{error} = \frac{1}{k}\sum_{x_i \in N_k(x^*)}\text{loss}(c^*, c_i) = 1 - \frac{1}{k}\sum_{x_i \in N_k(x^*)}1(c^*, c_i) \tag{5.12}$$

第 1 章提到过，模型的误差一方面反映在对训练集的拟合程度，另一方面反映在模型本身的简洁程度。我们把对训练集的拟合误差称为经验风险，而把模型结构本身的过度复杂引起的误差称为结构风险。由于在 k 近邻模型中没有预设一个数学模型，即没有假设样本分布的先验情况，因此主要考虑经验风险的最小化。经验风险的最小化就是指让决策至少在训练集上表现较好，损失较小。式 (5.12) 即只考虑训练集上经验风险的误差函数。

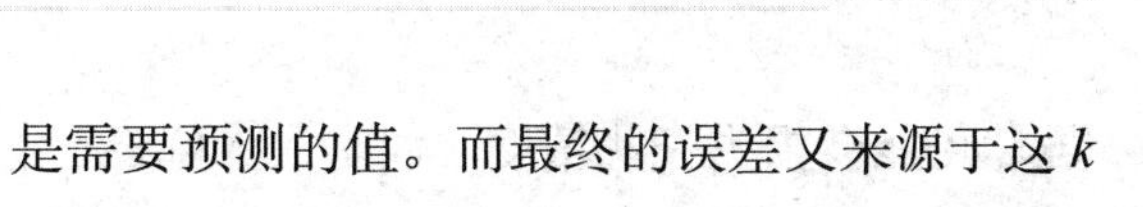

观察式 (5.12) 即可发现，c_i 是已知的，c^* 是需要预测的值。而最终的误差又来源于这 k 个训练样本中 c_i 和 c^* 不同的样本数量。为了让该数量尽可能的小，只能让 c^* 等于所有 c_i 中最多的一项。这样即可使模型的经验风险最小化，而这也正是前面提到的多数投票的预测策略。

当然，与此相比，我们更关心模型在所有数据上的泛化能力。实际上，通过数学方法可以证明：k 近邻模型的泛化分类错误率在一倍的贝叶斯最优分类器错误率和两倍的贝叶斯最优分类器错误率之间，即式 (5.13)。

$$P^*(\text{error}) \leqslant P_{kNN}(\text{error}) \leqslant 2P^*(\text{error}) \tag{5.13}$$

对于 k 近邻这样简单而直接的模型，这个错误率是可以接受的。

5.2.3　k 近邻模型的改进

前面提到过，k 近邻模型具有一些固有的缺陷，如需要存储大量的训练数据，空间开销大；需要计算与所有点的距离并排序，时间开销大。

另外，k 近邻模型还有一个重大缺陷：如果样本不均衡，即不同类别之间的样本数差距悬殊，如图 5.10 所示的情况，那么数量少的很容易被误判。这也是 k 近邻的主要缺陷之一。

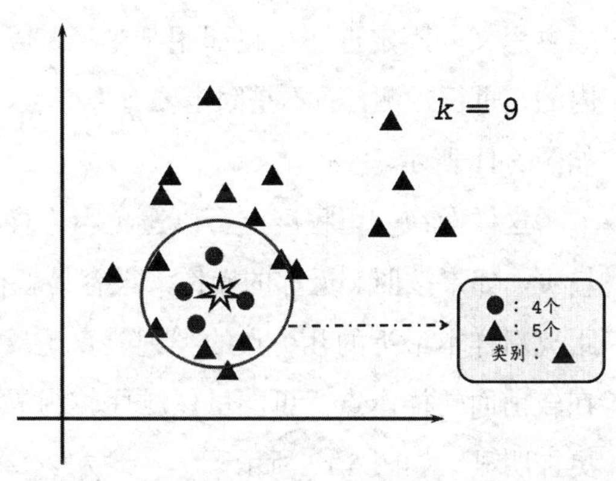

图 5.10　k 近邻模型对于样本不均衡问题的缺陷

对 k 近邻模型的一个改进策略就是，将其改造成最近质心模型（Nearest Centroid）。最近质心模型的思路如下：对于同一个类别的训练数据，计算出其特征向量中各个维度上的均值，由均值组成的向量实际上就是该类样本点簇在高维空间中的质心（Centroid）。这和物理学中的质心定义是一致的，如式 (5.14) 所示。

$$\text{Centroid}_r = [\overline{x_r^1}, \overline{x_r^2}, \cdots, \overline{x_r^m}] \qquad r = 1, 2, \cdots, C \tag{5.14}$$

其中，C 为类别数；m 为特征维度；$\overline{x_r^i}$ 为属于类别 r 的所有样本在特征维度 i 上的均值。

得到每个类别的质心后，对于一个新样本，就不再需要对所有的训练样本点计算距离并排序了，而是直接计算新样本与各个类别的质心之间的特征空间中的距离。找到最近的质心所对应的类别，就是该样本类别的预测结果。

质心模型解决了存储空间开销的问题，以存储各个类别的质心代替存储所有的样本点，虽然可能会损失一些精度，但是大大降低了存储开销。另外，由于质心数量相对于训练样本的数量来说一般较少，因此减少了计算时间的开销。

另一个改进策略主要针对的是 k 近邻算法中需要暴力计算与所有训练样本点的距离的时间开销过大的情况。这种策略的代表就是 kd 树（kd Tree）。我们知道，k 近邻法实际上是一个局部搜索算法，它只需要找到距离新样本最近的 k 个值即可，其他样本点不参与决策。但是为了找到最近的 k 个样本点，需要对所有的训练数据点进行搜索和排序。而 kd 树的主要思路就是对新样本的搜索空间进行层次划分，从而更快地找到它的 k 近邻，并进行决策。kd 树是一棵二叉树，它的每个节点对应的是一个超矩形区域。用 kd 树存储的训练样本集，在搜索最近邻时可以减少搜索次数，从而减少时间开销。

还有一种改进策略是将固定近邻数量从 k 改为固定搜索区间尺寸，常用的是固定半径近邻（Fixed Radius Near Neighbor）。顾名思义，固定近邻半径即用某半径 r 以内的点进行预测，而不是固定要有 k 个点，如图 5.11 所示。

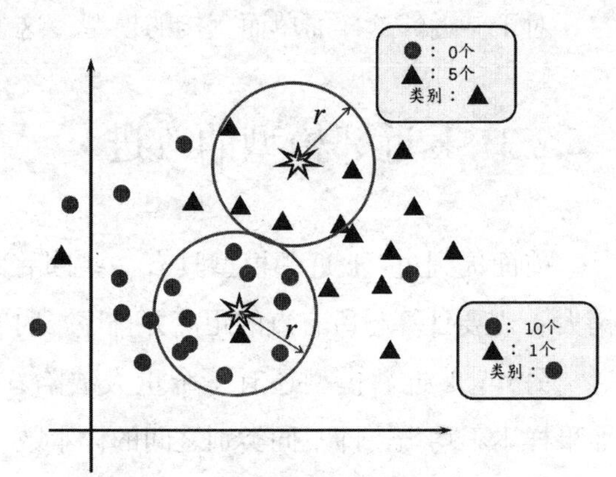

图 5.11　固定半径近邻法的搜索区间

这样做在一定程度上可以避免因为样本不均衡带来的问题。假设有一类样本，其数量较少，如果按照 k 近邻的操作，很容易就被当作噪声点而“淹没”。但是实际上，可能只有距离新样本最近的几个点的类别能真正反映新样本的类别，而对于其他的按照距离顺序排在较前面的样本点，可能虽然顺序较为靠前，但是距离隔得较远。这一点在样本不充分时更加明显，如图 5.12 所示。

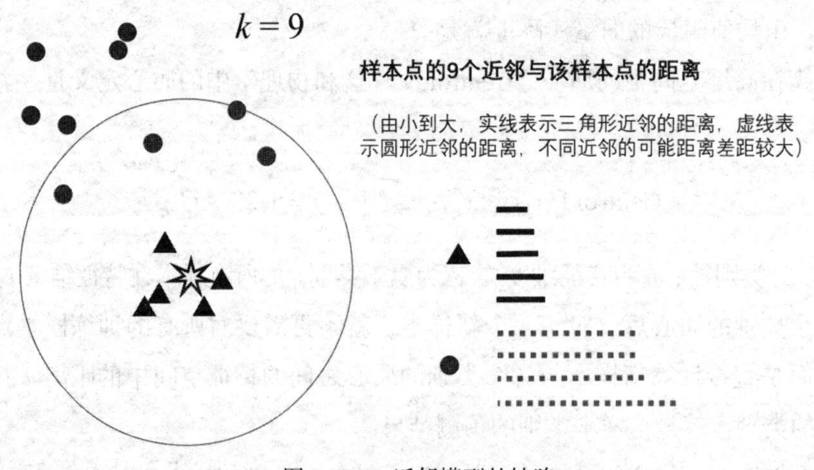

图 5.12　k 近邻模型的缺陷

固定半径之后，模型考虑的更多的是真正距离新样本更近的那些点，从而避免了样本类别不均衡的问题，也避免了样本在特征空间中的分布不均带来的问题。

注意

特征空间中的分布不均主要指的是对于分布较为稀疏的区域，为了凑够 k 个近邻，可能找到的是距离新样本很远的样本点，其并不具备预测新样本的能力。而固定半径近邻考虑的更多的是特征相近、类别相近，更强调空间距离的值，而不仅仅是距离的顺序。

以上就是对 k 近邻模型的一些改进，下面深入讲解 k 近邻模型中的一些具体调参的问题。

5.3 距离函数与参数选择

k 近邻模型主要有三个关键点：距离度量的选择、参数 k 的选择，以及最终的判决规则。判决规则前面已经讨论过，下面主要探讨不同的距离函数形式，以及参数 k 的选择对模型的影响。

5.3.1 距离函数

在前面的例子中，我们用的都是欧几里得距离，即欧氏距离。该距离度量也是日常生活中最常见的，欧式距离实际上就是在 n 维空间中连接两点的线段的长度，如图 5.13 所示。

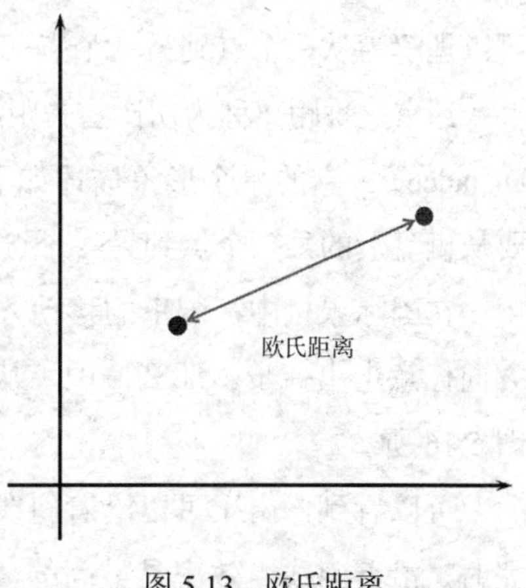

图 5.13　欧氏距离

欧氏距离的函数式为式 (5.15)。

$$\text{Dist}_{\text{Euclidean}}(x,y)=\sqrt{\sum_{i=1}^{m}(x_i-y_i)^2} \tag{5.15}$$

还有一种常见的距离度量称为曼哈顿距离（Manhattan Distance），又称城市街区距离（City Block Distance）或者出租车距离（Taxicab Metric）。

如图 5.14 所示，设想在一个城市的街区内，从一个路口到另一个路口，最短的距离是多少？

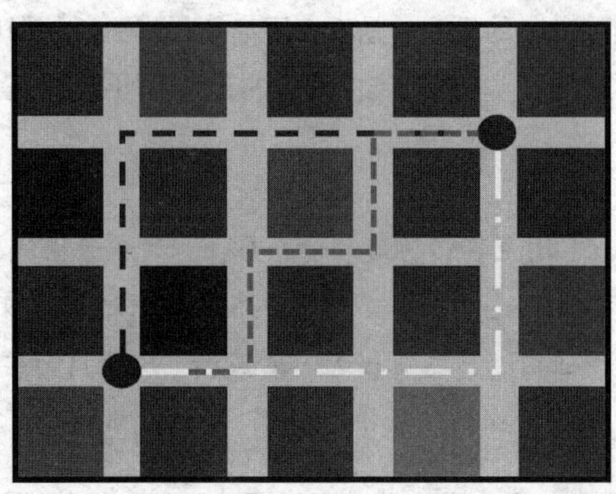

图 5.14　曼哈顿距离

此时的距离就不能再应用欧式距离将两点用线段连接然后进行计算了，因为街区内的建筑是无法通行的，只能通过横向或者纵向的街道，从一个点找到另一个点。从图 5.14 中可以看到，尽管选择的路线不同，但走过的距离是一样的，这个距离就称为城市街区距离，或者出租车距离（因为这也是出租车从一点到另一点所能走的最短距离）。而该距离的定义用得最广的名字是曼哈顿距离，曼哈顿是美国纽约的一个行政区，该地区的街区都像图 5.14 中的那样较为整齐。

曼哈顿距离的函数形式为式 (5.16)。

$$\mathrm{Dist}_{\mathrm{Manhattan}}(x,y)=\sum_{i=1}^{m}\left|x_i-y_i\right| \tag{5.16}$$

可以看出，曼哈顿距离可以理解为两个 m 维空间中的点在各个维度上的距离之和，也可以理解为从一个点到另一个点（只能沿着坐标轴走）所走过的最短路径长度。

还有一种距离称为切比雪夫距离（Chebyshev Distance），又称为棋盘格距离（Chessboard Distance）。它的一个形象描述如下：对于国际象棋棋盘格上的一个国王（King），它如果要从棋盘上的某一个点到另一个点，最短的步数为多少？

在国际象棋中，国王的移动方式如图 5.15 所示。也就是说，它每次可以向周围的八个方向任意走出一步。那么，国王从棋盘上的一个点到另一个点所走过的可能的最短路径如图 5.16 所示。

可以看到，由于可以沿着斜线方向走，当出发点和目标点所构成的矩形的短边还未走完时，沿着斜线走效率是最高的，因为这既可以使两点横向的距离缩短一格，也可以使纵向的距离缩短一格。但是一旦短边被走完，那么剩下的就是长边和短边之差的一部分了，这时只能沿着长边走。考虑到将短边走完至少需要短边的长度，而剩下的要走长边与短边的差值，所以最终走过的是长边的距离。

图 5.15　国王的移动方式

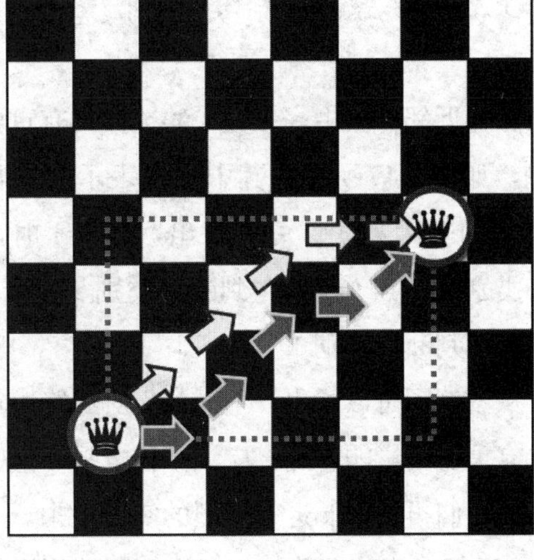

图 5.16　棋盘格距离

切比雪夫距离的数学公式为式 (5.17)。

$$\mathrm{Dist}_{\mathrm{Chebyshev}}(x,y)=\max_i\left|x_i-y_i\right| \tag{5.17}$$

由式 (5.17) 可知，实际上切比雪夫距离就是两个 m 维空间中的点在每个维度上的距离的最大值。

以上三种是较为常见的距离函数。下面介绍一个定义，即闵可夫斯基距离（Minkowski Distance）。

闵可夫斯基距离实际上不是一个距离函数，而是一组距离函数的定义。满足式 (5.18) 所示形式的距离函数，就称为闵可夫斯基距离。

$$\mathrm{Dist}_{\mathrm{Minkowski}}(x,y)=\sqrt[p]{\sum_{i=1}^{m}(x_i-y_i)^p} \tag{5.18}$$

其中，p 是一个可变参数。

当 p=1 时，式 (5.18) 就变成了曼哈顿距离；当 p=2 时，式 (5.18) 就变成了欧氏距离；当 p 趋向于无穷时，式 (5.18) 就变成了切比雪夫距离。

到这里可以发现，此处的这些定义与第 1 章介绍的各种范数的定义非常相似。实际上，范数可以理解为高维空间中的某一点与原点之间的距离。因此，只要把距离公式中的其中一个点置零，即可得到范数公式。

其中，闵可夫斯基距离对应的就是 l_p 范数的定义，曼哈顿距离对应 l_1 范数，欧氏距离对应 l_2 范数，切比雪夫距离对应 l_∞ 范数。

以上就是关于距离函数的介绍，下面讨论 k 近邻中的参数 k 的选择对模型表现的影响。

5.3.2 参数选择的影响

在 k 近邻算法中，参数 k 的选择具有重要的影响，如图 5.17 所示，其中虚线表示与待预测的样本的等距离线。可以看出，当 k=1 时，判断为类别 1；当 k=3 时，判断为类别 2；当 k=5 时，又被判断为类别 1。

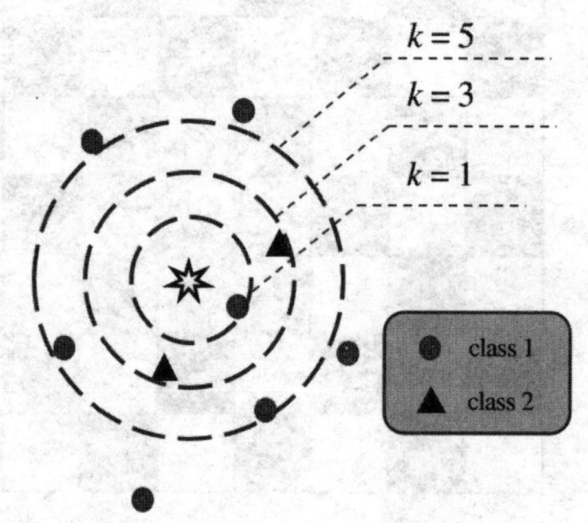

图 5.17 k 近邻模型中 k 的选择的影响

从该例子可以看出，不同的 k 对最终决策结果具有重要的影响。那么应该如何选择 k 值呢？

让我们再回到 k 近邻模型的实质上来。一方面，k 近邻模型暗含着一个假设，即特征空间相近的，其类别相同的可能性也较大。那么，为了找到与待预测的样本在特征空间中相近的训练集样本点，我们希望这 k 个近邻距离待预测的新样本近一些，这样才能符合该假设中的前提条件，即特征空间中的近邻。为了达到该效果，k 的取值理论上应当小一些，这样取得的才是“最像”待预测样本的训练集样本点。

然而，还要考虑到另一点，即上述情况只有在样本量非常大的情况下才是合理的，样本量非常大也就意味着样本在特征空间中的分布非常密集，从而对任何一个新来的待预测样本，都能找到它周围的邻近点，但这在实际情况中是不太可能的，如图 5.18 所示。

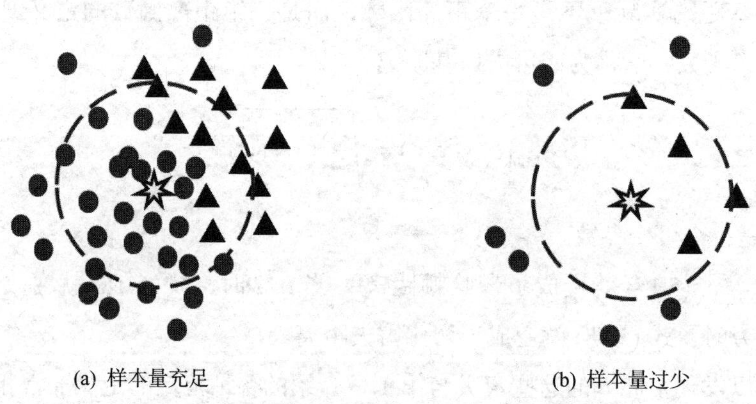

(a) 样本量充足　　(b) 样本量过少

图 5.18 样本量充足与样本量过少的 k 近邻模型

如图 5.18(a) 所示，样本量充足的情况下，只取最近邻的样本就能准确判断结果。而图 5.18(b) 中样本量较少的情况，找到的近邻可能并不是真正的“邻居”，而是因为周围的同类样本点没有被采到，从而导致与其他类的样本更近，所以导致决策错误。

这也是 k 近邻模型需要避免的问题。也就是说，为了消除这类干扰，不得不多取一些近邻点，从而使结果更加稳定。这样一来，k 的取值反而应该大一些，因为这样才能避免对近邻点的类别过度敏感。

由上面的讨论可知，对于参数 k 的取值应权衡折中（Trade-off）。第 1 章提到过，作为一个模型，一方面要在训练集上拟合较好，另一方面应该尽量简洁，从而保证外推性或泛化性能较好。从这个角度来看，k 取较小的值，就相当于模型的复杂度增加，对训练集的拟合误差会变小，但是会带来过拟合的风险。而 k 取较大的值，相当于模型变得简洁，原则上来说泛化性能会更好，但是会有较大的拟合误差。

注意

回想 5.2.2 小节对于误差的分析，拟合误差指的是在训练集上的误差，并不考虑泛化性能。如果这样，那么 k 近邻法实际上没有影响到训练集上的点的预测结果，此时拟合误差最小；而 k 取较大值时，k 近邻集合中那些占少数训练样本点的类别就会带来拟合误差；当 k 等于训练集样本数 n 时，对所有新样本的预测都是训练集中最多的那个类别，这是最简单的模型。k 的取值类似于正则化项，k 越大，正则化程度越大。

在实际应用中，往往通过第 1 章提到的交叉验证方法对 k 值进行选取和调优。

5.4　本章小结与代码实现

本章探讨了 k 近邻算法的思路及其原理，介绍了 k 近邻算法中应用的几种距离函数，并讨论了参数值的选择对结果的影响。

相对来说，k 近邻算法思路直接，实现方法较为简单，但是时间和空间开销较大。为了解决这一问题，各种改进版本的 k 近邻算法相继被提出，减少了 k 近邻算法的计算复杂度和空间开销。k 近邻算法虽然思路简单，但是泛化性能还是较好的，泛化误差落在不超过两倍的贝叶斯最优分类器的错误率内。

下面用 scikit-learn 工具包应用 k 近邻算法进行实验。

```
# 导入用到的 Python 模块
import numpy as np
from sklearn.neighbors import KNeighborsClassifier, RadiusNeighborsClassifier
from sklearn.datasets import load_breast_cancer
import matplotlib.pyplot as plt
from sklearn.model_selection import train_test_split
```

这里用来实验的数据集也是 scikit-learn 模块中自带的一个小数据集，是乳腺癌数据集。这是一个可以用于二分类问题的数据集，标签是肿瘤的良恶性。该数据集共有 569 条数据，其中良性（Benign）数据 357 条，类别用 1 表示；恶性（Malignant）数据 212 条，类别用

0 表示。每条数据都有一个 30 维的特征向量，表示肿瘤的一些几何和测量上的属性，如平均半径、平均光滑程度、凹陷程度、最差周长等。利用这些测量信息，就可以对肿瘤的良性和恶性进行预测。

首先加载并查看数据集：

```
# 加载数据集，并打印数据集尺寸
data = load_breast_cancer().data
target = load_breast_cancer().target
print(data.shape)
print(target.shape)
```

输出结果如下：

```
(569, 30)
(569,)
```

对数据集进行划分，分成训练集和测试集两部分：

```
# 拆分数据集
X_train,X_test,y_train,y_test=train_test_split(data,target,test_size=0.3,random_state=0)
print(X_train.shape, X_test.shape, y_train.shape, y_test.shape)
```

输出结果如下：

```
(398, 30) (171, 30) (398,) (171,)
```

为了便于可视化显示，绘制前两个特征在两种类别上的分布情况：

```
plt.figure()
plt.plot(X_train[:,0][np.where(y_train==0)], X_train[:, 1][np.where(y_train==0)], 'b<', \
        X_train[:,0][np.where(y_train==1)], X_train[:, 1][np.where(y_train==1)], 'ro')
plt.show()
```

输出结果如图 5.19 所示。

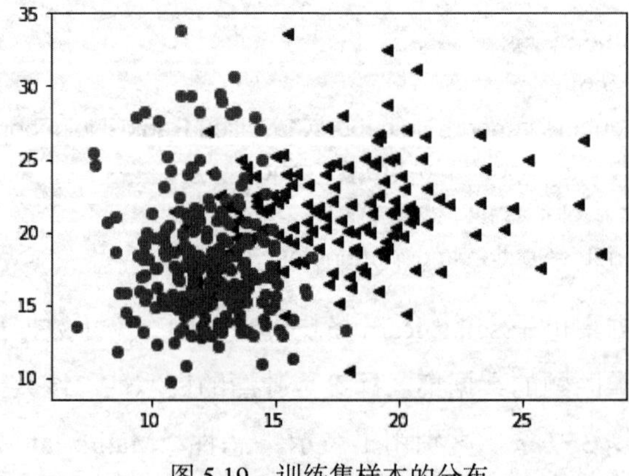

图 5.19　训练集样本的分布

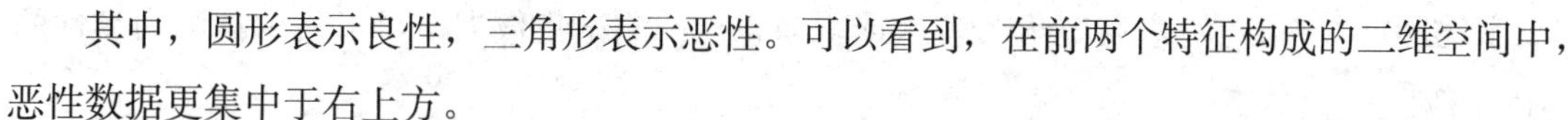

其中，圆形表示良性，三角形表示恶性。可以看到，在前两个特征构成的二维空间中，恶性数据更集中于右上方。

下面用 k 近邻进行预测，首先取 k=5，距离函数采用默认的欧氏距离：

```
k = 5
clf = KNeighborsClassifier(n_neighbors=k)
print(clf.fit(X_train, y_train))
prediction = clf.predict(X_test)
print(prediction)
print(clf.score(X_test, y_test))
```

输出结果如下：

```
KNeighborsClassifier(algorithm='auto', leaf_size=30, metric='minkowski',
        metric_params=None, n_jobs=1, n_neighbors=5, p=2,
        weights='uniform')
[0 1 1 0 1 1 1 1 1 1 1 1 1 0 0 0 1 0 0 0 0 0 1 1 0 1 1 1 1 0 1 0 1 0 1 0 1
 0 1 0 0 1 0 1 0 0 1 1 1 0 0 1 0 1 1 1 1 1 1 0 0 0 1 1 0 1 0 0 0 1 1 0 1 1
 0 1 1 1 1 1 0 0 0 1 0 1 1 1 0 0 1 0 1 0 1 1 0 1 1 1 1 1 1 1 0 1 0 1 0 0 1
 0 0 1 1 1 0 1 1 1 1 1 1 1 0 1 1 1 1 1 0 1 1 1 1 1 1 0 0 1 1 1 0 1 1 0 1 0
 1 1 1 1 1 1 1 0 1 0 1 0 0 1 1 0 1 0 0 0 1 1 1]
0.947368421053
```

可以看到，在测试集上的精度（Accuracy）达到了 94.7%。下面根据测试集上的数据作图。

```
plt.plot(X_train[:,0][np.where(y_train==0)], X_train[:, 1][np.where(y_train==0)], 'b<', \
        X_train[:,0][np.where(y_train==1)], X_train[:, 1][np.where(y_train==1)], 'ro', \
        X_test[:,0][np.where(prediction==0)], X_test[:,1][np.where(prediction==0)], 'k>', \
        X_test[:,0][np.where(prediction==1)], X_test[:,1][np.where(prediction==1)], 'k*')
plt.show()
```

输出结果如图 5.20 所示。

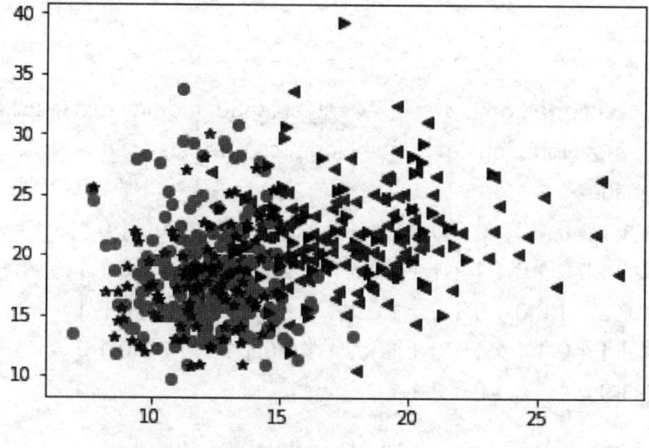

图 5.20　训练集样本分布与测试集预测结果

图 5.20 中，指向右边的三角形表示预测为恶性的测试集数据，星形表示预测为良性的测试集数据。

下面对不同的 k 和距离函数进行实验：

```
# k 取值为 11，仍用欧氏距离
k = 11
clf = KNeighborsClassifier(n_neighbors=k)
clf.fit(X_train, y_train)
print(clf.score(X_test, y_test)) # 结果：0.964912280702
# k 取值为 41，欧氏距离
k = 41
clf = KNeighborsClassifier(n_neighbors=k)
clf.fit(X_train, y_train)
print(clf.score(X_test, y_test)) # 结果：0.947368421053
# k 取值为 11，采用曼哈顿距离
k = 11
clf = KNeighborsClassifier(n_neighbors=k, metric='minkowski', p=1)
clf.fit(X_train, y_train)
print(clf.score(X_test, y_test)) # 结果：0.964912280702
# k 取值 11，采用 p=10 的闵可夫斯基距离，p 越大，越接近切比雪夫距离
k = 11
clf = KNeighborsClassifier(n_neighbors=k, metric='minkowski', p=10)
print(clf.fit(X_train, y_train))
print(clf.score(X_test, y_test)) # 结果： 0.959064327485
```

最后，对固定半径的近邻法进行实验，这是对 k 近邻的一种改进方法。

```
clf = RadiusNeighborsClassifier(radius=188)
print(clf.fit(X_train, y_train))
prediction = clf.predict(X_test)
print(prediction)
print(clf.score(X_test, y_test))
```

输出结果如下：

```
RadiusNeighborsClassifier(algorithm='auto', leaf_size=30, metric='minkowski',
        metric_params=None, outlier_label=None, p=2, radius=188,
        weights='uniform')
[1 1 1 1 1 1 1 1 1 1 1 1 1 0 1 0 1 0 0 0 0 0 1 1 0 1 1 1 1 0 1 0 1 0 1 0 1
 0 1 0 0 1 0 1 1 0 1 1 1 0 0 1 0 1 1 1 1 1 1 0 1 0 1 1 0 1 0 0 0 1 1 0 1 1
 0 1 1 1 1 1 0 0 0 1 0 1 1 1 0 0 1 0 1 0 1 1 0 1 1 1 1 1 1 1 0 1 0 1 0 0 1
 0 0 1 1 1 0 1 1 1 1 1 1 1 0 1 1 1 1 1 0 1 1 1 1 1 1 0 0 1 1 1 0 1 1 0 1 0
 1 1 1 1 1 1 1 0 1 1 1 0 0 1 1 0 1 0 1 0 1 1 1]
0.941520467836
```

5.5　本章话题：相似性度量

“……故近朱者赤，近墨者黑；声和则响清，形正则影直。”

—— 晋·傅玄《太子少傅箴》

在本章话题中，我们来聊一聊相似性度量。在很多机器学习或者数据挖掘的场景中，对于数据样例之间的相似性进行定量的测量都是一件非常必要且实用的事情。

例如，想要为一个用户推荐电影，为了追求效率的最大化，我们肯定希望推荐的影片恰好是他 / 她感兴趣的。那么，如果用户没有标记过喜欢的或者看过的影片，那么我们很难推断推荐什么样的影片更好。然而，借助于大数据，这个问题可以通过另一个思路解决：我们不是根据某个用户自身的历史记录推测他 / 她的偏好，而是在已有的样本中找到和这个用户更相似的人群（如同样性别、类似的职业、同样的年龄段、同样的地区、类似的生活环境和收入水平等），用他们的喜好和习惯去推测我们需要推荐影片的用户。这就涉及如何度量这两个人的属性值是否相似，以及有多大程度的相似。这里需要用到相似性度量方法。

另外，我们还会遇到一些其他场景，如对于两个文本，如何度量它们的相似性；对于两张图片，如何定量描述它们之间的度量相似性。这些情境下，都需要用到相似性度量的手段和策略。这里介绍一些相似性度量函数的形式、含义及适用场景。

首先介绍最常见的一类相似性度量：距离（Distance）。一个相似性度量 $d(x,y)$ 如果要被称为距离，需要满足以下几个条件或性质。

（1）$d(x,y) \geqslant 0$（非负性）。

（2）$d(x,y) = 0$, iff $x=y$（同一性）。

（3）$d(x,y) = d(y,x)$（对称性）。

（4）$d(x,z) \leqslant d(x,y) + d(y,z)$（三角不等式）。

第一个性质也称分离公理，可以由后面的三个性质推导出来。设 x 和 y 是两个向量，那么由三角不等式可得 $d(x,x) \leqslant d(x,y) + d(y,x)$，然后根据对称性得到 $d(x,x) \leqslant 2\times d(x,y)$，而根据同一性有 $d(x,x) = 0$，这样就得到了非负性：$d(x,y) \geqslant 0$。

只有满足了上面几个条件的函数才可以称为距离。例如，本章介绍的闵可夫斯基距离就是一类常见的距离函数，满足上面的条件。

下面再介绍另外几种距离。

（1）标准化欧氏距离（Standardized Euclidean Distance）。该距离公式为式 (5.19)。

$$\mathrm{Dist}_{\mathrm{Std}}(x,y)=\sqrt{\sum_{i=1}^{m}\frac{(x_i-y_i)^2}{s_i}} \tag{5.19}$$

其中，s_i 代表第 i 个特征分量的标准差。

可以看到，它和普通的欧氏距离的唯一区别就在于，它对每个特征进行了一个基于标准差的归一化。在很多数据中，每个属性代表的物理量不同，或者用的量纲不同，虽然都可以用数值表示出来，形成一个向量，但是这些数值之间的量级可能差异较大。而实际上，这种量级的差异来源于所测量对象本身的不同，并不能反映实际属性的重要程度。因此，我们往往会在处理这类数据之前进行归一化（或称标准化）。而标准化欧式距离相当于先对数据进行了标准化，消除其由于特征之间的分布差异造成的错误影响，如图 5.21 所示。

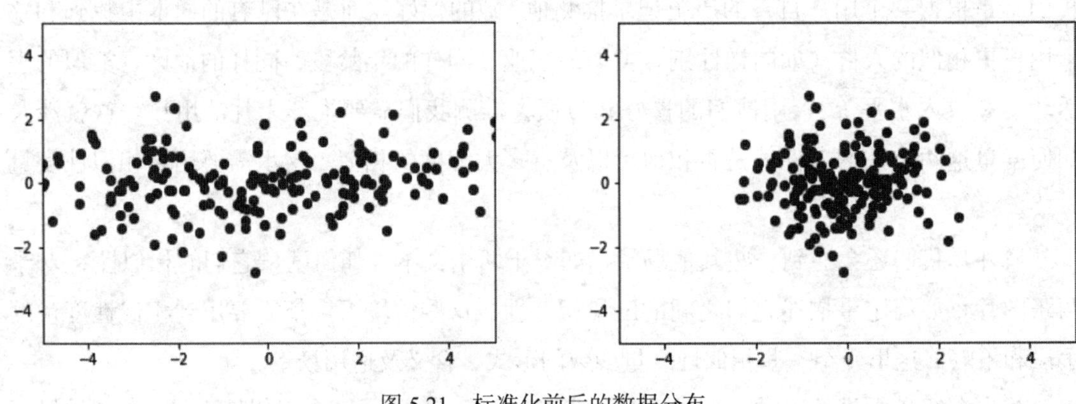

图 5.21　标准化前后的数据分布

（2）马哈拉诺比斯距离（Mahalanobis Distance），简称马氏距离。马氏距离的出发点和标准化欧氏距离类似，都是为了消除数据特征分布本身的一些非重要特征对于距离计算的负面影响。马氏距离考虑的问题不仅有特征之间的尺度差异，还有特征之间的相关性。马氏距离的公式为式 (5.20)。

$$\mathrm{Dist}_{\mathrm{Mahalanobis}}(x,y)=\sqrt{(x-y)^{\mathrm{T}}S^{-1}(x-y)} \tag{5.20}$$

其中，S 是 x 和 y 所在的分布的协方差矩阵。马氏距离本质上利用了白化（Whitening Transformation）方式，消除了特征之间的相关性及特征之间尺度不同的影响。白化指将向量 x 进行 $L^{-1}x$ 的操作，其中 $S = LL^{\mathrm{T}}$，即乔列斯基分解（Cholesky Decomposition）。白化前后的数据分布如图 5.22 所示。

另外，如果协方差矩阵为对角阵，说明特征之间不相关，则马氏距离就变成了标准化欧氏距离。再进一步，如果协方差矩阵为单位矩阵，则马氏距离就退化成了普通的欧氏距离。

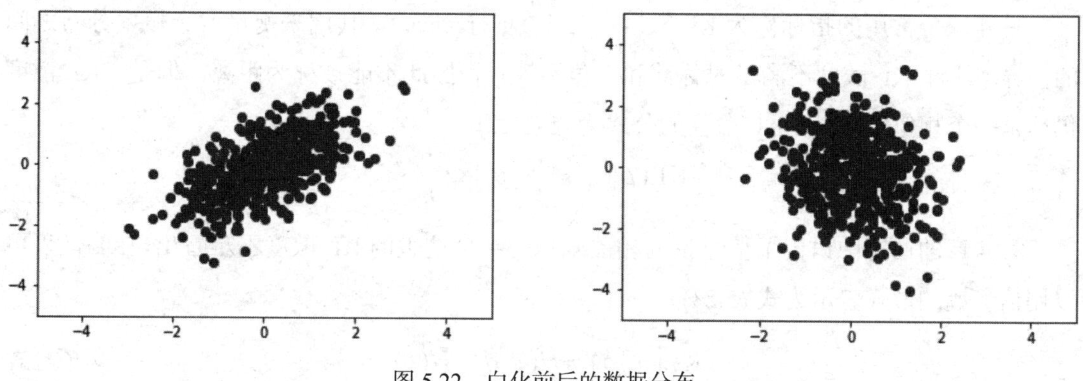

图 5.22　白化前后的数据分布

（3）余弦相似度（Cosine Similarity），即对两个向量求出余弦夹角，即式 (5.21)。

$$\mathrm{Cos}(x,y)=\frac{\langle x,y\rangle}{|x||y|} \tag{5.21}$$

这一度量经常用来计算文本的相似程度。

在图像中有一种度量图像之间相似度的指标，一般称为 SSIM（Structural SIMilarity，结构相似性），经常用在图像恢复的场景中，以评价恢复的图像与原图的相似程度，从而比较算法的优劣。其计算流程如图 5.23 所示。

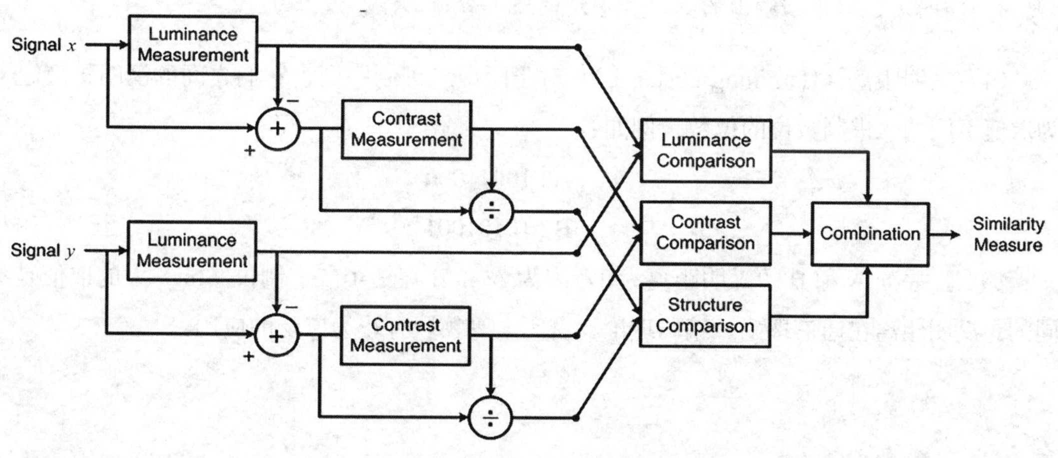

图 5.23　SSIM 的计算流程

（来源：Wang Z, Bovik A C, Sheikh H R, et al. Image quality assessment: from error visibility to structural similarity[J]. IEEE transactions on image processing, 2004, 13(4): 600-612.）

SSIM 从三个方面来对两幅图像的相似性进行评估，即亮度（Luminance）、对比度（Contrast）和结构特征（Structure）。首先比较亮度，计算出相似程度；然后将亮度归一化，计算对比度的相似性；再将对比度归一化，剩下的即为图像的结构特征。这样的度量与直接计算信噪比相比，更符合人眼视觉的认知。

另外一个常用的指标称为 KL 散度（K-L Divergence），其用来衡量两个概率分布之间的差异。由于 KL 散度不满足对称性和三角不等式，因此不能被称为距离。但是，KL 散度仍然是一个相似性度量。KL 散度的公式为式 (5.22)。

$$\mathrm{KL}(p\|q)=\sum_i p_i\log\frac{p_i}{q_i} \tag{5.22}$$

第 4 章的话题中讨论了信息论的相关知识。结合这里的 KL 散度不难看出，KL 散度可以用信息熵的形式表示为式 (5.23)。

$$\mathrm{KL}(p\|q)=H(p,q)-H(p) \tag{5.23}$$

其中，$H(p,q)$ 表示交叉熵；$H(p)$ 为概率分布 p 的信息熵。

结合之前讲过的内容，信息熵可以看作编码的最短码长，而交叉熵可以看作用预测分布 q 编码真实分布 p 时所需要的码长。这样看来，KL 散度的意义就很明显了，它表示用 q 编码真实分布 p 时多出来的码长。逻辑斯蒂回归中的交叉熵损失本质上就是 KL 散度。

注意

这里是因为在有监督的机器学习中，数据的真实分布是确定的，即 $H(p)$ 对于所有的情况都是一样的，所以在优化中不影响结果。优化交叉熵就等同于优化 KL 散度。而此时的 q 指的是模型预测输出的在每个类别的概率分布向量。

（4）汉明距离（Hamming Distance），对于两个二进制序列，它们之间的汉明距离定义为取值不同的二进制数位的位数，例如：

A : 10**01**100**0**

B : 10**10**100**1**

那么，序列 A 和 B 的汉明距离为 3，因为 A 和 B 在三个二进制位（bit）上的取值是不同的。汉明距离在通信理论、编码理论、密码学等领域有较为广泛的应用。

第6章

执果索因：朴素贝叶斯模型

第 5 章讨论了简单且直观的 k 近邻算法，直接利用训练集中与新样本相近的数据对新样本进行预测。本章讨论一种基于贝叶斯理论的分类器，称为朴素贝叶斯模型（Naive Bayesian Model）。顾名思义，该模型是基于贝叶斯理论模型的一个思路较为简单的模型，简单的模型通常都意味着较强的假设条件，朴素贝叶斯模型也不例外。然而尽管“朴素”，该模型在很多场景中的效果却令人非常满意。在本章的最开始，我们仍然先通俗地介绍一下本章要讲的模型，并讨论它的任务类型。

（1）通俗解释：朴素贝叶斯模型的基本思路就是利用贝叶斯的后验概率公式来推算当前属性下的数据样本属于哪个类别。直白地说，就是在特征属性为当前取值的条件下，该样本归属于哪个类别的可能性最大，就把该样本判断为哪个类别。从这样的描述中可以看出，实际上我们关注的就是条件概率。而根据贝叶斯定理，条件概率实际上与“类别本身的概率”和“在该类别条件下特征属性为当前取值的条件概率”这两者的乘积成正比。由于特征属性维度较高，朴素贝叶斯通过假设属性条件独立，简化了计算。这就是朴素贝叶斯模型的基本思路。

（2）任务类型：朴素贝叶斯模型一般用于处理分类问题。朴素贝叶斯模型假设了特征属性之间的条件独立性，虽然现实中的数据不一定都能满足该假设，但是即便不满足假设，模型在很多场景的结果也是可以接受的。朴素贝叶斯模型经常被应用于文本相关的分类问题，如垃圾邮件的过滤、新闻类别的分类等。

6.1 贝叶斯方法的基本概念

朴素贝叶斯模型的基础就是以贝叶斯原理和相应的一系列理论体系共同构成的贝叶斯方法。贝叶斯方法是概率论和统计学中常用的一个重要方法。贝叶斯方法的提出和发展相比经典的统计方法要晚一些，并且贝叶斯方法及其所包含的思想，如对概率的解释、对样本的理解等，与传统的经典概率统计理论有较大出入，甚至在20世纪时形成了自己的学派——贝叶斯学派，与传统的被称为频率学派的经典概率统计方法分庭抗礼。那么，贝叶斯学派的主要观点是什么，它又与传统的概率统计理论有什么不一样呢？首先简要介绍贝叶斯学派和频率学派的基本观点，并通过具体的例子来展示两者的区别。

6.1.1 贝叶斯学派与频率学派

既然是贝叶斯学派，就不得不提到用来命名它的数学家托马斯·贝叶斯（Thomas Bayes）（图6.1）。贝叶斯是一位18世纪的英国牧师，同时也是一位统计学家。现在看来，他对后世最大的贡献可能就是无处不在的贝叶斯方法了。然而实际上，在贝叶斯还在世时，他并没有把这些和概率理论相关的成果发表出来。

图 6.1 托马斯·贝叶斯

贝叶斯有据可查的论文只有两篇，其中一篇是探讨上帝之善的神学理论著作，而另一篇则是驳斥当时的另一位著名的大主教，同时也是哲学家的贝克莱（他提出了“存在即是被感知”）对于牛顿流数法（也就是后来牛顿微积分的雏形）的批判和质疑的，虽然其与数学理论相关，但是和概率论也没有关系。

他真正的重要贡献贝叶斯理论，则是在他去世以后，由其友人整理其手稿发表出来的。该文章名为 *An Essay Towards Solving a Problem in the Doctrine of Chances*（《利用机会学说解决一个问题》）。这里的“机会学说”就是概率论。在这篇文章中，贝叶斯要解决的是逆向概率（Inverse Probability）问题。

什么是逆向概率问题呢？在这篇文章中，贝叶斯描述了这样一个场景：假设有一个实验的序列，其中每次实验都是独立发生的，并且对于每次实验都有一个结果，要么是成功，要么是失败。将实验的成功率记为 p，p 是一个 $[0,1]$ 区间内的均匀分布的随机变量。那么，在观测到了一系列的实验结果之后，p 的条件概率分布是什么样呢？这个问题就是逆向概率问题。

既然是逆向概率，那么与之相对的就是正向概率。正向概率很简单，即知道一个具体的观察，利用一些先验知识直接获知事件发生的概率。例如，如果知道一枚硬币的两面都是质量均匀的，那么可以直接获知：扔一次硬币，它正面向上的概率是0.5。这就是正向的计算，它源自人们对自然事件的了解。而逆向概率就是当我们不知道硬币的任何情况时，

通过一系列的实验来测量，即抛多次硬币，最终统计正面向上和反面向上的次数，用它来推知该硬币在一次抛掷中正面向上的概率 p 的分布。贝叶斯在他的手稿中，对于逆向概率问题给出了利用实验结果计算 p 的条件概率分布的公式，从而实现了逆向概率的计算。

注意

仔细观察可以发现，这里求出来的不是 p 的值，而是它的概率分布，这一点和前面假设 p 是一个随机变量是相对应的。后面我们会讲到，这其实就是贝叶斯方法的一个基本特征。

贝叶斯的这篇文章实际上就是贝叶斯理论的奠基之作，但是最开始并没有形成贝叶斯学派。直到 20 世纪，一些数学家通过努力，将该理论方法进行总结整理，加以发扬，才形成了一套系统的学说体系，于是形成了贝叶斯学派。

那么，频率学派又是什么呢？其实，概率论教科书中的很多内容都属于频率学派，如概率是频率的稳定值，或者用统计量对参数进行估计、点估计、区间估计，计算第一类错误率、第二类错误率等。这些其实都是基于频率学派的思想。

频率学派与贝叶斯学派之间的最大分歧就在于如何看待“概率”这个概念，这实际上已经超出了普通数学理论的范畴。对于频率学派而言，概率就是经过长期实验，得到某个答案出现的频率的稳定值，或者称为极限值。仍以抛硬币为例，抛一次硬币的结果可能是正面向上也可能是反面向上，但是抛 100 次硬币就会有大约 50 次正面向上和 50 次反面向上。那么，如果抛得更多，如 100 万次，那么正面向上的频率应该就会固定在与 0.5 相差极小的范围内。如果无限次抛下去，该值就是 0.5，因此可以说硬币正面向上的概率为 0.5。

而对于贝叶斯学派而言，概率是人们对某些事物确信度的一个表征。换句话说，我们之所以认为硬币正面朝上的概率是 0.5，是因为我们有一些先验知识，知道硬币两面应该是几乎同样密度的，而在硬币下落这样一个物理过程中，密度一样的两面理应以同样的可能朝向上面。这个概率是我们对于“硬币正面朝上的可能性”的一个信念。

这样一来，由于这个根本性的分歧，贝叶斯学派和频率学派对于很多问题的解释和看法也有所不同。频率学派只关注样本，通过样本估算真实的参数。而贝叶斯学派则不然，既然概率是一个信念，那么就无所谓有没有一个固定不变的真实参数。仍然以抛硬币为例，假设抛了 n 次硬币，从而得到了 n 个结果，对于频率学派而言，就可以利用这 n 个样本的某个统计量来估计总体真实的“硬币正面朝上”的概率 p；而 n 如果趋于无穷，则该统计量就可以无限接近真实的值，如图 6.2 所示。

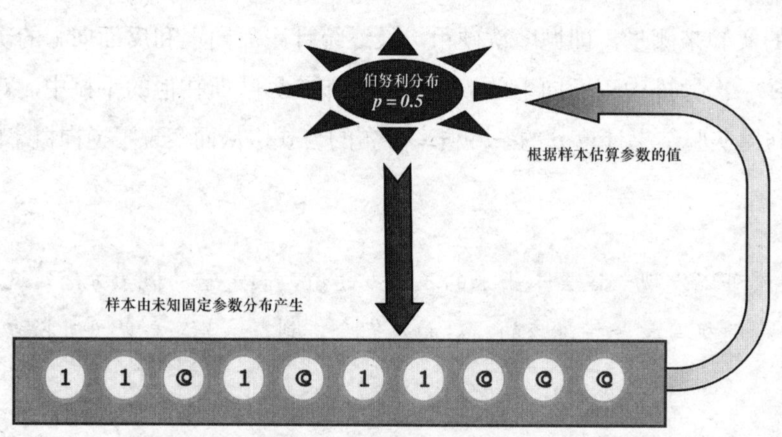

图 6.2　频率学派的方法

对于贝叶斯学派来说，参数 p 并不是一个要去发现的固定值，而是根据先验知识和样本信息产生的一个置信程度。例如，如果没有样本，一般会默认 p 是 [0,1] 上的均匀分布，即在没有任何信息的前提下，只能没有偏向地认为所有可能出现的机会都是一样的。如果在抛硬币的实验中抛了一个正面，那么我们的信念就会被改变，即会认为该硬币是不是更容易抛出正面，从而相对地对这个 p 的分布情况的观念也会稍微向着靠近 1 的方向偏斜；假如再扔出一个正面，p 的分布则更加倾向于 1，如果这时出现了一个反面，那么分布就会再向着 0 的方向偏移一些，以此类推。每一个样本都会对我们信念的形成产生影响，而新的数据进来以后，我们的信念也会受到这些数据所带来的信息的影响，如图 6.3 所示。

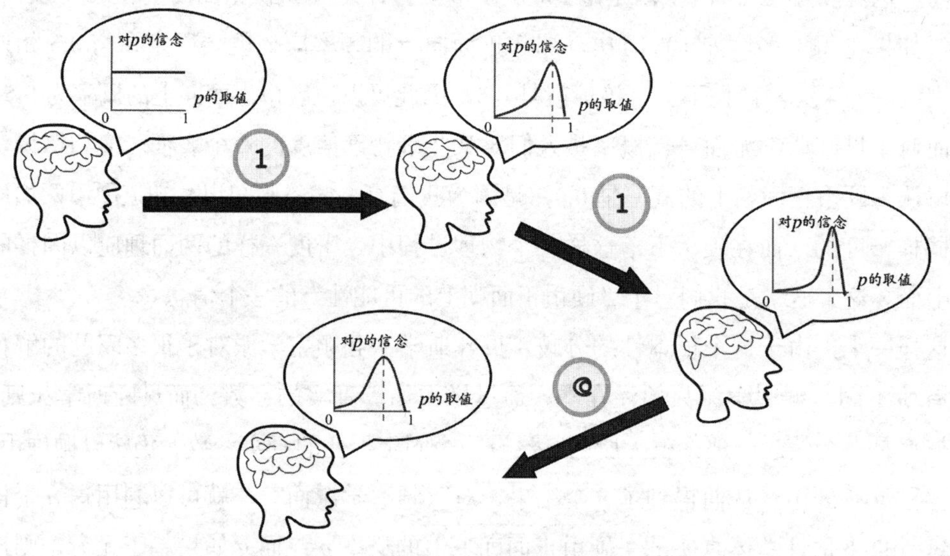

图 6.3　贝叶斯方法对于参数的理解

概括来说，频率学派认为分布模型的参数是客观存在的，是固定好的。也就是说，真实分布情况，或者说总体，是一个不受样本影响的存在。样本只是该分布模型的一些“实现”而已。而贝叶斯学派则不然，它们认为这些参数是随机的，只能通过得到的数据来估

计出参数的分布情况，这种分布代表我们在对已知数据的了解下，对于分布的状况所持有的信念。

不难看出，贝叶斯学派的观点在原理上具备了机器学习算法的潜质。按照贝叶斯理论的观点，经验的增加可以使我们对模型参数分布的信念产生改变。在贝叶斯理论中，样本不再是分布的众多可能的实现中的一个，而是被看作直接的、真实的东西，我们对于未知参数的信念就建立在这些已有的数据上。这正是机器学习中的数据驱动的基本原则。

另外，将参数看作随机变量而非固定的未知数，并把对参数分布的预测看作主观信念，使我们有机会将“先验知识”加入学习过程中。这里的先验知识指在数据（样本）还未得到之前，根据某些常识或者专业领域的基本原则，就已经对参数的情况有了一个模糊的信念。这个初始的信念可以被加入参数分布的更新中，从而形成正则化。关于正则化，在最开始的章节就已经提到过，如 l_1 正则化对应拉普拉斯先验分布，l_2 正则化对应高斯先验分布。这里的拉普拉斯分布和高斯分布就是在数据未知时对于参数的模糊信念，即我们觉得参数应该有这样的分布形式，所以把这个想法也加入了优化过程，作为一个不同于拟合程度的另外的约束项。

以上简单讨论了关于贝叶斯理论和方法的相关问题，并比较了它和经典的频率学派在观点上的不同。下面介绍贝叶斯方法的基本数学形式，即贝叶斯公式。

6.1.2　全概率公式与贝叶斯公式

先复习一下概率论中的基本概念。考虑事件 A 和事件 B，如果两个事件不相互独立，那么这两个事件的条件概率就不为 0，即事件 A 的发生一定程度上与事件 B 的发生有关联。也就是说，A 发生之后再看 B 的概率，就会和直接看 B 的概率结果不一样。用维恩图来表示这一关系，如图 6.4 所示。

图 6.4 中，两个椭圆分别表示两个事件发生的具体情况，中间为两者的交集，表示既有 A 发生也有 B 发生。以 $P(\mathrm{B}|\mathrm{A})$ 表示已知事件 A 发生的条件下，事件 B 发生的条件概率。可以看出，已知 A 发生，那么我们的观测空间就只在左边的代表 A 的椭圆内，这时再看 B 发生的概率，即事件 A ∩ B 在整个 A 的事件空间中所占的比例。写出来就是式 (6.1)。

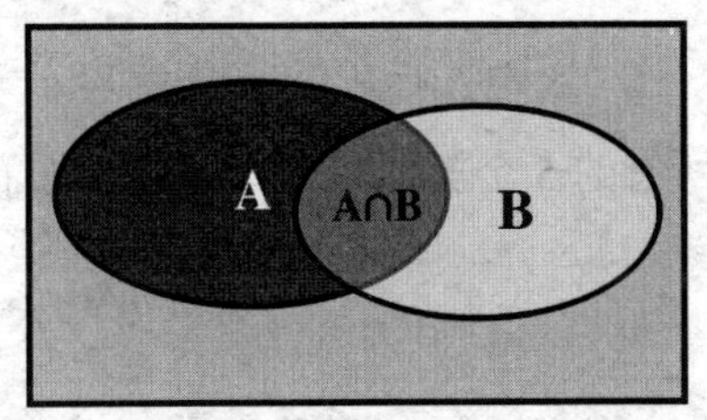

图 6.4　不相互独立的事件 A 和 B 的维恩图表示（A ∩ B 表示两者共同发生的情况）

$$P(\mathrm{B}\mid\mathrm{A}) = \frac{P(\mathrm{AB})}{P(\mathrm{A})} \tag{6.1}$$

这里 A∩B 的概率简写为 $P(\mathrm{AB})$。这就是概率论中最基本的条件概率公式。

注意

条件概率是概率论中最简单和基础的一个概念，那么为何在此处还要强调呢？原因在于，条件概率这个概念在其定义中暗含“学习”或者“推理”的本质特征，也就是事件之间的相关性。只要两个事件不相互独立，那么条件概率就不为 0，从而就能反映出两者之间的某种联系。我们常见的任务——根据特征推测类别，即利用了特征与类别之间的相关性。

下面考虑另一个问题：如果整个事件空间由若干子空间组成，已知在子空间确定的情况下事件 A 发生的条件概率，那么如何计算事件 A 的概率 $P(\mathrm{A})$？

这种情况如图 6.5 所示。所有可能的事件空间被划分成了标注为 S_1~S_5 的 5 个子集。可以看出，该划分具有两个特点，一方面，这些集合两两不相交（Pairwise Disjoint）；另一方面，这些集合共同组成了事件空间的全集。这样划分的若干个子集有时也被称为一个完备事件组。对于每个子空间，事件 A 都有一定的概率发生。

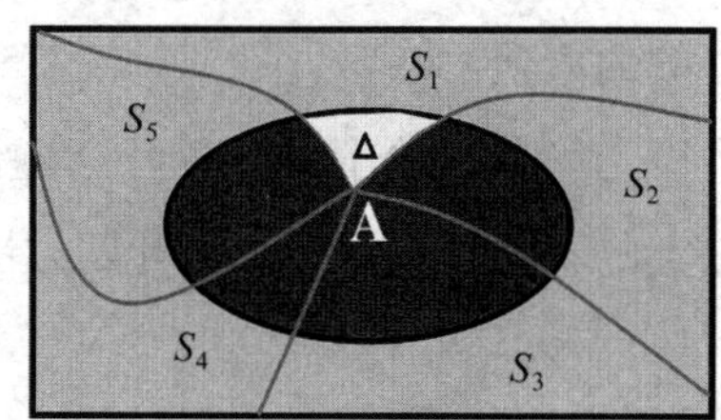

图 6.5　全概率公式

如果仅知道 5 个子集所占的比例，即 $P(S_i), i=1,\cdots,5$，以及在每个子集中 A 发生的条件概率，即 $P(\mathrm{A}|S_i), i=1,\cdots,5$。那么如何计算事件 A 的概率呢？首先，根据条件概率的定义，可以计算出 S_i 发生和 A 发生的联合概率，即式 (6.2)。

$$P(\mathrm{A}S_i) = P(S_i)P(\mathrm{A}) \tag{6.2}$$

图 6.5 中△标出的部分就表示 $P(\mathrm{A}S_1)$，以此类推。从图中可以明显看出，A 的概率是由所有的 5 个类似扇形的区域相加而成的。因此可以得到式 (6.3)。

$$P(\mathrm{A}) = \sum_i P(\mathrm{A}S_i) = \sum_i P(S_i)P(\mathrm{A}) \tag{6.3}$$

这就是全概率公式（Formula of Total Probability）。

虽然用维恩图可以很直观地得到全概率公式，但是我们再试着从另一种角度来解释该公式的含义。想象我们想要做一件事情，这件事情可以用多种方法办到，那么就需要选择一种方法来实现这件事情。如果已经知道选择这几种方法的概率分别是多少，同时也知道用这几种方法能够实现这件事情的可能性有多大。那么，利用全概率公式，就能得到最终把这件事情实现的概率究竟有多大。

利用这种思路，我们可以思考最常出现的分类问题。在分类问题中，如果已经知道了每种类别出现的概率，并且也知道在这类事物中某一个特征出现的概率，就能计算出在全体所有类别中，这样的一个特征出现的可能性有多大。

再举一个例子，假设有一个农场，农场里有牛和羊两种动物。已知牛和羊各自所占的比例，如牛占 40%，羊占 60%；也知道在所有的牛中，黄色的牛占 70%，黑色的牛占 30%；类似地，在所有的羊中，黄色的羊占 20%，黑色的羊占 80%（方便起见，假设只有这两种颜色）。利用全概率公式，就能计算出在整个农场里抓一只动物，它是黄色动物的概率为 $0.4\times0.7+0.6\times0.2 = 0.4$，而是黑色动物的概率为 $0.4\times0.3+0.6\times0.8 = 0.6$。

算到这里，有的读者可能会有疑问，平常的分类问题似乎不是这样的吧？一般来说，在该场景下，分类问题应该是：给定动物的特征（毛色），判断该动物是哪一类（牛或羊），或者分布输出是这两类的概率，这样的问题往往才是有意义的。对于这样的问题，仅靠全概率公式似乎不能解决，这时就需要利用贝叶斯公式。

如图 6.5 所示，全概率公式是已知 $P(S_i)$ 和 $P(\mathrm{A}|S_i)$ 来求 $P(\mathrm{A})$，这就类似于已知牛羊的数量和牛羊群中黄色的比例，来求总的黄色动物的比例。如果已知动物是黄色的，而想推测这是哪种动物，这就是在求 $P(S_i|\mathrm{A})$。下面推导求解它的过程。首先，根据条件概率公式可得式 (6.4)。

$$P\left(S_i \mid \mathrm{A}\right) = \frac{P\left(S_i\mathrm{A}\right)}{P\left(\mathrm{A}\right)} \tag{6.4}$$

由前面的全概率公式，可以将 $P(\mathrm{A})$ 分解为各个 S_i 下的联合概率 $P(\mathrm{A}|S_i)$ 的和。同时，联合概率（包括分子上的那一项）都可以写成 $P(S_i)P(\mathrm{A}|S_i)$，于是得到式 (6.5)。

$$P\left(S_i \mid \mathrm{A}\right) = \frac{P\left(\mathrm{A} \mid S_i\right)P\left(S_i\right)}{\sum_i P\left(S_i\right)P\left(\mathrm{A} \mid S_i\right)} \tag{6.5}$$

这就是贝叶斯公式，或称贝叶斯定理（Bayesian Theorem）。贝叶斯定理非常有名，而且在统计推断的很多场景中都有应用。该公式的重要之处在于，它沟通了两个方向的条件概率，即 $P(S_i|\mathrm{A})$ 和 $P(\mathrm{A}|S_i)$。

一般来说，$P(\mathrm{A}|S_i)$ 表示的条件概率在现实中比较容易获得；而 $P(S_i|\mathrm{A})$ 表示的概率则不太容易直接获取，需要进行计算。例如前面的例子中，某种动物有多大的概率是某一种毛色，这种事件的概率是比较容易直接获取的；反之，已知某个毛色，则不太容易直接得到这个毛色最可能属于什么动物。

为了说明这两种条件概率的区别，下面再举一个更为明显的例子。假设一个答题游戏的规则如下：场上有甲、乙两个人，抛一枚质量不均匀的硬币（正反面出现的概率不一样）

来决定由谁来答题。如果结果为正面朝上，则由甲答题；如果反面朝上，则由乙答题。同时，已知甲比乙聪明，因此甲的答题准确率比乙高，具体如图 6.6 所示。

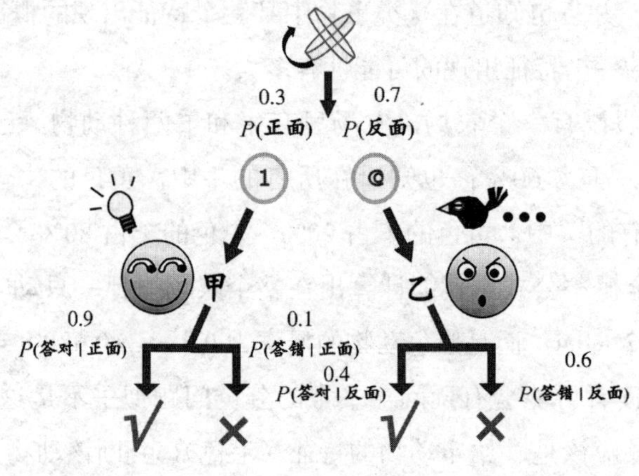

图 6.6　答题游戏

在该场景中，具体数值如下：不均匀硬币抛出正面的概率为 0.3，抛出反面的概率为 0.7。甲、乙答题的准确率分别为 0.9 和 0.4。考虑以下两个问题。

（1）进行一次游戏，题目被回答正确的概率为多少？

（2）如果在一次游戏中，题目最终被答对了，那么这道题目由甲回答的概率有多大？由乙回答的概率有多大？

对于甲、乙答题的准确率，可以通过经验得到一定的信念，即可以直接得到甲和乙答题的准确率。在这个游戏中，可以把甲的答题准确率表述为硬币抛得正面时的答题准确率，乙同理。这是一个条件概率，由于符合人们一般的思维习惯，即“由因到果”（答题人是原因，答对或答错是结果），因此有时被称为正向概率问题。问题（1）实际上就是计算一个正向概率。根据全概率公式，就可以求得问题（1）的结果，如图 6.7 所示。

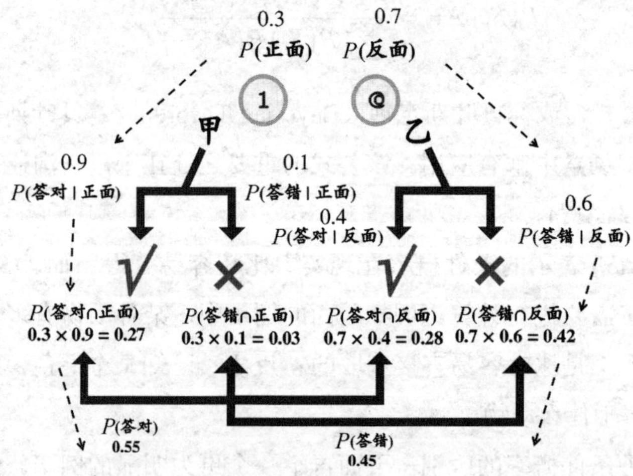

图 6.7　正向概率的计算（全概率公式）

再来看问题（2），这个问题是已知结果，即题目被答对，然后去寻找最可能的原因，即是谁作答的。这和常规计算相反，可以称为“执果索因”，即根据已经发生的事实，去推测是由某种情况导致的可能性。这样的概率问题一般称为逆向概率问题。逆向概率的计算就是贝叶斯定理的内容，如图 6.8 所示。

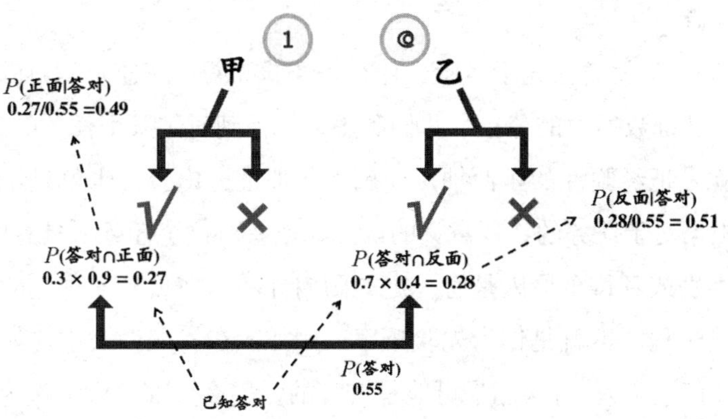

图 6.8　逆向概率的计算（贝叶斯定理）

由图 6.8 可以看到，已知答对的情况下，预测该题是由甲还是乙回答的，得出的条件概率分别为 0.49 和 0.51，即两个人的可能性几乎一样。分析如下：

$$P(\text{正面}\mid\text{答对}) = P(\text{答对}\mid\text{正面})P(\text{正面}) / P(\text{答对})$$

$$P(\text{反面}\mid\text{答对}) = P(\text{答对}\mid\text{反面})P(\text{反面}) / P(\text{答对})$$

由于“答对”已然发生，区分是甲还是乙作答（即硬币是正面朝上还是反面朝上），实际上是在比较这两个条件概率的大小。由于分母上除以的是同一个边缘概率，因此实际上就是在比较分子的大小。

$$P(\text{正面}\mid\text{答对}) \propto P(\text{答对}\mid\text{正面})P(\text{正面})$$

$$P(\text{反面}\mid\text{答对}) \propto P(\text{答对}\mid\text{反面})P(\text{反面})$$

把选择作答的人看作原因，把答对与否看作结果，那么可以把上面的公式写成如下形式：

$$P(\text{原因 }1\mid\text{结果}) \propto P(\text{结果}\mid\text{原因 }1)P(\text{原因 }1)$$

$$P(\text{原因 }2\mid\text{结果}) \propto P(\text{结果}\mid\text{原因 }2)P(\text{原因 }2)$$

$$P(\text{原因 }3\mid\text{结果}) \propto P(\text{结果}\mid\text{原因 }3)P(\text{原因 }3)$$

……

由于原因可能不只有两个，因此写成了多个原因的形式。

这些概率都有其专门的名称，其中，某种原因本身可能发生的概率称为先验概率（Prior Probability）；在某原因下得到某结果的条件概率称为似然函数（Likelihood Function）；而已知某结果的条件下，由某种原因引起的概率称为后验概率（Posterior Probability）。

如果以机器学习的视角去看该问题，原因就是训练集中的类别，而结果就是数据集中的种种特征。某类事物是否具有或者有多大的可能性具有某个特征，是可以凭借经验得到的，对应似然函数，具有某个特征的样本属于某一类的可能性有多大则需要一定的计算，这个可能性对应后验概率；某个类别本身出现的可能性有多大，或者说它在全体事物中所占的比例有多大，对应先验概率。

顾名思义，“先验”就是指先于经验。什么是经验呢？从有监督学习的角度来看，经验就是数据，或者说训练数据集的分布。我们利用数据得到对于某个任务的经验。这样看来，先验的部分指的就是把经验性的东西抽走，剩下的那部分内容。也就是说，在没有拿到训练数据时，我们根据对于任务的物理意义的认知，或者对这个任务所具有的一些背景知识，在一开始对每个类别或者每个原因是有一定的倾向性的。在贝叶斯理论的方法中，这种倾向性可以加入预测过程，也就是作为先验概率。例如，在答题游戏中，如果我们不知道答对还是答错（无任何经验），直接问最可能是谁答的，那么大部分人会认为，最可能是乙答的。因为抛硬币选中乙的可能性更大一些，而且也没有其他信息。

前面已经计算了已知题目被答对的情况下，作答者是甲乙两人的可能性分别为 0.49 和 0.51，几乎一样。下面计算如果已知题目答错的情况下，作答者是这两人的可能性分别为多大。计算可得：P(正面 (甲)| 答错) = 0.03/0.45 ≈ 0.0667，而 P(反面 (乙)| 答错) = 0.42/0.45 ≈ 0.9333。该差距比较悬殊。因此，可以比较有把握地说，如果答错了，那么很可能是乙答的。

下面从直观的角度来分析这两个结果。我们先验地知道，选择甲的可能性小一些，所以偏向于猜乙。但是如果结果是答对了，那么我们就会想到甲比乙更有可能答对，这时我们的信念就偏向了甲一些。这样一来，两种信念［一方面觉得选到乙的可能性大（先验概率）；另一方面想到题目答对了，很可能是甲答的（似然函数）］相互制约（反映在公式里就是相乘），得到的结果就是两个人的可能性应该相差不大。

而如果答错了，我们就会想，本来就是抽中乙的可能性大，而且又答错了。我们知道乙答错的可能性更大，这样两相促进，使我们更加相信是乙在作答。因此，这时的后验概率乙要远远胜过甲。

至此，我们已经通过几个例子和细致的分析说明了贝叶斯方法的基本原理，即“执果索因”，后验概率最大化。朴素贝叶斯方法实际上就是基于这样的一种计算，其先验概率和似然函数都从训练样本中统计得到，然后进行后验概率，即特征给定下的样本的计算。

但是，上面讨论的是都是单个特征，在实际数据中，特征往往具有很高的维度，这就给计算带来了额外的困难。朴素贝叶斯之所以得名“朴素”(Naive)，就是因为它引入了一个假设，化解了这个困难。

下面讨论朴素贝叶斯的假设条件及采用这个条件的原因。

6.2　朴素贝叶斯的原理和方法

本节将讨论朴素贝叶斯模型的基本假设和由此衍生出来的计算方法。另外，针对有些特征对应样本数为零的问题，介绍一种修正方法，即拉普拉斯平滑。

6.2.1　朴素贝叶斯的"朴素"假设

先看这样一个例子：如果有一个数据集，对于它的每一个样本，可用特征都有三个，我们需要利用这三个特征来预测它的结果。多维特征数据集如表 6.1 所示。

表 6.1 多维特征数据集

序号	特征 1(A_1)	特征 2(A_2)	特征 3(A_3)	类别
1	1	2	3	1
2	2	1	1	2
3	1	2	2	1
4	1	3	2	1
5	3	2	1	2

按照前面的思路，我们希望通过该数据集实现从特征到类别的预测，那么实际上就是将"类别"作为原因，而将表现出来的"特征"看作样本因为属于某个类别而获得的结果。那么，实际上就是通过"执果索因"的方式来计算 P (类别 | 高维特征)。根据贝叶斯公式，就是计算 P (类别 | 高维特征) P (高维特征)。

这里要注意的是，与 6.1 节的例子不同，表 6.1 中数据集样本的特征是高维的，因此理论上来说，"特征"应该作为一个三元组的形式整体出现，如 (1,2,3) 是一种特征，而 (2,1,1) 则是另一种特征。对多特征的数据集应用贝叶斯方法预测类别，即式 (6.6)。

$$P(C=c_i \mid A_1=a_1, A_2=a_2, A_3=a_3) = \frac{P(A_1=a_1, A_2=a_2, A_3=a_3 \mid C=c_i)P(C=c_i)}{\sum_k P(A_1=a_1, A_2=a_2, A_3=a_3 \mid C=c_k)P(C=c_k)} \tag{6.6}$$

观察式 (6.6) 可以看出，要计算左边的概率（预测类别），实际上就是要统计在类别为 c_i 的情况下，特征取值为 (a_1,a_2,a_3) 的样本的比例，然后乘以 c_i 类别的样本在总样本中的比例，再对所有类别进行归一化（除以分母）。那么，对于每个特征组合，要想预测它的类别，都需要进行这样的操作。对于这里的三元组的特征值，如果每个特征可能取值的数目分别为 M_1、M_2 和 M_3，为了对每一种情况都能做出预测，一共需要统计 M_1、M_2、M_3 这三种特征情况来进行计算。如果特征数更多呢？比如有 d 个特征，那么需要统计的数目就是 $\prod_{i=1}^{d} M_i$ 种，这个数字随着特征个数的增加以指数级增加，这样的算法我们是无法接受的。另外，试想一下，在特征维度很高的数据集里，可能并没有几个样本符合某种高维的特征组合，样本数量少会导致统计的比例并不能替代概率，从而给实际应用带来很大的不便。

为了解决这个问题，人们为特征引入了一个简单朴素却又大胆的假设，即样本的特征在类别给定的条件下是相互独立的。该假设称为条件独立性假设，公式为式 (6.7)。

$$\begin{aligned} &P(A_1 = a_1, A_2 = a_2, A_3 = a_3 \mid C = c_i) \\ &= P(A_1 = a_1 \mid C = c_i) P(A_2 = a_2 \mid C = c_i) P(A_3 = a_3 \mid C = c_i) \end{aligned} \tag{6.7}$$

或者表示成更一般的形式，即式 (6.8)。

$$P(A_1 = a_1, \cdots, A_d = a_d \mid C = c_i) = \prod_{j=1}^{d} P(A_j = a_j \mid C = c_i) \tag{6.8}$$

有了该假设，再看上面预测类别的过程，这时就不再需要对每一组特征进行统计了，而只需要分别统计每个特征在某类中的比例，然后将它们相乘即可。因此，朴素贝叶斯处理分类问题的模型的求解过程可以表示为式 (6.9)。

$$P(C = c_i \mid A_1 = a_1, \cdots, A_d = a_d) = \frac{P(C = c_i) \prod_{j=1}^{d} P(A_j = a_j \mid C = c_i)}{\sum_k P(C = c_k) \prod_{j=1}^{d} P(A_j = a_j \mid C = c_k)} \tag{6.9}$$

由于分类问题中只需要比较 $P(C = c_i \mid A_1 = a_1, \cdots, A_d = a_d)$ 中的 C 为何值时条件概率最大，因此其实不必进行归一化，只需要将分子项取所有类别中占比最大的那个即可。因此，朴素贝叶斯实际上就是求解式 (6.10)。

$$\arg\max_i \; P(C = c_i) \prod_{j=1}^{d} P(A_j = a_j \mid C = c_i) \tag{6.10}$$

这就是朴素贝叶斯模型的数学形式。

注意

实际上，朴素贝叶斯的条件独立性的朴素假设是一个非常强的假设，在现实世界中，同一类别的事物，其特征之间往往并不是完全独立的。尽管如此，该假设使模型变得简单可用，降低成了线性时间复杂度（新加入一个特征维度时，只需要计算该特征在某个类别下各个取值的比例即可，而无须和前面的特征进行组合再重新计算），并且在很多场合也能较好地工作，因此仍然是一种经典的机器学习算法。

6.2.2　拉普拉斯平滑

前面给出了朴素贝叶斯模型的数学形式，下面的问题就是如何得到 $P(C=c_i)$ 及 $P(A_j=a_j\mid C=c_i)$。前面提到过，这两种概率通过统计样本集中符合条件的样本比例即可得到。将其写成数学的形式更为直观，即式 (6.11)。

$$P(C=c_i)=\frac{\#\left[C=c_i\right]}{N} \tag{6.11}$$

其中，分子为符合中括号内条件的样本数量；分母 N 为样本总数。

类似地，$P(A_j=a_j\mid C=c_i)$ 可以通过式 (6.12) 进行计算。

$$P(A_j=a_j\mid C=c_i)=\frac{\#\left[A_j=a_j\ \&\ C=c_i\right]}{\#\left[C=c_i\right]} \tag{6.12}$$

也就是计算在类别为 c_i 的样本中，特征 A_j 取值为 a_j 的那些样本占所有 c_i 类样本的比例。

上面的计算方式理论上来说是合理的，看上去也简单直接。然而，直接这样计算会在实际情况中遇到麻烦。让我们再回到表 6.1 所示的示例数据集，该数据集中，特征 A_2 有三种取值，分别是 1、2、3。如果想用上面的方式计算条件概率 $P(A_2=1\mid C=1)$，就会发现这个概率是 0，因为在所有类别为 1 的样本中，特征 A_2 都没有取到 1。由于采用了条件独立性假设，因此需要对各个特征的概率进行连乘，这样一来，所有在类别 1 中 A_2=1 的特征组合的条件概率都被计算成了 0。

这显然是不合理的。概率为 0 就意味着是不可能事件，仅仅因为在有限的样本中一个特征取到某个值的情况没有发生，就断言这种情况一定是不可能的，难免有些武断。另外，由于特征的条件独立性假设，使所有与该特征取值组合的那些情况都被断言为了不可能事件，而根本没有考虑到其他特征的概率分布情况，即这个 0 值将其他特征取值的概率分布信息直接抹掉了，将它们变成了一样的“不可能事件”。这样的结果自然也会给最终的预测带来偏差。

那么如何处理这种情况呢？我们可以认为，某种特征的取值在某类样本中没有出现，说明它是一个小概率事件。只要给它一个不为 0 的小概率，最终计算的连乘结果就不会是 0，其他特征取值的概率情况也会被考虑进来。在这种思路的指导下，改写上面的概率计算方式，得到式 (6.13)。

$$\begin{aligned}P(C=c_i)&=\frac{\#\left[C=c_i\right]+1}{N+K}\\P(A_j=a_j\mid C=c_i)&=\frac{\#\left[A_j=a_j\ \&\ C=c_i\right]+1}{\#\left[C=c_i\right]+M_j}\end{aligned} \tag{6.13}$$

其中，K 是 C 可以取值的个数，即类别数；M_j 为特征 A_j 可以取值的个数。

式 (6.13) 可以这样理解：在统计过程中，为了避免有些情况一个样本都没有，可以对每种情况都增加一个样本，从而使修正后的统计过程中，每种情况至少有一个样本。这样的处理方式一般称为加一平滑（Add-one Smoothing）或者拉普拉斯平滑（Laplacian Smoothing）。

注意

有趣的是，这种对概率的修正方式本身也是一种贝叶斯估计，即加入了先验知识的概率估计方法。令修正后第一个等式中的 N=0、第二个 $\#[C=c_i]=0$（这就意味着没有观测数据，只能依赖于先验知识），就可以发现，此时 $P(C=c_i)=1/K$，而 $P(A_j=a_j|C=c_i)=1/M_j$。这说明在没有观测数据时，每种情况的出现都是等可能的。例如，对于不同类别，如果没有观测数据（训练样本集），那么只好认为一个样本属于这 K 个类别中任意一个的可能性都相同。同理，某类样本中，特征 A_j 取到 M_j 个候选值中的任意一个的可能性都相同。这正是均匀分布的先验。该方法之所以也称为拉普拉斯平滑，是因为著名的哲学家、数学家拉普拉斯曾经用这个思路预测过“明天太阳会升起”的概率。拉普拉斯认为，在没有观测时，太阳升起的概率应该是一个 [0,1] 的均匀分布，不能独断地声称太阳明天会升起的概率更大些，或明天不升起的概率更大些。通过简单的计算，拉普拉斯得出了“在太阳已经连续升起 n 次的情况下，它明天仍会升起”的条件概率为 $(k+1)/(k+2)$。如果将该事件视为“太阳升起 / 太阳不升起”的二分类问题，那么该条件概率具有和上面的例子相同的形式。

为什么要把这个操作称为“平滑”呢？原因在于，经过修正以后的概率分布相对于修正前减少了“突变”。为了理解这个问题，我们考虑对类别概率（即第一个等式）进行平滑操作。假设一共有 10 个样本（N=10），共两类，其中属于第一类的样本数为 n，当 n 从 0 到 10 时，平滑修正前后的概率估计分别如表 6.2 和图 6.9 所示。

表 6.2 拉普拉斯平滑前后的概率估计

n	0	1	2	3	4	5	6	7	8	9	10
平滑前	0	1/10	1/5	3/10	2/5	1/2	3/5	7/10	4/5	9/10	1
平滑后	1/12	1/6	1/4	1/3	5/12	1/2	7/12	2/3	3/4	5/6	11/12

从图 6.9 中可以明显地看出，平滑后的结果在样本数 n=0 和 n=1 之间没有从无到有的突变，且随着 n 的增加，曲线更为平缓。因此，该修正通常被称为平滑。

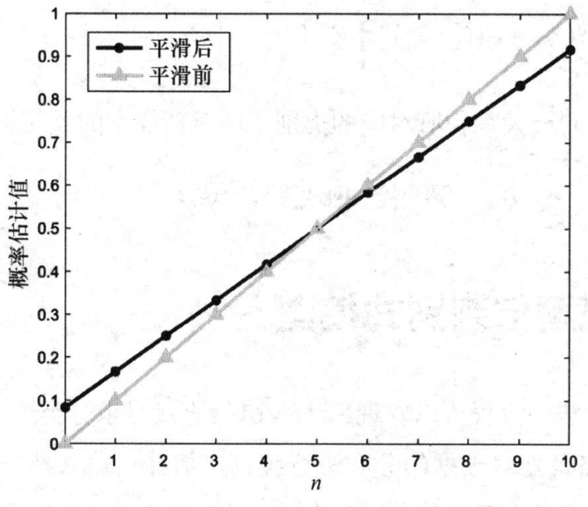

图 6.9　拉普拉斯平滑前后效果图

综上所述，拉普拉斯平滑从理论上来说是考虑到先验的贝叶斯估计，在实践中可以消除因为某种条件下样本数为 0 带来的误差。因此，在朴素贝叶斯算法中，先验概率和似然函数的估计都是需要经过拉普拉斯平滑的。

下面梳理一下朴素贝叶斯算法的步骤与流程。

6.3　朴素贝叶斯算法的步骤与流程

假设训练样本集中的每个样本共有 d 个特征，分别用 A_1，…，A_d 表示，其中 A_i 的取值共 M_i 种。所有样本共分为 K 个类别，类别变量用 C 表示。我们希望通过朴素贝叶斯算法来预测一个特征为$(A_1 = a_{g1},\cdots,A_d = a_{gd})$的新样本所属的类别，具体步骤如下。

（1）通过式 (6.14) 计算各类别的先验概率，以及给定类别下每一个特征取到每一候选值的条件概率。

$$
\begin{aligned}
&P(C=c_i)=\frac{\#[C=c_i]+1}{N+K} \qquad i=1,\cdots,K \\
&P(A_j=a_{hj}\mid C=c_i)=\frac{\#[A_j=a_{hj}\,\&\,C=c_i]+1}{\#[C=c_i]+M_j} \\
&\qquad h=1,\cdots,Mj \qquad i=1,\cdots,K \qquad j=1,\cdots,d
\end{aligned}
\tag{6.14}
$$

其中，c_i 为类别的取值；a_{hj} 为第 j 个特征的第 h 个取值。

（2）对于新样本$(A_1 = a_{g1},\cdots,A_d = a_{gd})$，用式 (6.15) 计算各个类别下的先验概率与条件概率的乘积（正比于后验概率）。

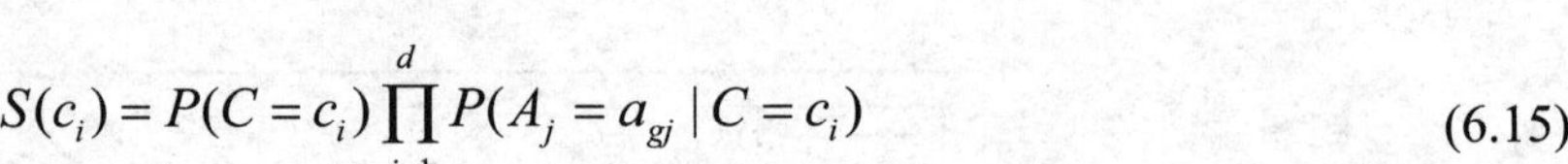

$$S(c_i)=P(C=c_i)\prod_{j=1}^{d}P(A_j=a_{gj}\mid C=c_i) \tag{6.15}$$

（3）用式 (6.16) 找到最大乘积所对应的类别，即对新样本的预测结果。

$$\text{pred}=\arg\max_{c_i} S(c_i) \tag{6.16}$$

6.4 生成式模型与判别式模型

回顾朴素贝叶斯方法的流程可以发现，与 SVM 等直接寻求分类边界（Boundary）不同，朴素贝叶斯采用的策略是先对数据的分布进行统计，估计出输入特征 x 与输出类别 y 的联合概率密度 P(x,y)，以进一步得到条件概率 $P(y|x) = P(x,y)/P(x)$。这样计算联合概率分布的模型称为生成式模型（Generative Model）。相对应地，那些直接预测分类边界（判别函数）的，或者说直接预测条件概率 $P(y|x)$ 的模型称为判别式模型（Discriminative Model）。

机器学习模型都可以被归为这两类。生成式模型包括朴素贝叶斯、混合高斯模型、马尔科夫随机场等，而判别式模型包括 SVM、决策树、逻辑斯蒂回归、k 近邻等。两种类型的模型各有千秋：生成式模型可以在样本数量大时更好地学习到真实分布状况，并且能反映更多的数据信息，但是要想对联合分布进行准确的估计，就需要大量的训练数据，这也是生成式模型的劣势；而判别式模型由于直接面向目标（找到分类边界），因此一般准确性较好，需要的样本数也比生成式模型少。但是，判别式模型更像一个“黑箱”，无法反映联合概率分布等信息。在实际应用中，需要具体情况具体分析，选择更合适的模型进行应用。

6.5 本章小结与代码实现

本章介绍了一种生成式模型：朴素贝叶斯模型。朴素贝叶斯模型利用贝叶斯定理，将求解由特征到类别（执果索因）的过程转化为类别到特征（由因得果）的过程，结合特征条件独立性的“朴素”假设，通过对数据集的统计对联合概率进行建模，最终找到概率最大的类别。朴素贝叶斯方法虽然引入了一个与现实世界不太相符的强假设条件，但是对于很多问题，如自然语言处理中的某些问题，仍然取得了较好的结果。

下面通过代码来实现用朴素贝叶斯做分类任务的实验。

```
# 导入用到的 Python 模块
from sklearn.naive_bayes import GaussianNB
from sklearn.datasets import load_wine
```

```
from sklearn.cross_validation import train_test_split
from sklearn.metrics import confusion_matrix
```

本实验应用葡萄酒分类数据集（Wine）。首先加载数据集，并打印相关信息：

```
# 加载 Wine 数据集
wine = load_wine()
wine_data = wine.data
wine_target = wine.target
wine_target_names = wine.target_names
wine_feat_names = wine.feature_names
# 打印相关信息
print(wine_target_names)
print(wine_feat_names)
print(wine.DESCR)
```

输出结果如下：

```
['class_0' 'class_1' 'class_2']
['alcohol', 'malic_acid', 'ash', 'alcalinity_of_ash', 'magnesium', 'total_phenols', 'flavanoids',
  'nonflavanoid_phenols', 'proanthocyanins', 'color_intensity', 'hue', 'od280/od315_of_diluted_
  wines', 'proline']
Wine Data Database
====================
Notes
-----
Data Set Characteristics:
   :Number of Instances: 178 (50 in each of three classes)
   :Number of Attributes: 13 numeric, predictive attributes and the class
   :Attribute Information:
       - 1) Alcohol
       - 2) Malic acid
       - 3) Ash
       - 4) Alcalinity of ash
       - 5) Magnesium
       - 6) Total phenols
       - 7) Flavanoids
       - 8) Nonflavanoid phenols
       - 9) Proanthocyanins
       - 10)Color intensity
       - 11)Hue
       - 12)OD280/OD315 of diluted wines
       - 13)Proline
       - class:
              - class_0
```

```
        - class_1
        - class_2

:Summary Statistics:
……
```

可以看出，数据集中共有178个样本，分为三个类别。用于分类的特征共有13个，都是数值特征（Numeric），主要包括酒精度（Alcohol）、苹果酸（Malic acid）、灰分（Ash）、灰分碱性（Alcalinity of ash）、镁含量（Magnesium）等。

对于数值特征，一般选择sklearn的朴素贝叶斯模型中的GaussianNB。其他还有BernoulliNB和MultinomialNB，分别适用于特征为二元数值（Binary）和类别数值（Categorical）的情况。下面用GaussianNB的朴素贝叶斯模型建模训练：

```
# 划分训练集和测试集，常规操作
X_train, X_test, y_train, y_test = train_test_split(wine_data, wine_target, test_size=0.3,
random_state=2019)
print(X_train.shape, X_test.shape)
# 输出：(124, 13) (54, 13)（训练集124个样本，测试集54个样本）
print(sum(y_train == 0), sum(y_train == 1), sum(y_train == 2))
# 输出：37 55 32 训练集中的三种类别各自的数量
# 建立朴素贝叶斯模型，并进行训练
clf = GaussianNB()
clf.fit(X_train, y_train)
print(clf)
```

输出结果如下：

```
GaussianNB(priors=None)
```

可以看出，这里没有指定类别分布的先验，因此priors参数为None。用此模型进行预测，代码如下：

```
y_pred_train = clf.predict(X_train)
y_pred_test = clf.predict(X_test)
train_acc = sum(y_train == y_pred_train) / len(y_train) * 1.0
test_acc = sum(y_test == y_pred_test) / len(y_test) * 1.0
print("Train Accuracy is : {:.2f}".format(train_acc))
print("Test Accuracy is : {:.2f}".format(test_acc))
```

输出结果如下：

```
Train Accuracy is : 0.99
Test Accuracy is : 0.96
```

测试集精度达到 96%，说明该模型可以完成在该数据集上的分类任务。考虑到在上面的模型训练中没有为 GaussianNB 模型指定先验概率，所以可以为三个类别指定其先验概率，然后再进行训练，如下所示：

```
# 这里的先验概率是三个类别分别在整个数据集中所占的比例
clf = GaussianNB(priors=[59/178, 71/178, 48/178])
clf.fit(X_train, y_train)
print(clf)
y_pred_train = clf.predict(X_train)
y_pred_test = clf.predict(X_test)
train_acc = sum(y_train == y_pred_train) / len(y_train) * 1.0
test_acc = sum(y_test == y_pred_test) / len(y_test) * 1.0
print("Train Accuracy is : {:.2f}".format(train_acc))
print("Test Accuracy is : {:.2f}".format(test_acc))
```

输出结果如下：

```
GaussianNB(priors=[0.33146067415730335, 0.398876404494382, 0.2696629213483146])
Train Accuracy is : 0.99
Test Accuracy is : 0.98
```

可以看出，此时的朴素贝叶斯应用了给定的先验概率，效果变得更好了。

最后来看一下在测试集上的混淆矩阵（Confusion Matrix）。在多分类问题中，通过混淆矩阵可以看出类别之间错分的情况。

```
con_mat = confusion_matrix(y_test, y_pred_test)
print(con_mat)
```

输出结果如下：

```
[[21  1  0]
 [ 0 16  0]
 [ 0  0 16]]
```

可以看到，只有一个样本被错分，其余分类都正确。

6.6　本章话题：贝叶斯思维与先验概念

本章已经对贝叶斯学派和贝叶斯公式进行了比较详细的讨论。有时人们会用“贝叶斯思维”这个概念来指代通过贝叶斯定理的基本思路来分析问题的方式。实际上，贝叶斯思维最核心的一点就是对于先验的应用。在这里，我们来详细讨论一下贝叶斯思维和先验的概念，以及它们如何影响我们的思维方式和对问题的看法。

首先来看贝叶斯的思维模式。在贝叶斯思维的视角下，所有参数都可以看作随机变量。仍然以抛硬币为例，哪一面朝上本身是一个伯努利分布，该分布的具体形态是由参数 p 决定的。如果采用贝叶斯思维模式，参数 p 本身也要被看成一个随机变量。既然是随机变量，就意味着有一个分布。这种思路可能和我们的常识或者日常的习惯略微有一些冲突，在很多情况下，我们会倾向于认为：虽然某个过程是随机的，但是背后产生或制约它的规则是客观的、确定无疑的。而贝叶斯思维正是要摆脱这种思维模式，它告诉我们，随机事件背后的规则也不是完全确定的，该规则实际上反映的是我们对这件事情的信念与了解。我们要做的不是通过经验去"找到"这个规则，而是通过经验去"修正"我们原本对于这个规则的认识。

我们已经知道，通过先验概率和似然函数的乘积并归一化可以计算后验概率。一般来说，似然函数的分布形式是和实际情况有关的，如抛硬币的分布就是一个伯努利分布。然而，由于先验概率代表我们的信念，因此其形式不固定，可以在合理的范围内进行选择。那么，如何选择先验概率的分布形式呢？

在贝叶斯方法中有一个概念称为共轭先验（Conjugate Prior），它指的是这样一种情况：如果后验概率和先验概率具有相同的分布形式，那么它们就被称为共轭分布，而该先验分布就是似然函数的共轭先验。例如，对于二项分布和伯努利形式的似然函数，其共轭先验就是 Beta 分布（其他如泊松分布似然函数的共轭先验是 Gamma 分布、多项式分布的共轭先验是 Dirichlet 分布、高斯分布的共轭先验仍然是高斯分布等）。这也意味着，如果在似然为二项分布的情况下选择了 Beta 分布形式的先验，那么最终得到的后验概率也是 Beta 分布的形式。

下面举例来说明。对于抛硬币问题，似然函数是伯努利分布（或者将多次抛硬币看作一个实验，那么就是二项分布），因此选择 Beta 分布作为先验概率的分布形式。由于 Beta 分布是由两个参数决定的，一般记作 $\mathrm{Beta}(a,b)$，因此正面向上的概率 $p \sim \mathrm{Beta}(a,b)$。如果在 n 次实验中共计得到 k 个正面，$n-k$ 个反面，其中，$k \sim B(n,p)$，B 代表二项分布。那么，经过一定的运算可以得到，这种情况下的后验概率分布为 $\mathrm{Beta}(a+k, b+n-k)$。

这样一来，就能很直观地看出实验数据（经验）对于先验的影响。我们知道，$\mathrm{Beta}(a,b)$ 分布的均值为 $a/(a+b)$，因此后验分布的均值为 $(a+k)/(a+b+n)$。由于 n 是定值，表示实验次数，因此 k 越高，p 的均值就越高。也就是说，在实验中，正面出现的次数越多，我们越倾向于将正面向上的概率分布向右边移动和倾斜。

不同于频率学派直接将 p 预测为 k/n，贝叶斯思维指导下的预测结果还糅合了先验信息（a 和 b），这一点在样本较少的情况下更能显示出其合理性。假设在三次实验中，所有实验数据的结果都是正面朝上。那么，对于频率学派来说，计算出来 p 就是 1，即抛一次硬币的结果 100% 是正面朝上，这显然是不合理的。因为样本量太少，偏差就会很大。而贝叶

斯方法得到的结果则不同，如选择先验为 Beta(1,1)，那么此时经过计算得到 p 的均值为 0.8，即正面朝上的概率集中分布在比较大的数值位置，这与实验结果是吻合的，同时又不至于直接预测为 100%，因此更加合理。

下面讨论"先验"这个概念。前面提到过，先验即"先于经验"，代表把经验的内容抽离出去所剩下的内容。德国著名哲学家康德曾经探讨过认识论意义上的"先验"问题，在康德的理论中，先验是经验的前提条件和逻辑上的基础，为经验赋予了普遍必然性。例如，我们在日常的认识活动中所经历的种种事物都是被限定在空间和时间这两种纯形式之下的，而我们研究命题时也是在逻辑范畴的指导下进行的。例如，时空等事物并不需要从经验得来，而是被先天地赋予到我们的头脑中的，但是它们可以作为经验的基础。

当然，康德的先验与概率统计中的先验并不相同，但是它所表达的一些基本思路，如先验与经验的关系，与这里讨论的先验概念有一些相似之处。在机器学习和统计理论中，经验就是指训练数据。在没有训练数据之前，不依赖于数据，先天地被人为赋予的参数分布就是先验。先验分布是处理经验数据的基础，最终得到的后验是由先验和经验的内容共同参与形成的。

贝叶斯思维的一个好处就是可以设计先验分布。先验分布的设置可以引入专家知识和对该任务的某种已知约束。第 1 章讲解 l_1 和 l_2 正则化时提到过，l_1 正则实际上就是对模型施加了拉普拉斯先验，即认为参数分布应该是拉普拉斯分布；而 l_2 正则是对模型施加了高斯分布的先验。从贝叶斯的角度看，含正则的损失函数包括两部分，拟合误差部分表示似然，即输入和输出确定的情况下，模型参数的似然函数；而正则部分表示先验，即预设模型参数符合何种情况的分布。

如果用一个更为通俗的视角来看贝叶斯方法和先验，可以将先验看作对于事物不了解的情况下最原始的偏见。这个偏见可能是不正确的，因此需要用经验数据来修正，成为后验。而且，经验数据越多，偏见就越能得到纠正。因此，如果想要克服对某件事情无知的偏见，唯一的方法就是多学习，多去了解它。只有这样，才能更为准确地把握世界上的各种事物。这也是贝叶斯方法带给人们的一个启示。

第7章

提纲挈领：线性判别分析与主成分分析

第6章介绍了贝叶斯理论及朴素贝叶斯算法的相关内容。本章主要讨论两种算法，分别是线性判别分析（Linear Discriminant Analysis，LDA）与主成分分析（Principle Component Analysis，PCA）。这两种算法在原理和操作上都有不同之处，但是也有一些类似的地方。因此，本章把两种算法放在一起进行介绍，并对比说明，以便读者更好地了解它们之间的异同。下面先对LDA和PCA做一个简明扼要的通俗解释，并比较两者适用的任务类型。

（1）通俗解释：LDA与PCA都是线性降维（Dimension Reduction）的算法，区别在于LDA是有监督的降维，而PCA是无监督的降维。LDA旨在寻找一个有标签的训练数据集上的最佳投影，使这个投影中同类的数据点较为集中，而不同类的数据点之间则尽量分散，从而实现对新样本的判别。PCA则是对于一个无标签的高维的训练样本集，找到若干最具有代表性的分量，选择的原则是在该分量上样本集的方差最大，从而可以用这些低维分量来代表训练数据集中的样本数据，进行后续的分类等操作。

（2）任务类型：由上面的解释可知，LDA只能用于有监督任务，因为LDA的过程需要用类别标注作为指导，其目的在于降低数据维度，找到更能反映类别特异性的低维向量代替原始数据，从而避免由于维数灾难导致的过拟合，以及降低计算量。LDA可以直接给出低维空间里的判别函数，对于新样本可以直接进行类别的判断。PCA的应用场景较广，因为其不需要预先的标签，所以一般被作为一种数据预处理的手段来使用。经过PCA后的数据只保留了重要的成分，从而使模型可以在训练过程中更好地利用主要特征，提高算法的鲁棒性。

7.1 线性降维的基本思路

本章的两个算法，即LDA和PCA，可以被统称为线性降维方法。

降维就是将高维度的数据转换到较低维度进行处理。第2章介绍SVM的核函数问题时，

着重强调了维度提升为分类问题带来的便利，并在该章的话题部分讨论了维度对于机器学习算法的影响。通过讨论我们了解到，数据特征维度过高时，会产生“维数灾难”，即计算量增加，易于过拟合等。为了避免维度过高带来的种种问题，有时需要对维度进行降低，从而减少计算量，并减小算法受到的无关要素的影响，避免过拟合，提高鲁棒性。

线性降维方法是给每个高维空间中的原始特征向量施加一个线性操作，使操作后的结果维度降低。例如，式 (7.1) 是一个具有 n 维特征的样本：

$$\boldsymbol{x}=\left(x_1, x_2, x_3, \ldots, x_n\right)^{\mathrm{T}} \tag{7.1}$$

最容易想到的线性操作是，找到一个 n 维的参数向量 $\boldsymbol{w}\in\mathbb{R}^{n\times 1}$，将它和 $\boldsymbol{x}$ 相乘，其结果就是一个一维的点，这样就直接把维度降到了一维，如式 (7.2) 所示。

$$\boldsymbol{x}'=\boldsymbol{w}^{\mathrm{T}}\boldsymbol{x}=\sum_{i=1}^{n}x_i w_i \tag{7.2}$$

这实际上就是对 n 维空间中的两个向量进行了一次点积操作。根据该思路进行简单推广，如果用一个 $n\times m$ 的矩阵 $\boldsymbol{w}\in\mathbb{R}^{n\times m}$ 来和 $\boldsymbol{x}$ 相乘，那么所得结果就是一个 m 维的向量，如式 (7.3) 所示。如果 $m<n$，那么特征的维度就降低到了 m 维。

$$\boldsymbol{x}' = \boldsymbol{w}^{\mathrm{T}}\boldsymbol{x} = \begin{bmatrix}\boldsymbol{w}_1^{\mathrm{T}}\\ \vdots \\ \boldsymbol{w}_m^{\mathrm{T}}\end{bmatrix}\boldsymbol{x} = \begin{bmatrix}\boldsymbol{w}_1^{\mathrm{T}}\boldsymbol{x}\\ \vdots \\ \boldsymbol{w}_m^{\mathrm{T}}\boldsymbol{x}\end{bmatrix} \tag{7.3}$$

这样就有了线性降维的方法。接下来要解决的问题是，该参数向量或者参数矩阵如何选取？前面已经介绍了优化问题的相关概念，因此现在需要的是一个优化目标，这个目标代表降维的原则，只需要求解这个优化问题即可。

我们知道，样本的特征（属性）是机器学习算法预测和分类的凭据。因此，实行降维操作时应该注意的一个问题就是，降维后的特征仍然能表征样本的特性，且在不同类别之间具有一定的差异性。该原则在已知样本类别时可以用来作为优化的目标，从而得到降维结果。

而如果样本类别未知，我们面对的只有一批具有高维特征的数据，那么一个直观的想法就是，看哪个方向上样本之间分得最开，哪个方向就比较适合作为样本的主要特征。也就是说，降维后的特征向量应该具有较大的方差，以便使样本点能够较好地分开。该原则在无监督的情况下可以作为降维的原则。

实际上，上述两种原则指导下的线性降维策略就是 LDA 和 PCA。下面分别介绍这两种算法的原理与数学形式。

7.2 LDA

LDA 又称 Fisher 线性判别（Fisher's Linear Discriminant），由 Ronald Fisher 于 1936 年提出。下面简要介绍 LDA 的基本思路和数学计算方法。

7.2.1 投影的技巧

为了使降维后的特征具有较好的种类特异性，即使同类样本点尽量接近，异类样本点尽量远离，从而便于设定分界面，将不同类别区分开，7.1 节给出了一个线性降维的思路，即利用参数向量对原始的特征向量进行点积，将得到的结果作为降维后的低维特征。实际上，从物理意义上来说，该向量点积可以看作原始特征向量向着参数向量方向的一个投影。下面用图 7.1 来说明。

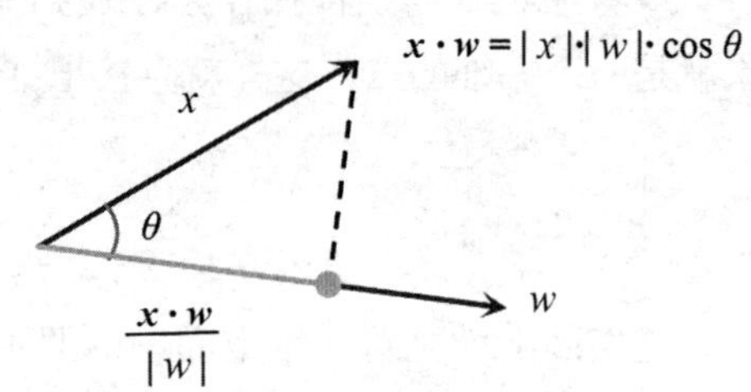

图 7.1　向量的点积与投影

如果将 $\boldsymbol{w}$ 视为一个单位向量，那么 $\boldsymbol{w}^{\mathrm{T}}\boldsymbol{x}$ 就是向量 $\boldsymbol{x}$ 到 $\boldsymbol{w}$ 上的投影。

注意

这里所说的投影指的是带正负号的标量。另外，我们重点关注的是变换后的样本点之间的关系，而非其数值大小，因此并不要求 $\boldsymbol{w}$ 是一个单位向量。如果 $\boldsymbol{w}$ 不是单位向量，$\boldsymbol{w}^{\mathrm{T}}\boldsymbol{x}$ 的结果也只相差一个倍数，并不影响分类效果。

基于投影的概念，LDA 的思路就可以描述为：找到一个最优的向量，将高维空间中的样本点（特征向量）都投影到这个最优向量的方向上，投影结果即为判断类别的依据。

看下面一个示例，如图 7.2 所示。为了便于说明，原始样本点的特征向量在二维空间。这里展示了两个不同的投影方向 ——$\boldsymbol{e}_1$ 和 $\boldsymbol{e}_2$。可以看到，将样本点投到 $\boldsymbol{e}_1$ 时，两类样本点没有重叠，并且同一类分布较为集中；相比之下，投影到 $\boldsymbol{e}_2$ 则是一个不太好的选择，因为经过投影以后，不同类别的样本点完全混叠在了一起，无法通过选定一个边界将两类样本分离开。因此，我们更倾向于向着 $\boldsymbol{e}_1$ 方向投影，而不是 $\boldsymbol{e}_2$ 方向。

对于一组数据集，若想找到最合适的投影方向，则必须考虑投影后结果的种类内的紧凑性和不同类别间的分离性。为了将该目标转化为可以求解的数学问题，首先需要对这两种性质进行数学描述。这就引出了类内距离和类间距离的概念，下面就来介绍这两种距离。

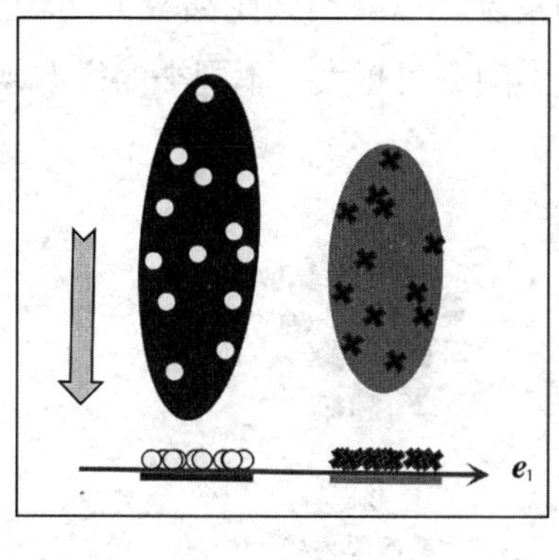

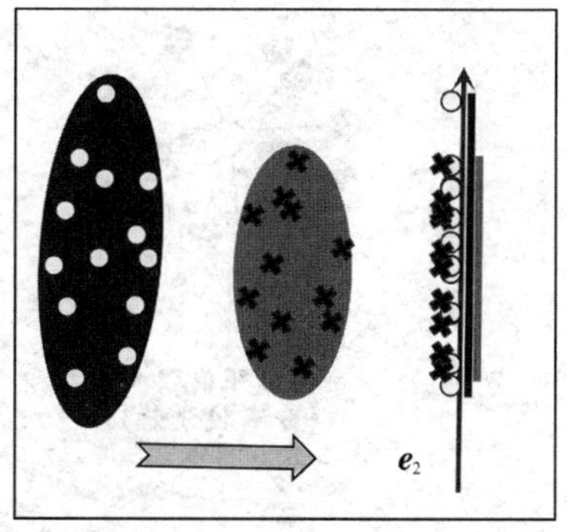

图 7.2　不同投影方向下的降维结果

7.2.2　类内距离和类间距离

首先说明如何衡量类内距离（即同类样本之间的距离）和类间距离（即两类不同样本之间的距离）。如图 7.3 所示，对于类内距离，一个直观的测度方法就是该类内的所有样本点到类中心（即均值点）的距离之和（即类内样本的方差）；对于类间距离，可以用两类样本点的类中心之间的距离来表示。

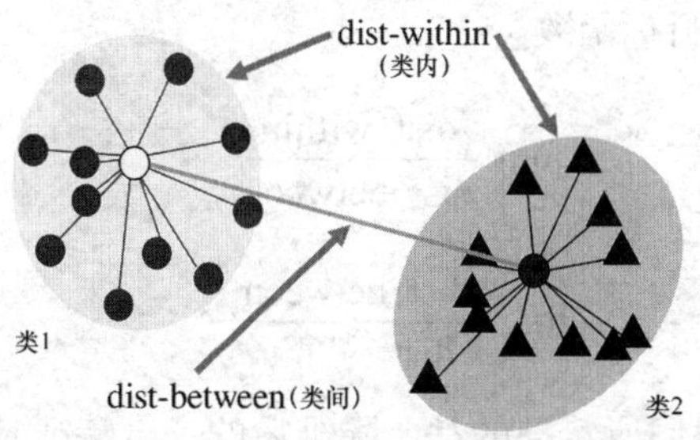

图 7.3　类内距离与类间距离

如果用 $\boldsymbol{A}_1$ 和 $\boldsymbol{A}_2$ 分别表示这两类样本的特征向量的集合，用 $\boldsymbol{m}_1$ 和 $\boldsymbol{m}_2$ 表示两类样本的均值向量，那么总的类内距离就可以定义为式 (7.4)。

$$\text{dist-within} = \sum_{\boldsymbol{a}_1 \in \boldsymbol{A}_1} (\boldsymbol{a}_1 - \boldsymbol{m}_1)^2 + \sum_{\boldsymbol{a}_2 \in \boldsymbol{A}_2} (\boldsymbol{a}_2 - \boldsymbol{m}_2)^2 \tag{7.4}$$

而类间距离则可以表示为式 (7.5)。

$$\text{dist-between} = (\boldsymbol{m}_1 - \boldsymbol{m}_2)^2 \tag{7.5}$$

图 7.4 分别展示了类内距离较大和较小的情况，以及类间距离较大和较小的情况。可以看出，类内距离越小，同类样本越紧凑；而类间距离越大，不同类的样本越容易分开。

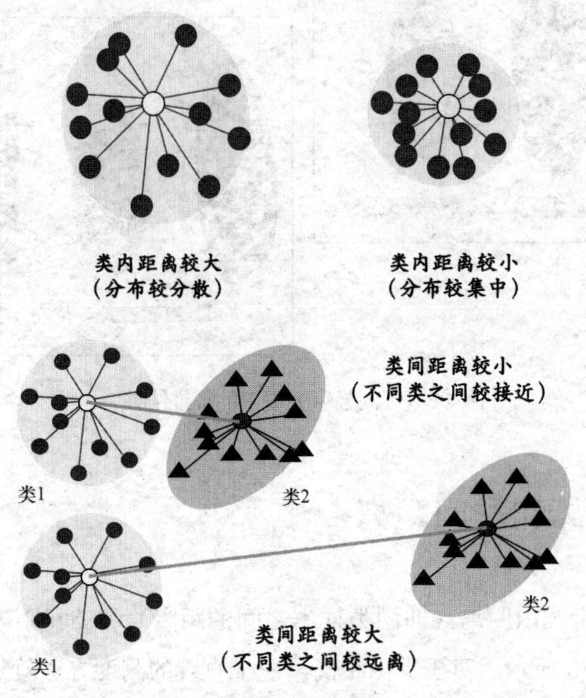

图 7.4　类内距离和类间距离较大和较小的情况

因此，我们的目标应该是最小化类内距离，同时最大化类间距离。也就是说，可以写成式 (7.6) 和式 (7.7) 所示的目标函数。

$$\min \frac{\text{dist-within}}{\text{dist-between}} \tag{7.6}$$

$$\max \frac{\text{dist-between}}{\text{dist-within}} \tag{7.7}$$

对于高维特征来说，我们所希望的是，降维后的一维特征具有类内距离小、类间距离大的特性。将高维特征记作 $\boldsymbol{x}$，投影向量记作 $\boldsymbol{w}$，两个类别的样本的高维特征均值向量分别记作 $\boldsymbol{\mu}_1$ 和 $\boldsymbol{\mu}_2$，那么显然投影后的两均值点分别为 $\boldsymbol{w}^{\mathrm{T}}\boldsymbol{\mu}_1$ 和 $\boldsymbol{w}^{\mathrm{T}}\boldsymbol{\mu}_2$，而投影后的一维特征为 $\boldsymbol{w}^{\mathrm{T}}\boldsymbol{x}$。将投影后的一维特征点代入上述由类内距离和类间距离组成的目标函数，得到式 (7.8)。

$$
\begin{aligned}
&\max \quad \frac{\|\boldsymbol{w}^{\mathrm{T}}\boldsymbol{\mu}_1-\boldsymbol{w}^{\mathrm{T}}\boldsymbol{\mu}_2\|^2}{\sum\limits_{\boldsymbol{x}\in A_1}\|\boldsymbol{w}^{\mathrm{T}}\boldsymbol{x}-\boldsymbol{w}^{\mathrm{T}}\boldsymbol{\mu}_1\|^2+\sum\limits_{\boldsymbol{x}\in A_1}\|\boldsymbol{w}^{\mathrm{T}}\boldsymbol{x}-\boldsymbol{w}^{\mathrm{T}}\boldsymbol{\mu}_2\|^2}\\
&=\frac{\boldsymbol{w}^{\mathrm{T}}(\boldsymbol{\mu}_1-\boldsymbol{\mu}_2)(\boldsymbol{\mu}_1-\boldsymbol{\mu}_2)^{\mathrm{T}}\boldsymbol{w}}{\boldsymbol{w}^{\mathrm{T}}[\sum\limits_{\boldsymbol{x}\in A_1}(\boldsymbol{x}-\boldsymbol{\mu}_1)(\boldsymbol{x}-\boldsymbol{\mu}_1)^{\mathrm{T}}]\boldsymbol{w}+\boldsymbol{w}^{\mathrm{T}}[\sum\limits_{\boldsymbol{x}\in A_2}(\boldsymbol{x}-\boldsymbol{\mu}_2)(\boldsymbol{x}-\boldsymbol{\mu}_2)^{\mathrm{T}}]\boldsymbol{w}}\\
&=\frac{\boldsymbol{w}^{\mathrm{T}}[(\boldsymbol{\mu}_1-\boldsymbol{\mu}_2)(\boldsymbol{\mu}_1-\boldsymbol{\mu}_2)^{\mathrm{T}}]\boldsymbol{w}}{\boldsymbol{w}^{\mathrm{T}}[\sum\limits_{\boldsymbol{x}\in A_1}(\boldsymbol{x}-\boldsymbol{\mu}_1)(\boldsymbol{x}-\boldsymbol{\mu}_1)^{\mathrm{T}}+\sum\limits_{\boldsymbol{x}\in A_2}(\boldsymbol{x}-\boldsymbol{\mu}_2)(\boldsymbol{x}-\boldsymbol{\mu}_2)^{\mathrm{T}}]\boldsymbol{w}}\\
&=\frac{\boldsymbol{w}^{\mathrm{T}}[(\boldsymbol{\mu}_1-\boldsymbol{\mu}_2)(\boldsymbol{\mu}_1-\boldsymbol{\mu}_2)^{\mathrm{T}}]\boldsymbol{w}}{\boldsymbol{w}^{\mathrm{T}}(\Sigma_1+\Sigma_2)\boldsymbol{w}}
\end{aligned}
\tag{7.8}
$$

可以看到，分母上括号内的项为两类样本的协方差矩阵（Covariance）之和，而分子上中括号内的项为两类样本的均值向量的差向量乘以自身的转置，和协方差矩阵的计算方式类似。这里进行式 (7.10) 所示的定义。

$$
\begin{aligned}
&\boldsymbol{S}_w=\Sigma_1+\Sigma_2\\
&\boldsymbol{S}_b=(\boldsymbol{\mu}_1-\boldsymbol{\mu}_2)(\boldsymbol{\mu}_1-\boldsymbol{\mu}_2)^{\mathrm{T}}
\end{aligned}
\tag{7.9}
$$

其中，Σ_1 和 Σ_2 为两类样本的协方差矩阵，即式 (7.10)。

$$
\begin{aligned}
&\Sigma_1=\sum_{\boldsymbol{x}\in A_1}(\boldsymbol{x}-\boldsymbol{\mu}_1)(\boldsymbol{x}-\boldsymbol{\mu}_1)^{\mathrm{T}}\\
&\Sigma_2=\sum_{\boldsymbol{x}\in A_2}(\boldsymbol{x}-\boldsymbol{\mu}_2)(\boldsymbol{x}-\boldsymbol{\mu}_2)^{\mathrm{T}}
\end{aligned}
\tag{7.10}
$$

这里的 $\boldsymbol{S}_w$ 一般称为类内散度矩阵，而 $\boldsymbol{S}_b$ 相应地称为类间散度矩阵。借助类内散度矩阵 $\boldsymbol{S}_w$ 和类间散度矩阵 $\boldsymbol{S}_b$，目标函数可以写成式 (7.11) 所示的简单形式。

$$
\max_{\boldsymbol{w}} \frac{\boldsymbol{w}^{\mathrm{T}}\boldsymbol{S}_b\boldsymbol{w}}{\boldsymbol{w}^{\mathrm{T}}\boldsymbol{S}_w\boldsymbol{w}} \tag{7.11}
$$

注意

在有些场合，协方差矩阵需要在式 (7.11) 的基础上再除以样本数目减 1。这里由于协方差矩阵所在的函数仅作为优化的目标，因此是否除以样本数目减 1，对优化过程和最终结果都没有影响。

下面介绍如何求解这个优化问题。

7.2.3　LDA 的求解

该优化问题没有约束条件，$\boldsymbol{S}_w$ 和 $\boldsymbol{S}_b$ 在训练样本集给定的情况下都是已知的，优化变量

是 $\boldsymbol{w}$。考虑到带有分式的目标函数不便直接操作，因此可以利用一个优化问题中常见的转化方法，将上述优化问题改写为式 (7.12)。

$$\begin{aligned}&\max_{w} \boldsymbol{w}^{\mathrm{T}}\boldsymbol{S}_b\boldsymbol{w}\\&\text{s.t.}\quad \boldsymbol{w}^{\mathrm{T}}\boldsymbol{S}_w\boldsymbol{w}=1\end{aligned}\tag{7.12}$$

为何可以这样改写呢？回想第 2 章 SVM 的推导过程，在 SVM 的约束条件的推导过程中，本来应该是预测结果大于等于某个正数，但是由于参数 $\boldsymbol{w}$ 可伸缩，因此直接使左边大于等于 1（参见 2.2.2 小节）。这里的思路同理。前面提到过，$\boldsymbol{w}$ 的长度并不影响结果，我们需要的只是 $\boldsymbol{w}$ 的方向。因此，既然 $\boldsymbol{w}$ 可以伸缩，那么可以直接固定分母的尺度，在此约束下去优化分子项，使其最小化。

将其改写为最小化问题，如式 (7.13) 所示。

$$\begin{aligned}&\min_{w} -\boldsymbol{w}^{\mathrm{T}}\boldsymbol{S}_b\boldsymbol{w}\\&\text{s.t.}\quad \boldsymbol{w}^{\mathrm{T}}\boldsymbol{S}_w\boldsymbol{w}=1\end{aligned}\tag{7.13}$$

利用拉格朗日乘子法，改写成无约束优化，如式 (7.14) 所示。

$$\min_{w} -\boldsymbol{w}^{\mathrm{T}}\boldsymbol{S}_b\boldsymbol{w}+\lambda\left(\boldsymbol{w}^{\mathrm{T}}\boldsymbol{S}_w\boldsymbol{w}-1\right)\tag{7.14}$$

对 $\boldsymbol{w}$ 求偏导数并令其为 0，得到式 (7.15)。

$$\begin{aligned}\frac{\partial -\boldsymbol{w}^{\mathrm{T}}\boldsymbol{S}_b\boldsymbol{w}+\lambda\left(\boldsymbol{w}^{\mathrm{T}}\boldsymbol{S}_w-1\right)}{\partial \boldsymbol{w}}&=0\\-\boldsymbol{S}_b\boldsymbol{w}+\lambda\boldsymbol{S}_w\boldsymbol{w}&=0\\\boldsymbol{S}_b\boldsymbol{w}&=\lambda\boldsymbol{S}_w\boldsymbol{w}\\\boldsymbol{S}_w^{-1}\boldsymbol{S}_b\boldsymbol{w}&=\lambda\boldsymbol{w}\\\boldsymbol{w}&=\lambda^{-1}\boldsymbol{S}_w^{-1}\boldsymbol{S}_b\boldsymbol{w}\end{aligned}\tag{7.15}$$

考虑到式 (7.16)：

$$\begin{aligned}\boldsymbol{S}_b\boldsymbol{w}&=(\boldsymbol{\mu}_1-\boldsymbol{\mu}_2)(\boldsymbol{\mu}_1-\boldsymbol{\mu}_2)^{\mathrm{T}}\boldsymbol{w}\\&=(\boldsymbol{\mu}_1-\boldsymbol{\mu}_2)[(\boldsymbol{\mu}_1-\boldsymbol{\mu}_2)^{\mathrm{T}}\boldsymbol{w}]\\&=(\boldsymbol{\mu}_1-\boldsymbol{\mu}_2)\times\alpha\end{aligned}\tag{7.16}$$

即 $\boldsymbol{S}_b\boldsymbol{w}$ 是向量$(\boldsymbol{\mu}_1-\boldsymbol{\mu}_2)$乘以某个系数，因此可以得到式 (7.17)。

$$\boldsymbol{w}=\frac{\alpha}{\lambda}\boldsymbol{S}_w^{-1}(\boldsymbol{\mu}_1-\boldsymbol{\mu}_2)\tag{7.17}$$

由于只关注 $\boldsymbol{w}$ 的方向，因此表示尺度的标量系数 λ 和 α 可以忽略，于是得到的最终求解结果为式 (7.18)。

$$\boldsymbol{w}=\boldsymbol{S}_w^{-1}(\boldsymbol{\mu}_1-\boldsymbol{\mu}_2)\tag{7.18}$$

这就是我们需要的最优降维投影方向。

现在再来看这个待求解的方程式 (7.19)。

$$\boldsymbol{S}_w^{-1}\boldsymbol{S}_b\boldsymbol{w}=\lambda\boldsymbol{w} \tag{7.19}$$

可以发现，该方程的 $\boldsymbol{w}$ 的求解实际上就是求解矩阵$\boldsymbol{S}_w^{-1}\boldsymbol{S}_b$的特征向量，而 λ 则是对应的特征值。因此，LDA 算法的最佳投影方向就是$\boldsymbol{S}_w^{-1}\boldsymbol{S}_b$的特征向量所在的方向。

由于 $\boldsymbol{S}_b=(\boldsymbol{\mu}_1-\boldsymbol{\mu}_2)(\boldsymbol{\mu}_1-\boldsymbol{\mu}_2)^{\mathrm{T}}$，即 $\boldsymbol{S}_b$ 是由一个向量展成的，而向量的秩为 1，因此得到的结果 $\boldsymbol{S}_b$ 的秩也为 1（回想第 1 章提到的不等式 $\mathrm{rank}(\boldsymbol{AB})\leqslant\min\{\mathrm{rank}(\boldsymbol{A}),\mathrm{rank}(\boldsymbol{B})\}$，且非零矩阵的秩都大于 0，故向量展成的矩阵秩只能为 1）。同时，又由于 $\boldsymbol{S}_b$ 是实对称矩阵，因此其可以相似对角化，即式 (7.20)。

$$\boldsymbol{P}^{-1}\boldsymbol{S}_b\boldsymbol{P}=\mathrm{diag}(\lambda,0,\cdots,0) \tag{7.20}$$

其中，P 为可逆矩阵。

由于与可逆矩阵相乘秩不改变，因此有式 (7.21)。

$$\begin{aligned}\mathrm{rank}\left(\boldsymbol{S}_b\right)&=\mathrm{rank}(\boldsymbol{P}^{-1}\boldsymbol{S}_b\boldsymbol{P})\\&=\mathrm{rank}(\mathrm{diag}(\lambda,0,\cdots,0))=1\end{aligned} \tag{7.21}$$

于是可以知道，$\boldsymbol{S}_b$ 的特征向量和特征值只有一组，该特征向量就是最终结果。

7.3 PCA

前面讨论了 LDA 的基本思路和计算方法，下面再来讨论另一种线性降维方法，即 PCA。该算法在很多领域和问题中都有重要的应用，因此是一个较为基础的算法。首先介绍 PCA 的基本思路。

7.3.1 基变换与特征降维

与 LDA 不同，PCA 是对于没有标注的数据进行处理的算法，旨在通过线性变换的方式进行降维，只保留主要成分，以便于后续的学习。

主成分分析的基本原理就是基变换（Basis Transformation）。基变换就是通过对坐标系进行变换，以找到更加合适的数据表示方法。下面以一个简单的例子来说明该问题。

假设有四个样本，其中每个样本具有两个特征，如式 (7.22) 所示。

$$\boldsymbol{x}_1=(1,2)\quad \boldsymbol{x}_2=(2,4)$$
$$\boldsymbol{x}_3=(3,6)\quad \boldsymbol{x}_4=(4,8) \tag{7.22}$$

在三维空间中画出这四个点，如图 7.5 所示。

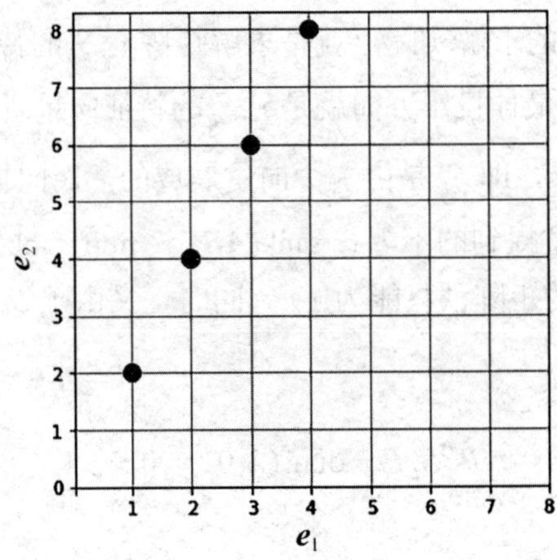

图 7.5　样本点在空间中的分布

在二维直角坐标系中，将 x、y 轴的三个基向量（单位方向向量）分别记为 $\boldsymbol{e}_x$ 和 $\boldsymbol{e}_y$，将样本表示在高维空间，实际上就是把样本的特征作为高维空间的坐标，将样本映射成该坐标系和坐标共同确定的点，即式 (7.23)。

$$\begin{aligned}
\boldsymbol{v}_1&=\boldsymbol{x}_1\ (\boldsymbol{e}_x,\boldsymbol{e}_y)=\boldsymbol{e}_x+2\,\boldsymbol{e}_y\\
\boldsymbol{v}_2&=\boldsymbol{x}_2\ (\boldsymbol{e}_x,\boldsymbol{e}_y)=2\,\boldsymbol{e}_x+4\,\boldsymbol{e}_y\\
\boldsymbol{v}_3&=\boldsymbol{x}_3\ (\boldsymbol{e}_x,\boldsymbol{e}_y)=3\,\boldsymbol{e}_x+6\,\boldsymbol{e}_y\\
\boldsymbol{v}_4&=\boldsymbol{x}_4\ (\boldsymbol{e}_x,\boldsymbol{e}_y)=4\boldsymbol{e}_x+8\,\boldsymbol{e}_y
\end{aligned} \tag{7.23}$$

但是我们发现，这些样本点实际上并不是非要有两个维度才能够很好地表征。如果令向量 $\boldsymbol{t}=\boldsymbol{e}_x+2\boldsymbol{e}_y$，那么这三个向量可以表示为式 (7.24)。

$$\begin{aligned}
\boldsymbol{v}_1&=1\boldsymbol{t}\quad \boldsymbol{v}_2=2\boldsymbol{t}\\
\boldsymbol{v}_3&=3\boldsymbol{t}\quad \boldsymbol{v}_4=4\boldsymbol{t}
\end{aligned} \tag{7.24}$$

这样一来，只需要一个维度就可以表示出这四个样本点的特征信息，并且没有损失。为什么会这样呢？这是由于输入数据的分布是有一定规律的，具体来说，就是数据都分布在二维空间中的一条直线上。而用 $\boldsymbol{t}$ 来表示，实际上就可以看作用一个以$(\boldsymbol{e}_x',\boldsymbol{e}_y')$为基向量的坐标系代替了以$(\boldsymbol{e}_x,\boldsymbol{e}_y)$为基向量的坐标系，其中$\boldsymbol{e}_x'$和$\boldsymbol{e}_y'$是正交的基向量，如图 7.6 所示。

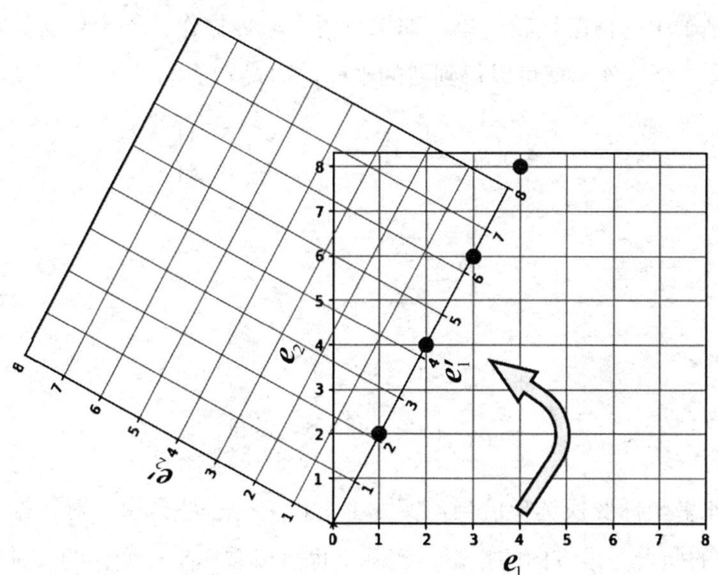

图 7.6　基变换降维示意图

这里$\boldsymbol{e}_x'$和$\boldsymbol{e}_y'$的取值可以为（用原坐标系下的坐标表示）式 (7.25)。

$$\begin{aligned} \boldsymbol{e}_x' &= (\frac{1}{\sqrt{5}},\frac{2}{\sqrt{5}}) \\ \boldsymbol{e}_y' &= (\frac{-2}{\sqrt{5}},\frac{1}{\sqrt{5}}) \end{aligned} \tag{7.25}$$

其中分母项是为了使基向量保持模长为 1，从而形成规范正交基（Orthonormal Basis）。这种将一个坐标系（一组基向量）转换为另一个坐标系（另一组基向量）的变换就是基变换。如上面的例子，将原本的基向量转换到了$(\boldsymbol{e}_x',\boldsymbol{e}_y')$时，样本数据只用一个维度就能表示了，而另外一个维度都一样，即都是 0。如果完整地写出来，就是式 (7.26)。

$$\begin{aligned} \boldsymbol{v}_1' &= (\sqrt{5},0)\ (\boldsymbol{e}_x',\boldsymbol{e}_y') \\ \boldsymbol{v}_2' &= (2\sqrt{5},0)\ (\boldsymbol{e}_x',\boldsymbol{e}_y') \\ \boldsymbol{v}_3' &= (3\sqrt{5},0)\ (\boldsymbol{e}_x',\boldsymbol{e}_y') \\ \boldsymbol{v}_4' &= (4\sqrt{5},0)\ (\boldsymbol{e}_x',\boldsymbol{e}_y') \end{aligned} \tag{7.26}$$

注意

这里的$\boldsymbol{v}_1',\cdots,\boldsymbol{v}_4'$和之前的$\boldsymbol{v}_1,\cdots,\boldsymbol{v}_4$虽然坐标不同，但是表示的是同样的二维空间向量。$(\sqrt{5},0)$等就是基变换后的坐标系中四个向量的新坐标。

可以发现，通过坐标系的变换，可以实现用较少的维度表示原数据，即数据的降维。

另外，矩阵的知识告诉我们，矩阵实际上就是变换。上述坐标的变换可以写成矩阵相乘的形式。上面例子中的情况比较简单，如果将每一条数据作为一个列向量，排成数据矩阵，那么对其左乘一个矩阵，就可以得到新的坐标，即式 (7.27)。

$$
\begin{gathered}
\boldsymbol{X}=\begin{bmatrix}\boldsymbol{x}_1^{\mathrm{T}} & \boldsymbol{x}_2^{\mathrm{T}} & \boldsymbol{x}_3^{\mathrm{T}} & \boldsymbol{x}_4^{\mathrm{T}}\end{bmatrix}=\begin{bmatrix}1 & 2 & 3 & 4\\ 2 & 4 & 6 & 8\end{bmatrix}\\
\boldsymbol{P}=\begin{bmatrix}\dfrac{1}{\sqrt{5}} & \dfrac{2}{\sqrt{5}}\\ \dfrac{-2}{\sqrt{5}} & \dfrac{1}{\sqrt{5}}\end{bmatrix}\\
\begin{aligned}\boldsymbol{X}'&=\begin{bmatrix}\boldsymbol{x}_1^{\mathrm{T}} & \boldsymbol{x}_2^{\mathrm{T}} & \boldsymbol{x}_3^{\mathrm{T}} & \boldsymbol{x}_4^{\mathrm{T}}\end{bmatrix}\\ &=\boldsymbol{PX}=\begin{bmatrix}\sqrt{5} & 2\sqrt{5} & 3\sqrt{5} & 4\sqrt{5}\\ 0 & 0 & 0 & 0\end{bmatrix}\end{aligned}
\end{gathered}
\tag{7.27}
$$

可以看出，如果坐标变换选择恰当，实际上可以去掉一些冗余，对数据进行降维。前面介绍的 LDA 中的向着一维方向的投影，实际上也可以看作坐标变换的一种特例，即将新坐标系中的一个坐标轴移到投影方向，其他轴上的坐标数据都直接舍弃。

7.3.2 方差最大化与 PCA 原理推导

实际中的数据不可能都像前面的例子那样落在一条直线或者一个平面上，数据的散布一般各个方向都有。那么，在这种情况下应当如何处理呢？

考虑图 7.7 所示的情况，每个子图都代表一种数据的分布情况。可以看到，左图中的数据分布相对较为分散，中图的数据则相对集中，而右图的数据几乎集中到了一条直线上，类似于前面介绍的情况。

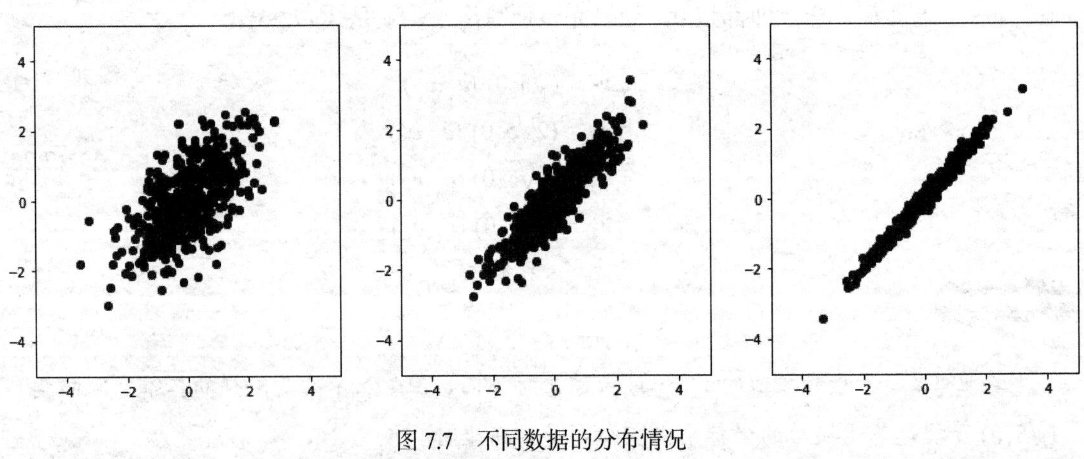

图 7.7　不同数据的分布情况

从图 7.7 中可以自然地想到，即便数据分布不在一条直线上，仍然可以处理，那就是寻找方差最大的方向。当然，这里展示的是二维数据，如果特征空间维度更高，还可以找

到方差次大的方向、第三大的方向等，以此类推。

不同于之前的 LDA，PCA 处理数据时是不考虑样本的类别标签的。那么，要想找到最能反映样本特征的数据，只能寻求方差最大的方向，因为在该方向上数据之间的差异最大，因而易于辨别不同的特征。PCA 中的主成分（Principal Component），指的就是方差比 0 大的方向上的成分。如果能将方差大小进行由大到小的排序，就可以在需要降维到 k 维时，取出前 k 个主成分。

了解到这个基本目标之后，下面推导 PCA 的基本原理。

前面说过，PCA 的降维思路是基变换，即坐标变换。变换后的结果由于在不同轴（基向量方向）上有着不同的方差，因此可以根据其重要性（方差的大小）对这些轴进行排序，然后根据需要按照重要性高低选取若干个轴（基向量或者主成分），用这些轴上的坐标表示原来的数据。这样一来，由于轴数量少了，坐标减少，因此维度降低。

在这个过程中有一点要注意，那就是变换后的坐标系的基向量也都是正交的单位向量，即规范正交基。正交基的好处在于不同基向量之间的内积为 0，即相互之间没有影响，这样的表示方式比较有效率。另外，前面也提到过，基变换实际上就是对坐标左乘一个矩阵，这里需要补充一下，左乘的这个矩阵的每个行向量就是基变换后的基向量。因此，要满足规范正交基，需要该矩阵的行向量正交，且每个行向量模为 1。

由于要根据方差的概念来推导，因此首先研究数据的方差。

对于特征为高维向量的样本数据集，假设已经零均值化，即每个维度上的期望都为 0，它在某一个维度上的方差就可以写为式 (7.28)。

$$\mathrm{Var}(\boldsymbol{r}) = \boldsymbol{r}^{\mathrm{T}}\boldsymbol{r} = \frac{1}{n}\sum_{i=1}^{n}\boldsymbol{r}_i^2 \tag{7.28}$$

其中，$\boldsymbol{r}$ 为 m 维数据样本集（共有 n 个样本）中某个维度上的坐标组成的向量。

假如把数据集写成式 (7.29) 的形式。

$$\boldsymbol{X} = [\boldsymbol{x}_1, \boldsymbol{x}_2, \cdots, \boldsymbol{x}_n] = \begin{bmatrix} x_{11} & x_{12} & \cdots & x_{1n} \\ x_{21} & x_{22} & \cdots & x_{2n} \\ \vdots & \vdots & \ddots & \vdots \\ x_{m1} & x_{m2} & \cdots & x_{mn} \end{bmatrix} \tag{7.29}$$

其中每个 $\boldsymbol{x}_i$ 都是维度为 m 的高维向量，代表一条数据。对于矩阵 $\boldsymbol{X}$ 来说，纵向表示特征维度，横向表示样本。那么，$\boldsymbol{r}$ 就表示矩阵 $\boldsymbol{X}$ 的行向量。对于每个行向量（每个维度），我们都能计算出该维度的方差。

如果用矩阵 $\boldsymbol{X}$ 表示方差，为了让 $\boldsymbol{X}$ 的每一行（每个维度）都能和自己相乘，那么应该用 $\boldsymbol{X}$ 乘以 $\boldsymbol{X}$ 的转置（由于取均值，因此乘以系数 $1/n$），于是可以得到式 (7.30)。

$$\frac{1}{n}\boldsymbol{X}\boldsymbol{X}^{\mathrm{T}}=\begin{bmatrix}\sum_{i=1}^{n}x_{1i}^{2} & \sum_{i=1}^{n}x_{1i}x_{2i} & \cdots & \sum_{i=1}^{n}x_{1i}x_{mi}\\ \sum_{i=1}^{n}x_{2i}x_{1i} & \sum_{i=1}^{n}x_{2i}^{2} & \cdots & \sum_{i=1}^{n}x_{2i}x_{mi}\\ \vdots & \vdots & \ddots & \vdots\\ \sum_{i=1}^{n}x_{mi}x_{1i} & \sum_{i=1}^{n}x_{mi}x_{2i} & \cdots & \sum_{i=1}^{n}x_{mi}^{2}\end{bmatrix} \tag{7.30}$$

可以发现，对角线的元素就是要求的各个维度的方差，而非对角线的元素就是统计学中的协方差。从协方差的角度看，方差是两个维度相同时的一种特殊情况。而 $\boldsymbol{X}\boldsymbol{X}^{\mathrm{T}}$ 组成的 $m\times m$ 维方阵称为协方差矩阵。

如果对样本 $\boldsymbol{X}$ 所在的 m 维空间进行基变换，那么我们希望在变换后的坐标系下，样本点的各个维度之间不再相关（正交）。下面用图 7.8 进行简单的说明。

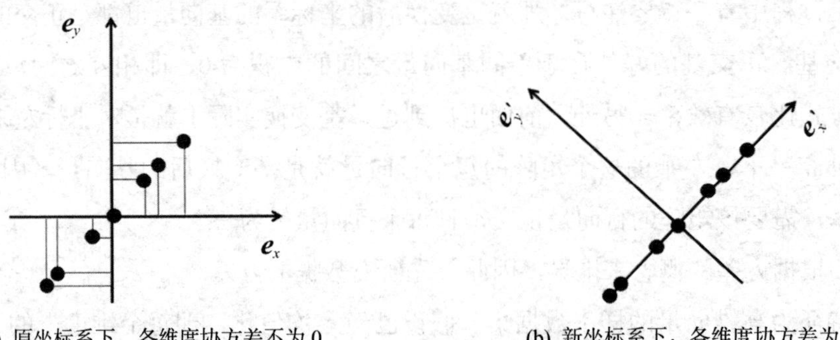

(a) 原坐标系下，各维度协方差不为 0　　(b) 新坐标系下，各维度协方差为 0

图 7.8　变换前后的各维度之间的关系

这里的样本点在两个维度都进行了零均值化。可以看出，变换前两个维度之间的协方差不为 0。形象一点来说，这些样本点在此坐标系下的 $\boldsymbol{e}_x$ 和 $\boldsymbol{e}_y$ 维度之间的协方差，就是图 7.8 中点到轴的线段所框出来的矩形的平均面积，显然是不为 0 的。而变换后，由于在 $\boldsymbol{e}_y'$ 维度上所有值都为 0，因此协方差必然为 0。这样的结果就是我们希望得到的。

注意

由于变换前后都是正交坐标系，因此基向量都是两两正交的。样本点各个维度之间正交，指的是所有样本点在某个维度组成的向量 $\boldsymbol{r}_i$ 和在另一个维度组成的向量 $\boldsymbol{r}_j$ 之间正交，即协方差为 0。基向量的正交与正交坐标系有关，样本点组成的向量的正交与样本点的分布情况及所选的基向量有关。

如果假设变换后的样本点的坐标，即特征向量组成的矩阵为 $\boldsymbol{Y}$，那么由于不同维度之间的样本坐标向量协方差为 0，因此有式 (7.31)。

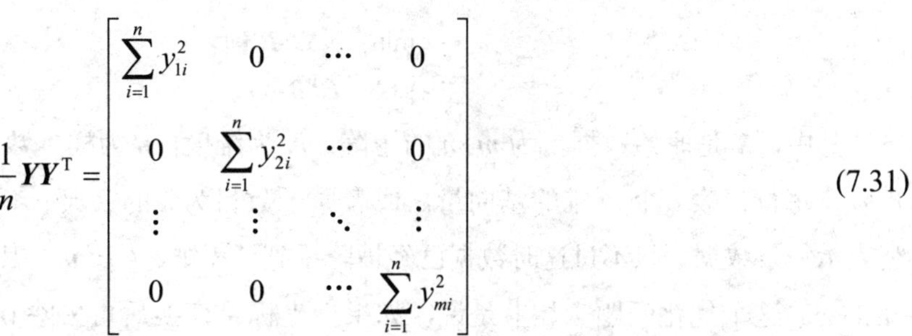

$$\frac{1}{n}\boldsymbol{YY}^{\mathrm{T}}=\begin{bmatrix}\sum_{i=1}^{n}y_{1i}^{2} & 0 & \cdots & 0\\ 0 & \sum_{i=1}^{n}y_{2i}^{2} & \cdots & 0\\ \vdots & \vdots & \ddots & \vdots\\ 0 & 0 & \cdots & \sum_{i=1}^{n}y_{mi}^{2}\end{bmatrix} \tag{7.31}$$

可以看出，变换后的结果的协方差矩阵是对角阵。对角上的值就是各个维度的方差，而不同维度之间正交。那么目标的数学形式就有了，即找到一个变换矩阵（实际上就是一个规范正交基坐标系）$\boldsymbol{P}$，使 $\boldsymbol{Y}=\boldsymbol{PX}$ 的协方差矩阵为对角阵（因为对角阵的性质和系数无关，因此这里省略系数 $1/n$），即有式 (7.32)。

$$\begin{aligned}\boldsymbol{YY}^{\mathrm{T}}&=(\boldsymbol{PX})(\boldsymbol{PX})^{\mathrm{T}}=\boldsymbol{PXX}^{\mathrm{T}}\boldsymbol{P}^{\mathrm{T}}\\&=\boldsymbol{P}(\boldsymbol{XX}^{\mathrm{T}})\boldsymbol{P}^{\mathrm{T}}=\boldsymbol{\Lambda}\end{aligned} \tag{7.32}$$

其中，$\boldsymbol{\Lambda}$ 为一个对角阵，其对角元素由大到小排列（方差由大到小排序）。这就是 PCA 的数学形式，即找到某个变换矩阵，对数据矩阵 $\boldsymbol{X}$ 的协方差矩阵进行操作，使其对角化。

要找到这样的 $\boldsymbol{P}$ 和对应的 $\boldsymbol{\Lambda}$，实际上就是对 $\boldsymbol{XX}^{\mathrm{T}}$ 进行特征值分解。由于 $\boldsymbol{XX}^{\mathrm{T}}$ 是一个实对称矩阵（$\boldsymbol{XX}^{\mathrm{T}}=(\boldsymbol{XX}^{\mathrm{T}})^{\mathrm{T}}$），因此 $\boldsymbol{XX}^{\mathrm{T}}$ 的特征分解可以写为式 (7.33)。

$$\boldsymbol{XX}^{\mathrm{T}}=\boldsymbol{Q\Lambda Q}^{\mathrm{T}} \tag{7.33}$$

实对称矩阵的特征向量是互相正交的（读者可以自行证明），因此符合正交基的要求，且 $\boldsymbol{Q}^{-1}=\boldsymbol{Q}^{\mathrm{T}}$。使 $\boldsymbol{P}=\boldsymbol{Q}^{\mathrm{T}}$，得到式 (7.34)。

$$\begin{aligned}&\boldsymbol{XX}^{\mathrm{T}}=\boldsymbol{Q\Lambda Q}^{\mathrm{T}}\\&\boldsymbol{Q}^{-1}(\boldsymbol{XX}^{\mathrm{T}})(\boldsymbol{Q}^{\mathrm{T}})^{-1}=\boldsymbol{\Lambda}\\&\boldsymbol{Q}^{\mathrm{T}}(\boldsymbol{XX}^{\mathrm{T}})\boldsymbol{Q}=\boldsymbol{\Lambda}\\&\boldsymbol{P}(\boldsymbol{XX}^{\mathrm{T}})\boldsymbol{P}^{\mathrm{T}}=\boldsymbol{\Lambda}\end{aligned} \tag{7.34}$$

式 (7.34) 与根据方差最大和维度正交所推导的结果吻合，说明 PCA 实质上就是协方差矩阵的特征值分解。

从物理意义的角度，或者说从 PCA 推导的角度来看特征值分解，可以发现特征值分解中的特征向量表示基变换，或者新的坐标轴的方向；而特征值表示变换后各个维度上的能量或者方差。PCA 就是通过优先选择方差大的特征值和特征向量来实现降维的。

实际上，对于 PCA 还有另一个视角，即最小重构误差。该视角下，PCA 可以写成式 (7.35) 所示的优化问题。

$$\begin{aligned} &\min_{B} \ \|X-BA\|^2 \\ &\text{s.t.} \quad B^{\mathrm{T}}B=I \end{aligned} \tag{7.35}$$

其中，X 是原始数据，为 $m \times n$ 的矩阵，m 为维度，n 为样本数；B 为 $m \times k$ 的特征向量矩阵，每行代表 k 个 m 维的基向量，或者原子数目为 k 的字典；A 为 $k \times n$ 的系数矩阵，每列表示一条数据，只不过这时数据已经被降维到了 k 维，$k < m$。其约束条件就是基向量相互正交。这个优化问题实际上是说，如果把坐标系变换后再去除 $(m-k)$ 个维度，然后利用剩下的 k 个维度重构原始数据，如何才能使重构误差（截断误差）最小？这个优化问题可以利用拉格朗日乘子法求解，求解过程此处从略，有兴趣的读者可以自己推导求解。

有意思的是，求解此优化问题，得到的结果竟然和通过方差来推导得到的结果一样，都是对数据的协方差矩阵的特征值分解。而这里的 k 维重构实际上也就是选择了方差最大的 k 个主成分。

这就是 PCA 的最大分散方差的推导和最小重构误差的推导，两者的结论是一致的。

下面总结 PCA 在实际应用中的实现步骤。

7.3.3 PCA 的实现步骤

PCA 用于数据降维，其实现步骤如下。

（1）将所有 n 条数据（m 维）作为列向量排成矩阵，得到原始数据矩阵 D，$D \in \mathbb{R}^{m \times n}$。

（2）对 D 的每一行进行零均值化，即每一行减去各自的均值，得到 X。

（3）计算 X 的协方差矩阵 $C=XX^{\mathrm{T}}$，$C \in \mathbb{R}^{m \times m}$。

（4）对 C 进行特征值分解，得到 $PCP^{\mathrm{T}}=\Lambda$。其中 $P \in \mathbb{R}^{m \times m}$，$P$ 的行向量表示 C 的特征向量，Λ 为对角阵，$\Lambda \in \mathbb{R}^{m \times m}$，对角线元素降序排列，为 C 的特征值。特征值和特征向量是一一对应的。

（5）保留 P 中最大的 k 个特征向量（主成分），得到 $P' \in \mathbb{R}^{k \times m}$，与 X 相乘，得到 $X'=P'X$，$X' \in \mathbb{R}^{k \times n}$，每一列代表一条降维后的数据，降维后的维度为 k。

以上就是 PCA 的基本实现步骤。至此，已经讲完了 LDA 和 PCA 的相关内容。下面介绍这两种算法的区别与联系。

7.4 LDA 与 PCA：区别与联系

前面详细剖析了 LDA 和 PCA 的基本概念和数学原理，下面对这两种算法进行比较。

首先考虑两者的区别。LDA 和 PCA 的一个最主要的区别在于，LDA 是有监督的算法，

而 PCA 是无监督的算法。LDA 利用有标签的数据，尽可能最大化类内的相似度、最小化类间的相似度。而 PCA 则无标注，直接对数据进行降维，并且尽量保留方差较大，即样本间区分度较大的维度；将方差较小的，即提供信息较少的维度丢弃。

另外，LDA 是一个判别模型，可以直接用于分类问题，对类别进行判定。实际上，该算法是先降维到合适的方向，成为一维特征，然后直接根据该特征进行判别。而 PCA 更偏向于一种比较通用的预处理方法，即在实现具体任务之前先对特征进行降维，找到主要成分，舍弃一些无用的成分，从而在后续任务中简化计算，避免一定程度的过拟合。这是两者在应用场合，或者说任务类型方面的不同。

将这两个算法放在同一章，说明两者是有一定联系的。其联系在于，LDA 和 PCA 算法最终整理出的数学计算都和矩阵的特征值和特征向量有关。LDA 是求解$\boldsymbol{S}_w^{-1}\boldsymbol{S}_b$这个秩 1 矩阵的唯一特征值和对应的特征向量；而 PCA 则是求解 $\boldsymbol{X}\boldsymbol{X}^{\mathrm{T}}$ 的最大的 k 个特征值和对应的特征向量，从而将特征降维到 k。

实质上，两者都是为了寻找表达样本数据的最合适的方向，只不过一个是一维的，另一个是按照重要性顺序把所有的方向（正交基）进行排列，从中顺次选取。

7.5　本章小结与代码实现

本章介绍了两种线性降维的算法——LDA 和 PCA。其中 LDA 是根据带有类别标注的训练数据，将原始高维数据根据类内距离、类间距离的原则投影到一维，并进行判别的算法；PCA 是利用矩阵的特征分解，实现主成分的确定和选择，从而实现无监督的降维操作。下面通过两个实验，验证这两种算法的性能。

7.5.1　LDA 实验：鸢尾花数据集降维分类

在第 4 章的代码实现部分已经对鸢尾花数据集（Iris）进行过介绍。该数据集中的样本具有四个维度的特征，且每个样本都有对应的标注。在这里，我们尝试采用 PCA 的方式，将该四维数据集降维到一维，并进行分类。实验代码如下。

```
# 导入用到的 Python 模块
from sklearn.datasets import load_iris
from sklearn.discriminant_analysis import LinearDiscriminantAnalysis
import matplotlib.pyplot as plt
import numpy as np
# 加载数据集，并挑选两类用于实验（一共有三类）
```

```
iris = load_iris()
iris_data = iris.data
iris_target = iris.target
select_ids = np.where(iris_target > 0)[0]
X = iris_data[select_ids,:]
y = iris_target[select_ids]
# 建立 LDA 模型，参数 n_components 表示投影后的维度，和类别数有关，取值为 1 到类别数 -1
lda = LinearDiscriminantAnalysis(n_components=1)
lda.fit(X, y)
```

此时输出结果如下：

```
LinearDiscriminantAnalysis(n_components=1, priors=None, shrinkage=None,
            solver='svd', store_covariance=False, tol=0.0001)
```

该输出结果说明已经建立了一个 LDA 模型，下面将该模型应用于数据的降维，并绘制降维后的数据分布图：

```
low_dim_data = lda.transform(X)
plt.scatter(low_dim_data, y)
plt.show()
```

为了便于展示，将降维后的一维数据点的取值作为横坐标，实际类别编号作为纵坐标，作图如图 7.9 所示。

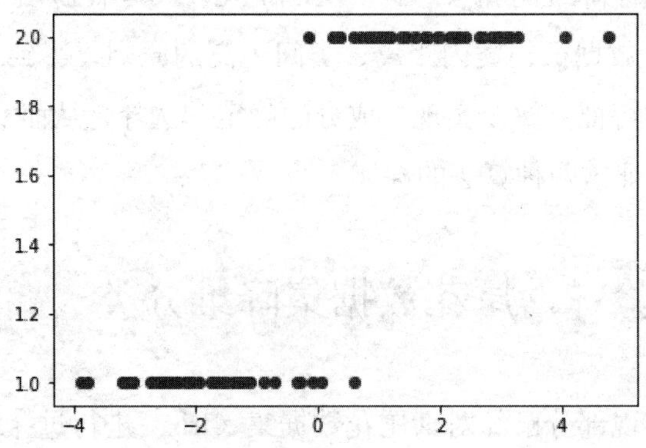

图 7.9　鸢尾花数据集中两个类别的 LDA 降维结果

可以看出，通过 LDA 降维后，两个类别在一维空间中基本被分开。换句话说，类别 1 和类别 2 的取值占据了不同位置，类别 1 主要占据负半轴，而类别 2 主要占据正半轴。验证了 LDA 算法的有效性。

7.5.2　PCA 实验：手写数字数据集降维

本小节用 PCA 对 scikit-learn 自带的 digits 数据集进行降维。digits 数据集在第 3 章使用过，它是图像形式的手写数字数据集，因此其每个样本的维度就是图片的像素点数，即 8×8=64 维。PCA 可以不利用它们的标签，只输入高维特征进行降维。这里选择手写数字 3、4 和 8 的样本来进行实验，通过 PCA 将其降维到二维空间，从而可以在图上直接显示出来。实验代码如下。

```
# 导入用到的 Python 模块
from sklearn.datasets import load_digits
from sklearn.decomposition import PCA
import matplotlib.pyplot as plt
import numpy as np
# 加载数据集，并且取出数字 3、4 和 8 的样本
digits_dataset = load_digits()
digits = digits_dataset.data
labels = digits_dataset.target
digit_3 = digits[labels == 3]
digit_4 = digits[labels == 4]
digit_8 = digits[labels == 8]
# 拼接成训练数据
X = np.concatenate((digit_3, digit_4, digit_8), axis=0)
# 建立 PCA 模型，参数 n_components 为取最大主成分的个数，取值为 1 到原始维度 -1
model = PCA(n_components=2)
# 模型训练，注意，PCA 不需要训练标签
model.fit(X)
```

输出结果如下：

```
PCA(copy=True, iterated_power='auto', n_components=2, random_state=None,
  svd_solver='auto', tol=0.0, whiten=False)
```

将该模型用来对原始数据降维，并绘制降维后的不同类别（数字）样本的分布图。

```
pca_3 = model.transform(digit_3)
pca_4 = model.transform(digit_4)
pca_8 = model.transform(digit_8)
plt.plot(pca_3[:,0], pca_3[:,1], 'b.')
plt.plot(pca_4[:,0], pca_4[:,1], 'ro')
plt.plot(pca_8[:,0], pca_8[:,1], 'k*')
plt.legend(['number 3', 'number 4', 'number 8'])
plt.show()
```

输出结果如图 7.10 所示。

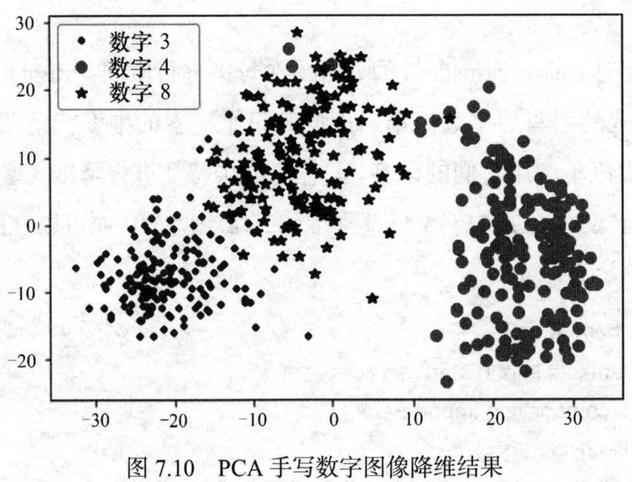

图 7.10　PCA 手写数字图像降维结果

可以看到，不同类别的样本基本都被分开了，在二维空间中主要占据的位置也有所区分。该结果说明 PCA 降维后的维度具有一定的代表性，能够反映出不同样本的区别。

7.6　本章话题：矩阵的直观解释与应用

由于本章多次利用了各种矩阵及矩阵运算，因此本章话题即讨论矩阵的相关内容。

看过电影《黑客帝国》（*The Matrix*）的读者应该都了解，矩阵这个词本身的含义是母体，即孕育和产生一切的原始事物。其实，作为数学概念的“矩阵”，其在最开始被选择用来描述数值阵列时，也正是取的“母体”这个含义。这里将矩阵称为母体，是由于从它出发，可以产生各种不同的行列式（代数余子式）。

由矩阵的得名可以发现，其实“行列式”概念的出现是要早于矩阵的。从历史角度来说，确实是先有行列式及行列式的应用，而后才出现了“矩阵”的概念。但是从逻辑上来说，矩阵应当是逻辑在先的概念。现在再来看行列式，可能更多的时候会将其理解为某种特殊类型的矩阵（方阵）所拥有的一个函数（从矩阵到标量数值）。

矩阵具有各种各样烦琐复杂的性质和计算形式，各种不同类别的矩阵之间也有很多定义复杂的相关关系。初学矩阵分析和运算的人往往对此不明就里，只能靠熟记各种公式和定义来运用矩阵工具。然而仔细思考，矩阵、向量、空间这些概念其实最初都来源于现实世界，是对于我们所在的低维空间中的事物的建模，并推广到更高维度上，用数学语言抽象提炼出来的东西。这样来看，我们就找到了一个直观理解矩阵相关内容的方法，即从低维空间（二维或者三维）的角度来刻画和直观理解矩阵的各种特性，然后通过数学方式推广到高维空间。下面就沿着这条路线，重新审视矩阵的相关概念。

首先来看行列式。二阶方阵的行列式公式为式 (7.36)。

$$\det(\boldsymbol{X}) = \begin{vmatrix} a & b \\ c & d \end{vmatrix} = ad - bc \tag{7.36}$$

对于式 (7.36)，两个列向量可以看作二维平面中两个由原点出发的有向边，其终点分别为 (a,c) 和 (b,d)。对于这两个向量，根据向量的外积（叉积）公式可以发现，行列式的值正是外积结果的代数值（含正负号）。我们知道，外积的绝对值表示以两向量为邻边的平行四边形的面积，正负号表示外积的方向（外积的结果是一个向量）。那么我们就可以说，二维矩阵的行列式的绝对值代表的就是矩阵的列向量形成的平行四边形的面积。推而广之，对于一个 n 阶方阵，其行列式（绝对值）的物理含义就是，以组成方阵的 n 个 n 维列向量为棱边所形成的高维的平行多面体的“体积”。通过物理含义，我们就不难理解为何只有方阵才有行列式，因为只有向量个数和空间维度相同，才能在该空间中“撑起”一个平行多面体，否则缺少某些维度，就不再具有高维中的“体积”了（想象三维空间中的二维平面，或者一维曲线，都不具备体积）。另外，也能理解为何行列式为 0 就等价于向量组线性相关，因为线性相关说明两个棱边共线，从而也降低了维度，失去了高维的“体积”。通过“体积”的视角，很多与行列式有关的计算性质都可以得到简明直观的理解。

接下来讨论矩阵。矩阵本身应该如何理解？前面提到过，矩阵代表变换。那么，矩阵具体是怎么描述变换的呢？先看式 (7.37)。

$$\begin{bmatrix} x' \\ y' \end{bmatrix} = \begin{bmatrix} p_1 & q_1 \\ p_2 & q_2 \end{bmatrix} \begin{bmatrix} x \\ y \end{bmatrix} = \begin{bmatrix} p_1 x + q_1 y \\ p_2 x + q_2 y \end{bmatrix} = x \begin{bmatrix} p_1 \\ p_2 \end{bmatrix} + y \begin{bmatrix} q_1 \\ q_2 \end{bmatrix} \tag{7.37}$$

将向量视为空间中的点，式 (7.37) 中的 $\begin{bmatrix} x \\ y \end{bmatrix}$ 代表二维空间（平面）中的一个向量，通过矩阵 $\begin{bmatrix} p_1 & q_1 \\ p_2 & q_2 \end{bmatrix}$ 作用后，该向量变成 $\begin{bmatrix} x' \\ y' \end{bmatrix}$。通过简单的推导不难发现，新的向量可以用矩阵中的两个列向量的线性组合来表示，且系数恰好就是原来的向量在每个维度的取值。

可以将向量 $\begin{bmatrix} x \\ y \end{bmatrix}$ 写成式 (7.38) 所示的形式。

$$\begin{bmatrix} x \\ y \end{bmatrix} = \begin{bmatrix} 1x + 0y \\ 0x + 1y \end{bmatrix} = x \begin{bmatrix} 1 \\ 0 \end{bmatrix} + y \begin{bmatrix} 0 \\ 1 \end{bmatrix} \tag{7.38}$$

对比式 (7.38) 与式 (7.37) 最右边的部分可以看出，x 和 y 实际上代表向量在某个基底下的坐标。其默认的基底就是 $\begin{bmatrix} 1 \\ 0 \end{bmatrix}$ 和 $\begin{bmatrix} 0 \\ 1 \end{bmatrix}$（这两个基底组合起来就是单位阵，这也解释了为什么单位阵乘以任何向量或者矩阵的结果还是自身，因为它没有进行变换，依然保留默认值），变换后的基底成了$\begin{bmatrix} p_1 \\ p_2 \end{bmatrix}$和$\begin{bmatrix} q_1 \\ q_2 \end{bmatrix}$，即矩阵的列向量。但是，变换前后的坐标并没有改变，所谓坐标，本质上就是指某个点（向量）与基底的相对位置（确切地说是对基底的投影）。那么，矩阵作用于向量，形象地说，就是做了这样一个操作：将原始坐标系中的基底进行了改变，同时使空间内所有的点相对于变换后的基底的坐标不变。而矩阵与向量相乘得到的结果，表示的就是变换后的某个点的当前位置在原来基底下的坐标。该表述可能有些复杂，下面用图 7.11 来进行说明。

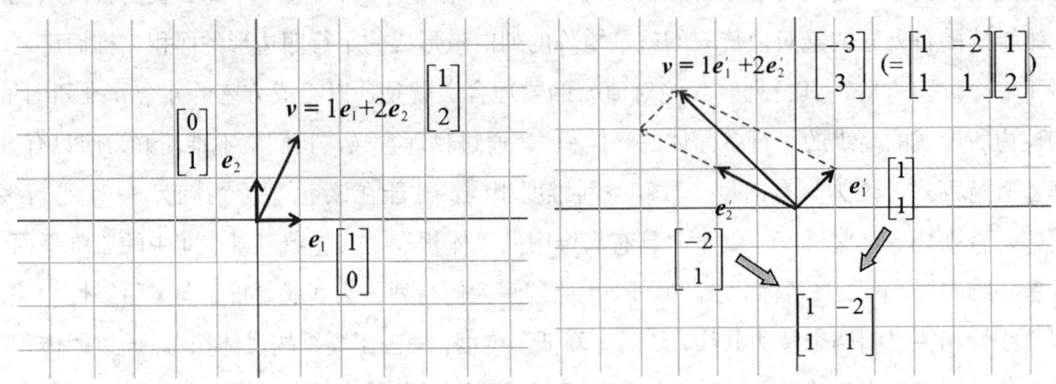

图 7.11　矩阵代表某种变换

可以看出，矩阵的列向量形成了新的基底向量。为了保证新基底向量的坐标不变（相对位置），原来空间中的点都必须跟着移动，使对新基底的投影也保持与原来相同的大小。此时，对于一个点来说，其变换后的位置在原坐标系下的位置，就可以用新基底做列向量的矩阵与原来的坐标相乘得到。

理解了矩阵的本质是变换这个基本点以后，可以进一步讨论更多的矩阵相关的问题，如矩阵的乘法。对于矩阵的连乘，可以这样思考：首先，用最右边的矩阵对向量进行变换操作，然后得到向量；再通过倒数第二个矩阵进行操作，以此类推。这样一来，矩阵的乘法就可以理解为变换的某种接续，即对空间中的向量进行连续的多次变换操作。

沿着该思路继续思考，逆矩阵的含义也就十分明显了，即一种可以将某个变换操作还原回去的变换。同时，也就理解了为什么向量组线性相关的矩阵是不可逆的。从前面关于行列式的结论可以知道，线性相关意味着维数的降低（有多个新的基底共线），而如果由低维空间转到高维空间，则必然会出现一个输入对应多个输出的情况，而函数值只能有一个确定的值。因此，如果矩阵变换使原来的空间降维了，那么它就是不可逆的。正如一个金属的雕塑，用机器将其压扁成一张金属片后，便再也无法恢复原样了。

接上面的讨论，顺便说一下矩阵的“秩”这个概念。其实矩阵的秩正是描述通过该矩阵变换后，能够“撑开”的空间的维度。这样，就将不满秩、行列式为 0、不可逆、线性相关这些概念的等价性打通了。

下面来简单讨论本章提到的特征值和特征向量的概念。首先回顾特征值的定义，如式 (7.39) 所示。

$$\boldsymbol{A}\boldsymbol{x} = \lambda\boldsymbol{x} \tag{7.39}$$

其中，$\boldsymbol{x}$ 和 λ 分别为矩阵 $\boldsymbol{A}$ 的特征向量和对应的特征值。

由式 (7.39) 可以看出，特征向量具有如下性质：经过矩阵 $\boldsymbol{A}$ 所表示的变换后，它仍然保持在原来所在的那条直线上（可能会伸缩或反向）。按照之前的解释，矩阵就是对空间的某种变换，而且空间中的点为了维持相对于新坐标轴的坐标不变，也要移动位置。这样看来，空间中的点（向量）在矩阵变换后，不再位于原来所在的位置才是常态。所以，那些不改变所在的直线方向，只沿着原来的方向伸缩或反向的向量可以反映出该变换的特征，因此被称为特征向量。对应的特征值，就是特征向量在变换后伸缩的倍率（负数表示反向）。

到此为止，我们已经概略地介绍完了矩阵相关的常见概念。下面讨论矩阵在机器学习中的作用。实际上，在机器学习中应用矩阵的场合非常多，包括前面介绍的 PCA 和 LDA 等算法。一个比较经典的应用是人脸识别中的特征脸（Eigenface），从名字就可以看出其利用了矩阵的特征分解。该方法是通过求解图像的特征向量，按照特征值大小排序，取出较为重要的特征向量，作为投影的基底。由于这些特征向量以二维图像的形式显示出来仍能看出人脸的形状，因此被称为特征脸。利用特征脸，可以将人脸图像进行投影，得到的系数向量就可以看作人脸特征的表征。通过计算这些向量之间的关系，就可以对一幅图片是否是人脸，以及两幅图片的人脸是否属于同一个人进行识别。

另外，由于深度学习的兴起，网络的前向计算和误差的反向传播过程中都利用了矩阵运算。也正是由于深度学习和神经网络算法对于矩阵运算的依赖，因此显著加速了矩阵运算的 GPU 代替 CPU 成为深度学习的“标配”，从而促进了 GPU 硬件优化和基于 GPU 的编程的发展。这一部分在第 2 篇中再详述。

第8章

曲面平铺：流形学习

第 7 章讨论了两种可以实现线性降维的方法，分别是有监督降维的 LDA 和无监督的 PCA。本章仍然讨论高维数据的降维问题，但是不同于之前的线性降维，这里将讨论一类非线性降维的方法，即流形学习（Manifold Learning）。

（1）通俗解释：流形学习是一种非线性降维的思路框架，利用流形学习原理的降维可以有不同的实现方法，如本章将要讨论的 Isomap（Isometric Mapping，等距映射）和 LLE（Locally Linear Embedding，局部线性嵌入）算法。流形学习的基本假设是，实际任务中的高维数据并不是在高维空间散乱分布的，而是分布在某个流形上。流形可以直观地被想象成高维空间中的一个曲面（这只是直观的理解，实际流形的定义是比较复杂的），流形学习就是将这样的曲面展平在较低维的空间，并保持数据点之间的距离和结构关系尽量不变。

（2）任务类型：流形学习可以被应用于很多非线性降维的任务。另外，如果降维到二维或者三维，可以实现数据的可视化。由于流形学习可以保持样本之间的距离和结构关系尽量不变，因此可以帮助我们在二维或者三维空间中直观地看到数据样本点之间的关系。

8.1 流形与流形学习

在介绍流形学习之前，首先介绍流形的概念。

“流形”这个名词来源于黎曼的德语概念 Mannigfaltigkeit，本义是多层、复杂、多样。这个概念是黎曼于 1854 年在哥廷根的一次题为“论作为几何学基础的假设”的演讲中提出的。这个概念被引入中国后，由我国著名数学家江泽涵根据意译得出，侧重于表示流形的整体形态可以流动的特点。

简单来说，流形就是局部具有欧几里得空间性质的空间。可以看出，流形对于其局部特征是有要求的，而其作为整体则是可变的。在很多场合，流形被称为嵌入高维空间的低

维流形。实际上，流形概念是欧几里得空间的曲面概念的一种推广，然而和欧氏空间的曲面不同，流形不是一种几何图形，而是一种空间形式。

注意

上面的局部具有欧氏空间性质的空间称为拓扑流形。流形还有很多种，如微分流形、组合流形、黎曼流形等，这些是通过在流形上添加各种不同的限制得到的。因为其与本章算法关联不大，此处不再详述。

举一个简单的例子，二维空间中的单位圆就可以看作镶嵌在二维空间中的一维流形。因为其每一个局部区域都可以近似地看成线性的（可以联想小学课本里圆形的面积公式的推导过程），如图 8.1 所示。

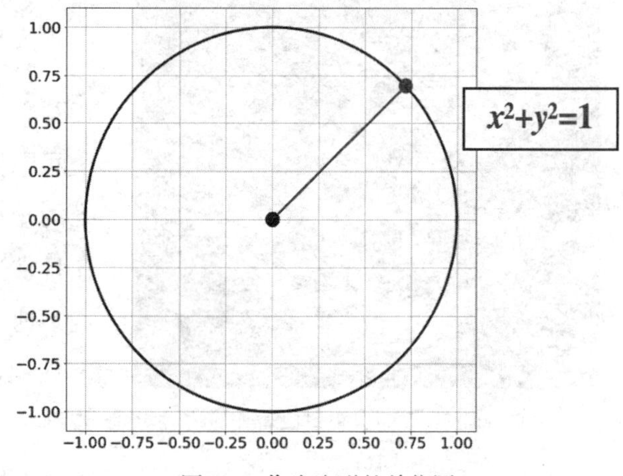

图 8.1　作为流形的单位圆

一般来说，在二维欧氏空间里的单位圆可以用笛卡尔坐标系的两个坐标来表示，即式 (8.1)。

$$x^2+y^2=1 \tag{8.1}$$

但是，假如把这个单位圆本身看作一个空间，我们直观地就能看出它没有“充满”二维（欧氏）空间，即它的内禀（Intrinsic）维度要比二维低。那么如何具体地说明这一点呢？

想象一下，在单位圆所提供的空间中有一只蚂蚁，它的活动范围并不一定需要提供两个二维坐标系下的 x 和 y 坐标，如图 8.2 所示。

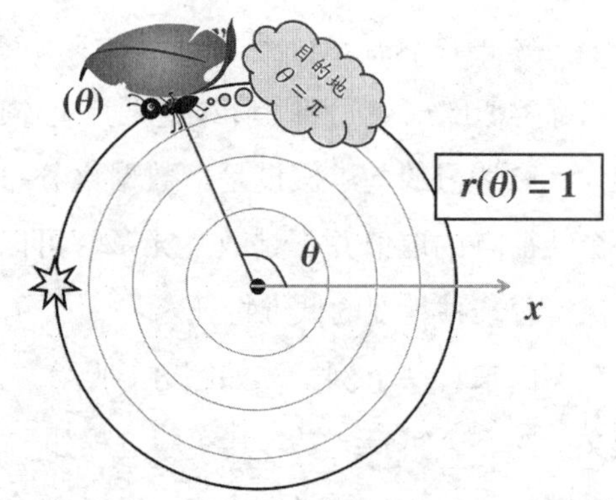

图 8.2　极坐标下的单位圆只有一个变量

实际上，考虑到式 (8.2) 所示的单位圆的极坐标系（Polar Coordinate System）表示：

$$r(\theta)=1 \tag{8.2}$$

其中，$0 \leqslant \theta < 2\pi$。

我们发现，实际上二维的单位圆只需要一个角度参数就可以表示出来，并且通过角度 θ 可以没有损失地重构出每个二维坐标点，如式 (8.3) 所示。

$$\begin{aligned} x &= \cos(\theta) \\ y &= \sin(\theta) \end{aligned} \tag{8.3}$$

所以，对于这只蚂蚁，它并不需要记忆两个坐标点，只需要记住一个θ，即可正确到达目的地。从降维的角度来看，该二维特征是有一定的冗余的，可以被降维到一维。这就是流形降维的基本思路。

图 8.3 地球（表面）也可以看作镶嵌在三维空间中的二维流形

（图片来源 https://en.wikipedia.org/wiki/Earth）

同理，我们可以自然地联想到，球面也是三维空间中的一个流形。最典型的例子就是地球，如图 8.3 所示。

地球虽然是一个球体，但是由于我们只生活在其表面，因此对我们而言，地球可以看作三维空间中的二维流形，这也意味着我们并不需要三维的坐标 (x,y,z) 来描述地球上的某个点的位置。在日常生活中，我们用经度和纬度两个坐标就确定了地球上的某个点。用经纬度表示地点坐标这一现象，本质上体现了三维空间中球面的流形特性。

另外，我们日常生活中见到的世界地图，实际上就是对地球表面这个三维空间中的流形通过各种投影方法进行了降维，使其可以展示在二维平面上。

到这里，想必大家已经对流形的概念有了一个较为直观的理解。正如前面所提到的，流形的数学定义非常复杂，且牵涉很多拓扑学相关的概念，因此不太容易理解。但是，流形学习算法并不需要对流形进行太深入的研究。对于流形学习算法的学习而言，只要把握住局部类似欧式空间和可降维这两点基本的情况即可。下面探讨流形学习的基本概念。

流形学习的基本假设是，数据集分布在高维空间中的一个流形上。也就是说，样本的各个特征点的取值并不是散乱无章、可以取到高维空间中的任一点的，而是在高维空间中也保持着某种程度的低维特征。

下面来看一个例子，如图 8.4 所示。这张图来自 Isomap（Isomap 算法将在 8.2 节讲述）论文中的一个实验结果，其实验过程如下。

首先，选择 498 张大小为 64×64 的合成人脸图像。这些图像可以看作对于同一个人脸的三维模型在不同角度（上下角度和左右角度）及光照方向下拍摄的结果。

对于这些人脸图像，单纯从数据角度来看就是一个 64×64 的矩阵。如果把该矩阵进行向量化，即把每一列或者每一行进行拼接，就可以得到一个 4096 维的高维特征点。

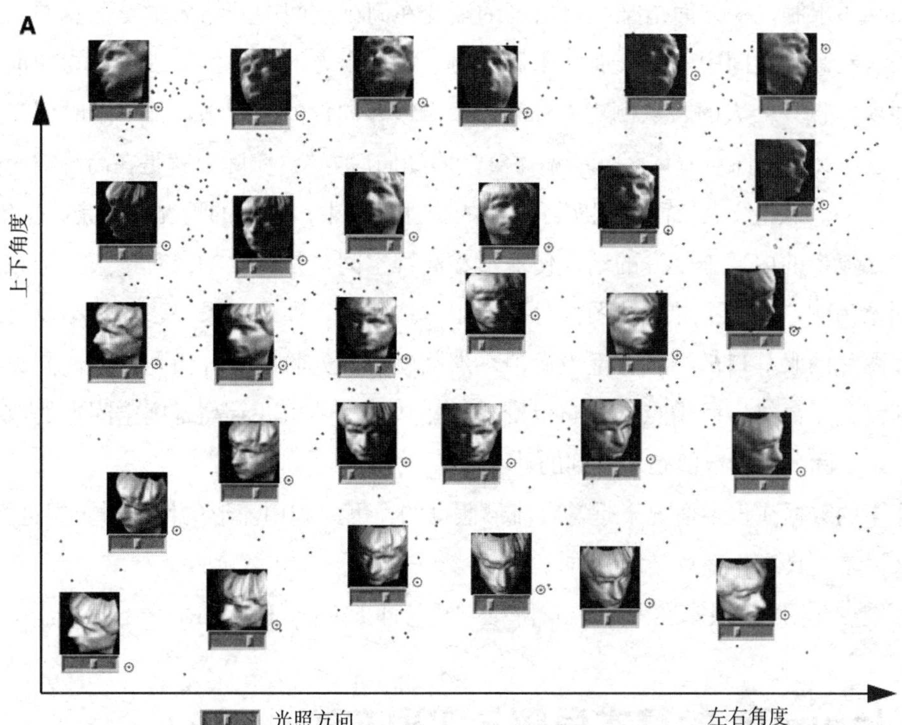

图 8.4　高维空间（4096 维）的特征以流形的方式来看只含有三个自由度（上下角度、左右角度、光照方向）

（图片来自论文：Tenenbaum J B, De Silva V, Langford J C. *A global geometric framework for nonlinear dimensionality reduction*[J]. science, 2000, 290(5500): 2319-2323.）

按照流形学习的假设，这 498 个 4096 维的点应当分布于一个流形上。所以用 Isomap 算法对这些高维数据点实施降维，降至三维，并投影到二维平面上展示，第三个维度用图片下方的滑动条表示，即图 8.4 中的结果。每个点都代表一个样本，即一个人脸图像，被圈出的点展示了原始图像。

观察不同原始数据在根据流形的假设降维后的结果，不难看出，降维后的二维空间中，随着横坐标的变换，人脸模型的左右角度有一个连续且平滑的逐渐变化的过程，而随着纵坐标的变化，上下角度有类似的变化。第三个维度表示光照的方向。

这说明了什么问题呢？很显然，这样高维的数据并没有充满这个空间，而是分布于镶嵌在这 4096 维的空间中的一个三维（内禀维度）流形上。通过降维，可以用三个特征维度较好地反映出样本点之间的情况。这样的特征也可以称为自由度（Degree of Freedom）。

这个例子其实很好理解，当把人脸模型向着某个方向旋转时，其图像必然是渐变的，如从脸朝向左边到脸朝向右边必然要经过脸朝向中间这一步骤，而从朝向左边到朝向中间要经过朝向左前方这一步骤，以此类推。这样一来，图像在高维的变化必然也是一个连续的、有所限制的过程。

所谓有所限制，一方面指某个自由度的渐变在高维空间中的结果也是渐变的，另一方面指数据点在高维空间中的分布有所限制。对于第一个方面，举例来说，在物理世界中不会有这种现象：一个人的脸从侧对着你开始，慢慢转向你的过程中，某一个时刻突然脸朝向后方，然后又突然面对着你了。所谓“突然脸朝向后方”，实际上就是在高维空间的该过程中出现了一个不连续点，而我们实际生活的物理世界中，这样的情况一般是不会发生的，即自由度（流形的内禀维度）的渐变使流形在高维空间也是渐变的。对于第二个方面，仍以人脸图像为例，现实中的人脸图像总要有眼耳口鼻的，那么如果一张图片中没有这些特征，即在图片的眼耳口鼻的位置上没有值，那么就不是人脸图像。换句话说，同类事物的某些特征制约了高维空间中点的分布范围。虽然从数学的角度看高维度空间点的取值范围很广，但是实际上大多数值是取不到的。

现实中的数据在很多情况下是符合流形假设的，因此利用流形的性质对数据进行降维，理论上来说是更具有物理意义的降维方式。

下面重点介绍两种比较经典的流形降维方法，即 Isomap 和 LLE。

8.2 Isomap 的基本思路与实现方法

Isomap 算法的基本思路是计算高维空间中两点之间的测地距离（Geodesic Distance），并根据该距离将原始高纬度数据映射到低维欧氏空间中。

下面首先介绍测地距离的概念。

8.2.1 测地距离的概念

测地距离原指大地上两点之间的最短路径的长度。由于大地不是平的，因此测地距离和直接求解两点在三维空间中的欧氏距离是不同的，如图 8.5 所示。

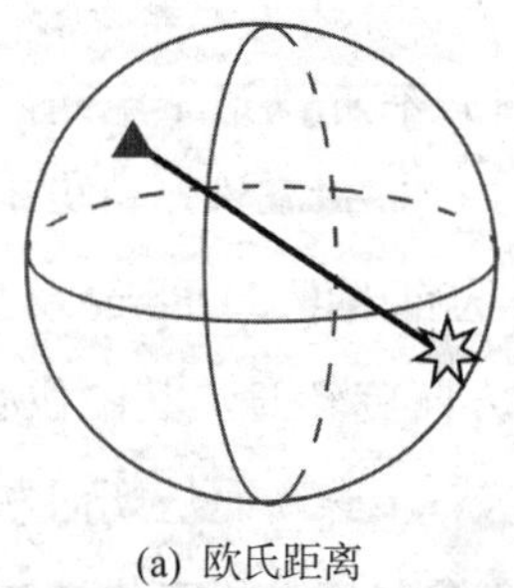

(a) 欧氏距离

(b) 测地距离

图 8.5　欧氏距离与测地距离

图 8.5 展示了地球上的两点，分别用三角形和星号表示。假如要从三角形的位置走到

星形所在的位置，从三维空间的角度来看，最近的走法是图 8.5(a) 所示的方式，即走三维空间的线段，最短路径长度即两点间的欧氏距离。

然而对于住在地表的我们来说，这样的走法就要穿过地球内部，自然是不现实的，因此只能考虑沿着地球表面来走。这样一来，最近的距离就是图 8.5(b) 所示的方式，即过这两点做一个大圆（圆心在球心处的圆），然后沿着劣弧走。该距离即称为测地距离。

因为地球表面是一个流形，所以测地距离才是真正的最短距离。这也是我们在二维地图上看飞机航线图不是直线的原因。因为被限制在了球面流形上，所以理论上来说，大圆航线才是最短的路径。

不仅是球面流形，其他流形中也有这样的情况。推广到任意流形，测地距离指的是流形上的两个点沿着流形（形象的理解是，沿着曲面的表面）的最短路径的长度。

注意

要时刻注意，流形是一种空间，就如同欧氏空间一样。流形是空间由平直到弯曲的推广，不能理解为流形就是欧氏空间中的一个曲面。如果流形是欧氏空间中的一个曲面，那么该曲面上的两点就可以在欧氏空间中用直线连通起来，而不必非要沿着曲面走。而如果把该曲面本身理解为空间，那么在该空间中的点的活动范围自然不能超出该空间，因此就有了测地距离的概念。当然，为了形象直观，有时会将流形形容成一个曲面，因此这里需要注意。

图 8.6(a) 中的三个点是二维欧氏空间中的点，而图 8.6(b) 中的三个点虽然坐标与图 8.6(a) 一致，但是这三个点分布在一维流形上。如果以欧氏距离计算，那么如图 8.6(a) 所示，相比圆形到星形，圆形和三角形两个点的距离要更近一些。由于图 8.6(b) 中的点分布在流形上，需要用测地距离计算，因此对于圆形到三角形，最短的路径就是绕过星形点，因此圆形到三角形的距离要大于圆形到星形的距离。这里的距离就是测地距离。

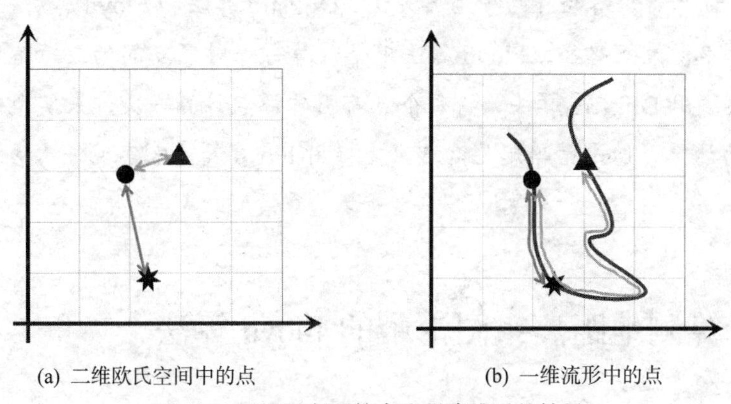

(a) 二维欧氏空间中的点　　(b) 一维流形中的点

图 8.6　测地距离更符合流形降维后的结果

该结论是符合我们的直观理解的。因为如果按照流形对这个二维的曲线空间进行降维，即平铺开，那么我们肯定希望圆形和三角形在两边，星形在中间，这和测地距离的结果一致。

Isomap 算法的基本思路就是通过计算测地距离来建立样本集中任意两点的距离关系，然后保持距离关系，将数据映射到低维的欧氏空间。其具体操作方法如下。

首先把 N 个样本点看作一个图论里的图（Graph）上的顶点（Vertex），然后利用矩阵表示法表示出该图。也就是说，建立一个 $N \times N$ 的矩阵 $\boldsymbol{D}$，其中 $\boldsymbol{D}(i,j)$ 表示元素 i 到元素 j 的距离。矩阵中每个元素的初始值都设置为 $+\infty$，即每个顶点之间都没有边连接。

由于 N 个点分布在流形上，因此这里的距离要采用测地距离。但是，流形具有一个特点，即在一个微小的局部可以近似成欧氏空间。也就是说，如果两个样本点的距离非常近，那么可以用欧氏距离来代替测地距离表示两者的距离长短。这一点类似于：在实际生活中，虽然我们知道脚下的大地是球面，但是在建筑施工等场合，仍然将其按照平面来计算，因为球面的局部近似于二维平面。

那么如何确定距离近的点呢？回想第 5 章讨论的 k 近邻模型及其变体固定半径近邻，可以利用这两种方式为每一个点找到它的近邻，计算出两者的距离，并填充到距离矩阵 $\boldsymbol{D}$ 的对应位置。

这样一来，矩阵 $\boldsymbol{D}$ 中的某些点就有了一个有限的值，即每个顶点已经和它的邻域点连接起来了。这时，样本数据集就构成了一个部分连通的图的结构。

我们的目标是计算任意两点间的距离，即计算当前这个图结构中的任意两点间的最短路径。学过图相关算法的读者应该对这个问题比较熟悉，因为这是图论当中的一个经典算法：Floyd 算法。

注意

实际上，计算最短路径有两种经典方法：Dijkstra 算法和 Floyd 算法。其中 Dijkstra 算法用于计算单源最短路径，Floyd 算法用于计算每一对顶点间的最短路径。当然，也可以通过多次调用 Dijkstra 算法，将每个点都当作源点计算一次，来实现每一对顶点之间最短路径的计算。但是简单起见，这里直接用 Floyd 算法来实现任意两点间最短路径的计算。

8.2.2 计算测地距离：图论中的 Floyd 算法

Floyd 算法是计算图结构中两点间最短路径的经典算法，本节进行简要介绍。该算法的

基本流程如下。

首先，将图结构用矩阵的形式写出，记为 $\boldsymbol{D}$，$\boldsymbol{D} \in \mathbb{R}^{N \times N}$，行数和列数都与顶点数相等，每个元素 $\boldsymbol{D}(i,j)$ 表示从顶点 i 到顶点 j 的路径长度。如果 i 和 j 有边直接连接，则 $\boldsymbol{D}(i,j)$ 就是边的长度；如果 i 和 j 没有边直接连接，则将 $\boldsymbol{D}(i,j)$ 设置为 $+\infty$。

该步骤实际上已经在 8.2.1 小节描述的操作中完成了。这里的 $\boldsymbol{D}$ 的初始值，实际上就是 8.2.1 小节最后得到的利用 k 近邻模型填充好的 $\boldsymbol{D}$ 矩阵。

然后进行如下操作，对于 $\boldsymbol{D}$ 矩阵中的每个元素的值 $\boldsymbol{D}(i,j)$，循环进行式 (8.4) 所示的更新。

$$\boldsymbol{D}(i,j) = \min\{\boldsymbol{D}(i,k) + \boldsymbol{D}(k,j), \boldsymbol{D}(i,j)\}, \quad k = 1, \cdots, N \tag{8.4}$$

该操作的意义比较直观，对于 i 和 j 两个点，如果当前建立的路径 $i \to j$ 在 k 这个点“绕一下”后，即把 k 加入路径中后，路径长度变短，那么就把 k 加路径中，从而缩短路径长度，以此类推。

Floyd 算法的程序极其简单，在 Python 中定义一个函数，只需要短短几行代码即可实现：

```
# 导入用到的 Python 模块
import numpy as np
# 定义 Floyd() 函数
def Floyd(D):
    # 确认 D 是方阵
    assert len(D.shape) == 2
    assert D.shape[0] == D.shape[1]
    N = D.shape[0]
    # 迭代更新
    for k in range(N):
        for i in range(N):
            for j in range(N):
                D[i,j] = np.min((D[i,j], D[i,k] + D[k,j]))
    return D
```

通过上述方法，就可以得到图中各点之间的最短路径长度。对于流形学习来说，就是找到了流形上任意两点之间的测地距离，即欧氏空间中的距离关系。

得到欧氏距离之后，最后一步就是将距离转化成坐标。这里采用的方法称为多维尺度变换（Multiple Dimensional Scaling，MDS）。下面简单描述多维尺度变换方法的基本流程。

8.2.3 由距离到坐标：多维尺度变换方法

多维尺度变换是一种经典的降维方法，它的特点是可以保持样本间的距离近似不变。

多维尺度变换的基本思路是：先通过距离矩阵计算内积矩阵，然后通过内积矩阵的特征值分解，保留前 k 大的特征值和特征向量，得到一个低维的近似重构。这样得到的低维向量之间的距离和高维向量近似相等。

具体实现方法如下。

首先，根据完全填充好的高维距离矩阵 $\boldsymbol{D}$（同时也是降维后低维向量的距离矩阵），计算低维向量的内积矩阵。

对于降维后样本点组成的矩阵 $\boldsymbol{X}$，$\boldsymbol{X}\in\mathbb{R}^{m\times N}$，$m$ 是维度，N 是样本点数。每个列向量代表一条数据，因此有式 (8.5)。

$$\boldsymbol{X}=\left[x_1,x_2,\cdots,x_N\right] \tag{8.5}$$

由于距离不变，因此距离矩阵 $\boldsymbol{D}$ 中的每个元素都可以表示为式 (8.6)。

$$\begin{aligned}\boldsymbol{D}(i,j)&=(x_i-x_j)^{\mathrm{T}}(x_i-x_j)\\&=\|x_i\|^2+\|x_i\|^2-2x_i^{\mathrm{T}}x_j\end{aligned} \tag{8.6}$$

对于 $\boldsymbol{X}$ 的内积矩阵 $\boldsymbol{B}=\boldsymbol{X}^{\mathrm{T}}\boldsymbol{X}$ 来说，有式 (8.7)。

$$\boldsymbol{B}(i,j)=x_i^{\mathrm{T}}x_j \tag{8.7}$$

注意

这里是 $\boldsymbol{X}^{\mathrm{T}}\boldsymbol{X}$ 而不是 $\boldsymbol{X}\boldsymbol{X}^{\mathrm{T}}$，$\boldsymbol{X}\boldsymbol{X}^{\mathrm{T}}$ 是维度间（行之间）的内积，即协方差；而 $\boldsymbol{X}^{\mathrm{T}}\boldsymbol{X}$ 是不同样本数据间（列之间）的内积，即内积矩阵。

因此有式 (8.8)。

$$\boldsymbol{D}(i,j)=\boldsymbol{B}(i,i)^2+\boldsymbol{B}(j,j)^2-2\boldsymbol{B}(i,j) \tag{8.8}$$

由于只有距离矩阵，因此得到的位置坐标只要相对关系符合即可，其绝对位置不影响结果。令 $\boldsymbol{x}_i$ 都为零均值，通过推导，可以得到 $\boldsymbol{D}$ 和 $\boldsymbol{B}$ 之间的关系为式 (8.9)。

$$\boldsymbol{B}(i,j)=-\frac{1}{2}\left[\boldsymbol{D}(i,j)^2-\overline{\boldsymbol{D}(i,\cdot)^2}-\overline{\boldsymbol{D}(\cdot,j)^2}+\overline{\boldsymbol{D}(\cdot,\cdot)^2}\right] \tag{8.9}$$

通过式 (8.9) 得到 $\boldsymbol{B}$ 矩阵，即内积矩阵。根据定义 $\boldsymbol{B}=\boldsymbol{X}^{\mathrm{T}}\boldsymbol{X}$，对 $\boldsymbol{B}$ 进行特征值分解，得到式 (8.10)。

$$\boldsymbol{B}=\boldsymbol{X}^{\mathrm{T}}\boldsymbol{X}=\boldsymbol{U}\boldsymbol{V}\boldsymbol{U}^{\mathrm{T}}=\left(\boldsymbol{V}^{1/2}\boldsymbol{U}^{\mathrm{T}}\right)^{\mathrm{T}}\left(\boldsymbol{V}^{1/2}\boldsymbol{U}^{\mathrm{T}}\right) \tag{8.10}$$

对应可得式 (8.11)。

$$\boldsymbol{X}=\boldsymbol{V}^{1/2}\boldsymbol{U}^{\mathrm{T}} \tag{8.11}$$

实际上，根据 PCA 的原理，可以通过选择特征值和对应特征向量的个数来选取所需维

度。通过上述过程，就实现了从距离矩阵到低维坐标的降维过程。

下面总结 Isomap 算法的基本步骤。

8.3　Isomap 算法步骤

Isomap 算法是基于样本之间的距离关系，利用图论方法计算样本间的测地距离，并转换为低维坐标的流形学习降维方法。其基本步骤可以总结如下。

（1）通过 k 近邻找到局部欧氏空间近似，直接用欧氏距离计算出相邻样本间的距离。

（2）利用图论中的带权图进行建模。将样本看作图中的顶点，k 邻域中的已经直接计算出距离的点由边连接，边的权重就是两点间的距离。

（3）利用 Floyd 算法，更新所有样本点之间的最短路径，得到的结果即任意两点间的测地距离。

（4）利用 MDS 并结合特征值的个数选取，将距离转换成坐标的同时并降维。降维后的结果的样本间距离与原始数据在流形上的测地距离接近，从而实现了分布在流形上的数据的降维。

8.4　LLE 的基本思路与实现方法

本节介绍另一种比较经典的流形学习算法，即 LLE。该算法仍然利用流形的局部近似于欧氏空间的特点，用线性拟合对局部进行“嵌入”。接下来讲解 LLE 的具体内容。

8.4.1　LLE 的基本思想

LLE 的基本构造是基于这样一个思路或目标，即希望降维后局部区域的结构特征不变。为了保证这个不变量，LLE 利用局部（邻域）线性表出的方法对样本点之间的关系施加约束。具体来说就是，将每一个点用它的近邻点的线性组合来表示，如图 8.7 所示。

从图 8.7 中可以看出，数据点 $\boldsymbol{x}_0$ 可以写成由它的邻域中的数据点 $\boldsymbol{x}_1$、$\boldsymbol{x}_2$ 和 $\boldsymbol{x}_3$ 线性加权求和的结果，即式 (8.12)。

$$\boldsymbol{x}_0 = w_1\boldsymbol{x}_1 + w_2\boldsymbol{x}_2 + w_3\boldsymbol{x}_3 \tag{8.12}$$

这里的 w_1、w_2 和 w_3 是各个近邻点的系数或权重。

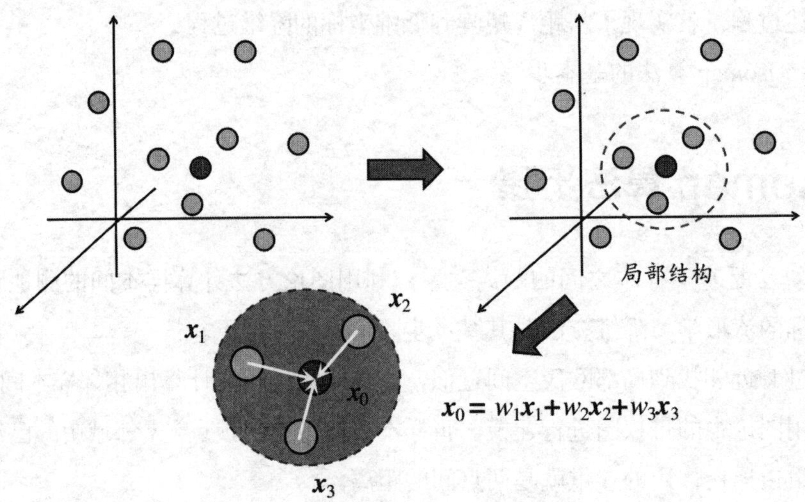

图 8.7　LLE 算法中的局部线性表示

因此，对于每个 $\boldsymbol{x}_0$，只要能够找到这些系数，就可以通过近邻点将其表示出来。保持局部结构不变，也就意味着保持这些点和它近邻点的关系不变，从数学上来说就是保持近邻点的重构系数不变。那么对于降维后的数据，有式 (8.13)。

$$\boldsymbol{x}'_0 = w_1\boldsymbol{x}'_1 + w_2\boldsymbol{x}'_2 + w_3\boldsymbol{x}'_3 \tag{8.13}$$

其中，$\boldsymbol{x}'_1 \sim \boldsymbol{x}'_3$为低维空间中对应于$\boldsymbol{x}_1 \sim \boldsymbol{x}_3$的数据点坐标。

图 8.8 展示了一个基于 LLE 的从三维到二维的流形学习降维过程，在降维过程中，数据点的局部结构关系得到了保持。

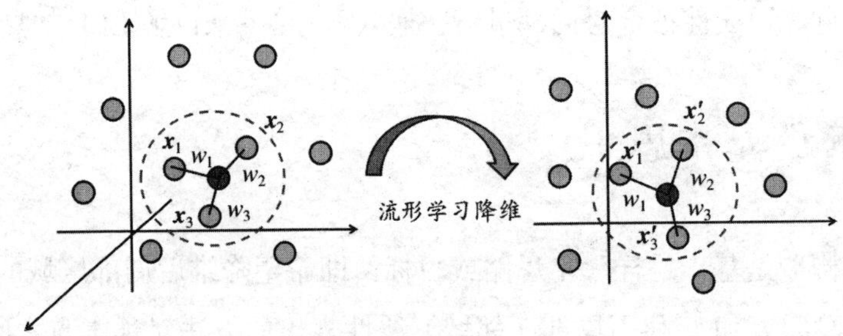

图 8.8　LLE 的降维过程

8.4.2　局部线性重构

8.4.1 小节介绍了 LLE 的基本思路，根据这一思路进行操作，首先要做的就是从原始高维数据中求解出每个点用近邻点的线性表示，即近邻点及对应的重构系数。求解系数 w_i 的过程实际上就是求解式 (8.14)。

$$\min_{w_i} \|\boldsymbol{x} - \sum_{\boldsymbol{x}_i \in N(\boldsymbol{x})} w_i \boldsymbol{x}_i\|_2^2 \quad \text{s.t.} \quad \sum_i w_i = 1 \tag{8.14}$$

其中，$\boldsymbol{x}$ 为待重构的样本点；$N(\boldsymbol{x})$ 为 $\boldsymbol{x}$ 的邻域，式 (8.14) 中对权重也进行了归一化约束。

实际上，对于不在邻域内的样本点，如果将其系数 w 视为 0，那么该点可以被认为是用数据集内的所有其他点来进行线性表示的。

对于每个 $\boldsymbol{x}$ 都进行优化，则该优化问题可以表示为式 (8.15)。

$$\min_{w_{ij}} \sum_i \|\boldsymbol{x}_i - \sum_{\boldsymbol{x}_j \in N(\boldsymbol{x}_i)} w_{ij} \boldsymbol{x}_j\|_2^2 \quad \text{s.t.} \quad \sum_j w_{ij} = 1 \tag{8.15}$$

对于该优化问题，可以通过将数据和系数写成矩阵的方式来进行求解。求解得到 w_{ij} 后，将降维后的数据点坐标 $\boldsymbol{x}'_i$ 看作未知数，而将 w_{ij} 当作已知，求解优化问题，即式 (8.16)。

$$\min_{\boldsymbol{x}'_i} \sum_i \|\boldsymbol{x}'_i - \sum_{\boldsymbol{x}_j \in N(\boldsymbol{x}_i)} w_{ij} \boldsymbol{x}'_j\|_2^2 \tag{8.16}$$

最终的求解结果 $\boldsymbol{x}'_i$ 就是通过 LLE 的思路进行流形学习降维后的结果。

上述优化问题的求解较为复杂，在这里不再详述。下面直接给出求解结果。

将降维后的 $\boldsymbol{x}'_i$ 排布成矩阵 $\boldsymbol{X}'$，则有式 (8.17)。

$$\boldsymbol{X}' = \left[\boldsymbol{x}'_1, \boldsymbol{x}'_2, \cdots, \boldsymbol{x}'_N\right] \tag{8.17}$$

将 w_{ij} 组成矩阵 $\boldsymbol{W}$，其中 $\boldsymbol{W}$ 的第 i 行第 j 列就是 w_{ij}，那么可以计算式 (8.18) 所示的矩阵。

$$\boldsymbol{M} = \left(\boldsymbol{I} - \boldsymbol{W}\right)^{\mathrm{T}} \left(\boldsymbol{I} - \boldsymbol{W}\right) \tag{8.18}$$

对矩阵 $\boldsymbol{M}$ 进行特征值分解，取出 $\boldsymbol{M}$ 的 k 个对应特征值最小的特征向量，这 k 个特征向量就是降维后的 k 个特征维度。将它们按照列排列起来，组成的矩阵就是通过 LLE 降维到 k 维后的数据矩阵 $\boldsymbol{X}'$。

8.5　LLE 算法步骤

不同于 Isomap 算法主要关注流形上的样本间的距离，LLE 算法主要关注样本与近邻的局部结构。下面简单总结 LLE 算法的基本步骤。

（1）对每个样本数据，确定其近邻点。

（2）将线性表示系数作为优化变量，通过求解优化问题得到每个样本的局部线性表示。

（3）利用得到的局部线性表示系数矩阵，求解低维空间中重构的优化问题，从而保证降维前后局部结构基本不变。具体实现时可以通过特征值分解的方法确定降维后的数据表示。

8.6 本章小结与代码实现

本章主要介绍了一个新的概念 —— 流形。流形是一种特殊的空间形式，现实世界中的很多数据都可以被视为分布在一个镶嵌在高维空间中的低维流形中，这就为降维提供了理论基础，这种基于流形的降维就是流形学习。

流形的主要特征在于其局部与欧氏空间的近似性，基于该特点，Isomap 和 LLE 两种经典算法都可以实现基于流形学习的数据降维。其中 Isomap 算法主要关注样本间的距离，通过局部近似欧氏空间，得到局部的距离，以此为初始值，得到所有样本点之间的距离（注意，这里的距离指的是测地距离）。通过保持距离不变，得到低维空间中的样本坐标。而 LLE 算法则主要关注样本间的结构，通过局部线性表示，得到每个点用其近邻点重构的系数，并以此表征局部结构。通过令降维后的局部结构保持不变，即重构系数不变，得到降维后的结果。

下面通过代码实现分别利用这两种算法进行流形降维。

在流形学习算法的验证中，一个经常用到的模式数据集称为 Swiss Roll，即瑞士蛋糕卷，因为该数据集的分布形似一个瑞士蛋糕卷。接下来就利用该数据集对 Isomap 和 LLE 算法进行实验，首先，利用 scikit-learn 自带的数据生成器生成一个 Swiss Roll 数据集，代码如下：

```
# 导入用到的 Python 模块
from sklearn.datasets import make_swiss_roll
from sklearn.manifold import Isomap, LocallyLinearEmbedding
import matplotlib.pyplot as plt
import numpy as np
from mpl_toolkits.mplot3d import Axes3D
# 利用生成器生成 Swiss Roll 数据集，共 3000 样本点
X, t = make_swiss_roll(n_samples=3000, noise=0.1, random_state=2019)
# 作图显示 Swiss Roll 在三维空间中的分布
fig = plt.figure(figsize=(8, 8))
ax = fig.add_subplot(111, projection='3d')
ax.scatter(X[:, 0], X[:, 1], X[:, 2], c=t, cmap=plt.cm.jet)
ax.view_init(10, 60)
ax.set_xlabel('x axis', fontdict={'family' : 'Times New Roman', 'size'   : 20})
ax.set_ylabel('y axis', fontdict={'family' : 'Times New Roman', 'size'   : 20})
ax.set_zlabel('z axis', fontdict={'family' : 'Times New Roman', 'size'   : 20})
ax.set_title('Swiss Roll', fontdict={'family' : 'Times New Roman', 'size'   : 24})
fig.show()
```

输出结果如图 8.9 所示。

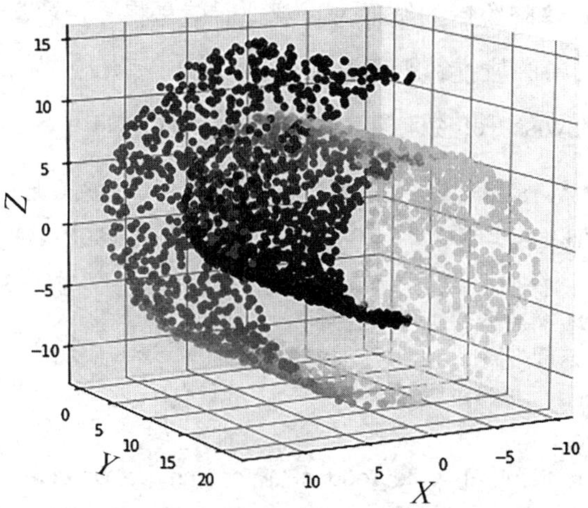

图 8.9　Swiss Roll 数据集

下面，用 Isomap 算法对 Swiss Roll 数据集进行降维：

```
# 利用 Isomap 算法将原始数据降至二维，在计算邻域点时，认为最近的 20 个邻域点为直接可达
isomap_model = Isomap(n_components=2, n_neighbors=20)
isomap_model.fit(X)
X_isomap_reduce = isomap_model.fit_transform(X)
# 作图显示降维后的结果
fig2 = plt.figure(figsize=(8, 4))
ax2 = fig2.add_subplot(111)
# 注意，由于向量 t 的每个元素对应数据集中每个点的值，因此采用 c=t 可以使降维前后每个
# 样本的颜色具有对应关系，可以直观表示降维后的每个样本点被放到了哪个位置
ax2.scatter(X_isomap_reduce[:,0], X_isomap_reduce[:,1], c=t, cmap=plt.cm.jet)
ax2.set_xlabel('x axis', fontdict={'family' : 'Times New Roman', 'size'   : 20})
ax2.set_ylabel('y axis', fontdict={'family' : 'Times New Roman', 'size'   : 20})
ax2.set_title('Isomap Result', fontdict={'family' : 'Times New Roman', 'size'   : 24})
fig2.show()
```

输出结果如图 8.10 所示。

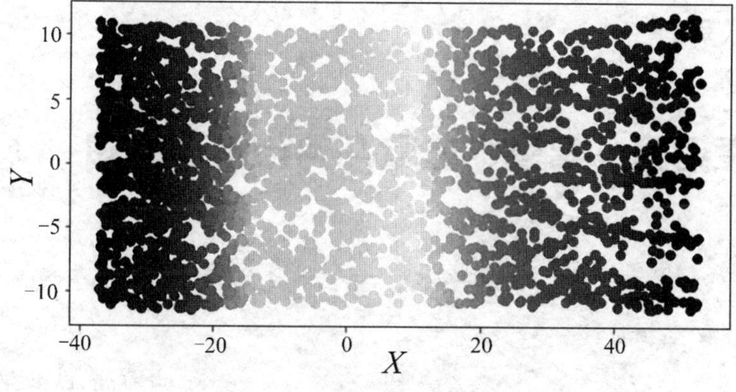

图 8.10　Isomap 算法降维结果

可以看到，Isomap 算法降维后的结果，直观地看就是将“蛋卷”平铺在了二维平面上，即保留了原始数据在流形中的位置和距离关系。

下面用 LLE 算法对 Swiss Roll 数据进行降维实验，代码如下：

```
# 利用 LLE 算法将原始数据降至二维，在计算邻域结构时，考虑最近的 20 个点
lle_model = LocallyLinearEmbedding(n_components=2, n_neighbors=20)
lle_model.fit(X)
X_lle_reduce = lle_model.fit_transform(X)
# 作图显示 LLE 算法降维结果
fig3 = plt.figure(figsize=(8, 4))
ax3 = fig3.add_subplot(111)
ax3.scatter(X_lle_reduce[:,0], X_lle_reduce[:,1], c=t, cmap=plt.cm.jet)
ax3.set_xlabel('x axis', fontdict={'family' : 'Times New Roman', 'size'   : 20})
ax3.set_ylabel('y axis', fontdict={'family' : 'Times New Roman', 'size'   : 20})
ax3.set_title('LLE Result', fontdict={'family' : 'Times New Roman', 'size'   : 24})
fig3.show()
```

输出结果如图 8.11 所示。

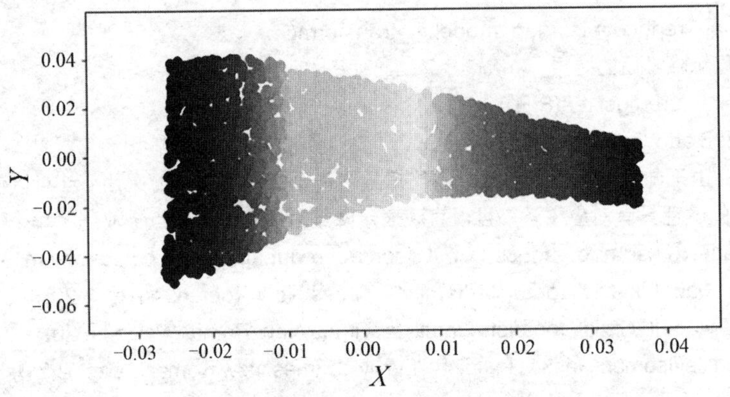

图 8.11　LLE 算法降维结果

可以看到，LLE 算法的降维结果也保持了原始数据的分布，并在二维平面中反映了数据之间的结构关系。

8.7　本章话题：黎曼、非欧几何与流形感知

“有二横直线，或正或偏，任加一纵线，若三线之间同方两角小于两直角，则此二横直线愈长愈相近，必至相遇。”

——古希腊 欧几里得《几何原本》

在本章介绍流形的概念时提到，黎曼在“论作为几何学基础的假设”演讲中提出了流形的概念。实际上，流形的思想早在数学家高斯的工作中就已经出现，高斯在研究大地测量学和曲面理论时发现：测地三角形内角和不一定为 180°，以及曲面本身可以看作一种空间。黎曼继承并发展了高斯的思想，在他的“论作为几何学基础的假设”演讲中，重新审视和分析了几何学的建构基础和假设，并将目标直接指向空间定义的重建，从而在此基础上建立起新的几何学。正是在该演讲中，黎曼提出了 n 维流形的概念和特征，“流形”（Mannigfaltigkeit）这个词及其英语版本（Manifold）也一直沿用至今。

既然提到了黎曼，下面就来简单介绍这位伟大的天才数学家、物理学家。波恩哈德 · 黎曼（Georg Friedrich Bernhard Riemann）于 1826 年出生于德国的一个小镇，少年时代就表现出了数学方面的天赋。1847 年，黎曼进入哥廷根大学学习神学和哲学，但是仍然保持着对数学的研究。次年，黎曼转到了柏林大学学习数学，之后又回到了哥廷根大学。1857 年，黎曼成为哥廷根大学的编外教授；两年后，黎曼的导师狄利克雷去世，黎曼被升为正教授。1866 年，黎曼因肺结核病逝，去世时还不到 40 岁。

黎曼在他短暂的一生中为后人留下了异常丰富而宝贵的思想遗产。黎曼发表的论文著作并不算多，但是其中深刻的思想和创造力，对数学乃至物理学的许多领域都产生了重要的影响。被冠以黎曼名字的概念和定理在各个领域都有出现，黎曼给出了定积分的精确定义，因此定积分被称为黎曼积分；黎曼提出了一种区别于传统的欧氏几何的新几何学，被称为黎曼几何；另外，流形理论中的黎曼流形、复变函数论中的柯西—黎曼方程等，都与黎曼有着密切联系。

黎曼的众多贡献中，一个很有名的领域就是他所建立的黎曼几何。黎曼几何是非欧几何中的一种。下面简单解释什么是非欧几何。

非欧几何来自对欧几里得《几何原本》一书中的第五公设的质疑和改进。在欧氏几何中，有一些结论不能被其他定理证明，但是又需要作为证明其他定理的出发点的命题，欧几里得将其称为“公理”或“公设”，意指空间不言自明的特点。在《几何原本》的第一卷中有五个基本的公设，前面几个如“从任一点到另一点可以画直线”“凡是直角都相等”等都较好理解，唯独第五公设比较复杂。

第五公设指出，对于两条直线，用第三条直线去截，如果一侧的同旁内角小于 180°，那么这两条直线必然在这一侧相交。这个公设有一个更为简洁的等价表述：过直线外一点，有且仅有一条直线与已知直线平行。因此，该公设又被称为“平行公设”。

相比其他公设，平行公设比较复杂。因此，人们尝试利用其他公设对它进行证明，然而无果。于是，人们转向另一思路，即抛弃或者改变平行公设，看能够得到什么结论。结果发现，用其他假设替代平行公设，居然也可以得到一个无矛盾的几何体系。这样的体系具有和欧氏几何不同的性质，因此被称为非欧几何。

欧氏几何所呈现的那个空间观念是符合我们的主观认知的，而非欧几何其实是对这种主观认知的改进。形象地说，欧氏几何带给我们的空间是规整的，而非欧几何的空间是弯曲的，因此非欧几何可以看作是对欧氏几何的一个推广和改进。人们以前一直认为欧氏几何是空间的唯一表示方式，而非欧几何的出现使欧氏几何退化为所有可能的几何体系中的一种情况。正如有了非线性变换后，简单的线性变换就不再是唯一的选择，而成为众多可能的变换中的一种，实际上我们获得了更多的可能性。

这里要注意的是，非欧几何代表的是空间本身的弯曲，而非空间里物体的弯曲。对于我们来说，空间中的物体的弯曲很容易想象到，如一片薯片就是一个弯曲的马鞍面。虽然薯片是弯曲的，但是薯片所存在的这个空间作为其延展的“背景”却不是弯曲的，而是沿着各个维度方向直线扩张开来的。而在非欧几何中，曲面本身就相当于这个空间，即该空间中的所有点都被限制在曲面上。这个问题已经在介绍流形时解释过了。实际上，空间的“弯曲”特性可以通过数学中的曲率来描述，欧氏几何的曲率为 0，非欧几何的曲率不为 0。

前面提到过，非欧几何是通过对平行公设的改造得到的。平行公设告诉我们：过直线外一点，有且仅有一条该直线的平行线。那么，改变这个公设就有两种方式，其一是“过直线外一点，有至少一条该直线的平行线”，其二则是“过直线外一点，不存在该直线的平行线”。由第一种情况推导出来的就是罗巴切夫斯基几何，简称罗氏几何，在罗氏几何中，三角形的内角和小于 180°；第二种情况推导出来的是黎曼几何，在黎曼几何中，三角形的内角和大于 180°。这两种几何体系都是像欧氏几何一样可以自洽的。

黎曼几何的一个重要贡献就是为广义相对论的发展提供了一个新的数学工具和思维支撑。在爱因斯坦的广义相对论体系中，引力成了时空的局部几何性质的一种体现，时空不再是牛顿理论中那个绝对的、独立的、平坦而均质的先天背景或框架，而成为与物体质量相关的、可以弯曲的存在形式。而广义相对论的成功，反过来也证明了黎曼几何的价值。

介绍完非欧几何的相关内容，接下来讨论流形感知的概念。

我们知道，机器学习和人工智能发展至今，已经可以在很多方面与人类的认知水平相媲美，甚至在某些特定的任务上超过人类。然而，机器学习算法对于很多人类看来非常简单的常识问题却无能为力。其实，对于人类认知能力的研究者来说，人类何以具有如此强大的、常识性的认知能力，也是一个令人困惑的问题。如果将我们自己比作一台人工智能机器人，我们每天都要处理高帧率、高清晰度的视频流，同时将其中的信息辨认出来，并将有用的信息储存起来。那么，我们的认知系统是如何轻松地处理现实中广泛存在的物体的角度、（立体）旋转、平移、尺度缩放的不变性，从而将它们辨识出来的呢？

对于这个问题，Seung 和 Lee 在 *Science* 上发表了一篇文章——《感知的流形方式》（Seung H S, Lee D D. The manifold ways of perception[J]. science, 2000, 290(5500): 2268-2269.）。在

这篇文章中，作者提出了一个观点，即我们对于外界的视觉感知是符合流形规律的。上面提到的各种不变性通过流形就能得以实现，如图 8.12 所示。

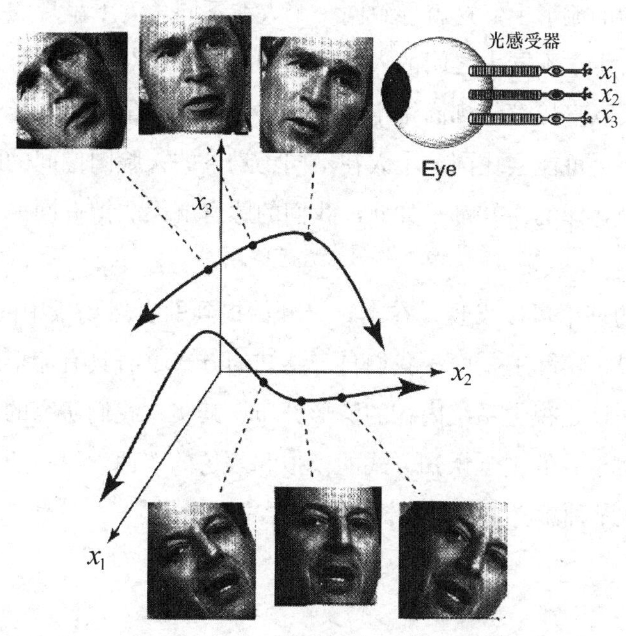

图 8.12　视觉中的流形感知

（图片来源：Seung H S, Lee D D. The manifold ways of perception[J]. science, 2000, 290(5500): 2268-2269.）

我们知道，人类的视觉来自眼睛中视网膜上的感光细胞。因此，最原始的数据的维度应当和感光细胞的个数相同。在图 8.12 中，作者只展示了其中三个感光细胞，这三个感光细胞得到的响应在图像空间里就组成了一个三维向量，也可以将其看作三维空间中的一个点。当我们识别人脸时，随着人脸的角度发生变化，感光细胞接收到的结果也会发生变化，因此随着角度的渐变，每个点相连接，形成了一条曲线。同一个人的不同角度的人脸图像都被限制在这条曲线上，而不同人则有不同的曲线。前面已经说过，这样的曲线本身就是一个流形，代表人脸的数据就分布在这个流形上。

如果在图 8.12 中上方的那条曲线中增加一个隐变量，那么表达的就是人脸的角度的变化，因此这条曲线的自由度（相当于曲线函数的隐变量）只有一个，即角度。但我们知道，人的视觉系统不但可以处理角度的不变性，而且还能处理光照强弱、三维旋转（正脸和侧脸）等的不变性，因此需要更多的隐变量。每增加一个隐变量，这个曲线的自由度就要多一个。如果在图 8.12 中上方的那条曲线中再增加一个隐变量，那么就会变成曲面。以此类推，由于自由度会有很多，因此我们对人脸这个任务的感知实际上是分布于一个嵌入在高维空间中的低维流形上的。高维空间的维度就是感光细胞的总数，对于人是亿级别的，而流形的内禀维度则远小于这个数量。

那么，流形感知的方式相比简单的高维空间的存储有何优势呢？仍然以前面论文中的人脸识别为例，同一个人的不同方向、角度等情况下的人脸图像分布在同一个流形上，而不同的人分布在不同的流形上，这就导致同一个人在不同角度下呈现的人脸图像在测地距离的意义上，仍然要小于不同人之间的人脸图像的差异。这对于我们辨识不同的人是有利的。而如果按照像素点直接存储到高维空间，那么可能同样角度、同样光照情况下的不同的人脸，在欧氏距离上可能会比同一个人在不同场景下的人脸图像间的距离更小。推而广之，如果对于所有的客体的认知都是如此，我们的感官就无法把握同一事物在不同状态下的持存了。

按照流形感知的理论可以发现，在本章一开始提到的自然场景中的数据（如图像等）分布在流形上的假设，实际上是由于我们自身感知的方式本身具有流形属性。所谓图像的流形分布，归根结底还是视觉系统内在的流形分布。其实，我们研究的所有图像也都是我们眼中的图像，即对于我们视觉认知方式的模拟和效仿的东西。更一般地来说，我们对于世界的一切探索，在某种意义上都是在探索我们眼中的世界。

第9章

物以类聚：聚类算法

第 8 章讨论了流形和流形学习的相关内容，并详细讲述了两种利用流形进行降维的算法，即 Isomap 和 LLE。本章将介绍一类比较具有代表性的无监督学习方法，即聚类算法（Clustering）。聚类算法可以根据样本的特征将未标记的样本集分成不同的类别。下面简要介绍聚类算法的通俗解释和适用的任务类型。

（1）通俗解释：聚类算法是一种经典的无监督学习方法，用来将无标记样本聚集成不同的集合（这样的集合一般称为簇），使同一个簇内的样本应尽量相似。聚类算法通过不断地迭代计算当前划分下得到的各个簇内的相似性，并以此对每个样本点的归属进行更新，最终得到一个稳定的结果。要注意的是，聚类是一类算法的总称，本章主要介绍经典的 k-means 聚类和层次聚类（Hierarchical Clustering），并在本章话题中讨论密度峰值聚类算法（Density Peaks Clustering Algorithm，DPCA）的相关内容。

（2）任务类型：由于是无监督学习方法，因此聚类可以被应用于数据本身无标记，但是需要对其进行某种归类的任务。例如，在新闻文本的推送过程中，我们希望尽量将相似内容的文本放在一起，那么就可以应用聚类的方法对所有数据进行聚类，同一簇的文本都具有相似的特征，可以看作同一类。再如，应用经典的 MNIST 数据集来做聚类，这些样本会被聚成 10 个簇，每一簇内的样本表示同样的数字。可以看出，在这种问题中，我们不需要知道具体某一类究竟是什么（是娱乐新闻还是体育新闻？是数字 0 还是数字 8？），而只将同一类别聚集起来即可。满足该要求的任务适合用聚类方法来进行处理。

9.1 无监督方法概述

第 1 章就已经给出了无监督学习的基本含义，即从没有输入 - 输出样本对的数据中直接学习模型的一类方法。前面介绍过的 PCA 和流形学习方法都可以归为无监督学习的范畴。本章要介绍的聚类算法则是一种经典的无监督的分类方法。

前面介绍了很多有监督的学习方法，如 SVM、逻辑斯蒂回归等，这些方法的共同特点就是需要训练样本来进行监督。但这些训练样本的生成往往是通过人工手动标注的，该标注过程需要耗费较多的人力和时间。例如常见的图像分类的数据集，训练集中每一张图片的内容所属的类别都要人工判断，或者实体分割数据集，图片中每一个物体的轮廓都要由人工预先描绘出来，以此作为给定的标准答案，以供模型训练和优化。而无监督的学习方法则不需要这样的带有标注的训练集，只需要一定量的没有人工标注的数据样本集，即可通过模型实现某类任务，如降维、分类等。

再换一个更形象的表达方式。所谓有监督学习，就是人类用自己已经掌握了的知识教会机器一些能力，如判断图像类别、描绘物体轮廓等。在这个过程中，人类（实际上是人类的知识）充当了模型的“导师”（Supervisor）。这也是有监督学习有时被翻译为“有导师学习”的原因。而对于无监督学习而言，则不存在一个导师来“指导”模型应该如何处理数据，模型需要利用自身的特征提取能力，直接从训练样本中找到某种模式（Pattern），并以此为标准对数据进行降维、分类等任务。图 9.1 形象地展示了有监督学习和无监督学习的区别。

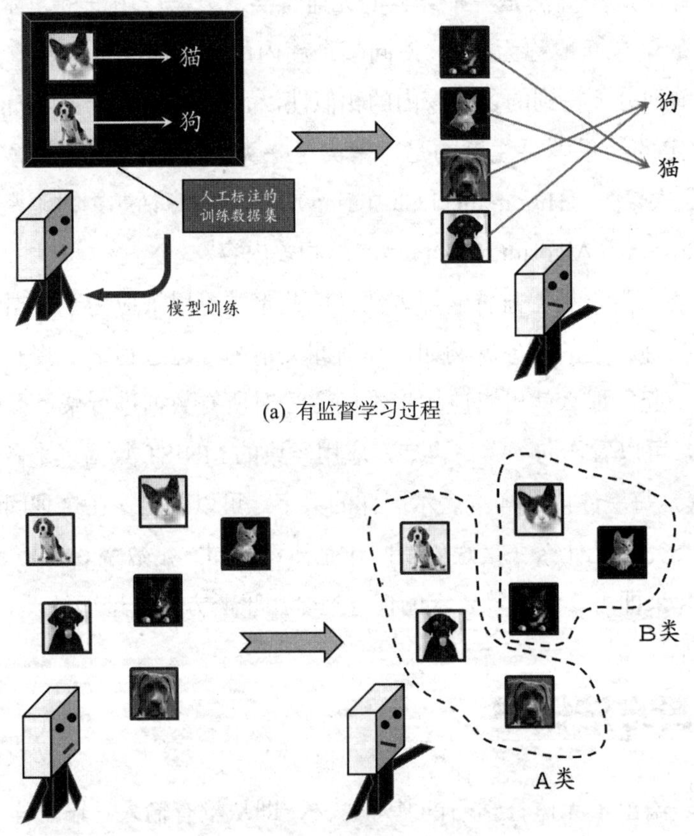

(a) 有监督学习过程

(b) 无监督学习过程

图 9.1　有监督学习与无监督学习

从图 9.1 中可以看到，有监督学习模式下，模型通过人工标注数据的训练，可以将训练集以外的数据按照人工标注中出现的类别进行分类，图中模型把猫的图像连接到了猫的类别，而将狗的图像连接到了狗的类别。而无监督模式下，模型只能根据数据集本身的特点将数据划分为不同的集合（类别）。在图 9.1 中，虽然没有训练数据，但模型依然把画着猫的图像划分到了一类，而将画着狗的图像划分到了另一类。这种划分的直观依据就是，画有猫的这几张图像之间比较类似，而画着狗的图像之间也比较类似。依据这样划分出来的结果，虽然模型不知道一类称为“狗”，而另一类称为“猫”，即无法知道这两类对于人类理解的实际含义，但是在模型看来，这是两类不同的事物，即模型对数据集中差异较大的数据所属的类别能有一个认识，这就已经具有一定的功能了。

实际上，有监督学习和无监督学习模式在我们的生活中和智能的形成中也很常见。例如，在我们小时候，父母会告诉我们：这个动物是猫，这个动物是狗，这个动物是大象……因此我们就掌握了关于这些动物的类别的知识，以至于看到一只新的动物时也能很快辨认出它的类别，这就是有监督学习的情况。

而在另一些场景中并没有人告诉我们这些动物的名字，但是我们也能通过辨识它们的特征，了解到某几只动物应该属于一类，而另外几只属于另一类。这样的情况实际上就是无监督的学习过程。在无监督学习的过程中，我们虽然不知道类别的名称，但是了解到了哪些动物属于一类，哪些动物属于另一类，这个结论本身也增加了我们的知识。

以上就是对无监督学习，以及它与有监督学习的区别的一个简要介绍。下面重点介绍本章的无监督学习方法：聚类算法。

9.2　聚类的基本目标和评价标准

本节主要介绍聚类算法要处理的的基本目标及如何对聚类结果的好坏进行评价。首先介绍聚类的基本目标。

9.2.1　聚类的基本目标

由于前面介绍的很多算法都可以用来处理分类问题，因此大家对分类问题已经不陌生了。聚类算法其实可以看成分类问题在无监督（无标签）模式下的处理策略。聚类最终得到的结果是对数据集的一个划分，划分出的每个结果称为一个“簇”(Cluster)，同一个簇内的样本点属于同一类，如图 9.2 所示。

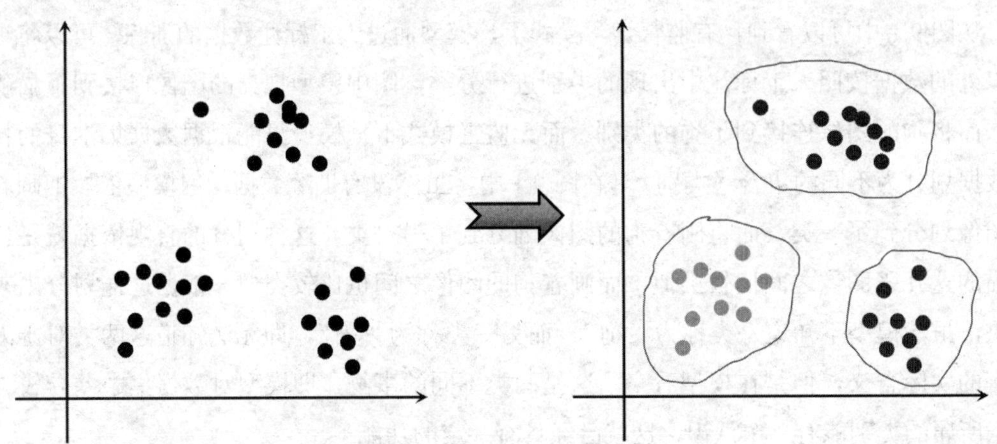

图 9.2　聚类算法的基本目标

这里要介绍的是分类问题和聚类问题的区别。由于分类问题是有标签的，而聚类问题是无标签的，因此两者的优化目标不同。分类算法的优化目标是尽量使训练样本集上的样本经过模型后输出的类别与人工标记的类别更接近；而聚类算法的优化目标则是让分出来的每一个簇中的样本尽量紧凑，而不同簇之间尽量隔得远一些。

由于以高维特征作为高维空间坐标的样本点的位置实际上表征的是它的特征，因此在高维空间中，如果两个样本的距离近，就说明两者在特征上较为相似。基于“物以类聚”的想法，我们自然更希望特征相似的（距离近的）样本被划分到同一簇，而差别较远的则划分到另外的簇中。我们一般用簇内相似性（Intra-Cluster Similarity）和簇间相似性（Inter-Cluster Similarity）来说明这一点，即聚类的目标是希望簇内相似性高，而簇间相似性低。

注意

第 7 章介绍 LDA 原理时提到了一个类似的概念，即类内相似性和类间相似性。实际上，这两者的基本出发点是一样的，只不过 LDA 是已知类别，然后用类内相似性和类间相似性约束降维；而聚类则是未知类别，用簇内相似性和簇间相似性约束，用来划分类别（簇）。

9.2.2　聚类的评价标准

那么，对于一个这样的聚类结果，我们应该如何评价其聚类的好坏程度呢？首先，如果已知该无标签的样本数据集的真实类别结果，或者有一个可以视为“金标准”的人工划分结果（如专家判断结果），则可以将聚类结果与该真实答案相比较，得到结论。由于这类

评价方法需要外部数据作为参考，因此往往称为外部评价（External Evaluation）。但有时这样的外部参考数据无法获得，那么只能直接使用进行聚类的实验数据本身对聚类结果进行评估。这样的评估方法一般称为内部评价（Internal Evaluation）。

首先介绍两种外部评价标准：兰德指数（Rand Index，RI）和杰卡德相似性系数（Jaccard Similarity Coefficient，JSC）。

RI 用来衡量一个集合的两种划分方式的相似程度。这里将待评价的聚类结果看作对于训练样本集的一个划分，而将作为真实答案的外部参考看成另一个划分结果。RI 的衡量建立在对样本点对的统计上。在样本集中取两个样本点，观察其在聚类结果中是否属于同一类（簇），然后观察同样的两个点在外部参考划分中是否属于同一类。对于每一对样本点都进行这样的观察，就会得到表 9.1 所示的结果。

表 9.1　RI 的统计结果

外部参考 / 聚类结果	属于同一类（簇）	不属于同一类（簇）	总数
属于同一类	a	b	$a+b$
不属于同一类	c	d	$c+d$
总数	$a+c$	$b+d$	$a+b+c+d$

表 9.1 中的 a,b,c,d 代表该样本集中属于每种情况的样本对的数量。基于表 9.1 的结果，RI 可以记为式 (9.1)。

$$\mathrm{RI}=\frac{a+d}{a+b+c+d} \tag{9.1}$$

可以看出，RI 的含义就是正确的结果占总结果的比例。a 表示外部参考的真实类别中属于同一类的样本对，在聚类之后正确地进入了同一类（簇）；而 d 表示真实类别不属于同一类的，在聚类后也不在同一类（簇）。因此，a 与 d 之和表示正确的情况；而 $a+b+c+d$ 表示所有可能的样本对的取法，即所有可能的情况。两者的比值就是 RI，即聚类问题的正确率评估。

注意

如果共有 n 个样本，由于 $a+b+c+d$ 表示所有可能的样本对，因此 $a+b+c+d = (n\cdot 2) = n(n-1)/2$。所以，RI 在有的地方也写成 $\mathrm{RI} = 2(a+d)/n(\mathrm{n}-1)$ 的形式，实际上与式 (9.1) 的含义相同。

RI 的值域为 [0,1]，该指数值越大，说明对聚类结果的评价越好。当 RI=1 时，聚类结果与真实答案完全一致。

JSC 用来衡量两个集合的相似程度，定义为式 (9.2)。

$$\text{JSC}=\frac{|A\cap B|}{|A\cup B|} \tag{9.2}$$

其中，A 和 B 是两个集合，杰卡德相似性系数表示集合 A 和 B 交集的元素个数与两者并集的元素个数的比值。

如图 9.3 所示，可以看到，杰卡德相似性系数的取值范围也为 [0,1]，当两者的交集为 0 时，即两个集合完全不相交时，杰卡德相似性系数为 0；而当两个集合完全相同时，杰卡德相似性系数为 1。

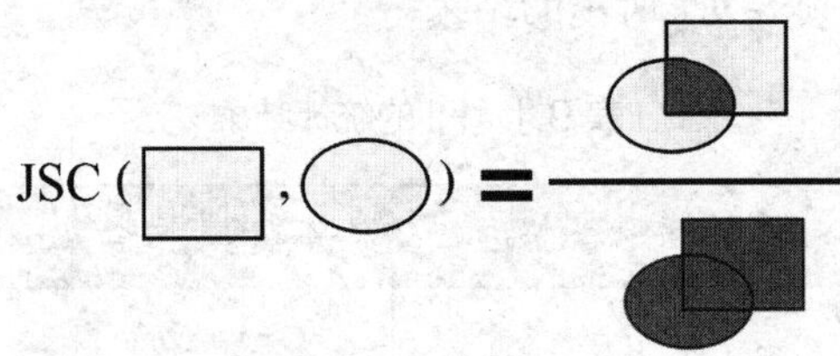

图 9.3　杰卡德相似性系数

应用该系数来评价聚类结果，仍需要像计算 RI 时那样，对样本对进行统计。在这里仍然沿用表 9.1 中的统计结果，这样杰卡德相似性系数就可以表示为式 (9.3)。

$$\text{JSC}=\frac{a}{(a+b+c)} \tag{9.3}$$

通过这种表示可以看出，我们计算的两个集合分别是“在参考划分（真实答案）中属于同类的样本对”和“在聚类结果中属于同类的样本对”。这两个集合的交集就是“在聚类结果和参考划分中都属于同一类的样本对”，即表 9.1 中的 a；而并集则是“在聚类结果或者参考划分中属于同一类的样本对”，即表 9.1 中的 $a+b+c$。因此杰卡德相似性系数越大，聚类的结果就越好。

以上介绍了两种外部评价标准，下面介绍一种内部评价标准，即 Davies–Bouldin 指数（Davies–Bouldin Index，DBI），简称 DB 指数。

DB 指数的数学形式为式 (9.4)。

$$\text{DB}=\frac{1}{n}\sum_{i=1}^{n}\max_{j\neq i}\frac{d(C_i)+d(C_j)}{d(C_i,C_j)} \tag{9.4}$$

其中，C_i 和 C_j 分别为第 i 个簇和第 j 个簇；$d(C_i)$ 为第 i 个簇中的样本与样本之间的平均距离，表征该簇中样本的紧凑程度；$d(C_i,C_j)$ 为第 i 个簇和第 j 个簇的中心点之间的距离。

根据式 (9.4) 可以发现，DB 指数的操作如下：首先，找到某个簇，对其他所有簇进行

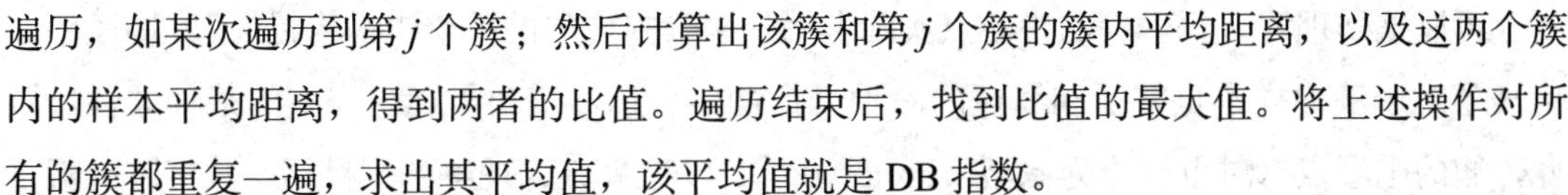

遍历，如某次遍历到第 j 个簇；然后计算出该簇和第 j 个簇的簇内平均距离，以及这两个簇内的样本平均距离，得到两者的比值。遍历结束后，找到比值的最大值。将上述操作对所有的簇都重复一遍，求出其平均值，该平均值就是 DB 指数。

DB 指数的计算不需要利用外部参考样本，只需要对训练样本集进行计算。可以看出，DB 指数概括来说就是簇内距离与簇间距离的比值。由于我们希望簇内距离越小越好，簇间距离越大越好，因此 DB 指数越小，则说明聚类效果越好。

以上简单介绍了几个聚类效果的评价指标。类似的指标还有很多，就不一一介绍了。总之，对于有参考的外部评价方法，基本原则就是计算与参考的相似程度；对于无参考的内部评价方法，基本原则是利用簇内部的距离与簇之间的距离，并给那些簇内部聚集程度高而簇之间能分离得较开的聚类结果以较高的偏向。

下面介绍聚类的实现算法，首先介绍最经典的 k-means 算法。

9.3　基于中心的 k-means 算法

基于中心的聚类算法关注簇内的样本与簇的中心点的关系。在这种思路下，每个样本都可以用一个从该样本所属的簇中心出发到该样本点的向量来表征，如图 9.4 所示。然后通过优化，使这些向量尽量短一些，从而使样本更靠近簇的中心。k-means 算法是一种非常经典的基于中心的聚类算法，其思路直观，易于理解，且实现过程也不复杂。

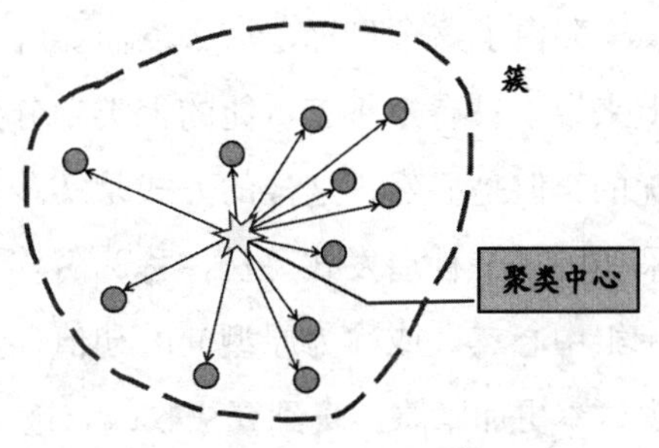

图 9.4　基于中心的聚类算法

9.3.1　k-means 算法的基本思路

k-means 算法的基本思路就是求解一个优化问题，其优化目标是使簇内部的这些样本点到这个簇的中心的总距离最短。该距离反映的就是希望划分为同一类别的元素之间的紧凑程度。样本点到所属的簇中心的距离越短，说明该簇的样本属性差别越小，即更“像”是同一类。其优化目标的数学表达式为式 (9.5)。

$$\min \sum_{k} \sum_{x_i \in C_k} \| \boldsymbol{x}_i - \boldsymbol{m}_k \|_2^2 \tag{9.5}$$

其中，C_k 为第 k 个簇；$\boldsymbol{x}_i$ 为样本特征；$\boldsymbol{m}_k$ 为第 k 类的中心点（簇内样本特征均值）。

可以这样理解：每个簇的中心点实际上就是该簇内样本的一个“平均特征”，即簇中心代表了对于簇内样本点特征和属性的一种概括性的表达，反映了簇内样本的某种共性。因此，簇的中心点有时也被称为原型（Prototype）。以这种方式理解，则目标函数实际上就是描述每一簇内的样本符合该共性的程度。

举例来说，如果一个队伍内有 10 个人，他们的身高（单位：cm）分别是 150,152,157,160,155,180,187,185,182,190。此时可以说，该队伍中的人可以聚类成“个子高的”和“个子低的”两组（簇），其中“个子低的”簇中平均身高为 154.8cm，“个子高的”簇中平均身高为 184.8cm。对于被划分到“个子低的”一组的人，他们每个人的身高和所有个子低的人的平均身高都相差不大；同理，个子高的一组的人也是如此。这两簇中的人都会觉得自己和同组其他人在身高方面很接近。这样的划分是比较有效的，因为这两簇分别对属于它的样本进行了有效和合理的概括，反映了它们共同的信息。试想，如果一个队伍里的人身高从 150cm 到 190cm 都有，且分布很均匀，那么我们就无法用一个与身高有关的概念将其划分成有各自代表特征的两组了。即使规定了 170cm 以下的是个子低的、170cm 以上的是个子高的，但是 150cm 和 170cm 之间相差很大，而 170cm 和 190cm 相差也很大，同一组的人恐怕相互之间也不会觉得自己和其他组员身高相似，这样的划分是不太有价值的。

明白了这个目标，那么下面要解决的问题就是如何找到最有代表性的簇中心点。理论上来说，只有把所有可能的聚类划分方式都列举出来并进行比较，才能确定哪种方式是最优的。但是显然，这样的方式是实践中不可接受的。实际上，在 k-means 算法中，优化所采用的是一种启发式算法，称为劳埃德算法（Lloyd’s Algorithm），其根本思想就是先给出一组中心点（或称为原型）的初值，然后通过不断地迭代改良，优化中心点的取值，使簇内样本更加紧凑，直到算法收敛。这一过程的具体实现方法将在 9.3.2. 小节给出。

不妨这样想象，人类在对这个世界中的事物进行认知并设定概念时，其实也是遵循着类似的思路，即迭代改良。一开始，先根据较为表观的特征将相似的内容整合在一起，然后根据整合得到的同类中的特征为该群体命名。如图 9.5 所示，对于动物界的认识，首先根据其生活习性的不同进行聚类，如麻雀、鹰等因为长得像、生活习性相近被整合成了一类，然后称为飞禽，同理还有走兽。通过整合和概念化（贴标签），人们形成了对动物的一个粗略的分类。然而，随着认识的深入，人们发现原始的概念有一些缺陷，于是又改进划分方法，重新对事物进行整合。例如，不再根据表观特征和生活习性，而是根据动物学的精细特征，将这些动物重新划分为鱼纲、鸟纲和哺乳纲，改良了划分结果。

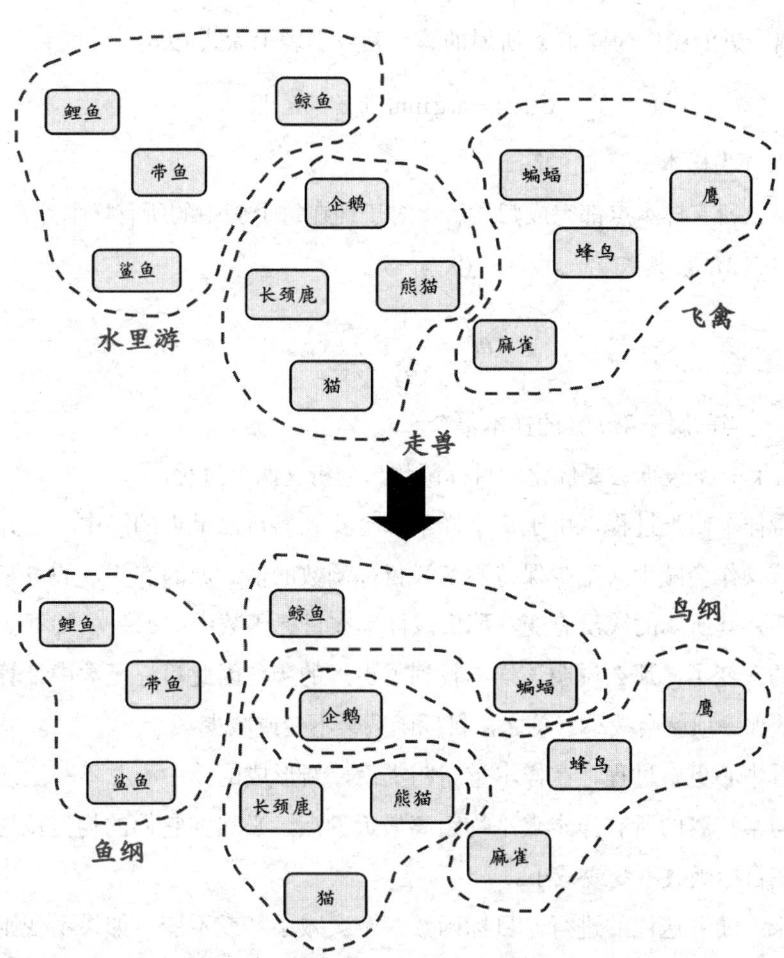

图 9.5　人类知识形成中的聚类与更新

下面详细讲解 k-means 算法的步骤。

9.3.2　k-means 算法步骤

将需要被聚类的样本集记作$S=\{\boldsymbol{x}_1,\boldsymbol{x}_2,\cdots,\boldsymbol{x}_n\}$，k-means 算法聚类的步骤如下。

首先确定希望聚成的簇的数目 k，然后对 k 个簇的中心进行初始化。初始化时可以直接随机指派 k 个样本点作为初始的簇中心；也可以通过随机将每个样本归类到一个簇中，然后计算这些簇的中心位置作为初始的簇中心。指定好 k 个簇中心后（这里记作 $M=\{\boldsymbol{m}_1, \boldsymbol{m}_2, \cdots, \boldsymbol{m}_n\}$），即进入迭代步骤（9.3.1 小节的劳埃德算法）。

在迭代过程中，每次迭代都需要执行两个步骤：样本归类和中心更新。

样本归类：对于样本集中的每个样本 $\boldsymbol{x}_i$，分别计算它与现在的 k 个簇中心各自的距离，然后选择距离最近的簇作为样本 $\boldsymbol{x}_i$ 所属的簇。其数学表示为式 (9.6)。

$$C(\boldsymbol{x}_i) = \arg\min_j \|\boldsymbol{x}_i - \boldsymbol{m}_j\|_2^2 \tag{9.6}$$

其中，$C(\boldsymbol{x}_i)$ 为样本 $\boldsymbol{x}_i$ 所属的簇。

中心更新：所有样本点都完成归类后，对于现在每个簇中的所有样本点，计算其中心，作为新的簇中心 M' 。其数学表示为式 (9.7)。

$$\boldsymbol{m}_j = \frac{1}{|S_j|}\sum_{x_i \in S_j} \boldsymbol{x}_i \tag{9.7}$$

其中，S_j 为当前属于第 j 簇的样本集合。

下面结合 k-means 算法要优化的目标函数，分析这两个过程。

首先来看样本归类过程，由于每个样本都会找到离自己最近的簇中心，并且归属到那个簇，因此该操作会减少（至少保持不变）目标函数的值。原因在于，假设某样本在某次迭代的归类后，其所属的簇没有变，那么该样本在目标函数中的那一项就不变；如果更新后样本所属的簇变了，那么说明该样本找到了更近的簇，因此目标函数中计算该样本到簇中心的距离的那一项就会减小。总之，目标函数会不变或减少。

然后来看中心更新过程。在样本重新归类后，新形成的簇中心并不一定还在原来的位置。那么，与某一簇的所有样本点平均距离最近的点，必然在它们的均值位置。因此，该过程也只会使目标函数不变或减小。

这样一来，随着迭代的进行，目标函数一定会减小（或不变，如果不变则说明迭代已经收敛）。那么，它会不会一直减小下去呢？答案是不会，因为簇的数目已经给定，一个样本点只能属于 k 个簇中的某一个，因此总共可能的情况是有限的，因此目标函数必然会减小到某个值就停止。这说明经过多次迭代后，算法一定会收敛。收敛后的结果就是最终得到的聚类结果。

注意

k-means 算法流程中有几个需要注意的地方：首先，在簇中心的选择上，簇中心不一定必须是样本集中的某个点；其次，在迭代过程中已经说明了算法一定会使目标函数减小并且收敛，但是这不能保证一定收敛到全局最小，也可能收敛到局部极小值。另外，在样本归类步骤中，实际上就是用了 k 近邻方法，将簇中心看成训练集，以它们所形成的维罗诺伊图进行样本的归类。

9.3.3　k-means 算法的局限性

虽然 k-means 算法原理直观，步骤简洁，但是仍然存在一些局限性。

首先，簇的数量 k 往往是通过经验选取得到的，因此并不一定适合当前数据集。在 k 值的选取上，人们往往采用一种朴素直观的技巧，即选择“肘点”（也称为“拐点”）。如图 9.6 所示，纵轴表示目标函数的值，即样本到自己的簇中心的距离之和；横轴代表 k 的值，即簇的数目。很显然，随着 k 的增大，目标函数值一定是逐渐减小的（增加一个簇中心，对于某个样本点，如果离新中心点更近，那么就归属到新的簇中，否则保持不变即可）。

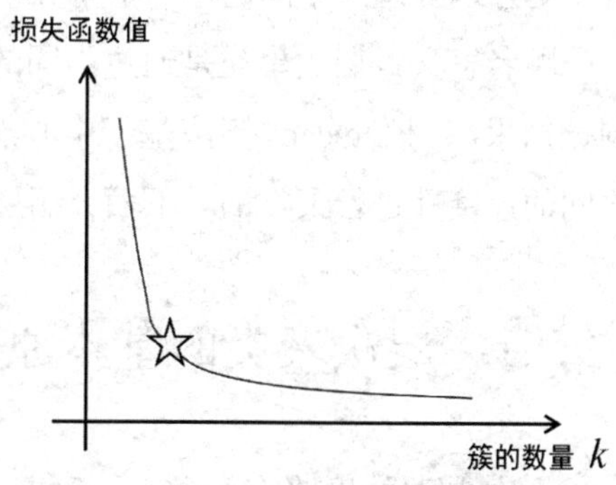

图 9.6　目标函数随 k 值的变化曲线

但是，图 9.6 所示的曲线表明，在 k 较小时，增加一个簇会使目标函数大幅度下降，这就说明增加的这个簇是有效的。而随着 k 的增大，目标函数下降逐渐缓慢，以至于几乎趋于平稳，说明在这些情况下，多增加一个簇并不能带来明显的效果。考虑到奥卡姆剃刀原则，我们倾向于选择满足条件的小一点的 k。

通过这样的分析不难得出，最合适的 k 值应当选取在目标函数值刚开始变平缓的那个位置，即图 9.6 中星号标出的位置。由于这里是变化趋势的一个转折点，又形似人手臂的肘关节的位置，因此被形象地称为“肘点”或“拐点”。

可能有人会说，这不就解决了 k 值的选取问题吗？实际上，虽然该方法很容易理解，也很好操作，但是在实际场景下，这条曲线的转折不一定会这样明显。因此，在实际问题中，簇的数目的选取仍然是一个不太好解决的问题。

另外，k-means 聚类实际上仍基于类似 k 近邻的基本思路，因此比较适合各向同性的、凸的、各个特征维度尺度较为均匀的数据集（形象地说，就是分布比较“圆”的数据集），而对于非凸的、维度不均匀的数据集，效果相对较差。而对于有些特殊情况，如两个重叠的高斯分布的数据集，这样的聚类方法无法将各自原本的分布情况和重叠部分样本点各自的归属正确地恢复，这也是 k-means 算法的一个局限性。

最后一点前面已经提到过了，即这种启发式算法不能保证一定收敛到最优值，很可能会收敛到局部最优解。具体收敛的结果受初值的影响较大。

那么，有没有基于其他思路的聚类方式，可以改善这些情况呢？实际上是有的，聚类思路还可以通过其他方式实现。下面介绍另一种聚类：层次聚类。

9.4 层次聚类算法

通过前面的讨论，我们知道了 k-means 聚类算法中设定一个合适的 k 是不太容易的。为了更好地处理这个问题，本节将介绍一种新的聚类思路：层次聚类。

顾名思义，层次聚类是通过不同的迭代的聚合（或分裂），形成一系列具有层次关系的划分结果。与 k-means 算法基于中心点不同，层次聚类是基于样本点，或者已有的不同簇之间的连接性进行聚类的。下面介绍层次聚类的基本原理及具体的实现方法。

9.4.1 层次聚类的基本原理

层次聚类的思路有两种，一种是自底向上，或者称为聚合（Agglomerative）的方法；另一种是自顶向下，或者称为分裂（Divisive）的方法。自底向上的思路如下：首先把所有的单个样本点当作一个个簇，然后计算这些簇之间的距离，把两个距离最近的簇进行合并，然后不断重复上面的步骤，直到全部样本都属于同一个簇为止。自顶向下的思路如下：首先把所有样本看作一整个簇，然后从中逐渐分裂，直到每一个样本点自己成为一个簇为止。

层次聚类的每一次迭代，不但反映了簇与簇之间的聚合和分裂关系，而且也能反映出它们之间的距离和簇与簇之间的相似程度。因此，通常将层次聚类的迭代过程以树状图（Dendrogram）的形式来表示，如图 9.7 所示。

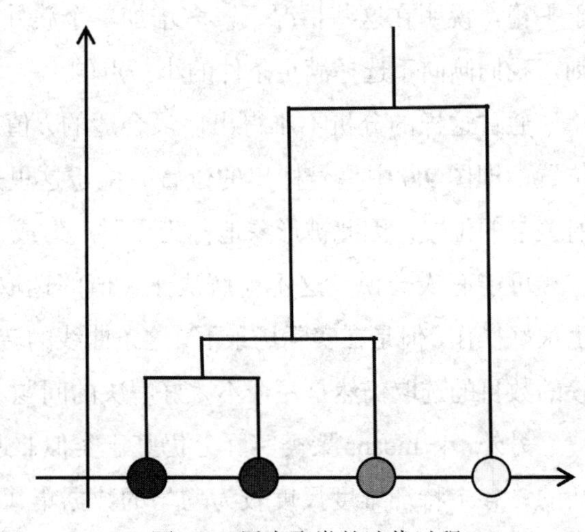

图 9.7　层次聚类的迭代过程

图 9.7 中的每一个节点都代表两个簇之间的合并和分裂，而“树枝”的长度则代表分裂或聚合的两个簇之间的距离关系。因此，从树状图中就可以看出在什么位置选择聚成的簇是最合适的。从某种程度上来说，树状图中选择最优簇数目的思路类似于 k-means 聚类中选择曲线的肘点。但是有所不同的是，层次聚类可以反映更多和样本数据集在不同迭代下的情况有关的信息，因此更容易找到具有实际数学或物理含义的聚类结果。

注意

通过层次聚类的树状图选择最佳的聚类方式，其实就是要找到在哪一次分裂或聚合时树枝的长度最长，因为树枝的长度代表聚合或分裂的这两个簇之间的距离远近。树枝长度越长，说明两个簇之间的距离越远，即它们更像两个不同的集合。反之，如果在某一个树枝上两处之间的距离比较近，那么说明这两个簇之间的特征比较相似，因此最好将其归到一个集合里。

其实，层次聚类树状图的一个形象类比就是生物分类学中的物种关系图。图 9.8 所示为一个物种关系图的样例，可以看出，在物种关系图中，不同物种之间的亲缘关系的远近可以得到很直观的展现。其实，生物分类本身就可以看作一个聚类的过程。正如前面提到的，人类在认识不同动植物时，就是通过它们特征的相同和不同程度来对它们进行区分的。因此，可以将图 9.8 所示的物种关系图看成由最底层的不同种的生物，根据特征的相近逐渐聚合，得到不同的属；而不同属的生物再根据它们之间的特征的距离关系进行合并，从而得到不同的科，以此类推……

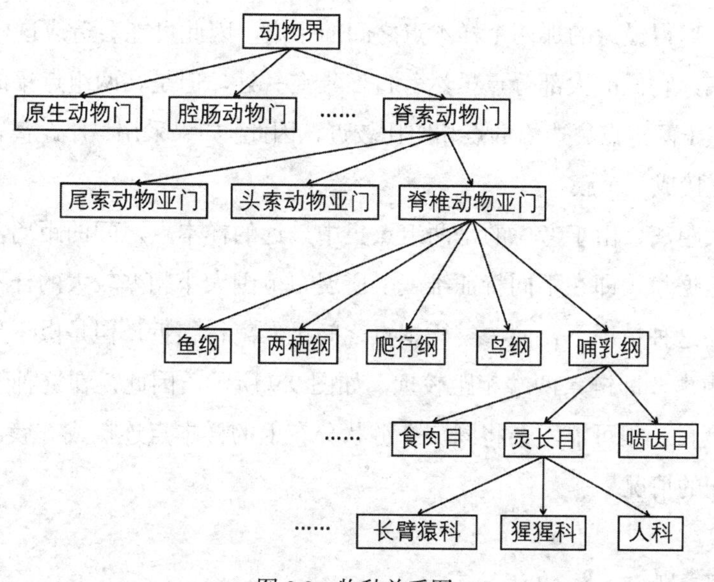

图 9.8　物种关系图

前面提到，k-means 聚类用的是以中心点为原则的方法，而本节介绍的层次聚类则采用的是基于连接性的原则。那么，问题就是应该如何度量两个簇之间的连接性。具体来说就是，应该通过何种指标来决定，哪两个簇在某次迭代中应该连接起来，聚成一簇呢？

层次聚类中采用距离这个指标来度量簇与簇之间的连接性，在每次迭代中，对于距离最近的两个簇进行合并。对于两个样本点之间的距离计算我们已经非常熟悉了，但是对于两个簇，即两个样本点集之间的距离，应该如何计算呢？

一般来说，度量两个簇之间的距离的函数主要有以下几种，分别是最大距离、最小距离和平均距离。三者的定义分别如下。

最大距离为式 (9.8)。

$$D_{\max}(C_i,C_j)=\max_{\boldsymbol{p}\in C_i,\boldsymbol{q}\in C_j}\operatorname{dist}(\boldsymbol{p},\boldsymbol{q}) \tag{9.8}$$

最小距离为式 (9.9)。

$$D_{\min}(C_i,C_j)=\min_{\boldsymbol{p}\in C_i,\boldsymbol{q}\in C_j}\operatorname{dist}(\boldsymbol{p},\boldsymbol{q}) \tag{9.9}$$

平均距离为式 (9.10)。

$$D_{\text{mean}}(C_i,C_j)=\operatorname*{mean}_{\boldsymbol{p}\in C_i,\boldsymbol{q}\in C_j}\operatorname{dist}(\boldsymbol{p},\boldsymbol{q}) \tag{9.10}$$

可以看出，最大距离指的是从两个簇中各取一个样本，度量它们之间的距离，然后以这些距离的最大值来表示簇与簇之间的距离；最小距离则正好相反，是以两个簇之间样本距离中的最小值作为簇与簇之间的距离；平均距离则是这些距离的均值。

那么这三种簇间距离的度量各有什么特点呢？首先来看最小距离，最小距离由于只考虑了两个集合中离得最近的那两个样本点之间的距离，因此可能会造成这样一种情况：要聚类的两组点集，它们的大部分点虽然各自聚集在一处，但是在两组点集的交界处有几个干扰点，与分布于两组点集边缘的点相距比较近，因此 如果采用最小距离，就很有可能将这两个样本集连接成一个簇。

而对于最大距离，由于考虑的是两组点集中最远的样本点之间的距离，因此对于分布为“链状”的数据集，即在不同特征维度上所展布范围大小相差较大的样本点集，效果会比较差。因为在这种情况下，同一类样本点之间虽然离得很近，但是由于呈现链状的分布形态，使最大距离，即链条两端相距较远，如图 9.9 所示，因此，在这种情况下如果使用最大距离进行度量，很可能不会将同一个链状分布上的样本点连接成一簇，从而造成与希望的结果不匹配的情况。

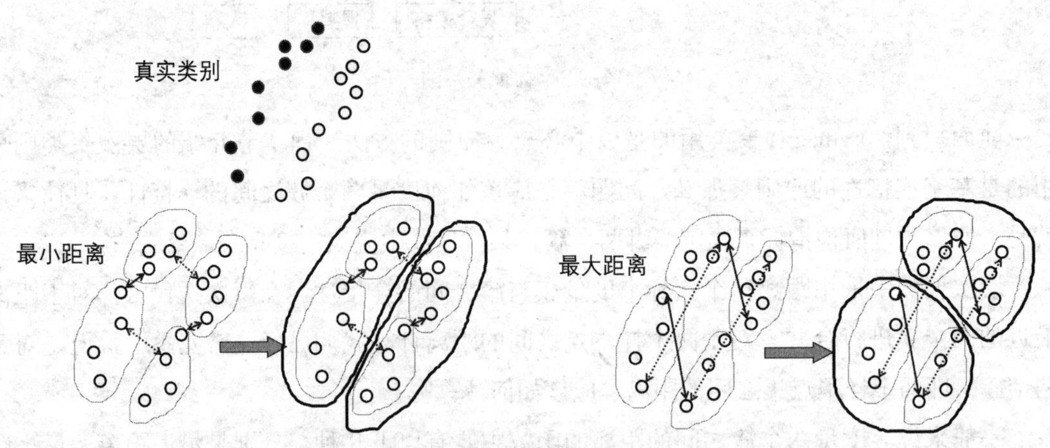

图 9.9　最大距离应用于链状分布数据集

而平均距离则综合考虑了两个簇中的所有样本点的距离情况，因此相对较为稳定，结果也介于最小距离与最大距离之间。

注意

综上所述，最小距离对两簇之间离得比较近的样本点比较敏感，与之相反的，最大距离则对于离得较远的样本点比较敏感。因此，在一项任务中要选择哪种距离度量，需要结合数据样本点的具体分布情况来决定。

现在我们知道了如何度量两个簇之间的距离，接下来就可以进行迭代步骤了。正如前面所说，迭代方法可以分为两种，其中自底向上的方法比较有代表性的是 AGNES 算法，而自顶向下的则有 DIANA 算法。对于层次聚类算法，AGNES 算法应用较为广泛，因此下面以 AGNES 算法为例，介绍层次聚类的具体算法步骤。

9.4.2　层次聚类的 AGNES 算法

本小节介绍 AGNES 算法。如上所述，AGNES 算法采用的是自底向上的聚合策略来实现层次聚类。首先，用 $\boldsymbol{S}$ 表示样本集，即 $\boldsymbol{S}=\{\boldsymbol{x}_1, \boldsymbol{x}_2, \cdots, \boldsymbol{x}_n\}$，共有 n 个样本，第 i 个样本的特征向量为 $\boldsymbol{x}_i$。对于样本集，首先将每一个样本初始化为一个簇，然后进入迭代过程：对于现阶段的所有簇，计算任意两个簇之间的距离（利用前面所述的簇之间距离计算方式中的某一种），然后找到所有距离中最小的那个，将它所对应的两个簇进行合并，形成一个新的簇。然后将这两个簇从当前所有簇的集合中删除，并把新形成的簇加上。经过这样一步操作，之前的 n 个簇就变为 n-1 个簇。以此类推，继续进行迭代，那么现有的簇会依据它们之间的距离关系逐渐进行合并，簇的数量逐次减 1，最终的结果就是所有的簇都被聚成了一类，迭代到此为止。将每一次聚合的两个簇及它们之间的距离记录下来，就可以形成层次聚类的树状图了。

AGNES 层次聚类的思路较为朴素和直观，将上述过程用流程图表示出来，如图 9.10 所示。

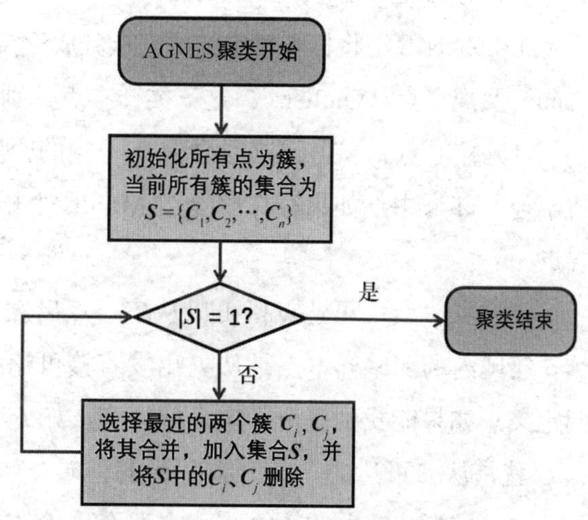

图 9.10　AGNES 层次聚类算法流程图

9.5 密度聚类算法：DBSCAN

本节介绍一种基于密度的聚类方法：DBSCAN（Density-Based Spatial Clustering of Applications with Noise，基于密度的有噪应用中的空间聚类）。不同于以中心点为原则的k-means聚类和以连接性（通过距离度量）为原则的层次聚类，DBSCAN算法利用样本点的密度情况作为聚类的基本原则，然后将相互之间有联系的、聚集程度高的那些部分连接起来，最终形成簇。这样做的好处在于，它可以减少干扰噪声（Outlier，离群点）的影响，因为一般离群点密度较低，无法被归入簇中。下面详细讲解DBSCAN算法的基本思路和步骤。

9.5.1 DBSCAN算法的基本思路

在介绍DBSCAN算法之前，首先回顾前面介绍的两种聚类方法对于簇是如何定义的。对于k-means算法来说，簇是共享同一个中心点的样本的集合，即这些样本离同一个簇中心最近，那么它们就属于同一个簇。对于层次聚类来说，距离比较近的、可以连接起来的一组样本点集就可以被称为一簇。而对于DBSCAN算法来说，簇的定义比较复杂，即簇表示一个最大的相连样本集。

该定义明确地包含了两个层面的内容：其一，同一簇中的样本之间是两两相连的；其二，该样本集是最大的，即在所有样本点中，如果某个样本点是由一个簇中的点出发可达的，那么该点也应该被包含进该簇中，这样每个簇就包含了符合条件的最完整的样本点。这里涉及两个定义，即如何定义样本之间是“可达”的，又如何定义样本之间是“相连”的。下面对相关的概念给出定义。

DBSCAN算法将样本集中的所有点分成三类：核心点（Core Point）、可达点（Reachable Point）及离群点（Outlier）。这三类样本点分别具有如下特征。

（1）核心点：核心点必须要具有一定的密度，用数学语言表示就是，在点P的ε（ε为半径）邻域中，如果存在着至少MinPts个样本点（包括P），那么点P就被称为一个核心点。

（2）可达点：可达点指可以从核心点出发到达的样本点。首先，定义包含在核心点P的ε邻域内的那些样本点是从P出发直接可达的。对于其他的不是直接可达的样本点，我们定义，如果能找到一个样本点的序列，如P，P_0，P_1,…, Q，使后者从前者直接可达，那么Q就是从P可达的，Q就是一个可达点。

（3）离群点：如果一个点N从任何一个点都不可达，那么该点就是一个离群点，即在聚类过程中要避免的噪声和干扰。

对于可达的定义，还需要进一步进行说明。由于从 P 到 Q 的序列中要求每个后项都要由前项直接可达，而直接可达的定义表明了它必须从一个核心点出发，到达该核心点的邻域中的样本点，因此，P 到 Q 的序列中的每一个被当作出发点的样本点实际上都隐含了一个条件，即它们都必须是核心点。也就是说，在一个 P 到 Q 可达的序列 P，P_0，$P_1,\cdots$，Q 中，只有 Q 可以不是核心点，而其他的都必须为核心点。

那么，样本点之间的相连又是如何定义的呢？对于两个样本点 P 和 Q，如果能找到一个样本点 T，使 T 到 P 可达，同时 T 到 Q 也可达，那么就说 P 和 Q 是相连（Connected）的。

有了上述定义，就可以进一步解释 DBSCAN 算法的思路了。要找到相连的样本组成的簇，首先要找到核心点，然后通过其邻域逐渐向外扩展，并把邻域内的样本点加入该核心点所属的簇。如果邻域样本点也满足核心点的要求（即 ε 邻域中的样本点不少于 MinPts），那么对该点也进行和上面相同的扩张操作，直到不能继续下去为止。这样就得到了一个簇。然后对剩下的还没有划分到某个簇的样本，再挑选一个核心点，继续上面的方法聚类，直到所有的非离群点都被划入某个簇中为止。

实际上整个方法的思路可以很直观地理解为：所谓核心点，即位于样本密度较大的位置的样本点，显然这样的点比较适合作为中心，因为密度越大，样本点越聚集，说明它们越可能属于一簇（类别），所以将邻域内的样本划分到该核心点所在的簇中。然后考查新加进来的邻域内的样本点，如果也有核心点，就用它们继续扩大范围，将更多的有可达性的元素收纳进来。该步骤可以这样理解：核心点的周围有足够的邻域样本点，因此它还是在簇的内部，可以继续向外扩张或生长。而对于那些不满足核心点要求的样本点，则说明它们的邻域不够，可以认为已经到达了簇的边缘，因此不再用它们进行扩张。

这种聚类方式的好处在于，它充分考虑到了样本的密度和形状。首先，设定核心点的判断，即关注该样本点所在位置的样本密度，可以有效地滤除孤立的离群点，从而减少噪声对聚类的影响。另外，该聚类方式是以一种从中心点出发逐渐向外扩张的过程，而且每次扩张都会考查新来的样本点的邻域，判断是否已经到达了边界。因此，这样一个过程可以适应不同形状的簇，不像 k-means 算法那样需要样本分布尽量是凸的且各向同性的，因而有更好的数据适应性。

下面具体介绍 DBSCAN 算法步骤，并举例进行说明。

9.5.2　DBSCAN 算法步骤

DBSCAN 算法步骤如下。

（1）进行初始化，簇的序号 i=0，即当前簇 C=C_0。待聚类的样本集合 S 为样本集全集。对参数 ε 和 MinPts 进行设置。

（2）按顺序遍历样本集中的所有待聚类的样本点。对于每个样本点，计算其邻域内的样本数，判断是否为核心点，直到找到一个核心点 p。初始化扩张队列 G 为［p］。

（3）将核心点 p 加入 C，然后考查 p 点直接可达的邻域样本集 Neighbor(p)，将属于该邻域样本集的点加入 C，同时加入扩张队列 G。

（4）对 G 中的样本进行遍历，并将样本逐个加入簇 C。如果某个 G 中的样本 q 满足核心点的定义，则将其邻域 Neighbor(q) 内没有访问过的点加入扩张队列 G。下一次遍历采用更新后的 G，直到扩张队列为空，即已经扩张到簇的边界了，停止遍历。此时，可得到簇 C 的全部样本。

（5）将簇的序号进行自增（i=i+1），然后将待聚类样本集合中已经划分好簇的那些样本删除，继续转入步骤（2）进行操作。

（6）如果所有的核心点都已经被访问过，即没有未聚类的点，或者剩余的点中没有核心点，则算法结束。剩余的点就是没有核心点可达的离群点。

下面用一个简单的例子来说明该过程。图 9.11 所示为一个簇的形成过程。在图 9.11 中，设定 MinPts=3（包含中心点本身），那么，图中只有 2、3、4 满足要求，即它们是核心点。而 1 和 5 这两个点虽然不满足核心点的定义，但是可以由核心点出发到达，即为可达点（由于不是核心点，因此无法从这两个点出发到达其他点，因此图中以单箭头表示，以区别于核心点之间连接的双箭头）。在迭代过程中，2、3、4 会被选作种子点，向外扩张，而 1 和 5（表示簇的边界）也会被加入该簇中。而对于 6，由于其不满足密度不小于 MinPts 的要求，而且从任何核心点出发都不可达，因此它是一个离群点，或者说是不归属于任何一簇的噪声样本。

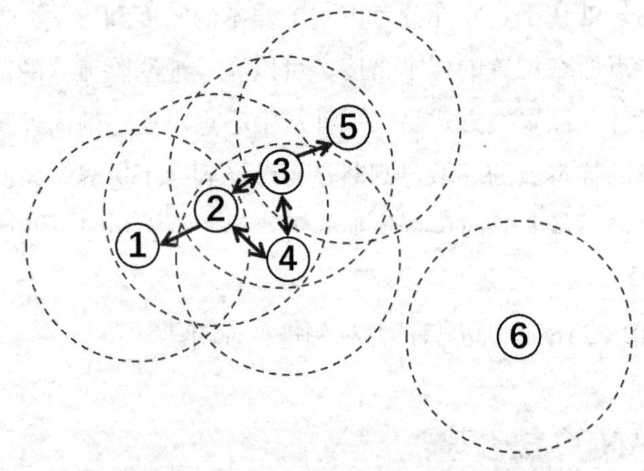

图 9.11 DBSCAN 算法步骤

9.6 本章小结与代码实现

本章主要讨论了一种重要的无监督学习方法，即聚类算法的相关内容，其中着重介绍了 k-means 聚类、以 AGNES 算法为代表的层次聚类，以及基于密度的 DBSCAN 聚类算法，并比较了它们之间的不同点。下面通过 scikit-learn 来实现聚类算法。

```
# 导入用到的 Python 模块
from sklearn.datasets import make_blobs
from sklearn.cluster import KMeans, DBSCAN
import matplotlib.pyplot as plt
import numpy as np
# 利用生成器生成具有三个簇的合成数据集，共 1000 样本点
# 簇中心和标准差如下所示，为方便作图，特征维度选择二维，返回值 X 为数据，t 为各样本点
# 所属的真实簇编号形成的向量
X, t = make_blobs(n_samples=1000, n_features=2, \
            centers=[[1.2,1.5], [2.2,1.1], [1.5, 2.8]], \
            cluster_std=[[0.3],[0.2],[0.25]], random_state=2019)
# 作图显示生成的样本点的分布
fig = plt.figure(figsize=(8,8))
ax = fig.add_subplot(111)
ax.scatter(X[:,0],X[:,1])
fig.show()
```

输出结果如图 9.12 所示。

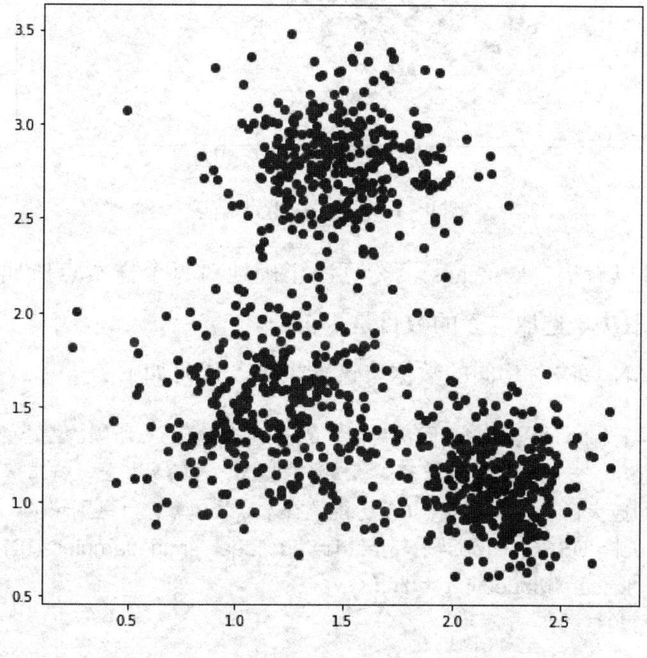

图 9.12 生成的样本数据分布

从图 9.12 中可以看出，这些样本聚集成三个比较密集的位置。下面分别用 k-means 算法和 DBSCAN 算法来对上面生成的样本数据集进行聚类。首先是 k-means 聚类：

```
# 选择 k 为 3 的 k-means 聚类，并绘制最终聚类结果
kmeans_model = KMeans(n_clusters=3, random_state=2019)
kmeans_model.fit(X)
y_kmeans = kmeans_model.predict(X)
fig = plt.figure(figsize=(8,8))
ax = fig.add_subplot(111)
ax.scatter(X[:,0],X[:,1],c=y_kmeans,cmap=plt.cm.jet)
fig.show()
```

输出结果如图 9.13 所示。

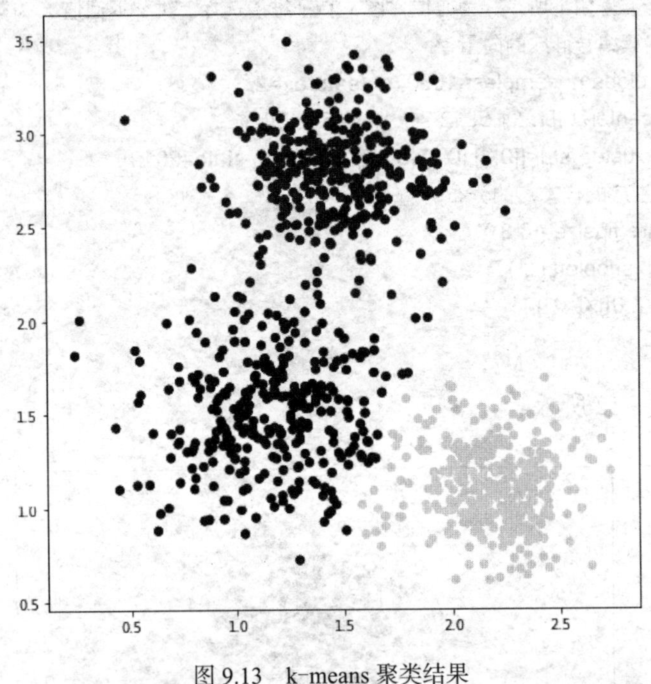

图 9.13　k-means 聚类结果

从图 9.13 中可以看出，k-means 聚类算法正确地对每个样本点所属的簇进行了划分。当然，它的准确性取决于选取的簇的数目是否正确。

下面用 DBSCAN 算法对相同的数据集进行聚类，代码如下：

```
# 选择邻域半径 epsilon 为 0.1，距离度量为欧氏距离，核心点所需的最小邻域样本数为 10 个
# 邻域半径越小，一般得到的簇越多；邻域半径越大，越容易将更多样本聚到一个簇中
# 最小样本数越大，被当作噪声不进行分配的样本点就越多，反之则越少
dbscan_model = DBSCAN(eps=0.1, metric='euclidean', min_samples=10)
y_dbscan = dbscan_model.fit_predict(X)
# 作图展示聚类结果
```

```
fig = plt.figure(figsize=(8,8))
ax = fig.add_subplot(111)
ax.scatter(X[:,0],X[:,1],c=y_dbscan,cmap=plt.cm.jet)
fig.show()
```

输出结果如图 9.14 所示。

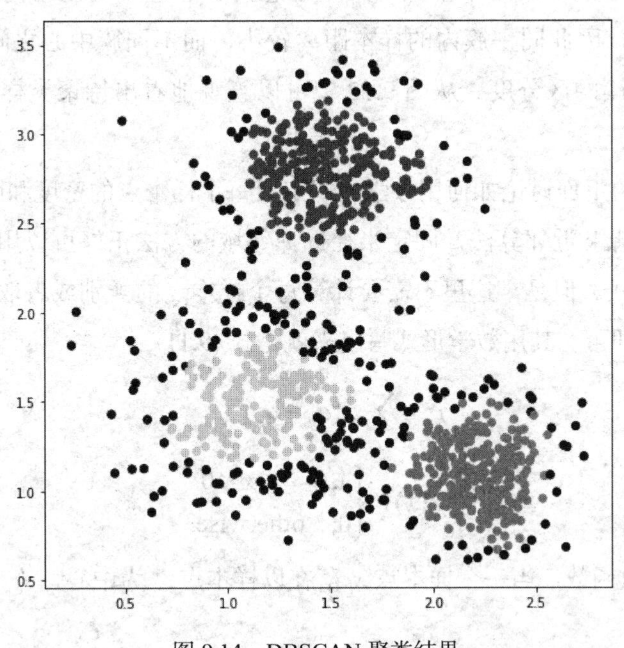

图 9.14　DBSCAN 聚类结果

DBSCAN 算法不需要提供簇的数目，最终算法形成了四个簇，并将一些距离簇中心较远的、密度较低的样本点划到了噪声中，没有分配到某一个簇。在算法形成的四个簇中，有三个是实际生成的簇，另外一个是误判的簇。除了未被分配的样本点外，真实的三个簇中的大部分样本点都被正确地归类了。

9.7　本章话题：*Science* 上的一种巧妙聚类算法

本章话题中讨论一种巧妙的聚类算法，该算法来自一篇发表在 *Science* 上的论文（Rodriguez A, Laio A. Clustering by fast search and find of density peaks[J]. Science, 2014, 344(6191): 1492-1496.）。该聚类算法通常被称为密度峰值聚类算法，简称 DPCA 聚类。

DPCA 聚类是基于数据集中数据的分布密度来进行的。该算法实现步骤简洁，但是思路非常巧妙，在很多情况下能得到较好的聚类效果。下面讨论该算法的基本思路和实现方法。

首先，DPCA 聚类对于待聚类的样本分布具有以下先验假设：首先，聚类中心往往位于密度比较大的位置，且周围被密度较小的点集所包围。另外，不同聚类中心的距离应该是较大的（至少相比某个簇中的点到该簇中心的距离大。一般来说，该簇中心到另一个簇中心的距离应该更大）。这两点假设是比较合理的，因为簇实际上就是指具有同样的或者类似的特征的一群样本点，既然是同一类，那么自然是特征相近的概率比特征差距大的概率更高一些。而对于不同的簇，理想的状态应该就是簇内的样本点各自聚在自己的簇中心附近，因此同一簇内的样本距离较小，而不同簇中心之间的距离应当较大，从而可以保证不同簇的区分度。从图 9.12 中可以直观地看出待聚类样本集所具有的这两个特点。

从这两点出发，下面讨论如何用数学方式定义每个样本点的密度和簇中心之间的距离。首先来看密度。回想 k 近邻算法，固定半径选择邻域的方法正好可以用在这里（这一点和 DBSCAN 算法类似）。但是，这里不需要计算每个样本点的类别或者取值，只需要统计邻域内样本点的个数即可。其用数学形式写出来就是式 (9.11)。

$$
\begin{aligned}
&\rho_i = \sum_j \chi(d_{ij} - d_c) \\
&\chi(x) = \begin{cases} 1, & x < 0 \\ 0, & \text{otherwise} \end{cases}
\end{aligned}
\tag{9.11}
$$

其中，χ 为计数函数，当一个样本点 $\boldsymbol{x}_j$ 落在以样本点 $\boldsymbol{x}_i$ 为中心，d_c 为半径的区域时，$\boldsymbol{x}_i$ 的密度就会加一。

将该操作应用于所有的样本点，那么通过简单的计数，即可获得每个样本点的密度。注意，这里的密度并没有进行归一化等操作，因为 DPCA 聚类过程中只关注不同样本点的密度的大小关系（密度的序），而不关注具体值。

下面再来看簇中心之间的距离。其比较复杂，因为现在还没有找到簇中心。DPCA 聚类采用了一种巧妙的方式来解决这个问题：由于之前预设了密度越高的点越可能是一个簇中心，因此对于每个样本点，计算它与所有高密度的点（可能的簇中心）的距离中最近的那个距离。这里将所有密度大于样本自身密度的点都视为高密度的点。这样一来，对于密度本来就很高的样本点，计算出来的很可能就是簇中心之间的距离，因而值较大；相反，对于密度比较小的点，可以用来计算距离的样本点就有很多，因此最小距离很可能是该样本点与距离簇中心更近的一个同簇的样本点之间的距离，该距离往往很小。

注意

对于密度最高的点，直接将该距离定义为它到所有点中最远的距离。

该过程写成数学形式非常简单，即式 (9.12)。

$$\delta_i = \min_j d_{ij} \qquad j \in \{k \mid \rho_k > \rho_i\}, \tag{9.12}$$

经过上述操作，每个样本都被赋予了两个值，即 ρ 和 δ。将 ρ 和 δ 分别作为样本点对应的横纵坐标，将所有样本点的 ρ 和 δ 的取值绘制在二维坐标系中，结果如图 9.15 所示。

这个以 ρ 和 δ 为横纵坐标变量的图称为决策图（Decision Graph），即决策各个样本点的属性的图。对于非簇中心的簇内的点，一般 δ 会比较小，因为比较容易找到近邻点。因此，普通簇内的点往往会集中在决策图的下方，即沿着横轴分布。而对于靠近纵轴的，其 δ 比较大，同时 ρ 又较小，δ 大说明其距离簇中心较远，而 ρ 较小则表示周围没有太多近邻点。从该描述中很容易就能知道，这正是离群点的特性。因此，靠近纵轴的那些点，如图 9.15 中的 2、3、8 号样本点，就很可能是离群点。

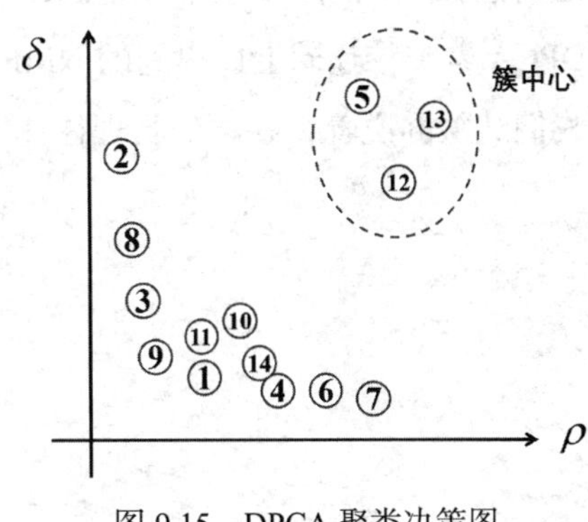

图 9.15　DPCA 聚类决策图

接下来介绍聚类的各个簇中心。簇中心有如下特点：第一，密度 ρ 很大；第二，距离其他簇中心较远，因此 δ 也较大。在决策图中，这样的点分布在右上角，如图 9.15 中的 5、12、13。这些点就被认为是聚类中的簇中心点。

有了簇中心，剩下的工作就简单多了。首先，对这几个密度最大的簇中心分别编上不同的号码，代表不同的簇；然后，按照密度 ρ 降序排列，依次为后面的样本点分配簇的编号。每个样本点都被指派所有比它密度大的样本点中距离最近的那个样本点所拥有的编号。遍历完毕后，每个样本点都能被分配到合适的簇中。

将所有的点都分配完毕后，还需要进行进一步的处理，即去除离群点。离群点距离簇的中心很远，且自己无法成簇，密度比较低。因此，可以通过对簇边界上的样本点的密度设定阈值，将离群点和簇内的成员区分开来。

该聚类算法思路非常清晰，且逻辑简洁。总结来说，该算法包含以下几个步骤：计算密度 ρ 和距离 δ；通过决策图找出簇中心；根据与高密度点的距离关系确定每个点所属的簇，并剔除离群点。整个过程不需要像 k-means 算法那样的迭代更新过程，通过遍历即可完成聚类中心的选取和样本点所属簇的分配。

提出 DPCA 聚类算法的这篇论文被发表在了著名的学术杂志 *Science* 上。在我们的印象中，像 *Nature* 或者 *Science* 这样的杂志似乎更加关注自然科学的进展，但实际上，机器学习中的一些重要算法也曾在上面发表过，如著名的非负矩阵分解算法（Nonnegative Matrix Factorization, NMF）、流形学习方法等。这些算法虽然偏数学和工程领域，但是都具有简洁美观、含义深刻的特点。例如，非负矩阵分解算法实现步骤简单，且得到的特征具有可解释性，因此可能对于研究其他领域的人有一定的启发；流形学习则反映了对人类感知方式的一种洞见。

对于本章话题中讨论的DPCA聚类算法，它的巧妙之处在于对密度和距离这两个特征的选择和使用，其简洁朴素来源于对聚类任务的原则，以及对数据分布的洞察和概括。DPCA聚类，连同上面提到的NMF、流形学习等，这些被顶级科学期刊选中的算法似乎向我们默默诉说着：科学的真理往往简明且深刻。

第10章

字典重构：稀疏编码

第 9 章介绍了聚类算法的相关概念，并给出了如 k-means 聚类、层次聚类等聚类的实现算法。本章要介绍的仍然是一种无监督的学习方法，称为稀疏编码（Sparse Coding）。稀疏编码通过求解优化问题，对训练集数据的特征进行学习，得到可以表征数据集特征的字典，并通过特征字典对数据进行稀疏重构。下面先直观地解释一下稀疏编码的原理和思路，并介绍几种常见的任务类型。

（1）通俗解释：稀疏编码的基本思路是，在数据集中抽取一个数量非常大的具有代表性的特征集合，该集合被形象地称为“字典”（Dictionary）或“码本”。利用字典中的元素与对应的系数进行线性表示，就可以将具有相同特征的数据表示出来。由于字典中元素数量很大，因此线性表示时系数具有一定的稀疏性，即只用一小部分字典元素（提取到的特征）就能将原始数据重构出来。这也正是稀疏编码中“稀疏”的含义。该过程类似于用汉语字典对一句话进行重构，尽管汉语字典中收录了上万个不同的汉字，但是我们在表达一句话时只用了其中的一小部分。只不过在稀疏编码中，该字典是从数据中自适应地提取到的，因而也就具有更好的数据适应性。

（2）任务类型：稀疏编码在很多场景中都有应用，并取得了较好的成果，如自然图像的特征提取、图像去噪、图像超分辨率、图像识别等。

10.1 稀疏编码的思路

稀疏编码实际上指的就是如何用一个来自原始数据的过完备的字典和对应的稀疏系数来重建和表示原始数据。字典有时也称为码本，实际上是待重构数据的特征，字典中的每个组成元素称为一个字典原子（Atom）或基（Base）。稀疏编码思路中的两个重要的概念就是过完备性（Over-completeness）和稀疏性（Sparsity），实际上，过完备的字典与稀疏的重构系数是相互关联的，这一点在10.1.2小节将给出详细的说明。

10.1.1 神经生物学的发现

在神经生物学研究中人们发现，其实稀疏表达的策略早已通过进化成为人类大脑皮层中的一个天生的功能。在漫长的进化过程中，为了能够更加高效地处理自然环境图像，在高等哺乳动物的视觉皮层中有一种有效的编码方法。一张自然图像被大脑皮层捕获之后，实际上用来编码表示的神经元和总数相比只有较少的一部分，即自然图像在人类的视觉皮层中实际上就是稀疏表达的。而对于大脑皮层中神经细胞的感知域，即用于稀疏表达的基函数，则具有局部性、方向性及带通性，类似于小波变换中的小波基。（可参考 Olshausen B A, Field D J. *Sparse coding with an overcomplete basis set: A strategy employed by V1?*[J]. Vision research, 1997, 37(23): 3311-3325.）

生物的进化过程用某种视角看来，其实就是一个超长时间尺度上的优化问题。目标函数是对环境的适应性和信息处理效率的高效性，而优化方法则是优胜劣汰的自然选择。上亿年的迭代（繁殖）使如今的高等动物在很多方面都具有极其精妙的结构和算法策略。实际上，人们研究算法时，很多时候是以在生物身上的发现作为灵感来源，甚至直接对生物的策略进行模仿，如遗传算法、蚁群算法、神经网络算法等，而稀疏编码也是其中一例。

下面用一个形象的案例来说明稀疏编码的过完备性和稀疏性这一对相互联系的概念。

10.1.2 过完备性与稀疏性

过完备指的是字典中的基或者原子数量非常多，因此可以将输入数据中的很多特征都表示出来。那么，要想重构原始数据，只需要找到几个其所具有的特征，然后将它们线性组合起来即可。由于字典是过完备的，特征有很多，因此只需要找到数量较少的几个特征，就能把原始数据重构回去。这就是系数的稀疏性。

下面用较为形象的案例来说明该问题。如图10.1所示，想象右边的四个零件拼出了左边两个形态不同的机器人（用机器人1和机器人2来指代）。

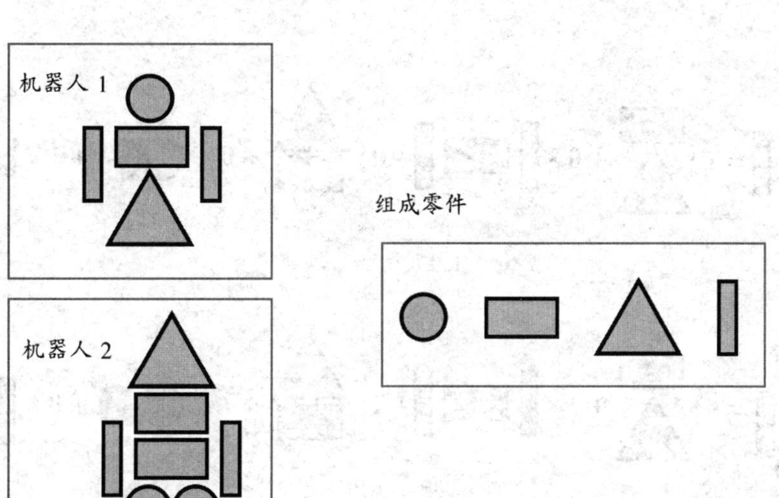

图 10.1　两个由零件拼出的机器人

这里把这两个机器人作为原始数据，并用零件来进行表示（只考虑用的零件的类型，以及每种零件所用的数目，不必考虑空间位置，实际上就是确定做一个机器人 1 或者机器人 2 需要多少原材料）。实际上，"零件" 就是用来表征机器人的特征。那么，用图 10.1 所示的零件来表示两个机器人，可以写成图 10.2 所示的方式。

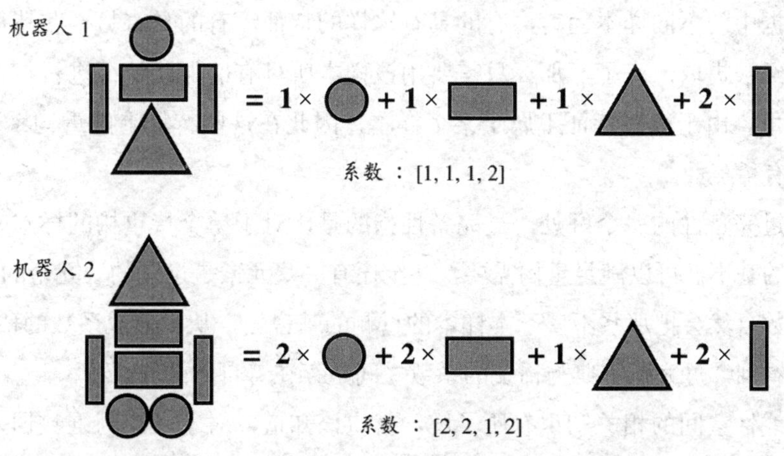

图 10.2　利用单个组成零件来表示拼出的机器人

可以看出，用图 10.1 中的零件来表示的两个机器人的系数都不是稀疏的，即机器人 1 和机器人 2 都需要所有的零件进行组合才能正确地拼出来。如果不是用单独的零件进行表示，而是用一些零件的组合进行表示，如图 10.3 所示，那么所得到的系数也会产生变化。

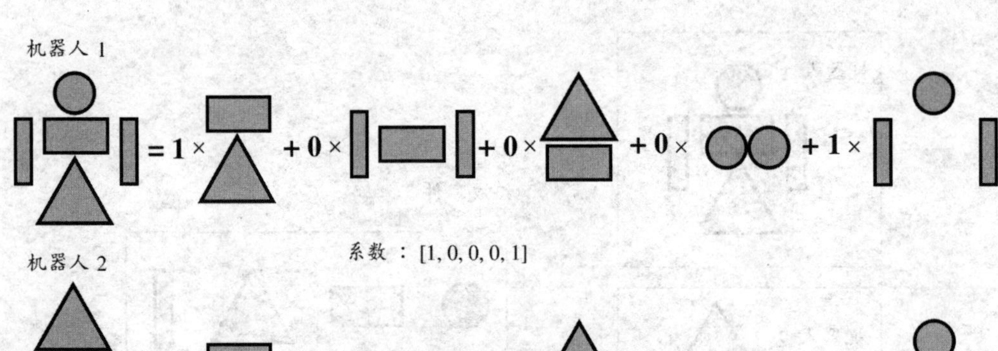

图 10.3　利用零件组合来表示拼出的机器人

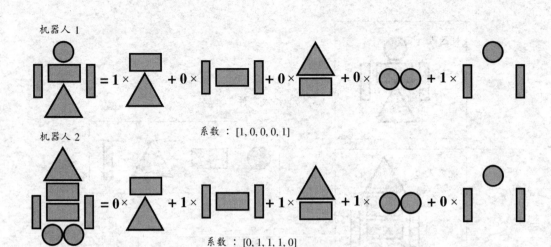

可以看出，用已经具有一定组合结构的零件组合来代替单个零件对两个机器人进行表示时，所用到的系数变得更稀疏了，即 0 值出现的比例增加了。这也意味着，用这种方法表示原始数据时，很多零件组合直接被舍弃了，而另一些零件则直接被作为一个整体用于重构了。

为什么会有这种现象呢？结合图 10.3 其实可以比较直观地理解，那就是这些零件组合相比单个零件来说，本身就能反映原始数据中的一些特征，从而包含了较多的数据特点。对于一批数据中的不同样本而言，有的具有这样的特征，有的具有另一些特征，因此如果这些特征已经被提取出来了，那么只需要用该样本所具有的那些特征进行重构，而舍弃掉其他特征即可。由于很多特征不属于某个样本，因此在这些特征上的重构系数为 0，从而导致系数具有稀疏性。

这就是过完备性的一个好处。过完备性指的是，对于单个待重构的样本来说，用于重构的字典中的基不但可以满足重构需要，甚至还有一些元素是过剩的（冗余的）。因此，得到的重构系数自然会把那些不属于本样本的过剩的基舍去，从而形成系数的稀疏性的特点。这里也可以看到，过完备字典与稀疏的系数之间是存在着自然的联系的。

如果对线性空间的相关知识有所了解，就应该知道，对于一个高维数据，可以用一组完备的基向量来进行线性表示。例如，对于任何一个三维的特征数据，都可以用 (1,0,0)、(0,1,0)、(0,0,1) 三个基向量的线性组合进行表示（当然，这种线性组合的系数不是稀疏的）。那么，在实际应用中，为何还要寻找一个过完备的字典和稀疏表示的方法呢？原因在于，这样的字典更能抓取出数据中的主要特征。

例如，任何一篇中文文章，通过在文章中出现的所有汉字单字就能将整篇文章重构出来，这就类似于高维数据用完备基向量来表示。为了方便说明，用一句话来代替一篇中文文章，如“爱学习的机器猫在学校里学机器学习”。这句话可以通过以下“字典原子”复述出来：{ 爱，学，习，的，机，器，猫，在，校，里 }。这些汉字用来表示这篇文章是足够的。

也可以选择另外的方法，那就是统计其中不同长度的汉语单词（词组），如{爱，学习，爱学习，学习的，机器，猫，机器猫，在，学校，里，学校里，学，机器学习}。由于将所有可能的词组都列出来了，因此得到的“字典”可能会比用汉字得到的要复杂一些，或者说字典元素多一些，即具有过完备性（作为参考，现代汉语词典中收录的汉字单字约 1 万余条，而词语则近 7 万条）。利用这个过完备的词典，也可以将文章内容表示出来。

相比用汉字单字来表征整篇文章，用词组来表示的一个好处是，更能反映文章的特征，并且更有效率。在一片长文章中，“机”“器”“学”“习”这四个字很有可能都被用到了，但是不一定是一篇关于机器学习的文章，因为这四个字可能出现在不同的位置，并且和其他字组成了词语。但是，如果我们看到一篇文章中出现了“机器学习”这个词组，那么就能很有把握地说这篇文章一定提到了机器学习的相关内容。通过从数据中学习到的过完备字典，能够更好地表征数据的模式（Pattern），这是过完备字典的一个重要特点。

另外，过完备字典结合稀疏的系数，可以使数据更加易于储存。由于具有可以表征模式的过完备字典，因此只需要存储其对应的系数，并对新来的数据利用系数和字典原子进行重构即可。而重构系数又是稀疏的，因此可以利用存储稀疏数据的方式来减少存储空间。

前面还提到，过完备字典可以反映数据的特征模式，其对应的系数实际上就表示“该数据是否具有这一个特征模式，如果有，则是否明显”。那么，这种从特征层面上表示数据的方式相比原始数据来说，更有利于后续的处理工作。

到此为止，就进入了本章的“正题”，即稀疏编码算法。稀疏编码实际上就是通过求解一个优化问题，来得到前面讨论的这样一个具有过完备性的、可以表征数据模式的字典，并通过该字典，结合稀疏的字典原子系数，对原始数据进行有效的重构。下面就介绍稀疏编码的基本数学形式。

10.2 稀疏编码的数学形式

稀疏编码的目的就是学习过完备字典，其数学形式采用优化问题进行表示，如式 (10.1) 所示。

$$\begin{aligned}&\min_{\boldsymbol{D},\boldsymbol{a}} \left\|\boldsymbol{M}-\boldsymbol{D}\boldsymbol{a}\right\|_F^2+\lambda\left\|\boldsymbol{a}\right\|_1\\&\text{s.t. } \left\|\boldsymbol{D}_{.j}\right\|^2 \leqslant C\end{aligned} \tag{10.1}$$

$\boldsymbol{M}$ 为待重构的矩阵，$\boldsymbol{M}\in\mathbb{R}^{d\times n}$，其中 d 表示每个样本的特征维度，n 表示样本数量。也就是说，$\boldsymbol{M}$ 矩阵的每一列表示一个待学习的样本。$\boldsymbol{D}$ 为字典矩阵，在稀疏编码中，$\boldsymbol{D}$ 是通过优化过程学习得到的。$\boldsymbol{D}\in\mathbb{R}^{d\times k}$，$\boldsymbol{D}$ 的每一列 $\boldsymbol{D}_{.j}$ 表示一个字典原子，该字典中共有 k 个原子。由于要获得过完备的字典，因此 k 往往大于 d。

$\boldsymbol{a}$ 为系数矩阵，$\boldsymbol{a}\in\mathbb{R}^{k\times n}$，$\boldsymbol{a}$ 的每一列都是一个长度为 k 的稀疏向量，作为系数将字典 $\boldsymbol{D}$ 中的原子进行线性组合，得到对应的样本数据。优化目标的第二项为对系数 $\boldsymbol{a}$ 的稀疏惩罚。我们知道，l_0 范数实际上就代表稀疏性，可是由于实际应用中 l_0 范数不是凸函数，对于非凸问题求解不便，因此将其松弛到最近的一个凸范数，即 l_1 范数，来代替 l_0 范数对系数 $\boldsymbol{a}$ 施加稀疏性约束。λ 为拟合误差和稀疏性正则之间的一个权重系数。约束条件表示对每个字典的模值进行限制。通过求解该优化问题，就能得到对应于稀疏的系数，并且能表示出训练样本集中的每个样本的一个过完备字典。

注意

这里着重对约束条件项进行详细的解释。在约束条件中，实际上将每个字典的模值都限制在了阈值 $\boldsymbol{C}$ 以下，这样做的原因主要是保证 l_1 范数正则能够真正得到系数矩阵的一个稀疏解。观察式 (10.1)，由于 $\boldsymbol{D}$ 和 $\boldsymbol{a}$ 都需要优化，因此在迭代过程中，要想拟合误差 $\|\boldsymbol{M}-\boldsymbol{D}\boldsymbol{a}\|_F^2$ 变小，只要保证 $\boldsymbol{D}\boldsymbol{a}$ 和 $\boldsymbol{M}$ 接近就行，因此这两个优化变量存在相互制约的关系，即字典原子 $\boldsymbol{D}_j$ 如果模值非常大，那么可以通过降低系数 $\boldsymbol{a}$ 的模值，仍然使拟合误差维持原状。这种情况是我们很不希望出现的，原因在于，我们并不是用 l_0 范数，即稀疏性最直接的定义“非零元素的个数”来约束 $\boldsymbol{a}$ 的稀疏性的。用 l_1 代替 l_0，虽然比 l_2 范数受元素值的影响小一些，但是仍然会受到元素值的影响。例如，对于向量 [0.1, 0.2, 0.3] 和向量 [1, 0, 0] 来说，如果用 l_0 范数，那么第一个结果为 3，第二个结果为 1，与第二个稀疏性强的事实保持一致；但是如果用 l_1 范数，第一个结果为 0.6，第二个为 1，第一个结果反而更小了。为了让目标函数更能约束 $\boldsymbol{a}$ 的稀疏性，应对字典原子的取值大小进行范围的限定，使对应的系数不至于过小，从而让目标函数中的 l_1 范数以稀疏性为目标，对系数进行优化。

将上述稀疏编码的数学形式用图示的方式表现出来，如图 10.4 所示。

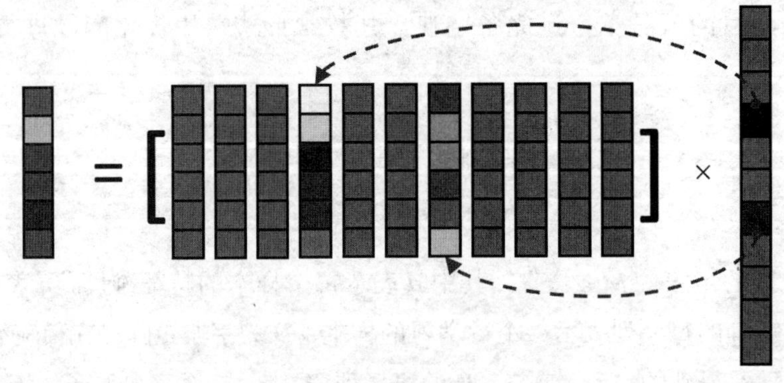

图 10.4　稀疏编码的数学形式

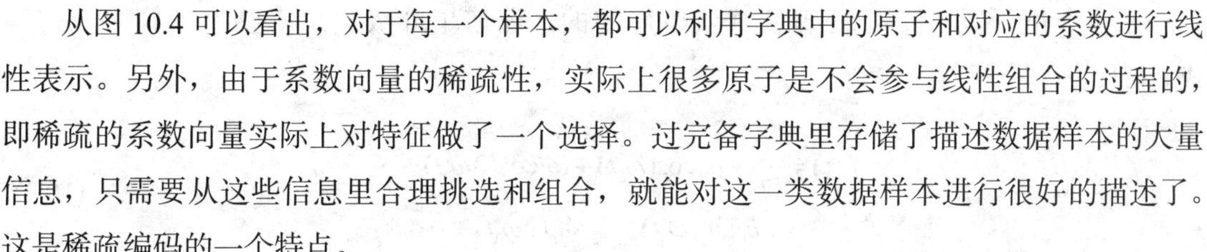

从图 10.4 可以看出，对于每一个样本，都可以利用字典中的原子和对应的系数进行线性表示。另外，由于系数向量的稀疏性，实际上很多原子是不会参与线性组合的过程的，即稀疏的系数向量实际上对特征做了一个选择。过完备字典里存储了描述数据样本的大量信息，只需要从这些信息里合理挑选和组合，就能对这一类数据样本进行很好的描述了。这是稀疏编码的一个特点。

上述优化问题由于有两个优化变量，而且这两个变量之间还是相乘的关系，因此求解较为复杂。通常求解稀疏编码的上述数学形式是通过交替迭代来实现的，即首先固定字典 $\boldsymbol{D}$，对系数 $\boldsymbol{a}$ 进行优化；然后固定好系数 $\boldsymbol{a}$，对字典 $\boldsymbol{D}$ 进行学习，以此类推进行迭代，具体数学计算过程在此不再详述。

10.3 字典学习中的“字典”

稀疏编码算法有时也被称为一种“字典学习”，从这里也可以看出稀疏编码中的“字典”在算法中的重要性。下面讨论“字典”的相关内容。

10.3.1 传统算法中的“字典”

字典就是一系列的小单元，通过这些单元的拼凑和组合，能够对某一类事物进行比较好的表征。

如果对微积分有一定了解，那么应该对式 (10.2) 不陌生。

$$f(x)=f(0)+f'(0)x+\frac{f''(0)}{2!}x^2+\cdots+\frac{f^{(n)}(0)}{n!}x^n+\cdots \tag{10.2}$$

式 (10.2) 即为麦克劳林展开。麦克劳林展开是泰勒级数的一种特殊形式（取自变量为 0）。观察式 (10.2)，$f'(0)$、$\frac{f''(0)}{2!}$、$\frac{f^{(3)}(0)}{3!}$ 等项在 f 的函数形式给定后都是常量，而 x、x^2、x^3 则是用来表示 $f(x)$ 的函数。泰勒级数，或者麦克劳林展开的一个重要的启示意义在于，对于一个无穷可微的函数，也能用多项式函数去表示。我们知道，多项式函数的每一项都具有最简单的函数形式，即 x_k，而左边函数的形式可以很丰富，如指数函数 $f(x)=\mathrm{e}^x$、双曲函数 $f(x)=\sinh(x)$、三角函数 $f(x)=\cos(x)$ 等。换句话说，无论多么形态各异的函数，都可以利用自变量的各幂次进行组合，得到该函数。因此，从泰勒级数的视角来看，这些 x 的以自然数为指数的幂函数就可以视为对于“无穷可微函数”这样一类事物的一个字典。通过对该字典中的原子的线性组合，就能构建出任何符合条件的函数。

另一个例子是在信号处理领域众所周知的，即傅里叶级数。傅里叶级数的公式为式 (10.3)。

$$\begin{aligned} f(t) = \frac{a_0}{2} + a_1\cos(\omega_0 t) + a_2\cos(2\omega_0 t) + \cdots \\ + b_1\sin(\omega_0 t) + b_2\sin(2\omega_0 t) + \cdots \end{aligned} \tag{10.3}$$

式 (10.3) 等号左边是一个周期信号，右边则是不同频率的三角函数的组合，而且三角函数的频率是周期信号的整数倍。仍然用字典重构的视角来看，需要表示的事物就是“周期信号”，而用来表示它的“字典原子”则是不同倍频率的正余弦函数。正是由于其字典原子的简单和傅里叶级数对所有周期函数的普适性，使它在信号处理领域发挥了重要的作用。如果对字典原子进行推广，不再局限于频率相差整数倍正余弦信号，而是将所有频率的正余弦信号作为字典原子，而求和操作由于频率变成连续值而推广成积分操作，此时，这样的“字典”就可以表示非周期信号。这就是在信号处理和分析领域中著名的傅里叶变换（Fourier Transform）。

其他类似的还有小波变换（Wavelet Transform），将小波基作为字典，对信号进行重构及曲波变换（Curvelet Transform），通过不同方向的字典原子对二维信号进行表达。这些变换在信号处理领域应用也很广泛。

10.3.2 “字典”学习的意义

既然现有的方法可以给一个信号或者数据找到通用的表示方式（如傅里叶变换），那么，为何还要通过求解优化问题来“学习”一个字典呢？

首先我们要明确，稀疏编码的目的不仅在于构建一个可以用于重构信号的字典，而且对于字典是有更高的要求的，即该字典要反映被编码的输入数据的信息和模式（Pattern）。这一目的是通过对系数的稀疏性进行约束来实现的（前面详细介绍过系数的稀疏性和字典原子的相互制约关系）。对于字典来说，它越是通用，就越不能反映我们所集中关注的某类样本的分布情况。对于机器学习任务来说，我们希望能够提取到一个“特制的”、适用于某类样本的特征，而稀疏编码方法则正是以此为目标的。

前面已经说过，稀疏编码由于在重构过程中存在大量零系数，因此字典中的很多特征或模式在重构过程中都没有用上，稀疏编码相当于进行了一个特征选择的过程。由于对每个样本都只选择了少量特征进行线性组合，因此这些特征往往是我们重点关注的主要特征，而那些具有随机性的噪声特征，由于无统一的模式和特征，从而无法稀疏表示，在稀疏编码的过程中自然而然地就被抑制了。

10.4　本章小结与代码实现

本章主要讨论了稀疏编码的基本思路和方法。稀疏编码通过求解优化问题，得到一个反映了样本特征信息、能较好地适应当前样本集的字典，并利用字典元素的线性组合来重构原始样本数据。介绍了稀疏编码的主要特点就是字典的过完备性和系数的稀疏性，并阐释了两者的关系和各自的意义。另外，从“字典”重构的视角，考察了傅里叶变换等传统方法中的字典与系数，并指出了自适应学习到的字典相比传统“字典”的特点和意义。下面通过基于 scikit-learn 的代码来实现对样本数据集进行稀疏编码。

本实验将 scikit-learn 中 digits 数据集中的数字 6 的各种手写体作为样本集，每个样本的维度为 64，对其进行编码，并考查得到的字典和编码的稀疏性。

```
# 导入用到的 Python 模块
from sklearn.datasets import load_digits
from sklearn.decomposition import dict_learning
import matplotlib.pyplot as plt
# 加载数据集，选择手写数字 6 作为编码对象
digits_dataset = load_digits()
digits = digits_dataset.data
target = digits_dataset.target
digit_6 = digits[target == 6]
print(digit_6.shape)  # 输出为 (181, 64)，表示共有 181 个样本，特征维度 64 维
# 作图展示前九个样本
for i in range(9):
    plt.subplot(3,3,i+1)
    plt.imshow(digit_6[i].reshape([8,8]))
    plt.axis('off')
plt.show()
```

输出结果如图 10.5 所示。

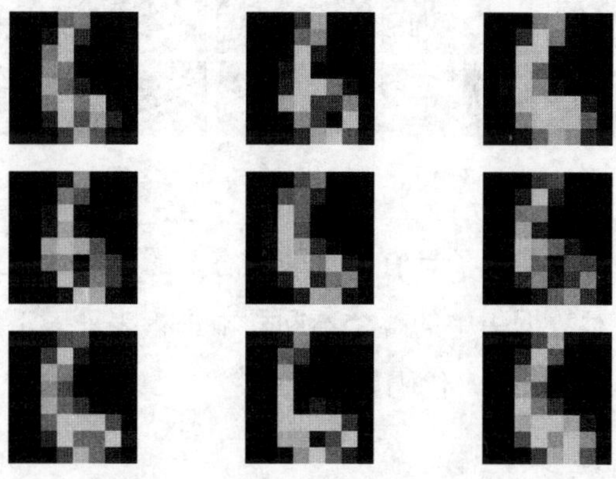

图 10.5　待编码数据集样本（手写数字 6）示例

下面通过稀疏编码的函数对上述样本进行字典学习和编码，并绘制得到的字典，代码如下：

```
# 稀疏编码过程，其中 X 为输入数据；n_components 为字典原子的个数，通常要多于特征维度；
# alpha 为控制稀疏约束的权重；max_iter 为最大迭代次数
# dict_learning 返回值中，code 为得到的稀疏的编码，diction 为得到的字典，error 为每次迭
# 代的误差项
code, diction, error = dict_learning(X=digit_6, n_components=128, alpha=0.1,
max_iter=500)
# 作图显示学到的 128 个字典原子
fig1 = plt.figure(figsize=(16, 8))
fig1.tight_layout()
fig1.subplots_adjust(wspace=0.1, hspace=0.1)
for i in range(128):
    ax = fig1.add_subplot(8, 16, i+1)
    ax.imshow(diction[i].reshape([8,8]))
    ax.axis('off')
fig1.show()
```

输出结果如图 10.6 所示。

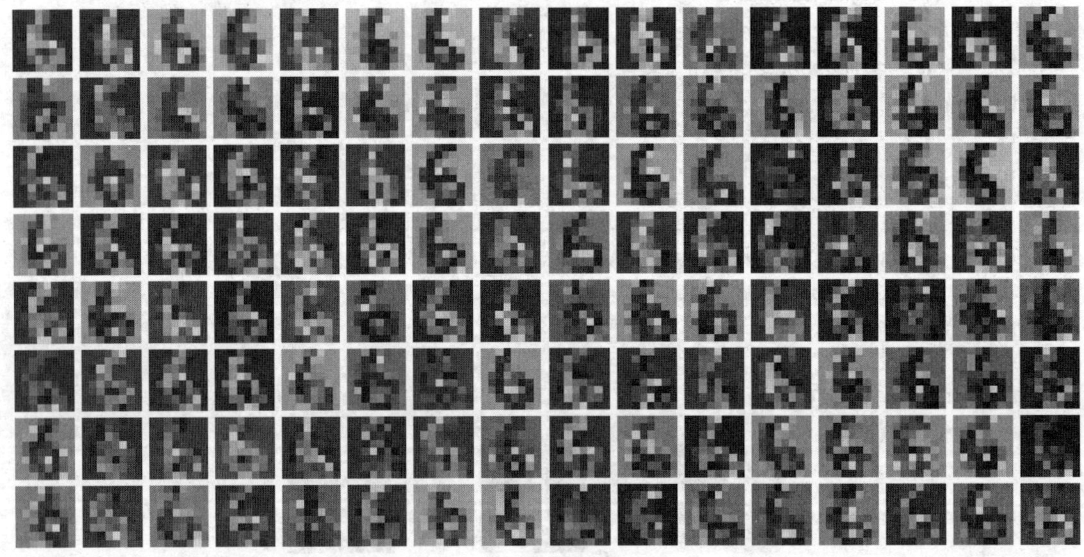

图 10.6　稀疏编码得到的字典

可以看到，字典中的各个原子具有一定的形态上的相似性，但是在取值上又具有一定的差异，从而可以用来对数据集中的各个不同样本进行表征。下面介绍得到的编码，将各个样本编码组成的矩阵绘制出来，代码如下：

```
fig = plt.figure(figsize=(12, 5))
```

```
ax = fig.add_subplot(111)
ax.imshow(abs(code), cmap=plt.cm.jet, aspect='auto')
```

为了方便展示，这里对系数取了绝对值，从而可以更好地分辨出非零值和零值。输出结果如图 10.7 所示。

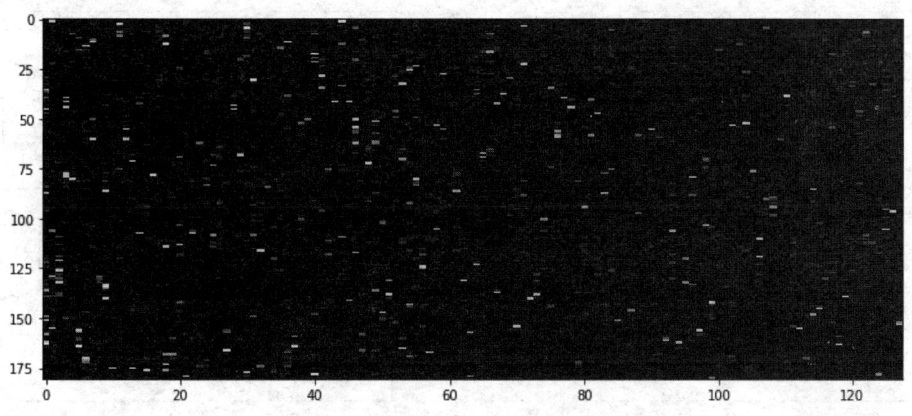

图 10.7　稀疏编码得到的编码矩阵

编码矩阵中，每一行代表一个样本的编码，每一列对应字典中的一个原子。图 10.7 中的亮点表示在该位置取值不为零，其余都是零值。从图中明显可以看出矩阵的稀疏性。

为了更清楚地展示每个样本的编码情况，选取前 10 个样本的编码，作图进行展示。

```
fig2 = plt.figure(figsize=(16,16))
for i in range(10):
    ax = fig2.add_subplot(5,2,i+1)
    ax.stem(code[i,:], linefmt='k-',markerfmt='C0.')
fig2.show()
```

输出结果如图 10.8 所示。

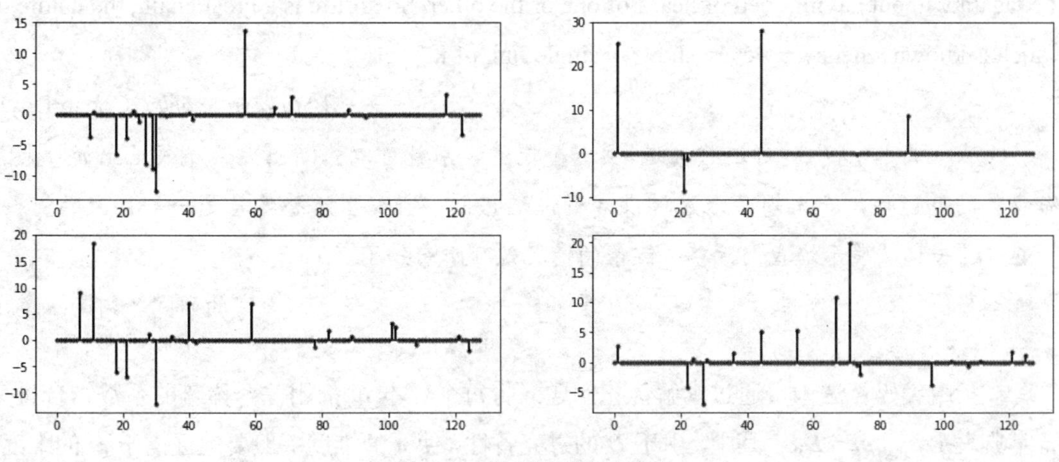

图 10.8　样本稀疏编码示例

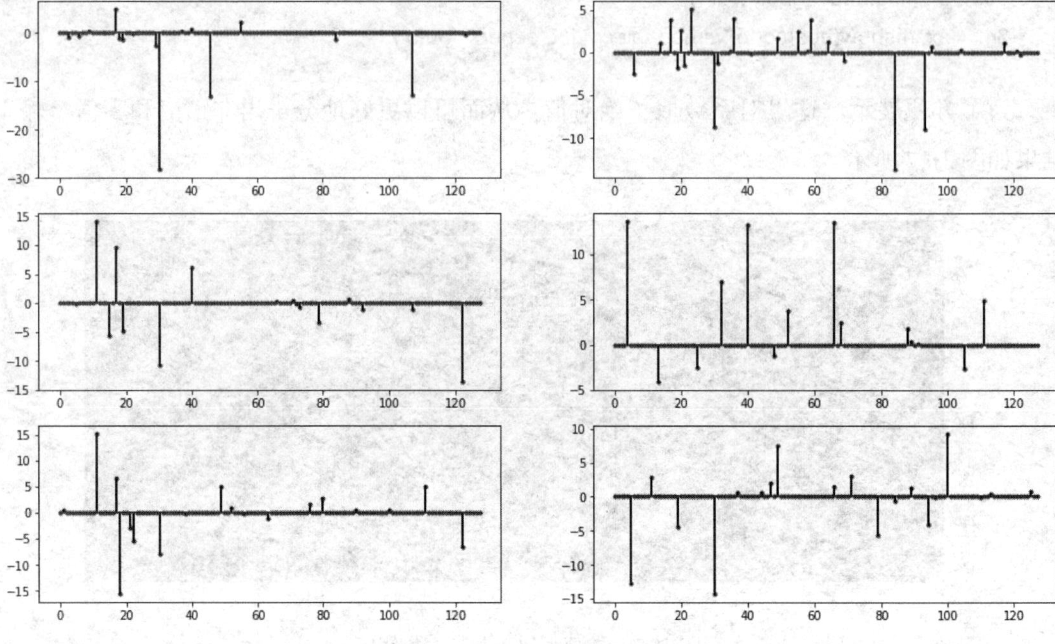

图 10.8 样本稀疏编码示例（续）

从图 10.8 中选取的这些样本的编码可以看出，每个样本虽然码长为 128，但是其中的非零值个数仅占 10%~20%。对于每个样本来说，对其进行重构只需要字典中的一小部分原子参与即可，从而展示了编码的稀疏性，也间接地说明了字典的过完备性。

10.5 本章话题：压缩感知理论简介

"From a drop of water," said the writer, "a logician could infer the possibility of an Atlantic or a Niagara without having seen or heard of one or the other. So all life is a great chain, the nature of which is known whenever we are shown a single link of it."

——*A Study in Scarlet* Conan Doyle

（"从一滴水中，"作者这样写道，"一个逻辑学家就可以推断出大西洋或尼亚加拉大瀑布存在的可能性，而无须亲眼见过或者听说过它们。所以生活整体就是一条巨大的链条，只其中的一环被展示给我们，整个链条的情况就可想而知了。"）

——《血字的研究》柯南·道尔

在稀疏编码算法中，通过求解优化问题，将每个样本 $\boldsymbol{m}$ 都用一个稀疏的系数结合过完备字典表示，即 $\boldsymbol{m}=\boldsymbol{D}\boldsymbol{a}$。其中，由于 $\boldsymbol{D}$ 的过完备性，使 $\boldsymbol{a}$ 的维度一般要远远高于 $\boldsymbol{m}$ 的维度，

即 $\boldsymbol{D}$ 是一个“扁”的矩阵。对于该等式，我们不妨换个角度想一想，如果 $\boldsymbol{a}$ 是要编码的原始数据，通过矩阵 $\boldsymbol{D}$ 的处理，得到编码后的结果 $\boldsymbol{m}$。由于 $\boldsymbol{m}$ 的维度小于 $\boldsymbol{a}$，因此实际上是对 $\boldsymbol{a}$ 进行了一次降维或者说压缩。从这个角度来理解上面的等式，实际上就得到了压缩感知（Compressed Sensing）的基本思路。

压缩感知本来是源于一个和稀疏编码不同的问题，即如何在对信号有一定先验条件的基础上，对信号实施更有效的（相比传统的奈奎斯特采样）采样和压缩。压缩感知最早由数学家陶哲轩等人提出，在信号处理、医学影像处理和地震成像等领域有着广泛的应用。在信号处理领域，经典的采样定理（奈奎斯特定理）告诉我们，在对一个频带有限的连续信号采样后，如果想利用采样后的信号对原信号实现无损恢复，那么采样的频率一定要大于原信号最高频率的两倍。奈奎斯特定理对于所有的带限信号是通用的。我们在前面的讨论中说过，一般来说，通用的方法对于特定的某类问题并不一定是最有效的。压缩感知所针对的就是这样一类“特定问题”，即只针对稀疏信号的采用和压缩。其基本形式为式 (10.4)。

$$\boldsymbol{y}=\boldsymbol{\phi x} \tag{10.4}$$

其中，$\boldsymbol{x}$ 为原始稀疏信号；$\boldsymbol{y}$ 为采样后（压缩后）的结果，$\boldsymbol{y}$ 的维度远小于 $\boldsymbol{x}$ 的维度；$\boldsymbol{\phi}$ 为观测矩阵，表示压缩方式，观测矩阵自然行数远小于列数，是一个“扁”矩阵。$\boldsymbol{\phi}$ 是已知的，因此，给定一个稀疏的高维 $\boldsymbol{x}$，就能通过压缩得到一个低维 $\boldsymbol{y}$。

但是，压缩的目的一般是方便存储或者传输，最终还是需要解压缩的。也就是说，压缩方法必须是可逆的才可以。对于上面的形式，已知 $\boldsymbol{y}$ 和 $\boldsymbol{\phi}$，求解 $\boldsymbol{x}$，又知道 $\boldsymbol{\phi}$ 是一个行数少于列数的“扁”矩阵，那么通过压缩信号恢复原信号，实际上就是求解一个欠定方程组。从数学角度来说，在没有其他约束条件的情况下，欠定方程组的解是无穷多的，因此无法找到原信号。但是，这里还有一个约束条件，即 $\boldsymbol{x}$ 的稀疏性。

由于多了这样一个约束条件，使满足条件的解空间的范围大大缩小，因此只需要求解式 (10.5) 所示的优化问题，就能得到原始信号 $\boldsymbol{x}$ 了。

$$\begin{aligned} &\min \|\boldsymbol{x}\|_1 \\ &\text{s.t.}\quad \boldsymbol{y}=\boldsymbol{\phi x} \end{aligned} \tag{10.5}$$

但是还有一个问题，即在实际场合中的信号并不一定都是稀疏的。为了解决该问题，可以先通过某种方式将原信号变换到某种变换域，使其在变换域中是稀疏的。傅里叶变换、小波变换，以及本章所讲的稀疏编码都可以在合适的情况下实现这一功能。以稀疏编码为例，一旦学习到了一个合适的超完备字典，那么每个样本数据都可以用它对应的稀疏系数来表示，此时就建立了一个从原始样本数据到稀疏数据的映射关系。对稀疏的映射关系按照上面的方式进行压缩和解压，解压出来的结果再结合过完备字典，就可以重构出原始的非稀疏信号了。

压缩感知和稀疏编码虽然来源于不同的问题，但都利用了稀疏性约束来实现各自的目标。稀疏编码的目标是学习出过完备字典，而压缩感知则是恢复原始信号。稀疏性作为一项先验知识，使上述问题都可以利用求解优化问题得到实现。

第11章

教学相长：直推式支持向量机

前面的章节中已经介绍了几种经典机器学习方法，这些方法总体看起来不外乎两类：依据样本特征和对应的标签来学习映射关系（如 SVM、逻辑斯蒂回归、决策树等）完成分类、回归等任务的有监督学习；没有标签的指导，直接根据样本在特征空间的分布特征来实现特征优选（如 PCA、流形学习等）或归类（如聚类等）的无监督学习。但在很多实际场景中，我们既有有标注的数据集，同时也有未标注的数据集，如果想要将两者都用上，那么就需要一种新的思路：半监督学习。本章将以直推式支持向量机（Transductive Support Vector Machine, T-SVM）为例，讲解如何将有标注的数据和未标注的数据结合起来，提高学习效率。

（1）通俗解释：T-SVM 是对传统的 SVM 模型的一种改进版本。它要解决的任务如下：在一个数据集中，只有一部分样本是带有标注的，而目标则设计模型，预测剩下的未标注部分的类别。T-SVM 所采用的策略通俗来说就是：首先根据有标注的数据进行学习，然后把学到的模型用于预测未标注的部分，把预测结果当作伪标注，和之前有标注的数据放在一起，再来训练模型，并且修改很可能预测有误的伪标注。以此重复迭代，得到最终的目标。

（2）任务类型：T-SVM，包括其他半监督学习的算法，都可以应用于标注样本较少，但是整体数据量较大的场景。在日常生活中，这样的场景非常常见。例如，互联网大数据体量都十分巨大，但是对于某些特定问题，全部标注可能比较费时费力，因此只标注了一小部分。但是只用这标注的一小部分，而不利用未标注的大量样本，显然是不经济的做法。因此，可以利用半监督学习方法，尽可能地利用更多的数据信息。

11.1 半监督学习简介

前面的章节中介绍了有监督学习和无监督学习的相关算法。本章将讨论半监督学习的

相关概念。半监督学习是一种介于有监督和无监督之间的学习方法，或者说，它是有监督学习和无监督学习这两种思路的一种综合。一方面，它要利用已知的标签数据；另一方面，也要充分挖掘没有标签的其他训练样本的信息来辅助模型的训练。

“半监督学习”这个概念其实也分为广义和狭义两种。广义上来说，所有利用有限的标注数据和其他未标注数据一起，对模型进行训练和学习的方法都可以称为半监督学习。广义的半监督学习在训练模型的过程中不但要考虑有标注的标签，而且也要把没有标注的那部分数据作为模型训练的一个参考。这样一来，就会出现两种情况：一种情况是，我们所利用的无标注的样本数据是训练集的一部分，即这些无标注样本并不在最终进行预测和处理的测试集当中。在这种情况下，我们用了有标注和无标注两种训练样本，训练完模型后再应用于完全没有见过的新样本中。这种情况实际上就是狭义的半监督学习场景。

另一种情况则有些不同，在这种情况下，我们利用的那部分无标注的数据，正是我们需要预测的测试集样本。这时，我们已经预先知道需要对哪些样本进行预测，即在训练过程中就已经知道测试集的分布情况（但是没有标注）。在训练过程中，一方面参考标注的数据，另一方面也参考测试集的分布情况。该过程如果按照狭义的半监督学习的概念来理解，其实不太能算作半监督学习的范畴。这种策略通常被称为直推学习（Transductive Learning）。但是，由于这种学习方式同时利用了有标注样本和无标注样本的信息，因此从广义上来说，直推学习也是一种半监督学习方法，如图 11.1 所示。

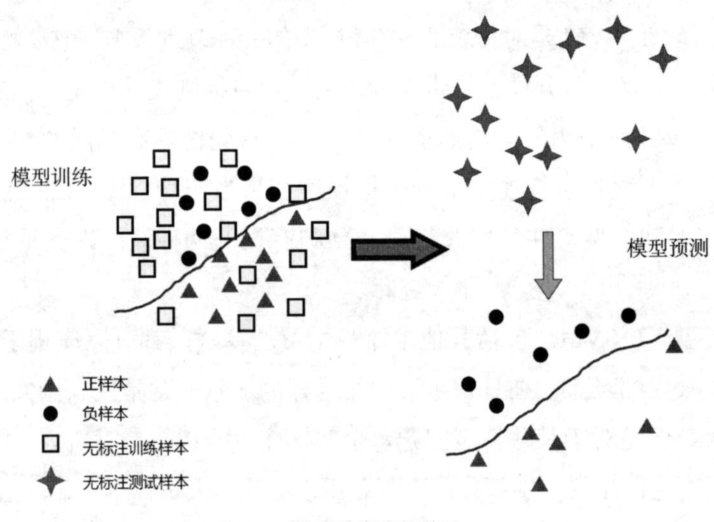

(a) 狭义的半监督学习

图 11.1　狭义的半监督学习与直推学习

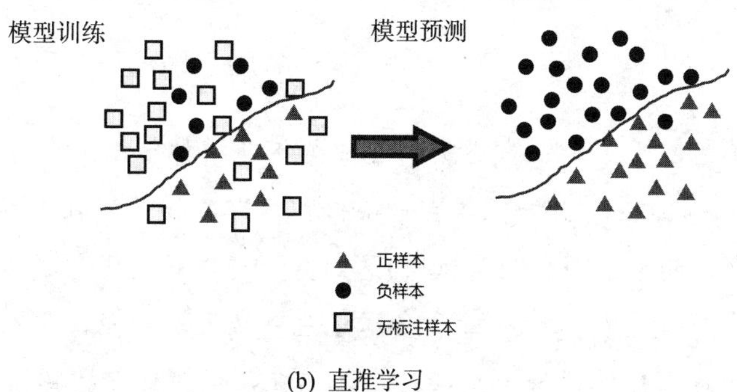

(b) 直推学习

图 11.1　狭义的半监督学习与直推学习（续）

上面给出的这些概念和定义虽然比较简单，但是理解起来似乎不够直观和形象。下面举一个例子来说明上面的问题：如果把机器学习理解为课堂中的学习过程，那么老师上课的过程就类似于有监督的训练（因为老师讲课时需要把题目和对应的解法都讲清楚），而最终的期末考试成绩则可以看作训练的模型（学生的大脑）在测试集上进行测试的结果。

注意

按照这个类比，狭义的半监督学习就类似于这样一种状态：学生既要听老师上课的讲解，也要在课后做一些习题来进行巩固和提高。但是要注意，这里所做的习题是没有标准答案的。但是，在做题的过程中，根据课堂上学到的知识，再结合自己做题的经验，也可以总结出一些有用的信息，从而对上课时老师所讲的内容形成一种补充。但对于期末考试而言，试卷上的内容并不是习题册中出现过的。

而直推学习则是这样一种情况：学生在平时一方面要听老师上课所讲的内容，另一方面直接将期末考试试卷当作习题来做（自然是没有答案的）。在这个过程中，学生一方面从老师那里获得确切的知识，另一方面则了解了期末考试试题的情况，从而丰富了自己对所学内容的理解。最后直接将这张期末试卷的结果上交，作为最终的考试结果，这就是直推学习的基本思路。直推学习把最终需要预测的目标直接加入了训练集和训练过程，虽然是以一种无标注的形式加入的。

从上面这个类比可以看出，如果将学生作为被训练的模型，那么半监督学习的过程就是一个“教学相长”的过程。如何体现呢？首先，老师通过教授使学生掌握一定的信息，或者说学到一些内容；然后，学生再用他所学到的内容来做一些没有标准答案的习题，在做题过程中所总结的那些信息反过来会教给他更多的东西。这样一来，除了老师给予的知识，学生在自己的探索中又形成了更多的知识，并且教给了自己，在下一次做题时就能有更好的效果。通过这样不断地教学（用现有的知识训练）和学习（在无标注样本上预测，并得到更多的知识），模型可以更充分地利用现有的所有信息来提高自己的本领。

注意

这里可能有读者对于“做没有答案的习题如何能增加知识”存有疑问，所以举一个比较具体的例子：老师在课上告诉学生一条知识，即“猫是哺乳类动物”，学生在做习题时有一道选择题，两个选项分别是 A. 猫是鸟类；B. 猫喜欢吃老鼠。表面上来看，这两条知识都没有教给学生，但是由于学生知道了猫是哺乳类动物，那么 A 选项就是错的，因此选择 B。该过程实际上使学生又增加了“猫喜欢吃老鼠”的知识。尽管没有标准答案，但学生仍然能够根据学习到的内容进行推测，并把置信度高的内容加入现有的知识中。回到机器学习任务中，仍然以最基础的二分类问题为例，假设在有标签的样本集上训练得到的模型对于无标注的某个样本 x 的预测结果为：是第一类的概率为 0.95，是第二类的概率为 0.05。那么，此时就可以认为 x 有非常大的可能性就是第一类样本，因此可以把它看作已知标注的，并加入有标注训练集中，从而增加了拥有的知识。

对于半监督学习算法，无论是狭义的半监督学习还是直推学习，它们都有一个共同的假设，即认为样本的分布是有一定的聚类性质的。前面已经介绍了聚类的相关概念，如图 11.2 所示，如果只有两个样本点，并想预测处于它们中间的某个样本点属于哪一类，那么仅靠这两个有标注的样本点作为训练集实际上是无法判断的。也就是说，只能认为它属于两者的概率是相同的。图 11.2 中增加了一些无标签的样本，可以看到，虽然多加入的样本点是没有标签的，但是这两类样本各自聚成特征空间中的一个簇。这样一来，由于中间这个点明显被包含在右边的簇中，而右边的簇中还有一个正样本，因此可以判断右边的簇很可能是由正样本所形成的。因此，对于要判断的点，其属于正样本的概率很大。

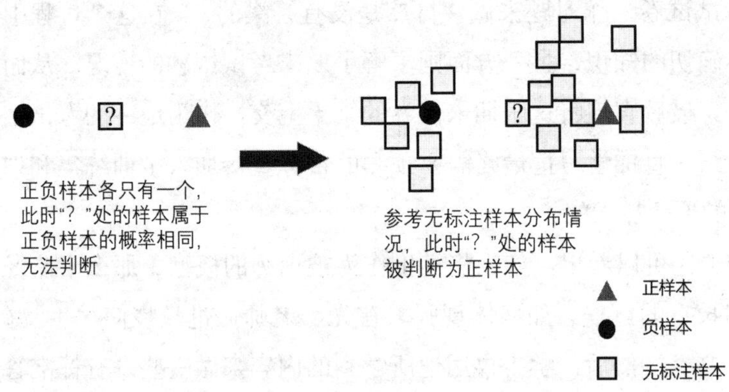

图 11.2　无标签样本在训练中的作用

所以，要想让加入的无标注样本点对于模型的决策有效，那这些无标签的样本点的分布至少应该可以提供一些有用的信息。如果该条件不满足，那么无标签样本点的加入对于模型的训练和判断意义就不大了。

下面以一种比较经典的属于直推学习的半监督方法——T-SVM 为例，来详细讲解半监督策略在实际算法中是如何得到体现的。

11.2　T-SVM 模型

本节将详细讨论 T-SVM 模型的基本思路和数学形式，并通过梳理 T-SVM 模型的具体实现步骤，来加深读者对半监督场景下的学习策略的理解。首先来了解一下 T-SVM 的基本思路。

11.2.1　T-SVM 的基本思路

T-SVM 模型是对 SVM 模型的一种改进和推广，其能够被应用于半监督的学习场景。T-SVM 基本思路如下：首先用有标注的数据集训练一个 SVM 模型，然后利用训练好的模型对无标注的样本进行预测。预测过后，无论是有标注数据的真实标签，还是 SVM 模型预测出的伪标签，所有样本都已经有了自己的标签。这样就可以将所有样本当作训练集，对 SVM 进行训练。

但是在这种情况下，我们认为已经标注好的样本的标签是准确的，而预测出来的伪标签却不一定是准确的。因此，在后面的迭代过程中，要对以上两种样本进行区分，并且设定不同的惩罚力度。考虑到刚开始训练得到的模型要比之后的模型准确度低，所以在最开始时，要让带有 SVM 预测的伪标签的无标注样本的惩罚力度小一些。也就是说，我们对于这些伪标签并没有太多的信任；相对地，原本就有真实标注的样本的惩罚力度要更强一些。正因为它们的标签是准确的，所以如果判断错误，就应受到更多的惩罚。

T-SVM 算法的关键步骤如下：当求解出一个超平面以后，要考察那些被惩罚的错分点，然后在其中挑选出一对当前模型预测结果不同的、含有伪标签的样本点。由于它们都是被错分的，而且预测结果不同，因此将它们的预测标签互换，两者就都变成了预测准确的样本。这里要注意的是，由于标签是预测的伪标签，因此其可以修正。也就是说，与其认为这两个样本点是 SVM 分错了，还不如认为是我们给它们的伪标注错了。标签互换后，再继续训练 SVM，然后继续互换错分样本的伪标签，将该步操作进行反复迭代。

在迭代过程中，那些没有标注数据的伪标签的置信度是在逐渐提高的，即伪标签越来越准确。这时因为模型正在迭代训练，所以其所参考的信息和进行的修正可以使它的性能逐渐变好。基于该原因，对于不符合伪标签的预测结果的惩罚力度应当随着迭代次数的增加而逐渐加大。当伪标签的惩罚权重与真实标签相同时，迭代过程即终止。直观地理解就是，我们认为此时伪标签的置信度已经可以和真实的标签相当了。

经过上面的过程，就可以得到一个同时利用了有标注训练集和无标注测试集共同训练出来的 SVM 模型。实际上，迭代过程终止时，就已经预测出了所有测试集中样本的标签，因此该方法是一个直推学习的模型。

下面将用数学形式对 T-SVM 算法的整个过程和步骤进行表述。

11.2.2 T-SVM 算法步骤

首先回忆第 2 章介绍的 SVM 模型的数学形式，即式 (11.1)。

$$\begin{aligned}&\min_{w,b,\xi}\quad \frac{1}{2}\|\boldsymbol{w}\|^2+C\sum_i\xi_i\\&\text{s.t.}\quad \begin{array}{c}y_i(\boldsymbol{w}^{\mathrm{T}}\boldsymbol{x}_i+b)\geqslant 1-\xi_i\\ \xi_i\geqslant 0\end{array}\quad i=1,2,\cdots,n\end{aligned}\tag{11.1}$$

其中，ξ_i 为对错分样本的惩罚；C 为惩罚系数。

对于 T-SVM 模型来说，最开始时就需要利用这个标准的软间隔的 SVM 来学习一个分界面，然后对所有无标注的样本生成的伪标签进行标注。当伪标签生成后，所有样本都要参加训练，但是真实标签的样本和伪标签样本的地位是不平等的，因此需要把它们分开写，如式 (11.2) 所示。

$$\begin{aligned}&\min_{w,b,\xi}\quad \frac{1}{2}\|\boldsymbol{w}\|^2+C_1\sum_i\xi_i+C_2\sum_j\xi_j\\&\text{s.t.}\quad \begin{array}{c}y_i(\boldsymbol{w}^{\mathrm{T}}\boldsymbol{x}_i+b)\geqslant 1-\xi_i\\ \hat{y}_j(\boldsymbol{w}^{\mathrm{T}}\boldsymbol{x}_j+b)\geqslant 1-\xi_j\\ \xi_i\geqslant 0\\ \xi_j\geqslant 0\end{array}\quad \begin{array}{l}i=1,2,\cdots,n_i\\ j=1,2,\cdots,n_j\end{array}\end{aligned}\tag{11.2}$$

其中，$\boldsymbol{x}_i$ 为有真实标注的样本；$\boldsymbol{x}_j$ 为无标签样本；$\hat{y}_j$ 为无标签的样本在上一次迭代中的预测结果，即生成的伪标注。

下面来看该公式是如何实现 T-SVM 的思路的。首先，将有标签和无标签（伪标签）的样本都写在优化问题的目标函数中，让两者都参加训练，这正是半监督的思路。另外，在求解优化问题的迭代过程中，使 C_2 逐渐增加，表示对于伪标签的信任程度的增加。在

实际的迭代求解过程中，如 11.2.1 小节所述，交换分错的无标注样本的伪标签，可以降低 $C_2\sum_j \xi_j$，实际上就是在求解上述优化问题。

综上所述，T-SVM 算法步骤如下 。

（1）初始化 C_1 和 C_2，其中 C_2 应为较小的值。

（2）用有标注的样本数据训练一个 SVM 分类器，然后用该分类器对测试集的无标注样本进行预测，生成伪标签。

（3）利用真实标签和伪标签对 SVM 进行训练，用得到的模型对无标注样本进行预测，并找到一对错分的、预测结果不同的无标注的样本，交换它们的预测结果。继续本步骤，直到找不到可以交换的样本对为止。

（4）将步骤（3）得到的预测结果作为新的伪标签，并提高 C_2 的值，继续步骤（3）和本步骤的操作，直到 $C_2 = C_1$，停止迭代。此时的伪标签就是对无标签测试集数据的最终预测结果。

11.3　本章小结与代码实现

本章讨论了半监督学习的基本概念和原理思路，并且以 T-SVM 模型为例，说明了半监督模型是如何利用有标注数据和无标注数据的。

半监督学习将标注样本中的标签信息，与无标注样本的分布信息相结合，从而可以得到一个更好的训练效果。而 T-SVM 模型通过将测试集样本赋予伪标签，并进行迭代更新和修正，最终可以直接得到测试集中样本的标签。

下面通过代码实验来展示半监督学习的效果。

由于 scikit-learn 中没有直接可以调用的 T-SVM 算法，因此利用其自带的 SVM 分类器，结合 T-SVM 的算法思路，可以实现一个 T-SVM 的类，并用它来分类和预测。代码如下：

```
# 导入用到的 Python 模块
from sklearn.datasets import make_moons
from sklearn.svm import SVC
import matplotlib.pyplot as plt
import numpy as np
from copy import deepcopy
# 生成样本数据点，共 1000 个样本，X 为样本数据集，t 为标签向量
X, t = make_moons(n_samples=1000, shuffle=True, noise=0.15, random_state=2019)
# 作图画出两类样本点的分布情况
fig = plt.figure(figsize=(8,8))
ax = fig.add_subplot(111)
```

```
ax.scatter(X[:,0], X[:,1], c=t, cmap=plt.cm.jet)
fig.show()
```

输出结果如图 11.3 所示。

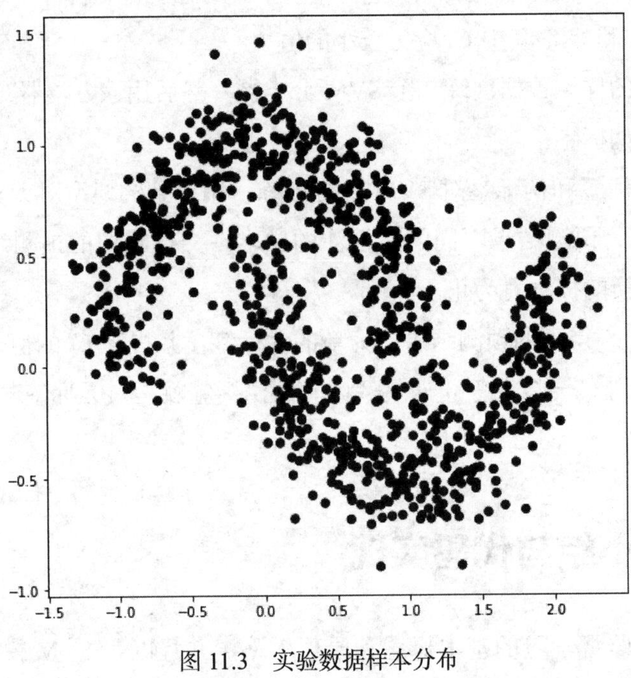

图 11.3　实验数据样本分布

由于是半监督学习，因此需要将部分标签置零，部分标签保留，从而得到一个新的标签向量 y，代码如下：

```
# num_l 为标注样本总数
num_l = 50
y = deepcopy(t)
# 将标签由 0 和 1 转为 -1 和 1
y[y == 0] = -1
# 除了标注样本以外，其余为无标注样本
y[num_l:] = 0
# 作图展示标注样本和无标注样本
fig = plt.figure(figsize=(8,8))
ax = fig.add_subplot(111)
ax.scatter(X[:,0], X[:,1], c=y, cmap=plt.cm.jet)
fig.show()
```

输出结果如图 11.4 所示。

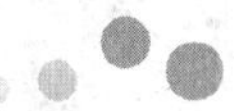

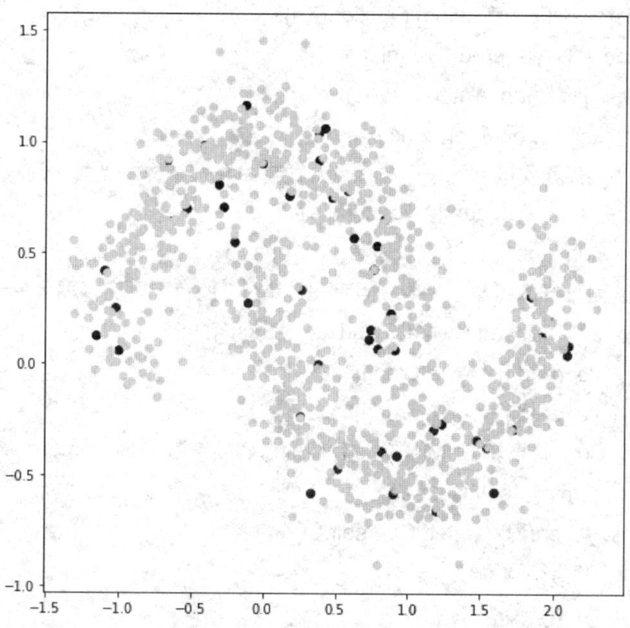

图 11.4　半监督训练样本（标注正负样本与无标注样本）

可以看出，数据集中只有少数样本拥有标签，大多数则是无标注的样本。下面将通过 T-SVM 的思路来处理该任务。首先实现一个 T-SVM 的 Python 类，代码如下：

```
class tsvm(object):
    # 初始化，Cl 和 Cu 分别对应标注和非标注样本的惩罚项系数，kernel 为 SVM 的核函数
    def __init__(self, Cl=1.0, Cu=0.05, kernel='linear'):
        self.Cl = Cl
        self.Cu = Cu
        self.kernel = kernel
        self.clf = SVC(C=Cl, kernel=kernel, random_state=2019)
    # 训练函数，Xl 和 yl 为标注样本与对应标签，Xu 为无标注样本
    def fit(self, Xl, yl, Xu):
        assert len(Xl) == len(yl)
        self.clf.fit(Xl, yl)
        yu_pred = self.clf.predict(Xu)
        sample_w = np.ones(len(Xl)+len(Xu))
        sample_w[len(Xl):] = self.Cu / self.Cl
        while self.Cu < self.Cl:
            X = np.concatenate((Xl, Xu), axis=0)
            y = np.concatenate((yl, yu_pred), axis=0)
            self.clf.fit(X, y, sample_weight=sample_w)
            yu_cur = self.clf.predict(Xu)
```

```
            yu_dist = self.clf.decision_function(Xu)
            ksi_vec = 1 - yu_pred * yu_dist
            for i, ksi_i in enumerate(ksi_vec):
                for j, ksi_j in enumerate(ksi_vec):
                    # 如果两次取到同一个样本点，或者如果两个样本点属于同一类，则跳过
                    if i == j or yu_cur[i] * yu_cur[j] == 1:
                        continue
                    # 两个样本点类别相异，且都是 " 错分 " 的点，则交换两者的预测标签
                    if ksi_i > 0 and ksi_j > 0 and ksi_i + ksi_j > 2:
                        yu_pred[i] = - yu_pred[i]
                        yu_pred[j] = - yu_pred[j]
            # 更新 Cu，并更新 SVM 优化过程中的惩罚项系数
            self.Cu = min(2*self.Cu, self.Cl)
            sample_w[len(Xl):] = self.Cu / self.Cl
    # 预测函数，X 为待预测样本集
    def predict(self, X):
        y_pred = self.clf.predict(X)
        return y_pred
```

在上面的类中，我们仿照 scikit-learn 的基本功能设计了 fit() 和 predict() 两个函数（Python 中称为方法，即 Method）。下面用该 T-SVM 构建模型，并进行训练和预测。

```
# 建立模型
tsvm_model = tsvm(Cl=20.0, Cu=0.1, kernel='rbf')
# 用标注样本和无标注样本进行训练
tsvm_model.fit(X[:num_l,:], y[:num_l], X[num_l:,:])
# 对所有样本进行预测
y_pred = tsvm_model.predict(X)
# 对预测结果作图
fig = plt.figure(figsize=(8,8))
ax = fig.add_subplot(111)
ax.scatter(X[:,0], X[:,1], c=y_pred, cmap=plt.cm.jet)
fig.show()
```

输出结果如图 11.5 所示。

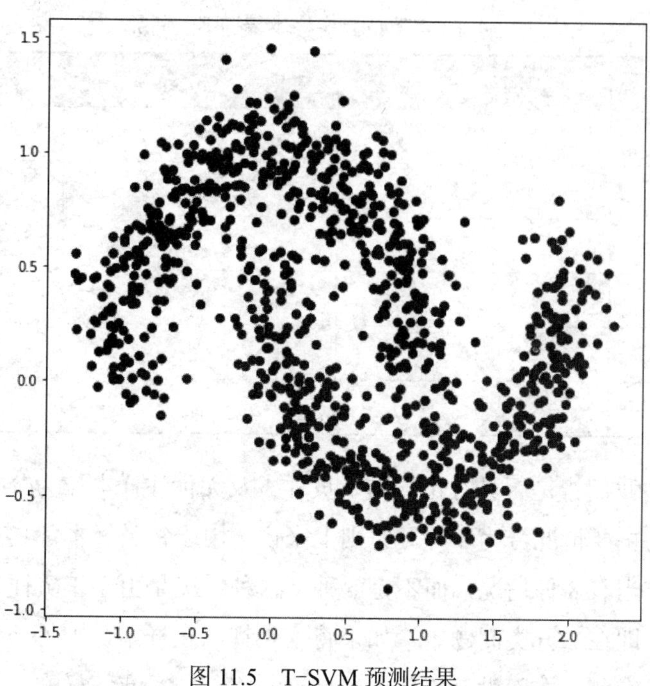

图 11.5　T-SVM 预测结果

可以看出，大部分样本点都被正确归类了，计算预测精度：

```
74. print(sum((y_pred+1)/2 == t)/len(t))
```

输出结果如下：

```
0.964
```

这说明模型可以较准确地对样本点进行预测，验证了 T-SVM 在半监督学习中的有效性。

11.4　本章话题：不同样本集场景下的问题处理策略

本章讲解了半监督学习算法的基本概念。半监督学习应用了有标注的正负样本及无标注的样本对模型进行训练，得到最终结果。在实际问题中，正负样本和无标注样本不一定都能被预先提供，有的可能是因为问题本身的特性，有的则是因为数据获取及标注过程的成本过高。对于不同样本集场景，我们将实践中可能遇到的几种情况进行了简单的梳理和归类，结果如表 11.1 所示。

表 11.1　实际问题中样本集的不同情况

正样本	负样本	无标注样本	可以采用的策略
无	无	无	经验规则
无	无	有	无监督学习
有	无	无	种子点扩量
有	无	有	PU 学习
有	有	无	有监督学习
有	有	有	半监督学习

在表 11.1 中，我们将是否具有正样本、负样本及无标注样本作为分类依据，将在实际应用中可能遇到的主要情况分为 6 种。原则上来说，由于每类样本都具有有和无两种可能取值，因此一共应当有 8 种情况，而不是 6 种。这种情况是由于正负样本在一般情况下是可以等同对待的，即在二分类问题中，如果将一类视为正样本，则另一类就会被视为负样本。因此，对于只有负样本而没有正样本的情况，将其与只有正样本而没有负样本的情况合并。考虑到无标注样本的两种取值，因此共合并了两种情况，得到了表 11.1。下面简单地说明表 11.1 中所展示的几种情况。

首先，如果什么样本都没有，那么这样的问题就不能算作机器学习的问题，只能通过日常经验或者物理规律来进行判断，也就不存在算法或者模型等内容。

如果只有无标注的数据（这种情况比较常见），那么有两种方式可以选择：其一是利用无监督学习对数据进行分析和建模，找到其中的规律；其二是通过人工标注收集一批正负样本，从而将该情况转换为有正负样本的有监督学习，或者有正负样本还有无标注样本的半监督学习。

如果只给了一批正样本，而没有其他任何数据，即只知道需要的样本是什么样，而其他一概不知。那么，对于这种情况，无法采用两类样本的建模，一般采用种子点扩量策略。种子点就是给定的正样本。拿到测试集后，以正样本为基准，计算特征距离接近的测试集样本，将其视为正样本，从而实现测试集中正样本的筛选。

如果给定了正样本，并且允许使用无标注样本，那么就可以利用这两种样本集进行建模。但是，由于无标注样本中仍然可能含有正样本，因此一般不直接将正样本和无标注样本作为两个类别进行建模。该场景通常会采用 PU 学习（Positive-Unlabeled Learning）策略。PU 学习就是针对这种给定了正样本（Positive）和无标注样本（Unlabeled）两种集合的情况下的建模问题的算法。

一种常用的 PU 学习思路如下：首先从正样本集合 P 中取出一部分正样本，这部分正

样本集合记为 S，将它们放到无标注样本集合 U 中；然后用剩下的正样本集合 $P-S$ 与增加了正样本的无标注样本集合 $U+S$ 训练分类器，并对 $U+S$ 中的样本进行分类，输出类别概率。由于已知 $U+S$ 中的 S 为正样本，因此这部分也被称为"间谍样本"（Spy）。利用 S 中的元素，可以获得一个阈值，将概率低于阈值的视为可靠负样本选择出来，记作 N。有了正样本集合 P 与可靠负样本集合 N，问题就转化成了有正负样本的有监督学习，在此基础上再训练分类器即可。

剩下的两种情况我们就比较熟悉了。对于只用正负样本而不用无标注样本的情况，就属于有监督学习的范畴。本书中介绍的 SVM、逻辑斯蒂回归、决策树等都可以用来处理这类问题。而既有正负样本又有无标注样本的，可以采用本章介绍的半监督学习（广义）思路和方法来进行处理。

总之，对于任何一个具体问题，样本问题始终是一个绕不开的话题。在应用具体的算法之前，应当先评估所具有的样本情况，或者获取标注样本与无标注样本的难易程度，然后确定选择何种方式对问题进行处理。

第12章

群策群力：集成学习

第 11 章介绍了一种半监督学习方法，即 T-SVM，并简要介绍了半监督学习的相关内容。本章将介绍机器学习中的一个重要的思想和策略 —— 集成，并对两种实现的算法 —— 自举汇聚（Bagging）与提升（Boosting）进行说明。首先简要介绍两者的通俗解释和适用的任务类型。

（1）通俗解释：集成学习（Ensemble）指的是通过对多个模型进行整合，从而获得更好的学习效果的过程。集成学习的两种重要策略就是自举汇聚和提升。自举汇聚指通过对多个模型的结果进行平均，以减小误差，改善预测结果。而提升指对弱分类器（效果勉强优于随机猜测的分类器）的每一次预测结果进行评价，并通过对不同的训练样本加权，使下一次训练中弱分类器更关注容易被错分的样本。在所有的弱分类器训练结束后，对这些弱分类器进行加权求和，为准确率高的赋予更大的权重，形成最终的分类器。利用提升策略可以将弱分类器整合成效果更好的分类器。

（2）任务类型：集成的策略可以与很多现有的分类器结合，形成更强大的分类器，从而应用于分类、回归等多种类型的任务中。例如，随机森林（Random Forest）就是对决策树应用自举汇聚算法进行集成实现的模型，而梯度提升树则是对决策树应用提升算法集成实现的模型。

12.1　自举汇聚和提升

在介绍自举汇聚和提升这两种算法之前，首先来解释什么是集成学习。集成学习简称集成，并不是特指某一种具体的机器学习算法，而是一种策略，其具体的实现方式和所用模型可以有不同的选择。集成学习的基本思路如下：对于一个实际任务，通常都是训练一个机器学习模型，验证其有效性后即可应用。然而，由于样本是有限的，而且机器学习方法也并不总是完美的，因此对于该问题的一个直接的解决思路就是：对同一个任务训练多个模型，然后将这些模型给出的答案综合起来，作为最终结果。

基于这种思路，人们设计了很多集成学习的具体实现方法，其中自举汇聚和提升是比较有代表性的实现方法。自举汇聚算法通常被称为 Bagging 算法，Bagging 是 Bootstrap AGGregatING 的简写，其中 Bootstrap 即自举法，是一种生成样本的方法，后面会进行介绍；Aggregating 即汇聚，也就是对得到的不同模型进行聚合。提升算法则不同，在提升算法中，后面模型的训练过程会受到前面模型训练情况的影响，因此随着训练的进行，后面模型的性能会由于前面的经验得到提升。当然，和 Bagging 算法相同，Boosting 算法也需要最后对所有的模型进行加权聚合，得到最终的模型。

下面简要介绍这两种算法的基本思路，并对两者进行对比，以说明其区别与联系。

12.1.1　Bagging 算法和 Boosting 算法的基本思路

首先介绍 Bagging 算法的基本思路。所谓 Bagging 算法，形象地来说就相当于：对于待解决的一个问题，找到多个专家进行讨论，然后通过整理汇总专家的意见，来确定最终结果。

在这种情况下要考虑的一点是：虽然参与决策的人都是解决该问题的专家，即他们提出的答案具有较高的正确率，但是这些人仍然可能会在个别样本中出现失误，导致判断出错。下面用一个简单的例子来进行说明，如图 12.1 所示。

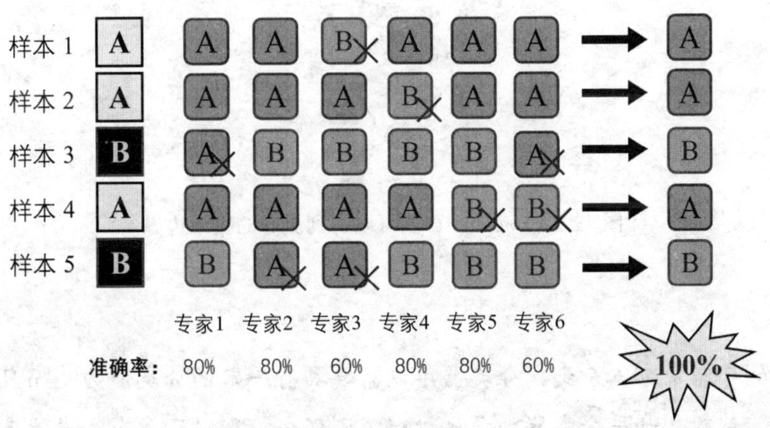

图 12.1　Bagging 算法的基本思路

图 12.1 所示为多个专家对于一个简单的二分类问题各自给出的判断结果。从专家的角度（纵向）来看，每个专家判断的正确率都很高，多数样本都是被正确判断的；而从样本的角度（横向）来看，对每个样本来说，多数专家都判断正确了。这时就能看出多个专家的优势了：虽然在某些样本上有的专家判断错误，但是结合其他专家的判断，可以将其“矫正”过来。例如图 12.1 中的样本 2，在 6 个专家中有一个专家判断其为 B 类，其他专家都

认为是 A 类，那么倾向于认为判断为 B 类的专家出现了失误。这是由于预设了判断者都是“专家”，即本身就具有较高的正确率，多数人犯错的概率要小于一个人犯错的概率，因此可以采纳多数人的意见，将该样本判断为 A 类。

用机器学习的语言来说，Bagging 算法就是通过训练多个分类器对测试集样本进行预测，然后通过对各个分类器的结果进行整合，得到最终集成后的结果。如图 12.2 所示，训练的 3 个分类器虽然都具有较好的分类效果，但是对于边缘的一些样本点都出现了一些分类错误。而通过 Bagging 集成，最终的分类边界向着多数分类器的判断边界移动，从而减少了很多误分类的结果，避免了单一分类器的局限性。

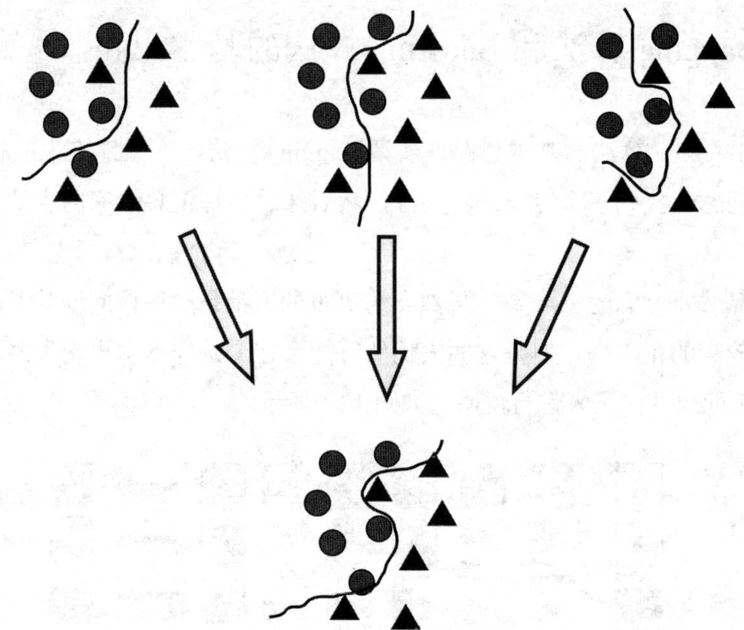

图 12.2　Bagging 算法可以得到更好的决策边界

注意

从上面的介绍中可以看到，分类器不仅需要具有一定的分类能力，而且需要具有一定的多样性。试想，如果分类器的多样性得不到保证，即对于多个分类器来说，它们判断出错的那些样本基本都是一样的，则无法通过少数服从多数的方式来矫正这些样本的错误。因此，模型结果的多样性对于 Bagging 算法来说是非常重要的。

以上举的例子是分类问题，分类问题可以通过少数服从多数的投票进行最终的集成。而对于回归类型的问题，通常采用的方法是求取平均值。一个最简单的类比就是，在日常生活中，当想要精确测量一个物体的长度时，通常会多次测量取平均值，这实际上就是一个在现实中常见的集成思路的应用。

下面介绍 Boosting 算法的基本思路。Boosting 算法的思路也是通过多人进行讨论，然后形成最终结果。但是和 Bagging 算法不同，Boosting 算法的思路如下：一个专家进行判断后，首先对其判断结果进行评估，如准确度有多少，哪些样本判断错误。然后由新的专家再进行判断。要注意的是，这时新的专家和第一个专家的情况不同，因为他不但可以利用训练集，还能利用上一个专家的判断结果。例如，当他知道上一个专家在某个样本上犯了错误后，他就可以对这个样本更加关注，避免犯错。待他判断完成后，同样地，对其结果进行评估，给后面的专家作为参考，使其也更加关注易判断错的样本，以此类推。等所有专家判断完成后，根据其准确度进行整合，让准确度高的专家占的权重大一些，准确度低的专家占的权重小一些，形成最终的模型，如图 12.3 所示。

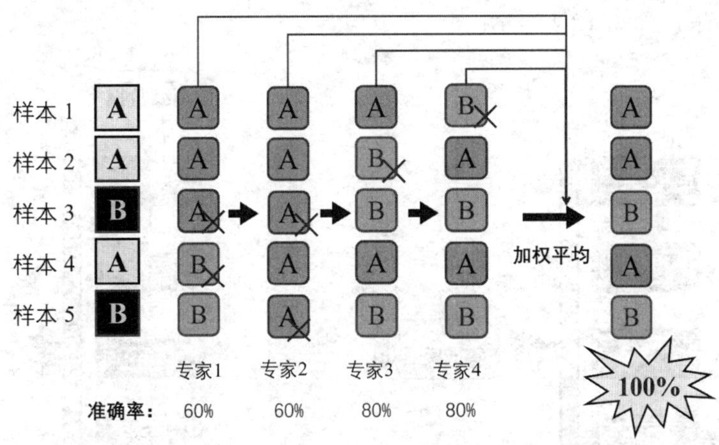

图 12.3　各个专家贯序地进行判断的 Boosting 算法

注意

实际上，“关注更为关键的样本”这个思路在 SVM 中就已经有所体现了。SVM 告诉我们，在一个样本集中，虽然样本数量可能很大，然而真正起作用的、对决策产生影响的只有少数的关键样本，即 SVM 中的“支持向量”。而距离分界面很远的样本，由于其很容易被分对，因此对于模型的优化和提升意义并不是太大。以此作为类比，Boosting 算法的思路就容易理解了。

从上面的描述中可以看到，该算法之所以被称为“提升”，就是因为后面的专家通过反复地总结和参考前面专家的经验，从而知道哪些样本需要特别注意，通过不断地迭代，逐步提升判断水平。实际上，Boosting 算法中的“专家”甚至不必是一个业务水平很高的专家，用机器学习的术语来说，就是 Boosting 算法的分类器可以是弱分类器，即只需要比随机猜测好即可。随着 Boosting 算法的进行，弱分类器的性能会得到提升，最终通过集成的策略整合成为强分类器。

以上就是 Bagging 和 Boosting 这两种集成算法的基本思路，下面讨论这两种算法的区别与联系。

12.1.2 Bagging 算法和 Boosting 算法的区别与联系

首先来看两者的区别。在Bagging算法中，每一个参与集成的模型之间都是相互独立的，从具体实现方法上来说，Bagging 算法是通过并行地训练多个模型，使其具有多样性，然后进行汇总，得到最终结果；而在 Boosting 算法中，模型是具有一定时序关系的，整个过程是串行实现的，后面训练的模型需要参考并利用之前模型的结果，最后对模型进行加权组合，得到最终结果，如图 12.4 所示。

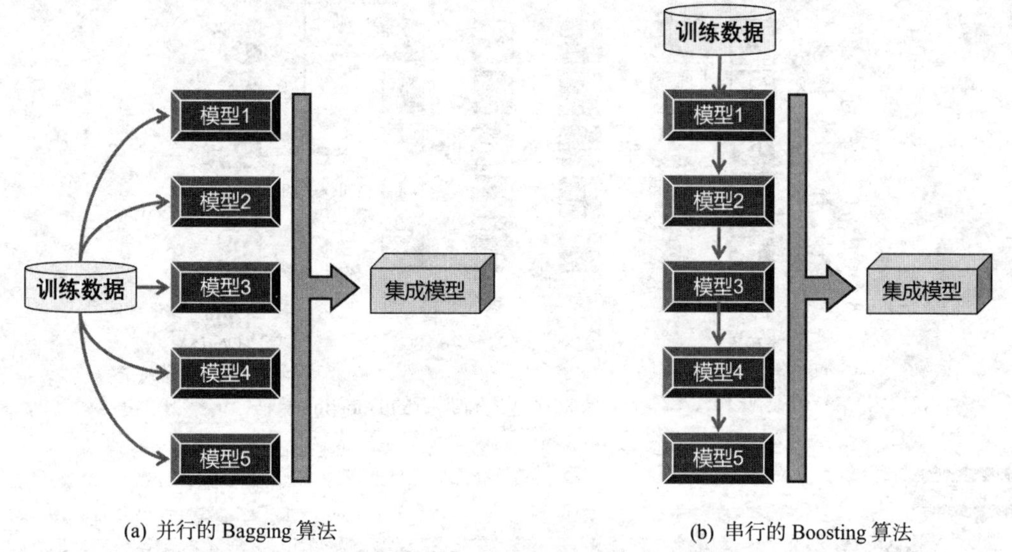

(a) 并行的 Bagging 算法　　(b) 串行的 Boosting 算法

图 12.4　并行的 Bagging 算法和串行的 Boosting 算法

当然，这两种算法的共同点也很明显：无论是 Bagging 算法还是 Boosting 算法，都在最后进行了模型的汇总，从而提高了模型的预测性能。由于不同的模型可能具有不同的泛化能力，因此单一模型在预测过程中总会出现不在其假设空间内的样本，从而导致判断错误。而对不同泛化能力的模型的整合，有效地避免了单个模型可能具有的不稳定性。另外，在训练模型的过程中，单个模型很有可能优化到一个局部最优解，而通过多模型的集成，则可能使最终结果更加接近全局最优解。而且，如果直接训练一个复杂的模型，很可能因为参数过多而导致模型的泛化能力降低。相比之下，集成中的每个模型都较为简单，因此不易过拟合，而由于其简单带来的缺陷和不准确性，又可以通过多模型的整合和表决来弥补。因此，集成学习在很多实际场景中能够获得很好的效果。

以上讨论了 Bagging 算法和 Boosting 算法的思路与策略，下面具体介绍两者的基本步骤。

12.2 Bagging 算法的基本步骤

首先介绍 Bagging 算法。前面提到过，Bagging 算法的思路就是要并行地训练一些具有一定多样性的模型，并且将它们整合。该算法中最重要的一点就是模型的多样性。那么，对于同样类型的模型，如都是 SVM，或者都是决策树，应如何保证它们训练出来的结果具有多样性呢？

对于这个问题，Bagging 算法给出的思路就是采用自助法（Bootstrap）对样本集进行采样。自助法的英文 Bootstrap，直译过来实际上指的是靴子后面用来提鞋的皮带（boot 是靴子，strap 是皮带）。在英文语境中，Bootstrap 这个词语基本上已经演化成了一个比喻或者说成语，意思就是在不借助外力的情况下自己完成某件事情，因此将其翻译为中文时往往采用意译的方式，称为自助法。

那么，自助法对样本采样的基本步骤是什么呢？正如其名字所示，自助法是从样本集中产生和样本集自身类似的样本集，且不借助其他的计算或者应用其他的样本数据。自助法的基本步骤如下。

假设有一个样本数量为 N 的训练样本集，我们的目标是从中得到 m 个大小同样为 N 的训练样本集，用来训练不同的模型。那么可以这样做：首先在 N 个样本里随机抽出一个样本 $\boldsymbol{x}_1$，把它记下来后再放回训练样本中；然后抽出一个 $\boldsymbol{x}_2$，同样将其记录下来后再放回……这样重复 N 次，即可得到一个样本数量为 N 的新样本集。上述流程重复 m 次，就可以得到 m 个数量为 N 的新样本集。

这里可以看到，由于抽样是有放回的，因此这些新样本里可能有重复的样本，而之前的样本集中可能也有样本没有被抽到。对于一个有放回的随机抽样问题，每一个样本在每一次抽样时都有相同的概率被抽中，即 $1/N$。由于一个样本可能被重复抽中多次，为了便于计算，这里考虑的是样本在整个过程中一次都没有被抽中的概率。在一次抽取中，一个样本不被抽中的概率是 $1-1/N$，而且有放回的每次抽取都是独立的，抽取 N 次后，一个样本从未被抽中的概率为式 (12.1)。

$$P(\text{从未被抽中})=\left(1-\frac{1}{N}\right)^N \tag{12.1}$$

可以看出，整个概率与 N 的大小有关。然而，如果了解一些高等数学中的极限概念，就可以看出整个公式有些眼熟。没错，如果将式 (12.1) 中的减号换成加号，并且对 N 趋向于无穷取极限值，得到的结果正是自然底数 e。所以，只需要将 $-N$ 看作新的变量并代入式 (12.1)，就可以得到式 (12.1) 在 N 趋向于无穷大时的结果，即 1/e，约等于 36.79%。也就是说，在样本数量足够大时，大概有 40% 的样本没有被抽到。

从被抽中的样本集的角度来说，生成的新样本集中大概只有 40% 的样本是不同的，其余大概 60% 都是重复样本。通过这样的抽样，就得到了多个不同的训练集。哪些样本被抽中，以及每个样本重复出现了几次，都是由自助法随机决定的。这样生成的样本为 Bagging 算法中训练模型的多样性提供了来源。

剩下的过程就比较简单了：选取一个模型，如 SVM、决策树等，分别在这 m 个样本集上进行训练，对得到的结果进行汇总。对于分类问题，一般取多数模型给出的答案；对于回归问题，取所有模型的平均值。这样就实现了 Bagging 策略的集成方法。

12.3 Boosting 算法的基本步骤

本节介绍 Boosting 算法的基本步骤。Boosting 算法与 Bagging 算法不同，它是具有时序的。Boosting 算法中的模型前后之间具有依赖关系，后面的模型是根据前面分类器的经验来学习的。

12.1.1 小节介绍 Boosting 算法的基本思路时提到，Boosting 算法是通过给予那些前面的模型较难判断的样本更大的关注，来实现积累经验、提升性能的。从数学上来说，具体的实现方法就是在下一次模型训练中，对于本次错分的样本点赋予更大的权重，从而使其在训练过程中起到的作用更大，即给这些样本更多的关注。

注意

这里可以看出，要想通过对样本加权重实现对关键样本的关注，那么所采用的模型应该具有处理不同权重样本的能力，即可以将权重当作参数传入模型。当然，不是所有模型都具有处理带权重样本的能力的，如果模型不具有这样的能力，也可以采用重采样的方式，将错分的样本多复制几份放在训练集里，这样在下次训练时，就会多受到这些样本的影响。

Boosting 算法可以将弱分类器构建成一个能够满足实际任务要求的强分类器，其基本步骤如下：首先，样本之间的权重被初始化为相同值，然后用该样本集和权重来训练模型（直接将权重和样本数据传参；或者先重采样，再将新样本集传参）。训练完成后，就可以计算出模型分类的错误率，以及对于各个样本的分类是否正确。错误率被记录下来，用于形成本次模型的系数（权重），错误率越高，权重越小，反之则越大。而各个样本被分类的正确与否被用来更新样本的权重，被分错的样本权重增加，而被分对的样本则减小。然后进行下一轮训练，以此类推。最后，将每一轮得到的模型根据由错误率计算出的系数组合起来，就实现了 Boosting 算法的最终模型集成。

下面将介绍 Bagging 和 Boosting 算法的两个实例。Bagging 算法选择的是经典的随机森林算法，而 Boosting 算法选择的是具有代表性的 Adaboost 算法。

12.4　Bagging 算法：以随机森林算法为例

随机森林算法是应用 Bagging 算法思路的一个经典的集成学习算法。随机森林算法选取了决策树作为基学习器，然后通过集成，用这些决策树形成了森林。另外，“随机”指出了该算法通过加入一定的随机性来提高模型的多样性，避免过拟合，并减少异常值对算法的稳定性的影响。下面介绍随机森林算法。

12.4.1　随机森林算法

随机森林算法的步骤如下：首先，通过自助法从现有的训练样本集中生成 m 个同等规模的新训练样本集，然后分别用这 m 个样本集训练决策树。对于每棵决策树，对其进行节点分裂时，首先要在样本所有的特征中随机抽取部分特征；然后在被抽到的特征中考查哪个特征分裂后最能带来集合类别纯度的增加，并以该特征进行分裂。当所有决策树都训练完成后，分别用每一棵决策树对测试样本进行分类，然后对所有决策树的结果进行汇总，通过投票得到最终的预测结果，如图 12.5 所示。

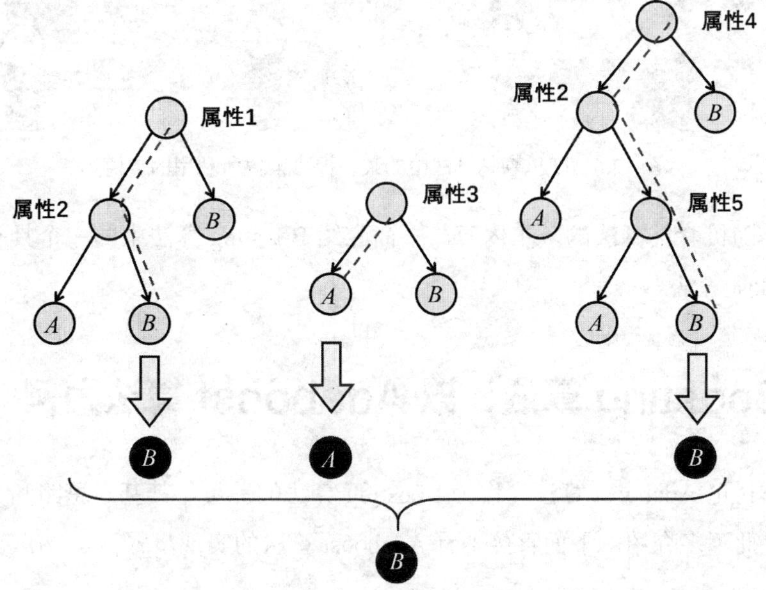

图 12.5　随机森林算法

12.4.2 随机森林算法中的随机性

通过 12.4.1 小节的内容可以发现，随机森林算法中实际上蕴含着两个维度的随机性：样本随机与特征随机。

样本随机指的是在训练每一棵决策树时，并不是将所有的训练样本都用上。随机森林算法采用了自助采样的方法，对每棵决策树来说，都留下了一部分样本不参与训练，从而保证了模型的多样性，便于之后的集成。

特征随机指的是每棵决策树分裂时随机抽取部分特征。由于每个样本一般都有一个很高维度的特征向量，因此不容易训练，且易于陷入过拟合。而通过训练决策树时随机抽取部分特征，并只在这些特征中寻找最优的划分方法，一方面降低了计算量，另一方面又减小了过拟合的可能性。另外，还对特征中的某些异常值具有一定的抗噪能力。

在编程处理的实践中，通常将训练数据集做成一张宽表，每一行代表一条数据，即一个样本的高维特征向量；每一列则代表一个特征。那么，如图 12.6 所示，随机森林算法中的某一棵决策树使用的实际上只有交点处的那些数值。

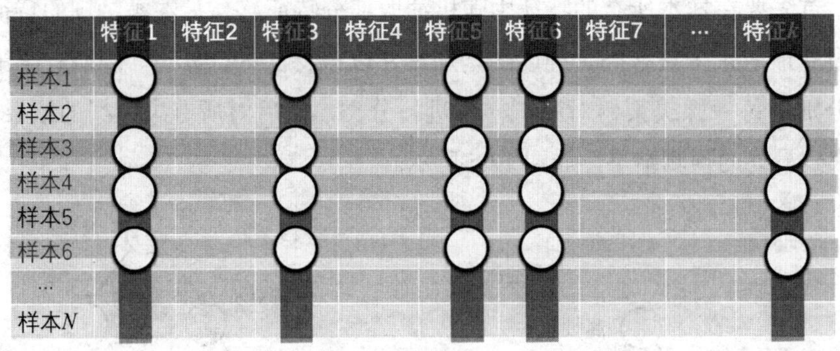

图 12.6 随机森林算法中的某一棵决策树所利用的数值

以上就是随机森林算法的基本内容。下面介绍 Boosting 算法中的一个具有代表性的算法——Adaboost 算法。

12.5 Boosting 算法：以 Adaboost 算法为例

本节具体讨论 Adaboost 算法。作为 Boosting 算法的一员，其基本思路和 Boosting 算法一样，因此在此不多介绍。下面直接来看 Adaboost 算法的实现步骤。

12.5.1　Adaboost 算法的实现步骤

记训练集数据为 $S=\{(\boldsymbol{x}_1,\boldsymbol{y}_1),(\boldsymbol{x}_2,\boldsymbol{y}_2),(\boldsymbol{x}_3,\boldsymbol{y}_3),\cdots,(\boldsymbol{x}_N,\boldsymbol{y}_N)\}$，每个样本的权重都初始化为 $\boldsymbol{w}_i=\frac{1}{N}$。首先选择需要用的弱学习器，记为 $F(\boldsymbol{x},\boldsymbol{w})$，其中 $\boldsymbol{x}$ 和 $\boldsymbol{w}$ 分别为输入的样本及其权重。对该分类器进行训练，得到训练结果 $F_1(\boldsymbol{x})$。训练完成后，训练集上的各个样本的权重就可以根据 $F_1(\boldsymbol{x})$ 对每个样本的分类是否正确进行更新了。记 $F_1(\boldsymbol{x})$ 对于每个样本 $\boldsymbol{x}_i$ 的预测结果分别为$\hat{\boldsymbol{y}}_i$，那么权重 $\boldsymbol{w}_i$ 的更新方法为式 (12.2)。

$$\begin{aligned} \boldsymbol{w}_i &\longleftarrow \boldsymbol{w}_i \exp(-k) \quad \text{if} \ \hat{\boldsymbol{y}}_i=\boldsymbol{y}_i \\ \boldsymbol{w}_i &\longleftarrow \boldsymbol{w}_i \exp(k) \quad \text{if} \ \hat{\boldsymbol{y}}_i\neq\boldsymbol{y}_i \end{aligned} \tag{12.2}$$

然后对 $\boldsymbol{w}_i$ 进行归一化，即式 (12.3)。

$$\boldsymbol{w}_i \longleftarrow \frac{\boldsymbol{w}_i}{\sum_{j=1}^{N}\boldsymbol{w}_j} \tag{12.3}$$

这里的 k 计算如式 (12.4)。

$$k=\frac{1}{2}\log\left(\frac{1-e}{e}\right) \tag{12.4}$$

其中，e 为该分类器在训练集上的误差。

实际上 k 就是本次迭代学习到的模型在最终集成时的权重。以此类推，记第 m 次迭代得到的模型为 $F^{(m)}$，该模型的训练集误差为 $e^{(m)}$，从而计算得到的系数为 $k^{(m)}$。那么，最终得到的模型为所有迭代得到的模型的加权总和，即式 (12.5)。

$$B(\boldsymbol{x})=\sum_m k^{(m)}F^{(m)}(\boldsymbol{x}) \tag{12.5}$$

下面简单分析 Adaboost 算法的整个过程。

12.5.2　Adaboost 算法过程分析

首先对权重赋予相同的初值，这在不同样本对于分类器的影响还未知的情况下是自然、合理的；然后在该数据集和对应的权重上训练一个弱分类器，计算出其误差，并根据误差计算出模型的系数 k。由式 (12.4) 可以看出，误差越小，$\frac{1-e}{e}$就越大（实际上该比值就是正确的概率）。由于 log 函数单调增，因此误差越小的模型，在最终的集成中所占的比例就越大。

再来看样本权重的更新过程。由于弱分类器要优于随机猜测，因此 e 小于 0.5，即预测正确的概率 $\frac{1-e}{e}$ 大于 1。这时，$k=\frac{1}{2}\log\left(\frac{1-e}{e}\right)$ 是恒大于 0 的。再来看式 (12.2)，当预测正确时，给原来的权重乘以 $\exp(-k)$，由于 k 为正，因此 $\exp(-k)$ 小于 1，即这些预测正确的样本的权重被降低了；相反地，预测错误的权重大于 1，则权重被提高。通过这种方式，对错分样本给予了更多的关注，以此来提升后面迭代时的模型效果。

12.6 本章小结与代码实现

本章重点介绍了集成学习的概念，以及两种常见的集成学习的方式：Bagging 算法和 Boosting 算法。Bagging 算法通过自助法对训练样本进行重新采样，然后并行学习分类器，最终进行综合，从而降低了单个分类器的局限性。而 Boosting 算法则通过对弱学习器的结果进行考察，对于模型表现不同的样本给予不同的权重，并通过迭代更新提高模型的判断能力，根据各步迭代所得模型的效果优劣进行加权求和，得到最终结果。

下面仍然通过代码对集成方法中的随机森林算法进行试验，并与单个决策树的判断结果进行对比，代码如下：

```
# 导入用到的 Python 模块
from sklearn.datasets import load_breast_cancer
from sklearn.ensemble import RandomForestClassifier
from sklearn.tree import DecisionTreeClassifier
from sklearn.model_selection import train_test_split
# 加载实验数据
cancer_data = load_breast_cancer()
X = cancer_data.data
y = cancer_data.target
# 输出数据描述
print(cancer_data.DESCR)
```

可以看到数据的基本情况如下：

```
Breast Cancer Wisconsin (Diagnostic) Database
=============================================

Notes
-----
Data Set Characteristics:
    :Number of Instances: 569
    :Number of Attributes: 30 numeric, predictive attributes and the class
    :Attribute Information:
```

```
    - radius (mean of distances from center to points on the perimeter)
    - texture (standard deviation of gray-scale values)
    - perimeter
    - area
    - smoothness (local variation in radius lengths)
    - compactness (perimeter^2 / area - 1.0)
    - concavity (severity of concave portions of the contour)
    - concave points (number of concave portions of the contour)
    - symmetry
    - fractal dimension ("coastline approximation" - 1)
    The mean, standard error, and "worst" or largest (mean of the three
    largest values) of these features were computed for each image,
    resulting in 30 features.  For instance, field 3 is Mean Radius, field
    13 is Radius SE, field 23 is Worst Radius.
    - class:
            - WDBC-Malignant
            - WDBC-Benign
:Summary Statistics:
===================================== ====== ======
                                        Min    Max
===================================== ====== ======
radius (mean):                        6.981  28.11
texture (mean):                       9.71   39.28
perimeter (mean):                     43.79  188.5
area (mean):                          143.5  2501.0
smoothness (mean):                    0.053  0.163
compactness (mean):                   0.019  0.345
concavity (mean):                     0.0    0.427
concave points (mean):                0.0    0.201
symmetry (mean):                      0.106  0.304
fractal dimension (mean):             0.05   0.097
radius (standard error):              0.112  2.873
texture (standard error):             0.36   4.885
perimeter (standard error):           0.757  21.98
area (standard error):                6.802  542.2
smoothness (standard error):          0.002  0.031
compactness (standard error):         0.002  0.135
concavity (standard error):           0.0    0.396
concave points (standard error):      0.0    0.053
symmetry (standard error):            0.008  0.079
fractal dimension (standard error):   0.001  0.03
radius (worst):                       7.93   36.04
```

```
texture (worst):                 12.02  49.54
perimeter (worst):                50.41  251.2
area (worst):                    185.2  4254.0
smoothness (worst):                0.071  0.223
compactness (worst):               0.027  1.058
concavity (worst):               0.0    1.252
concave points (worst):            0.0    0.291
symmetry (worst):                 0.156  0.664
fractal dimension (worst):         0.055  0.208
===================================== ====== ======
:Missing Attribute Values: None
:Class Distribution: 212 - Malignant, 357 - Benign
:Creator:  Dr. William H. Wolberg, W. Nick Street, Olvi L. Mangasarian
:Donor: Nick Street
:Date: November, 1995
```

该数据集用来预估乳腺癌的良性（Benign）和恶性（Malignant），是一个二分类任务。其中，用来分类的特征共有 30 个，分别是对于细针穿刺活检得到的影像中的细胞核从各个方面进行的数值测量，如半径、面积、平滑性、纹理等。这里的数据集一共有 569 个样本，其中恶性 212 个，良性 357 个，相对较为平衡。下面以此数据集为例，验证随机森林算法的有效性。首先对样本集进行训练集和测试集的划分：

```
X_train, X_test, y_train, y_test = train_test_split(X, y, test_size=0.3, random_state=2019)
print(X_train.shape)  # (398, 30)
print(X_test.shape)  # (171, 30)
```

然后建立一个随机森林模型，对数据进行训练和测试，代码如下：

```
# 建立随机森林模型，n_estimators 为决策树的数目，这里选择 100；max_features 为特征
# 方向上随机时考虑的最大特征数目；其余参数含义与决策树模型相同
rf_model = RandomForestClassifier(n_estimators=100,
                                  criterion='gini',
                                  max_depth=10,
                                  max_features=10,
                                  min_samples_split=2)
# 训练和预测
rf_model.fit(X_train, y_train)
y_test_pred = rf_model.predict(X_test)
y_train_pred = rf_model.predict(X_train)
# 输出训练集精度与测试集精度
print(sum(y_test_pred == y_test) / len(y_test))
print(sum(y_train_pred == y_train) / len(y_train))
```

输出结果如下：

```
0.9473684210526315
1.0
```

可以看到，在训练集上模型已经达到最优，测试集结果精度约为 94.74%，说明了随机森林算法的有效性较高。

由于随机森林算法是决策树模型的 Bagging 集成，因此下面来看用一棵与随机森林算法参数相同的决策树会得到怎样的结果，代码如下：

```
# 生成一个单一的决策树模型，除了决策树数目与可考虑的最大特征数目以外，其他参数与
# 随机森林模型相同
single_tree_model = DecisionTreeClassifier(criterion='gini',
                                           max_depth=10,
                                           min_samples_split=2)
single_tree_model.fit(X_train, y_train)
y_test_pred_s = single_tree_model.predict(X_test)
y_train_pred_s = single_tree_model.predict(X_train)
# 打印测试集和训练集预测精度
print(sum(y_test_pred_s == y_test) / len(y_test))
print(sum(y_train_pred_s == y_train) / len(y_train))
```

输出结果如下：

```
0.9064327485380117
1.0
```

从该结果可以看到，同样的参数下，单独一棵决策树的模型也可以在训练集上达到 100% 的精度，但是在测试集中只有约 90.64% 的精度。相比之下，随机森林算法通过集成多棵决策树的结果，以及随机选择特征进行优选和节点分裂，提升了模型的性能，并且减弱了过拟合现象，从而说明了集成的策略可以在一定程度上提高基础模型的性能。

12.7　本章话题：Adaboost 算法中的分步策略

古之欲明明德于天下者，先治其国；欲治其国者，先齐其家；欲齐其家者，先修其身；欲修其身者，先正其心；欲正其心者，先诚其意；欲诚其意者，先致其知；致知在格物。

——《大学》

12.6 节介绍了 Adaboost 算法的基本原理和步骤。通过对每个公式及整个迭代过程的分

析，可以看出该算法的每个步骤的合理性，以及其与 Boosting 算法的思路的对应关系。然而，对于有些方面，读者可能会有疑问，如为什么要用 exp(k) 和 exp($-k$) 来更新权重，为什么 $k=\frac{1}{2}\log\left(\frac{1-e}{e}\right)$，以及 Adaboost 算法的整个迭代过程究竟是在做什么。

要解答这些问题，首先来介绍前向分步算法（Forward Stagewise Algorithm）的相关概念。前向分步算法指的就是通过分步的策略，每次只走出一步，然后继续前进，直到逼近设定的目标。对于一个加法形式的模型而言（如 Adaboost 算法），可以将模型写成各个步骤的结果加权求和的形式，即式 (12.6)。

$$f(x)=\sum_t \alpha_t s_t(x,\theta_t) \tag{12.6}$$

其中，$s(x,\theta_t)$ 为第 t 个基函数，参数为 θ_t；α_t 为对应的基函数在加权求和中的系数。

对于一个分类问题来说，每个时刻的基函数 $s(x,\theta_t)$ 都代表一个分类器，而 $f(x)=\sum_t \alpha_t s(x,\theta_t)$ 表示最终的分类器。那么，对于每个训练样本对 (x_i,y_i) 来说，我们希望最终分类器结果与真实的 y 值更加接近，即优化目标是使损失函数最小化，所以有式 (12.17)。

$$\begin{gathered}\min_{\alpha_t,\theta_t}\ \sum_i L(y_i,f(x_i))\\ \left(=\min_{\alpha_t,\theta_t}\ \sum_i L(y_i,\sum_t \alpha_t s(x_i,\theta_t))\right)\end{gathered} \tag{12.7}$$

前项分步算法为解决上述问题提供了一个新的方案：首先优化一个基函数的系数与参数，使其对损失函数 L 的误差最小；然后将优化好的结果固定，再加上新的基函数，只优化新的基函数的系数和参数。以此类推，逐渐使损失函数越来越小。在这一过程中，每一步都可以写成式 (12.8) 的形式。

$$\min_{\alpha_m,\theta_m}\ \sum_i L(y_i,f^{(m-1)}(x)+\alpha_m s(x_i,\theta_m)) \tag{12.8}$$

其中，$f^{(m-1)}(x)$ 为前面的 $(m-1)$ 步优化过程中得到的最优结果。在第 m 步，只需要对新的基函数参数及其系数进行优化即可。该分步求解过程就是前向分步算法。

注意

Adaboost 算法实际上就是损失函数为指数函数形式时的前向分步算法的实现。

前向分步算法的核心思路就是分步迭代，每次只优化当前的基函数，逐步逼近最优解。可以看出，该算法采用的是一种贪心策略，即局部寻优，迭代更新。事实上，所有的贪心算法都可以看作分步算法，即将一个困难的目标拆解成若干容易做到的小步骤，逐步进行

实现，最终将结果进行汇总。

除了 Adaboost 算法，机器学习中还有很多地方都应用了这种分步的思路。这里简单举两个例子。

一个例子是图像去噪的一个经典算法 BM3D。虽然该算法无论在任务上还是在内容上都与 Adaboost 算法相去甚远，但是其中的分步迭代、逐渐逼近最优解的思路却是类似的。BM3D 算法的基本思路如图 12.7 所示。这里进行简单解释：图像具有一定程度的自相似性（Self-similarity），即一幅图像中天然地存在着许多相同或相近的小区块，由于噪声的污染，使这些区块不再相同。如果假定噪声是 0 均值，那么就可以通过找到这些相似的小区块的集合并对它们进行某种“平均”，来消除噪声干扰。这就是 BM3D 算法去噪的基本思路。

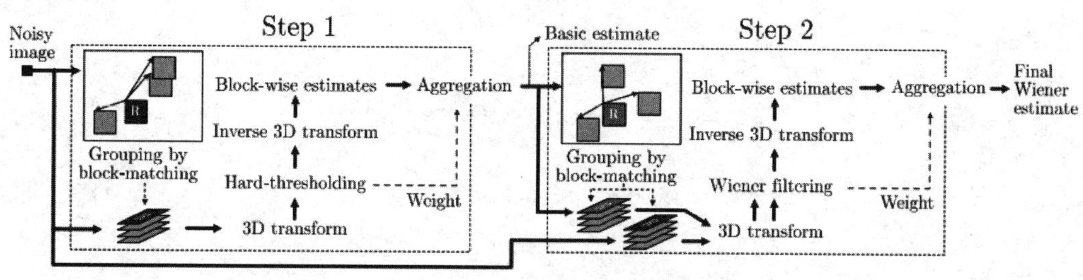

图 12.7　BM3D 算法的基本思路

（图片来源：Dabov K , Foi A , Katkovnik V , et al. Image denoising by sparse 3-D transform-Domain collaborative filtering[J]. IEEE Transactions on Image Processing, 2007, 16(8):2080-2095.）

但是，由于噪声的影响，刚开始找这些相似的小区块时会不太准确。对于这个问题，BM3D 算法采用的正是分步操作策略。图 12.7 中的 Step1 和 Step2 表示该算法是一个“两步走”的方法，具体就是，先用原始有噪声图像中的区块进行分组聚合，然后通过自相似性进行滤波，该结果要比原始有噪声图像质量更好。因此，用这个结果重新对区块进行聚合，然后利用该聚合结果对图像进行基于自相似性的去噪。这样一来，由于相似区块的聚合更加准确了，因此 得到的结果也就更逼近真实结果（最优解）了。

另一个例子是在目标检测（Object Detection）领域。目标检测指的就是在一幅给定的图像中，将目标用方框（Bounding Box）框出来，并指出框中是什么物体。在基于神经网络和深度学习的目标检测任务中，各类模型基本可以被划分为单阶段模型（One-stage）和两阶段模型（Two-stage）两个类别。单阶段模型指的就是输入一个图像，直接回归不同类别的方框位置，如 YOLO、SSD。而两阶段模型则不同，这类模型首先生成一系列候选框，表示这里可能有目标，然后用一个分类器对感兴趣区域进行分类，标出这里的物体具体是什么，两阶段模型有 Fast R-CNN、Faster R-CNN 等。对于两阶段模型，其通过将问题拆分成两个前后相继的步骤 —— 找方框和判类别，从而提高了精度。当然，这样做可能会增加时间开销，因此相比而言，单阶段目标检测模型的速度一般会更快一些。

从上述例子可以看出，对于一个困难问题的分步处理是必要且有效的。另外也可以发现，机器学习的众多巧妙的算法之间还是有很多思想上的共同点的。这是我们在学习各种算法时值得留意和思考的。

第二篇

深度学习模型与方法

第13章

神经网络与深度学习：从感知机模型到阿尔法狗

亲爱的读者朋友，当你读到这一页的时候，说明你已经学完了本书中关于经典机器学习模型的全部内容，先说一声恭喜！从本章开始，我们将进入一个新的领域，即神经网络与深度学习。在进入这部分之前，首先简要地谈一谈神经网络与深度学习的相关概念。

近年来，随着深度学习在各领域的杰出表现，“人工智能”这一概念也变得家喻户晓。很多介绍神经网络或者深度学习的教程、文章及宣传资料，往往被冠以“人工智能”之类的标题。诚然，深度学习本身就属于人工智能的一个子类别，而且在现阶段如此流行和火热，这样的表述虽然无可厚非，但貌似过于宏大。因此本书中仍用较为具体的“神经网络与深度学习”来命名这一部分内容。

深度学习流行以后，SVM 等经典模型很多时候都被归入了传统机器学习方法的范畴。虽然深度学习“正式”进入大众视野（笔者倾向于认为从 2012 年 AlexNet 取得 ImageNet 竞赛冠军开始）的时间还不算太久，但是俨然成为人工智能领域（或者说机器学习领域）的“显学”。

深度学习往往和神经网络联系在一起，指用较为深层的神经网络结构进行的模型的学习过程。可以这样认为，深度学习指的是方法论和指导思想，而神经网络则是实现这种方法的物理机制。虽然理论上来说，深度学习并不一定要靠人工神经网络模型才能实现，如南京大学周志华教授利用级联的决策树（森林）模型 gcForest 实现深度学习（深度森林）。（可参考：Zhou Z H, Feng J. *Deep forest: towards an alternative to deep neural networks.* arXiv 2017[J]. arXiv preprint arXiv:1702.08835.）但在现在的实际应用场景中，神经网络仍然是深度学习实现的最广泛也最常用的方式。另外，许多任务中的经典深度模型（包括分类模型、分割模型、目标检测等）也是通过神经网络来实现的，因此后面将提到的深度学习指的就是深度神经网络模型。

其实人工神经网络的概念在很早之前就已经被提出了，最早可以追溯到 1943 年 McCulloch 和 Pitts 的 MP- 神经元模型，以及随后 Frank Rossenblatt 于 1957 年提出的感知机模型（Perceptron），该模型实际上就是一个单一神经元。但当时的神经网络正如那些经典

的机器学习算法一样，并未受到特别的关注，而且由于感知机模型的局限性，还曾一度遭到质疑，甚至使神经网络研究陷入困顿。

人工神经网络模型真正大规模流行起来其实不过是近十年的事，其原因总结如下。

（1）公开数据集的发展和训练样本的增加。

（2）计算机算力的增强。

（3）开源框架的建立和发展。

下面对这三个方面进行讨论。首先，深度学习的理论与实践告诉我们，深层的神经网络模型具有很强大的拟合能力。但是，网络层数加深意味着参数规模扩大。我们知道，在求解方程组时，未知数越多，所需要的方程就应该越多，这样才能通过增加约束缩小解空间，得到真正的解。这一点在第 1 章讲解线性回归的问题时已经详细讨论过。也就是说，参数规模大对应的就是需要的训练样本数多。

近年来，各个领域都在建立大规模的公开数据集，如可以应用于图像分类任务和目标检测任务的 ImageNet 数据集、用于人脸检测的 FDDB 数据集、用于人脸属性识别的 CelebA 数据集、用于自动驾驶视觉的 KITTI 数据集等，这些已经经过人工精细标注的数据集使训练大规模的网络成为可能。而且，由于这些问题具有很强的通用性，即一旦训练过，基本就可以到实际场景中进行应用，因此促进了技术的工程实践和落地。另外，公开数据集使模型的测评有了一个共同的基线，使学术研究中对神经网络模型的改进也可以进行测试和比较，从而促进了模型的实验和改良，进而得到更好的模型构建方法。

其次，计算机算力的增强，特别是 GPU（Graphics Processing Unit，图形处理器）的发展，将很多原本理论上可行，但实践中由于 CPU（Central Processing Unit，中央处理器）计算速度慢而无法实际应用的模型的运算时间大幅度降低到了可以接受的范围内。GPU 最初的作用是在计算机显示图像时进行渲染。由于该功能涉及较多的矩阵运算，因此 GPU 天然地适合处理神经网络的训练问题（因其中也涉及大量矩阵运算）。另外，Nvidia 等厂家针对深度学习对 GPU 的计算框架进行优化，发展出了更适用于神经网络模型计算的 GPU 卡，为深度神经网络模型的发展提供了便利。

最后，开源框架的发展也是一个重要因素。深度学习的主流开源框架包括 PyTorch、TensorFlow、Theano、caffe 等，这些框架都已经将各种常用的深度学习零部件封装好，使用者只需要关注模型的结构和训练策略即可，而不必从底层的神经元开始编程。开源框架使神经网络模型的编程更为方便，入门和上手更加简单，从而也提高了技术迭代速率，促进了深度学习的发展。各种主流的开源框架将在 13.5 节进行详细介绍。

现如今，基于深度学习和神经网络模型的人工智能已经得到了很快的发展，甚至在以前只有人的大脑才能完成的任务中，人工智能也显露出了它的能力。2016 年 3 月，Google 旗下 DeepMind 研发的围棋人工智能阿尔法狗（AlphaGo，Go 是围棋的英文名称，来自日文表示围棋的单词“碁”）以 4:1 的战绩击败了人类顶级选手李世乭，不仅令围棋界大为震惊，也使大众知道了“人工智能”及其巨大威力。2017 年 5 月，改良后的阿尔法狗又一次大显身手，以 3:0 的战绩一举击败了排名世界第一的围棋天才柯洁。2017 年 10 月，DeepMind 团队公布了更新后的阿尔法狗，取名为 AlphaGo Zero，其中 Zero 表示该模型是零基础开始学习，不用人类的围棋对弈数据进行训练。经过百万次自我对弈后，新版的阿尔法狗不但具有超强的对弈能力，还发现了人类没有走过的新走法，为围棋领域带来了新的思路。

现如今，深度学习和人工智能已经渗入我们生活的方方面面，从视频合成到语音处理、从指纹识别到人脸识别、从自动翻译到智能聊天……然而，正如人类这样复杂的智慧生命体最初也只是来源于一个小小的细胞，这些功能强大且内部结构复杂的人工智能也都源自一个小小的神经元。

下面先来了解一下那个小小的神经元——Rossenblatt 的感知机模型。

13.1 感知机模型

感知机模型是一种线性模型，用来处理经典的二分类问题。感知机模型的原理较为朴素直观，是 SVM 和神经网络模型共同的基础和来源。下面介绍感知机模型的基本原理与数学形式。

13.1.1 感知机模型的基本原理与数学形式

感知机模型的目标是利用一个超平面对高维特征空间中的样本点进行分类。该任务实际上就是第 2 章介绍的 SVM 的基本目标。把两个类别分别用 +1 和 -1 来表示，则感知机模型的数学形式可以写为式 (13.1)。

$$y = \operatorname{sgn}\left(\boldsymbol{w}^{\mathrm{T}}\boldsymbol{x} + b\right) \tag{13.1}$$

其中，$\boldsymbol{x}$ 为输入数据；$\boldsymbol{w}$ 和 b 为待学习的超平面参数；sgn(·) 为符号函数；y 为输出的结果。

我们希望得到一个超平面，使之能够将训练集内的两类样本分别划分到超平面的两侧，即式 (13.2)。

$$\boldsymbol{w}^{\mathrm{T}}\boldsymbol{x}_i + b \begin{cases} > 0, & \text{if} \quad y_i = +1 \\ < 0, & \text{if} \quad y_i = -1 \end{cases} \tag{13.2}$$

可以发现，该目标和 SVM 基本是一致的，但是没有 SVM 要求的最大间隔的条件，只需要对训练集进行正确划分即可。因此，可以根据该要求构建感知机模型的优化目标函数。正确划分训练集是指没有分错样本点。如果把训练集记为 T，其中 $T = \{(\boldsymbol{x}_1, y_1), (\boldsymbol{x}_2, y_2), \cdots, (\boldsymbol{x}_n, y_n)\}$，那么如果某样本 $\boldsymbol{x}_i$ 被错分了，则应该在损失函数中进行惩罚；而如果其被划分到了正确的一侧，那么不进行惩罚。

基于该思路，首先介绍如何对分类正确和错误进行判断。如果该样本的标签 y_i 是 +1，那么当 $\boldsymbol{w}^{\mathrm{T}}\boldsymbol{x}_i+b>0$ 时，该样本分类正确；同理，当 $y_i = -1$ 时，$\boldsymbol{w}^{\mathrm{T}}\boldsymbol{x}_i+b<0$ 则分类正确。综合这两种情况，用式 (13.3) 表示分类正确的情况。

$$y_i(\boldsymbol{w}^{\mathrm{T}}\boldsymbol{x}_i + b) > 0 \tag{13.3}$$

那么相反地，$y_i(\boldsymbol{w}^{\mathrm{T}}\boldsymbol{x}_i+b)<0$ 则表示误分类样本，对于这样的样本应进行惩罚。为了表述方便，将该分类平面 $(\boldsymbol{w},b)$ 下误分类的特征空间样本点集合记作 $\boldsymbol{E}_{w,b}$，即式 (13.4)。

$$\boldsymbol{E}_{w,b} \models \left\{\boldsymbol{x}_i \quad y_i\left(\boldsymbol{w}^{\mathrm{T}}\boldsymbol{x}_i + b\right) < 0\right\} \tag{13.4}$$

对于 $\boldsymbol{E}_{w,b}$ 中的每一个样本，计算该样本到超平面的距离，距离越大，损失就越大。$\boldsymbol{E}_{w,b}$ 中某个样本 $\boldsymbol{x}_{\mathrm{i}}$ 的误分类距离可以表示为式 (13.5)。

$$\mathrm{dis}(\boldsymbol{x}_i) = \frac{-1}{\|\boldsymbol{w}\|} y_i\left(\boldsymbol{w}^{\mathrm{T}}\boldsymbol{x}_i + b\right) \tag{13.5}$$

由于标签与预测结果不同号，因此前面加上负号以保证距离是一个正数。这里的 $\mathrm{dis}(\boldsymbol{x}_i)$ 是几何距离，由于我们主要关注的是预测符号，即该点被分到了超平面的哪一侧，因此，即使不考虑 $1/\|\boldsymbol{w}\|$，也不会影响最终结果。

注意

此处关于超平面法向量 $\boldsymbol{w}$ 归一化项不予考虑的问题，可以结合第 2 章 SVM 算法中对优化问题的约束条件项的处理来理解。在 SVM 算法中，约束项为 $y_i(w^{\mathrm{T}}x+b) \geqslant 1$，也没有考虑 $1/\|w\|$ 的归一化问题。一般来说，含有归一化的距离称为几何距离，因为它表示的是点到超平面的实际长度大小；而不含有归一化的距离称为函数距离，在超平面参数 $\boldsymbol{w}$ 和 $\boldsymbol{b}$ 确定后，点到超平面的函数距离的相对关系也能表征点与超平面的位置关系（在超平面的哪一侧及相对远近）。

对于 $\boldsymbol{E}_{w,b}$ 中的所有错分点都进行如上计算，则得到感知机模型的损失函数为式 (13.6)。

$$L_{\mathrm{Perceptron}}(\boldsymbol{w},b) = -\sum_{\boldsymbol{x}_i \in \boldsymbol{E}_{w,b}} y_i\left(\boldsymbol{w}^{\mathrm{T}}\boldsymbol{x}_i + b\right) \tag{13.6}$$

可以看出，感知机模型有以下几个特点：首先，它是线性模型，较为简单；其次，感知机模型的优化过程只需要对误分类的样本点进行操作，目的是将误分类样本分到正确的位置；最后，由于函数的物理含义是误分类点到分类超平面的距离之和，因此 $L_{\text{Perceptron}}$ 是非负的，只有当没有误分类点时，$L_{\text{Perceptron}}$ 的值才为 0（$\boldsymbol{E}_{w,b}=\varnothing$）。因此，优化目标就是式 (13.7)。

$$\min_{w,b} \quad L_{\text{Perceptron}}(\boldsymbol{w},\boldsymbol{b}) \tag{13.7}$$

那么，下一个问题就是，如何求解这个优化问题。由于该损失函数是一个变量为 $\boldsymbol{w}$ 和 b 的简单的线性函数，因此可以直接采用求梯度然后逐步下降的方法求解。由于该损失函数中只有误分类点参与了计算，因此这里并不需要对所有的点都求导。因此，感知机模型采用的下降方法是随机梯度下降法（Stochastic Gradient Descent，SGD），这是神经网络中常用的一种优化方法。

随机梯度下降法指每次迭代随机取一个样本，如果该样本在当前的超平面下分类正确，则不进行操作；如果分类错误，则进行梯度下降。只用这一个误分类样本 $\boldsymbol{x}_i$ 求梯度，可以得到式 (13.8)。

$$\begin{aligned}\Delta\boldsymbol{w} &= \frac{\partial \ -y_i\left(\boldsymbol{w}^{\mathrm{T}}\boldsymbol{x}_i+b\right)}{\partial\ \boldsymbol{w}} = -y_i\boldsymbol{x}_i \\ \Delta b &= \frac{\partial \ -y_i\left(\boldsymbol{w}^{\mathrm{T}}\boldsymbol{x}_i+b\right)}{\partial\ b} = -y_i\end{aligned} \tag{13.8}$$

利用求解的梯度对 $\boldsymbol{w}$ 和 b 进行更新，得到式 (13.9)。

$$\begin{aligned}\boldsymbol{w} &\leftarrow \boldsymbol{w}+\eta y_i\boldsymbol{x}_i \\ b &\leftarrow b+\eta y_i\end{aligned} \tag{13.9}$$

其中，η 为学习率（Learning Rate, LR），代表学习速度的快慢。

一般来说，学习率的选择对于优化过程有比较重要的影响。学习率对梯度下降的影响如图 13.1 所示。

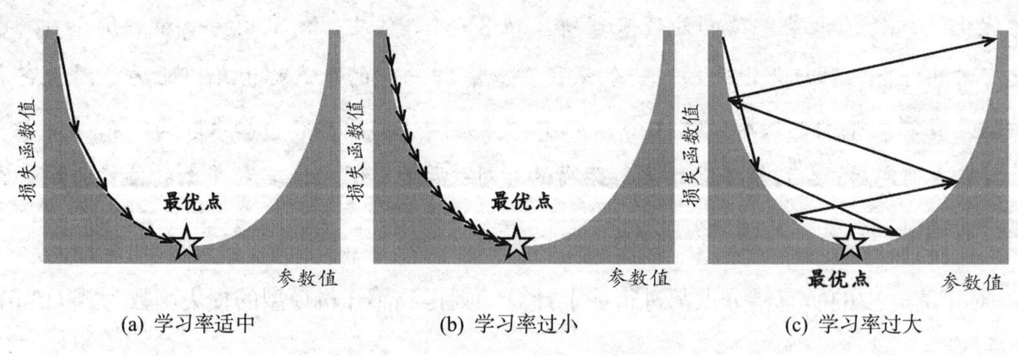

(a) 学习率适中　　(b) 学习率过小　　(c) 学习率过大

图 13.1　学习率对梯度下降的影响

在图 13.1 中，横轴代表参数值，即需要优化的变量；纵轴代表损失函数值。我们希望

通过训练可以收敛到最优解。在较为合适的学习率下，如图 13.1(a) 所示，可以较好地达到预期目标。如图 13.1(b) 所示，学习率过小会导致收敛速度过慢，反映在训练过程中就是损失函数几乎不下降。如图 13.1(c) 所示，学习率过大会导致算法无法收敛，反映在损失函数上就是损失函数的值非常大。当然，在学习率较大时，并非每次都会导致结果的发散，但是出现振荡难以达到最优解的情况是常常出现的。因此，应该合理地设置学习率。

如果要直观理解训练过程，那么每一次参数更新就是将超平面向着误分类点的位置进行移动，最终使点越过超平面，进入正确的一侧。如图 13.2 所示，这里给出了错误地把正样本分到了负类别一侧的情况下，超平面在一次迭代后的变化。

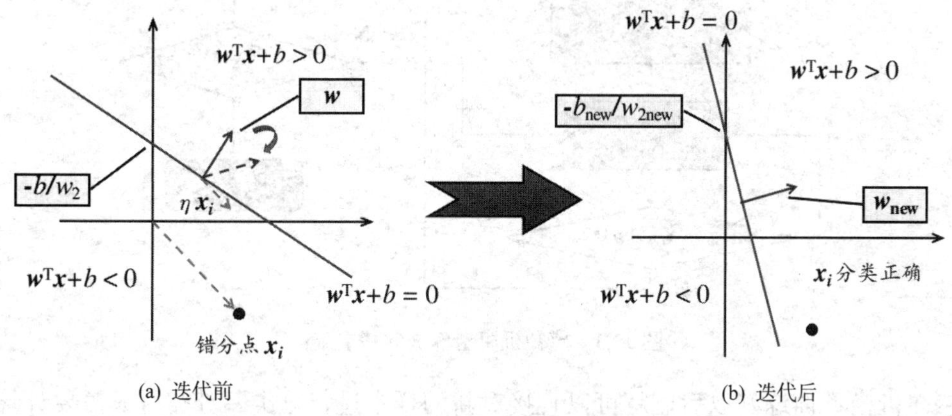

(a) 迭代前　　(b) 迭代后

图 13.2　正样本错分情况下的超平面更新

简单解释图 13.2。首先，上一次迭代得到的超平面（或初始值得到的超平面）如图 13.2(a) 中实线所示，实线的箭头表示该超平面的法向量 $\boldsymbol{w}$。根据 $\boldsymbol{w}$ 可以计算出纵轴上的截距为 $-b/w_2$。由于样本点 $\boldsymbol{x}_i$ 被错分，其本来的样本类别 y_i 应该是 +1，因此由该样本点更新过后的法向量如图 13.2(a) 中超平面上的虚线箭头所示。b 原本应该是负数，加上 +1 后绝对值变小，但是由于法向量向着横轴旋转后 w_2 也变小了，因此截距可能变大也可能变小。图 13.2(b) 所示为该次迭代之后的结果。可以看到，由于法向量向着错分的一侧旋转了，因此原本错分的点 $\boldsymbol{x}_i$ 在迭代后被正确分类。

注意

图 13.2 中在更新 $\boldsymbol{w}$ 时由于有学习率控制，因此法向量 $\boldsymbol{w}$ 方向的改变不仅与错分点的位置有关，还与学习率有关。在图 13.2(a) 中，我们可以想象，如果学习率再大一些，那么法向量旋转的角度还会更大，因此更能保证将该样本点正确分类。但是这样一来，由于超平面改变幅度大，势必会影响到其他样本的分类结果，因而所需要的迭代次数就会更多，算法难以收敛。这里从直观的角度解释了学习率对训练过程的影响。

人们已经通过数学的方法给出了证明：感知机模型的训练迭代过程对于线性可分问题一定会在有限次迭代以后收敛。这符合前面的解释。

至此，我们已经了解到了感知机的模型和训练方法。感知机模型训练算法的基本流程如图 13.3 所示。

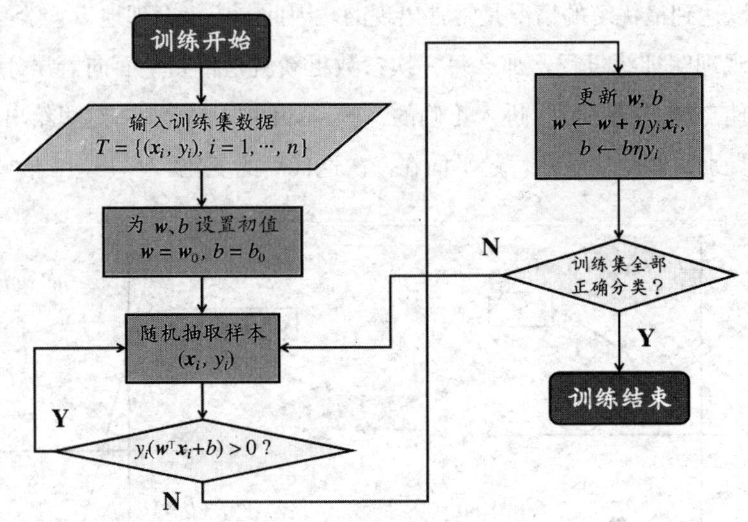

图 13.3　感知机模型算法的基本流程

感知机模型训练好以后，就可以直接对新的样本进行分类。分类时只需要计算函数 $\mathrm{sgn}(\boldsymbol{w}^T\boldsymbol{x}-b)$ 的值，所得结果即为样本所属的类别。

13.1.2　感知机模型的缺陷与改进

感知机模型也有一些固有的缺陷，这里主要列举以下两点。

（1）只能处理线性可分问题。

（2）虽然感知机模型能保证收敛，但是收敛结果不唯一。

首先来看第一点。显然，由于感知机模型用超平面分割的方法处理分类问题，因此其对线性不可分问题无法适用。线性可分就是指可以找到一个超平面，使其一侧都是某一类样本，而另一侧全都是另一类别样本。相反地，线性不可分就是指不满足这一特点的数据集，如最常见的就是异或（XOR）问题。

异或是一个逻辑学的运算，它仅在两布尔值输入不一致时输出 1，即异或可以用来判断两输入是否一样。表 13.1 所示为异或问题的真值表。

表 13.1　异或问题的真值表

A（输入 1）	B（输入 2）	A XOR B
0	0	0
0	1	1
1	0	1
1	1	0

异或问题看似非常简单，但是对于感知机模型来说，该问题比较复杂。其实，将这个问题绘制成二维空间的图像就一目了然了，如图 13.4 所示。

图 13.4 中圆点表示取值为 0，叉号表示取值为 1。显然，由于取值相同的特征分别占据了对角，因此无论如何也找不到一个超平面将这两类分开。所以虽然人们认为 XOR 是一个非常简单且基础的问题，但感知机模型却无法解决。

观察图 13.4 可以发现，虽然这两条线哪一条都不能把两类样本分开，但是将两者结合起来，就能将这两类分开了，具体操作如图 13.5 所示。

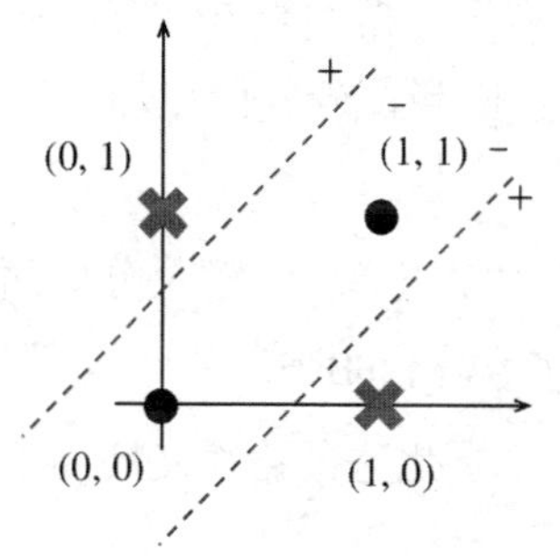

图 13.4　异或问题在二维空间中的表示

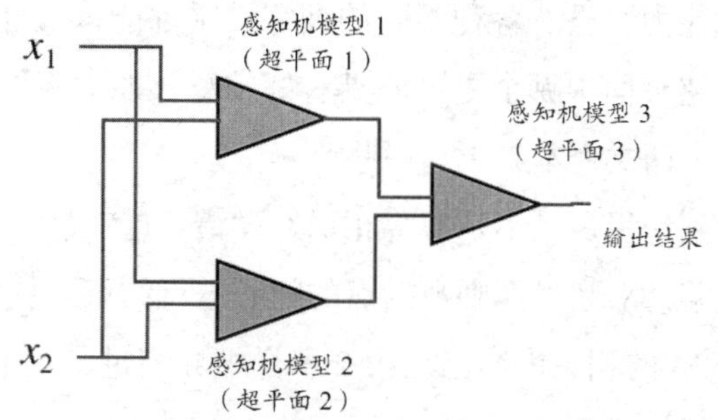

图 13.5　两层感知机模型加非线性单元解决异或问题

下面对图 13.5 进行说明。可以看到，任何单一的超平面都无法完成异或分类问题。但是，两个超平面的组合可以将二维空间分成三部分，处于中间的属于同一类，两边的为另一类，然后利用另一个感知机模型进行判别即可。图 13.5 中的感知机模型 1 和 2 就对应图 13.4 中的两个超平面，可以看到，两个超平面输出的结果中，圆点类别的输出结果为 (−1,−1) 和 (−1,−1)，而叉号类别则输出为 (+1,−1) 和 (−1,+1)。我们发现，经过第一层的两个感知机后，圆点一类两个输出结果之和都是 −2，而叉号的结果之和都是 0，这样就为同一类样本找到了一个相同的特点。基于此，将第一层两个超平面的输出通过另一个感知机模型，如果该感知机模型的 $\boldsymbol{w}$=(1,1)，即对第一层输出进行求和，然后令 b=1，即增加一个正向的偏置，此刻圆点类型的输出就是 −1，而叉号类型的输出就是 1，再加上符号函数判别，就可以得到最终结果了。用这种方法，异或问题就可以解决了。

顺着上面的思路继续考虑，如果问题更加复杂，那么还可以用更多的超平面，即更多的感知机模型进行组合、堆叠。由此看出，虽然单一感知机能力有限，但是一旦进行了多层堆叠之后，感知机模型的能力就会大大提升。实际上，为了解决线性不可分问题，感知机模型走向了多层化的道路，于是产生了人工神经网络，成为深度学习的基石。

注意

感知机模型本身自带非线性能力，其非线性的来源就是符号函数 sgn(•)。只有具有非线性的感知机模型的多层堆叠才能具有更好的性能。否则，由于感知机模型除了最后的 sgn(•) 以外，本身的计算是线性的，因此多层线性操作连接得到的是矩阵的连乘，并不能提高最终效果。

另外，对于分界面不唯一这个缺陷，感知机模型也被进一步改良。虽然算法已经证明了感知机模型的训练策略一定能收敛，然而由于初始值不同，以及随机下降过程中选择样本点的顺序的随机性，因此每次的结果可能也不同。

我们知道，机器学习模型最重要的是要在没有见过的数据集上表现良好，即具有较好的泛化能力。虽然各种不同的训练结果都能将线性可分的训练集数据完美分开，然而这些可能的超平面中哪个更可能具有好的泛化能力呢？直观地想，应当使分界面更加“中立”，从而距离两类样本集更远一些。

看到这里，是不是似曾相识？没错，这就是 SVM 的基本出发点。为了解决分界面不唯一的缺陷，对超平面到数据点的间隔进行约束，从而发展出了 SVM 的理论。

SVM 的相关内容已在第 2 章详细介绍过了，下面介绍从多层化这条路径发展而来的人工神经网络模型。

13.2 人工神经网络

本节将对多层级联的人工神经网络模型进行详细的介绍。首先以生物神经元作为对比，重新审视感知机模型的基本原理；然后介绍多层感知机模型的基本结构，以及用来进行训练的反向传播（BackPropagation，BP）算法；最后将对神经网络模型的优势进行探讨和总结。

13.2.1 生物神经元与感知机模型

人工神经网络是模仿生物体的神经网络结构的数学模型。生物体的神经系统由大量的

被称为神经元（Neuron）的细胞和其他一些胶质细胞组成，其中神经元是构建生物的神经网络的重要单元。生物神经元示意图如图 13.6 所示。

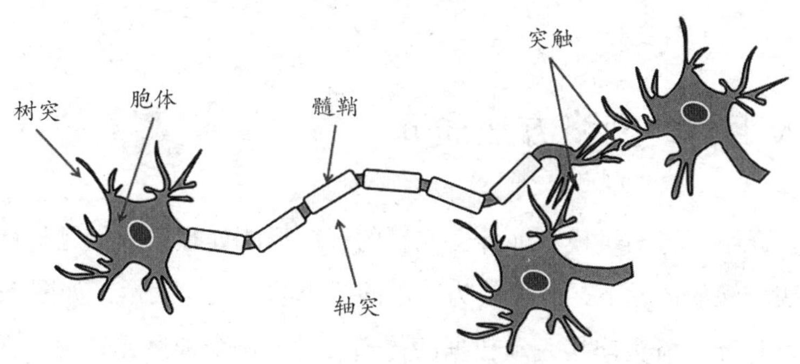

图 13.6　生物神经元示意图

可以看到，神经元由胞体（Soma）和由其发出的突起构成。神经细胞突起又分为树突（Dendrite）和轴突（Axon），如图 13.6 所示。其中，树突长度较短，但是分支较多，如同树枝状，因而称为树突。树突的作用是将前面的神经细胞的电信号通过突触进行接收，是神经元的输入部分。轴突外部包围着髓鞘，分叉较少，并且直径近似不变，可以延伸较长的距离。轴突的作用是将神经元的电信号进行较远距离的传输。在轴突的末端，往往有一种叫作突触（Synapse）的结构，可以传递神经递质（化学信号）到下一个神经元的受体，在一定条件下引发下一个神经元的神经冲动（电信号），从而实现神经元之间的连接和信息的传递。

前面提到过，感知机模型之于人工神经网络，正如生物神经元之于生物体神经网络结构。下面就对感知机模型与神经元进行简单的类比。

首先，对于感知机模型的输入，可以视为生物神经元的树突对上一级传来的信号进行收集。其次，生物神经元经过一系列机制对输入的信号进行汇总，并决定是否释放动作电位，类似于感知机模型对输入进行线性操作，并决定输出 -1 或 +1。最后，轴突将信号传递给下一个神经元，而感知机模型级联后也可以实现将上一级的感知机模型输出作为下一级输入，送入下一级感知机模型。可以看出，感知机模型实质上是对单个神经元的一种模拟，而多感知机模型级联就是对生物体神经网络的模拟。

注意

这里的模拟实际上只是一种粗略的、启发式的模拟，并不完全符合生物神经元的动作电位产生和传导机制的物理模型。现在已经产生了一种相对较为接近生物神经元的模型，称为脉冲神经网络（Spiking Neural Network, SNN）模型，该内容将在第 14 章介绍。

在人工神经网络领域，通常将一个类似感知机模型形式的、用于级联的单个结构也称为神经元。在后面的讨论中，将直接用神经元和神经网络来特指人工神经元和人工神经网络。

13.2.2 人工神经网络方法简介

13.1 节已经介绍了感知机模型（神经元）的级联形式处理异或问题的情形。在神经元数量较多、层级较深的情况下，才用较为通用的简单的方式来表示。如图 13.7 所示，每个圆形表示一个神经元，箭头连接表示数据的传递。对于每个神经元来说，都接收到前面传进来的输入，经过线性操作后，通过一个非线性结构进行输出。其中开始和最后的两层称为输入层（Input Layer）和输出层（Output Layer），中间层称为隐层（Hidden Layer）。隐层的层数和每层的单元数（神经元的个数）都可以自行设定。这种结构的神经网络通常称为多层感知机（Multi-Layer Perceptron，MLP）或全连接网络。

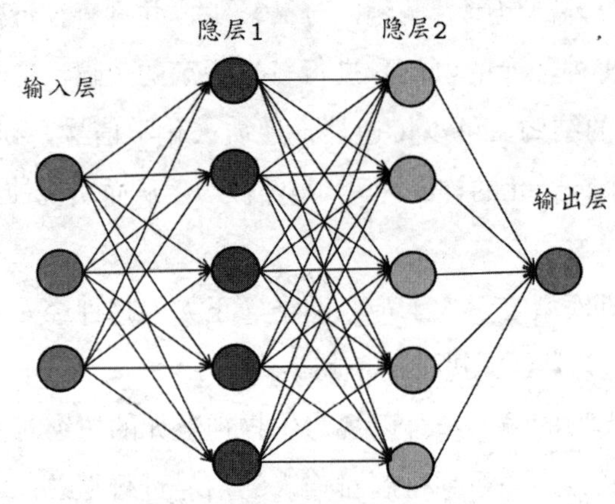

图 13.7 MLP 的表示方法

MLP 是最基本的神经网络类型，现在种类繁多的卷积神经网络（Convolutional Neural Network, CNN）、循环神经网络（Recurrent Neural Network, RNN）等都是基于 MLP 得到的。因此，下面基于 MLP 类型的神经网络，对神经网络方法的内容进行介绍。

神经网络作为一整套方法流程，除了上面所展示的网络结构以外，还有很多其他内容。例如，如果想要了解某种基于神经网络的方法，那么主要需了解以下几个内容。

（1）神经网络结构。

（2）损失函数。

（3）训练过程与方法。

其中，神经网络结构包括神经元结构及神经元组成的网络结构。损失函数指网络优化的目标函数，用来衡量网络输出与真实标签的差别。例如，在回归问题中，网络输出结果应该与真实的样本标签尽量相近，那么目标函数就可以是网络输出与标签的 l_1 范数或者 l_2 范数。损失函数决定着网络输出的“偏向”，对网络最终得到的结果也有很大的影响。

还有一个方面是模型的训练过程与方法。神经网络也是通过对训练样本的不断迭代进行优化的。当神经网络将所有的训练集数据都迭代了一遍时，则称其经过了一轮（Epoch）。一般来说，训练神经网络会设置一个最大轮数，通过选择合适的轮数，神经网络可以在合适的位置停止训练。

我们知道，感知机的训练是通过随机梯度下降的方法进行的。那么，对于多层网络，应如何进行训练呢？这里介绍一个重要的方法，即 BP 算法。

13.2.3　反向传播算法

在神经网络方法的发展历史上，BP 算法扮演了重要的角色。它找到了一种对多层网络进行训练的通用方法，为网络加深提供了条件。BP 算法的基本思路就是误差传播，即把目标函数计算的结果传到网络中的每个参数，使其可以影响参数的调整，逐步减少目标函数。

下面用一个例子来说明 BP 算法。

假如有一个三维的输入数据，$\boldsymbol{x}=(x_1,x_2,x_3)$，通过一个三层的神经网络，其中隐层有两个节点，分别输出为 h_1 和 h_2；输出层只有一个节点，输出为 y。其用数学方式表示为式 (13.10)。

$$\begin{aligned}
\boldsymbol{s}_{11} &= \boldsymbol{w}_{11}^{\mathrm{T}}\boldsymbol{x} + b_{11} \\
h_1 &= f(\boldsymbol{s}_{11}) \\
\boldsymbol{s}_{12} &= \boldsymbol{w}_{12}^{\mathrm{T}}\boldsymbol{x} + b_{12} \\
h_2 &= f(\boldsymbol{s}_{12}) \\
\boldsymbol{s}_2 &= \boldsymbol{w}_2^{\mathrm{T}}\boldsymbol{h} + b_2 \\
\boldsymbol{y} &= f(\boldsymbol{s}_2)
\end{aligned} \tag{13.10}$$

其中 f 为非线性单元，即感知机模型中的 $\mathrm{sgn}(\cdot)$ 函数；$(\boldsymbol{w}_{11},b_{11})$ 和 $(\boldsymbol{w}_{12},b_{12})$ 分别为输入层连接到两个隐层节点的权重参数向量；$(\boldsymbol{w}_2,b_2)$ 为隐层到输出层的参数；$\boldsymbol{h}=(h_1,h_2)$ 为隐层输出，即输出层的输入。

单隐层 MLP 网络结果如图 13.8 所示。为了与数学形式对应，将偏置 b 也绘制在了网络中（神经网络结构中虽然有时不将 b 单独绘制出来，但是偏置项一般都会用到）。

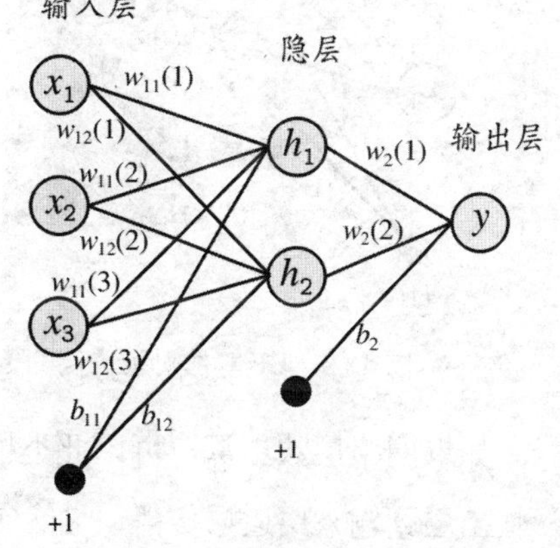

图 13.8　单隐层 MLP 网络结构

如果将损失函数记为 L，对应的标签记为 z，那么误差可以表示为式 (13.11)。

$$\text{error} = L(\boldsymbol{y}, \boldsymbol{z}) \tag{13.11}$$

用误差对参数进行更新。首先，可以看到 $\boldsymbol{w}_2$ 和 b_2 可以直接通过链式法则求导得到，如式 (13.12) 所示。

$$\begin{aligned}\frac{\partial L(\boldsymbol{y},\boldsymbol{z})}{\partial \boldsymbol{w}_2} &= \frac{\partial L}{\partial \boldsymbol{y}}\frac{\partial \boldsymbol{y}}{\partial \boldsymbol{s}_2}\frac{\partial \boldsymbol{s}_2}{\partial \boldsymbol{w}_2} \\ &= \frac{\partial L}{\partial \boldsymbol{y}} f'\boldsymbol{h}\end{aligned} \tag{13.12}$$

同理，b_2 也可以通过这种方式求得导数。利用该导数值，通过梯度下降方法就可以对第二层参数进行更新 , 如图 13.9 所示。

那么对于上一层的参数 $(\boldsymbol{w}_{11},b_{11})$ 和 $(\boldsymbol{w}_{12},b_{12})$，应该如何求导呢？仍用链式法则，计算公式为式 (13.13)。

$$\begin{aligned}\frac{\partial L(\boldsymbol{y},\boldsymbol{z})}{\partial \boldsymbol{w}_{11}} &= \frac{\partial L}{\partial \boldsymbol{y}}\frac{\partial \boldsymbol{y}}{\partial \boldsymbol{s}_2}\frac{\partial \boldsymbol{s}_2}{\partial h_1}\frac{\partial h_1}{\partial \boldsymbol{s}_{11}}\frac{\partial \boldsymbol{s}_{11}}{\partial \boldsymbol{w}_{11}} \\ &= \frac{\partial L}{\partial \boldsymbol{y}} f'\boldsymbol{w}_2(1) f'\boldsymbol{x}\end{aligned} \tag{13.13}$$

其他几个第一层参数的计算方式类似。由于 $\boldsymbol{w}_2$ 和 b_2 已经被更新，因此式 (13.13) 整理到最后的结果都是已知的，这样就求得了第一层参数的梯度。根据此梯度完成对第一层的更新，如图 13.10 所示。

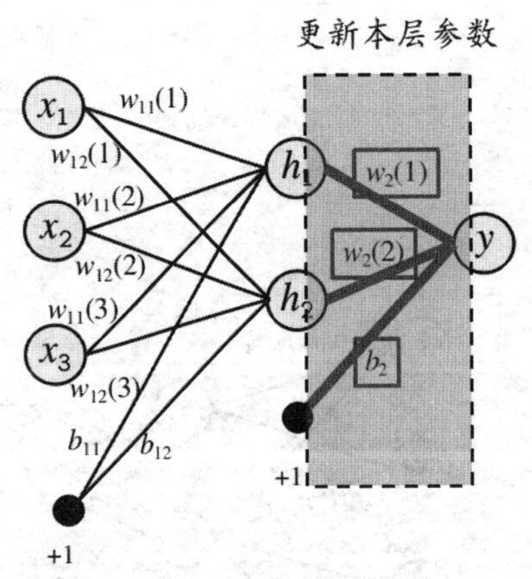

图 13.9　BP 算法对第二层的更新

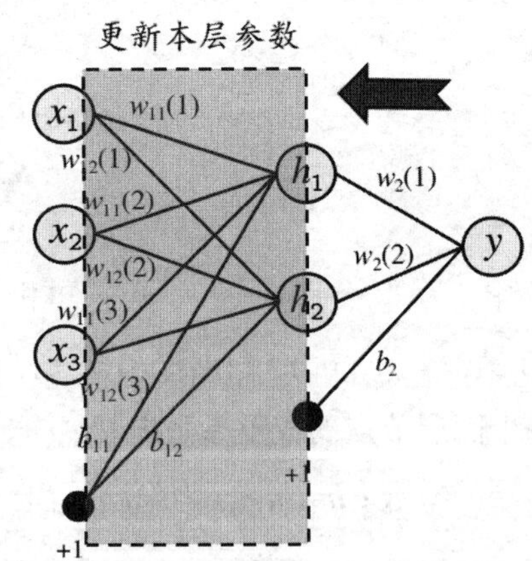

图 13.10　BP 算法对上一层继续更新

如果网络层数更深，可以此类推，继续向前计算。由误差而来的梯度沿着网络的反向，从输出层到输入层逐层传播，最终实现对所有参数的更新。这就是 BP 算法的基本思路。其

之所以能够实现，实际上就是利用了导数求解过程中的链式法则，先将可以求解的梯度求出来，求得的结果又可以作为上一层的已知数，将上一层的梯度计算出来。

注意

在有些场合下，感知机模型被称为第一代神经网络，而通过 BP 算法更新的多层神经网络被称为第二代神经网络，现在大部分应用中的神经网络都是第二代神经网络。更加模拟生物神经元的脉冲神经网络被认为是第三代神经网络，或者下一代神经网络。第 14 章将对这类新的网络神经元结构进行简要介绍。

13.2.4　神经网络的优势

下面探讨神经网络模型所具有的一些优势。

首先，由于神经网络模型可以在层数和每层的神经元数量上进行扩充，因此参数数目大大增加。庞大的可训练参数结合神经元非线性的特征，使网络具有非常强大的拟合能力，从而可以用来处理很多人工处理起来非常复杂的任务。

其次，神经网络模型比较符合工程上的一些原则，由于不同网络之间更多的差别在其结构和损失函数上，而较为底层的如神经元结构、BP 算法优化求解及其他一些已经被证明实际有效的技巧和操作可以预先进行编程和封装（已经有现成的框架封装好了这些内容），因此针对实际问题建立模型变得更加容易。设计一个基于神经网络的模型更像一个“搭积木”的过程，只需要理解其背后的原理，知道何种问题下选择何种结构比较合适，以及改变某个结构可能会引起何种影响即可。这种底层的独立性和固定性与模型结构的可塑性相结合，使神经网络模型能在很多实际问题中得到应用。

最后，神经网络虽然结构复杂，训练过程在有些任务中较为耗时，但是一旦网络训练好，在测试阶段处理的过程并不需要迭代，只需要进行多次矩阵运算即可。在通常的应用中，只需要使用一个训练好的模型直接对某个输入给出结果。因此，神经网络通过大规模的训练保证了模型的高拟合能力，而在测试过程中具有较高的处理效率，这也是神经网络的一个优势。

神经网络的很多优势是通过增加网络的层数（深度学习）来实现的，因此深度学习和神经网络往往是两个紧密相关的概念。下面探讨为何在神经网络模型中需要更深的网络。

13.3 需要深度学习的原因

在神经网络模型中应用深度学习的概念，即对网络进行层数上的增加，可以给网络性能带来很大的提高。其原因在于，深度网络带来了更多的参数量，这一点是非常直观且可以理解的。因为参数阅读，解空间就越大，从而带来的可能性就越大，也就能适应更多更复杂的任务。

但是同样是增加参数，为何要选择在深度（层数）上而非宽度（每一层的神经元个数）上进行呢？首先，在宽度上进行增加也是可以提高网络的性能的。但是，由于网络最重要的是它的非线性拟合能力，而非线性操作只有在输出时才进行。也就是说，宽度的增加是不同非线性单元的并列，而深度的增加则是非线性的级联，显然非线性的级联能够产生更多的可能性，拟合更多的问题。因此，深度的增加更能提高网络的性能。

还有一个方面，即级联的网络结构更符合生物神经元感知的情况。在多层级的网络中，不同层级之间可以用来提取和表示不同层次的特征。这一点在后面的卷积神经网络（Convolutional Neural Network, CNN）部分将会进行详细讨论。

13.4 神经网络模型的局限性

尽管具有如此多的优势和强大的能力，人工神经网络仍然是一个不够完美的理论模型。本节简单讨论神经网络模型的局限性。

首先，神经网络模型具有“黑箱”特征。黑箱指神经网络输入到输出之间的映射无法用我们所能理解的方式表示出来。虽然神经网络在训练好之后，对于一个合理的输入都能给出一个输出结果，但是并没有告诉我们为什么是这样的结果。

相比传统模型，神经网络显然更加复杂，从而也就无法在给出一个好的结果的同时，告诉我们它究竟抓取到了哪些特征、哪种映射关系，以及是如何得到这个结果的。我们只能通过训练集和验证集上的表现，期望它能给出一个合理且准确的预测结果。这一特征是神经网络的一个固有局限。

另外，神经网络，尤其是复杂的神经网络的训练往往需要大量的样本。对于有已经标注好的大规模数据集的任务，该特征还可以接受。但是对于某些实际中的任务，由于任务本身的特殊性导致难以找到如此大规模的数据量，或者由于成本高、难度大，大规模数据集的人工标注和生成费时费力。在这些情况下，神经网络的训练就受到了一定的制约，因而可能影响最终效果。该问题是参数量较大的模型的通病，而神经网络模型的参数量比传统方法往往多得多，因此这一局限性的表现尤为明显。

还有一点，人们发现神经网络模型很容易被“欺骗”，即神经网络模型的鲁棒性较差。人们已经通过基于对抗样本（Adversarial Example）的实验证明了这一点。对抗样本指人工制造出来的，可以利用网络的不鲁棒对网络进行欺骗的输入数据。图 13.11 展示了这样一个实验，研究者先得到一个已经训练好的用于图片分类的神经网络模型，然后将左边的熊猫图像输入网络，网络将其判别为熊猫；然后研究者利用相关算法，计算出中间的类似噪声的数据，并以一定比例加入左边的熊猫图像，得到右边的结果。用肉眼去看，并不能看出右图与左图的区别，仍然会将其视为一只熊猫。但是，此时将人工合成的右边的图像输入网络中，网络居然以极高的置信度将其判断为了长臂猿！

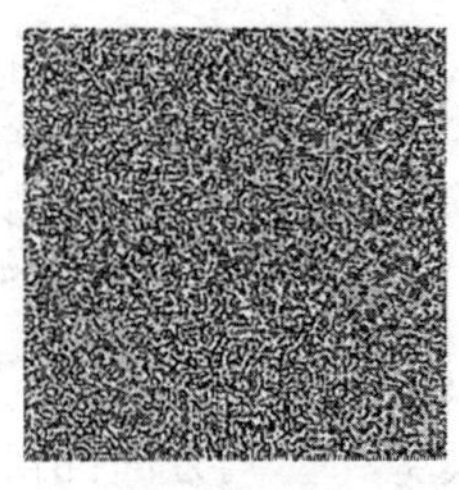

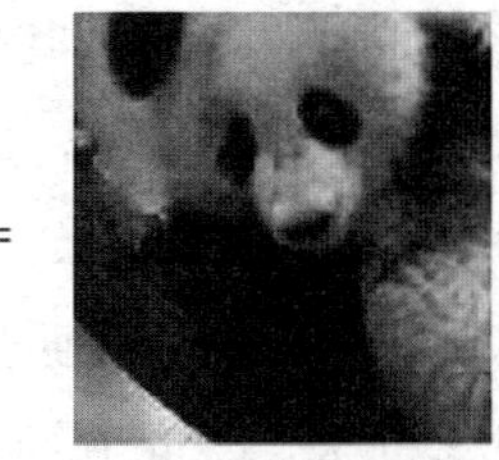

图 13.11　对抗样本实验

（图片来源：Goodfellow I J , Shlens J , Szegedy C . Explaining and harnessing adversarial examples[J]. Computer Science, 2014.）

右边的样本就是对抗样本，它是通过某种算法特意生成的。实际上，通过这种算法，可以在不影响人的视觉感受的情况下，让网络将其判断为指定的某个类别。该缺陷使神经网络的安全性受到冲击。

还有一个在实际应用中非常令人困扰的问题，那就是调参。这里的“参”指神经网络模型的超参数（Hyperparameter），主要包括学习率、训练轮数、网络层数、每层的神经元节点数量等。精细的调参对于网络性能有很大的影响，虽然有一些调参的技巧可供参考，但是很多时候这项工作仍需要较为费时地手动进行。

注意

现如今，针对神经网络的这些问题，人们已经开展了研究，并取得了很多成果。黑箱问题使人们开始研究神经网络的可视化问题，并找到了神经网络的一些可视化方法。对于样本数量问题，人们也探索了小样本情况下利用神经网络的一些策略和方法。对于对抗样本问题，一方面，人们开始研究基于对抗样本的神经网络的攻防问题，着力提高人工智能的安全性；另一方面，利用对抗的概念，一种新的种类的网络——生成对抗网络被提出，并在此基础上衍生出了许多实用的模型。针对网络的调参问题也有很多技巧和策略被提出并应用。

13.5 常用神经网络框架简介

由于神经网络和深度学习已经成为一个较为工程化的、模块化的任务，因此出现了一些神经网络框架。框架实际上就是那些常用的部件和函数（如神经元、BP 算法、损失函数等）已经实现好的一个函数库，通过调用这些库函数，不需要再从头开始实现网络中的每个功能和组件，就可以搭建神经网络。下面介绍当前比较流行的几种神经网络框架。

1. Caffe

Caffe（Convolutional Architecture for Fast Feature Embedding，卷积神经网络框架）是一个比较经典的网络框架，其作者是 UC Berkeley 的贾扬清。Caffe 以 C++ 和 CUDA 为基本架构，其优势如下：首先，速度快是 Caffe 的一个重要特点，Caffe 的速度可以很好地满足工业级的需求；其次，Caffe 的网络结构是以配置文件的文本形式存放的，清晰地写明了网络的每一层类别和属性，便于阅读；最后，Caffe 的代码具有可扩展性，通过很多贡献者的共同修改和扩展，Caffe 在网络模型和代码方面都得到了改进和完善。Caffe 的主页为 http://caffe.berkeleyvision.org。

2. Tensorflow

Tensorflow 是由 Google 旗下的人工智能团队 Google Brain 开发的一种基于数据流（Dataflow）的深度学习框架。Tensorflow 直译为张量流动。Tensor 为张量，即矩阵的高阶推广，在神经网络中，参数都是以张量形式存在的。这个名字形象地传达了参数更新时数据在网络中流通传递的过程。Tensorflow 是基于数据流图来对网络进行实现的。首先将网络结构抽象成一张数据流图（Graph），即表示各个指令之间的相互关系的结构图；然后为该图创建一个会话（Session）来运行图的各个部分，执行网络的优化步骤。Tensorflow 中实现了很多网络模型的组件，且一般都通过 Python 调用，因此模型实验较为直观。但是相对来说，Tensorflow 的接口比较复杂，且需要先创建静态图，然后再运行，从而使 Tensorflow 在某些场合不太灵活。Tensorflow 的中文官网为 https://tensorflow.google.cn。

3. Keras

Keras 是一个对于其后端更加高级的封装，更加易于上手。Keras 的后端可以自行配置，如 Tensorflow 或者 Theano 都可以作为 Keras 的后端。一方面，Keras 由于封装较为完善，因此新手编写网络的代价更小一些；另一方面，其较为高级的封装使对底层的修改有些不方便，因此在有些场合需要将 Keras 与其所使用的后端，如 Tensorflow，结合起来进行编程。Keras 文档的参考链接为 https://keras.io。

4. Pytorch

Pytorch 是当下应用较为广泛的一种 Python 接口的框架。Pytorch 最大的特点就是灵活。不同于 Tensorflow 中复杂的机制和新定义的概念，Pytorch 中对于张量、变量、自动求导机制、损失函数等的实现都非常简单直观。另外，它不需要像 Tensorflow 那样先建立图，然后创建一个会话实现计算，而是可以较为自由地进行求导和误差的反向传播。由于其灵活易用的性质，使利用 Pytorch 编写网络并进行训练的过程和使用 Python 编写数学计算的过程非常相似，也符合用户的直观感受。而且，虽然 Pytorch 用动态图代替 Tensorflow 的静态图，但是仍能保持一个较快的速度。综合以上原因，本书中将以 Pytorch 框架为例，来演示各类神经网络模型的搭建和训练。Pytorch 文档的参考链接为 https://pytorch.org/docs/stable/index.html。

13.6　本章话题：人工智能发展大事年表

> "与只晓得现在的兽类不同，人类取得了过去的知识，并且开始探索未来。"
>
> ——阿瑟·克拉克《2001 太空漫游》

1943 年，W. S. McCulloch 与 W. Pitts 提出 M-P（McCulloch-Pitts）神经元模型，该模型模拟了生物神经元的功能，形成了神经网络的基础。

1949 年，心理学家 D. Hebb 提出 Hebb 定律（Hebb's Rule），其基本思想是"共同激发、共同连接"（Cells that fire together, wire together），即神经元共同激发的概率越高，则它们的关联度越高。这一理论为无监督学习算法提供了基础。

1950 年，Alan Turing 发表论文《计算机器与智能》（*Computing Machinery and Intelligence*），讨论了人工智能的基本目的和发展方向，为人工智能开山之作。在人工智能领域，Turing 提出了模仿游戏、图灵机、图灵测试等理论与概念，被誉为人工智能之父。

1956 年，达特茅斯会议提出了"人工智能"（Artificial Intelligence）一词，并一直沿用至今。

1957 年，Frank Rosenblatt 提出感知机模型，其可以实现线性二分类，并且可以通过训练数据调整权重变量，对模型进行优化。

1969 年，M. Minsky 和 S. Papert 出版 *Perceptron: A Introduction to Computational Geometry*，证明了感知机模型的局限性，甚至不能用它解决异或问题，且无法通过感知机模型的多层堆叠解决。从 1970 年开始，人工智能进入第一个寒冬。

1982 年，J. Hopfield 提出 Hopfield 网络，将能量的概念引入网络模型中。

1983 年，A. G. Barto 等人发表了关于强化学习（Reinforcement Learning）的论文，展示了强化学习应用的可能性。

1986 年，Geoffrey Hinton 等发展了 BP 算法。该算法通过误差的反向传播，解决了大量非线性网络的训练问题。

1987 年，由于硬件方面的原因，人工智能再次进入寒冬。

1997 年，IBM 深蓝计算机战胜人类国际象棋冠军卡斯帕罗夫。

2006 年，Geoffrey Hinton 等人提出深度学习的概念，使人工智能在学术研究领域再次复苏。

2007 年，李飞飞发起 ImageNet 项目，收集大量标注图片数据以供研究者使用。

2010 年，ImageNet 视觉任务比赛开始，各个研究机构都将算法应用于 ImageNet 进行测试，从而可以将不同算法的结果进行横向评比。

2012 年，AlexNet 模型在 ImageNet 比赛中大幅度提高了准确率，远超之前的最好成绩，因此获得了学界及业界的关注。

2014 年，Ian Goodfellow 提出生成对抗网络（Generative Adversarial Network，GAN），通过生成器和判别器的博弈得到最终平衡。该方法很快在各个领域得到应用和推广。

2017 年，Google 开发的 AlphaGo（阿尔法狗）击败人类围棋世界冠军柯洁，引发舆论轰动。同年，AlphaGo 的升级版 AlphaGo Zero 在无人类训练样本的情况下，通过启发式搜索和强化学习等策略，围棋水平大幅度提高。

2018 年，AlphaFold 问世，它被用于从基因或者氨基酸序列中预测蛋白质的三维结构，从而为许多生物学问题的解决提供了帮助。同年，L4 级无人驾驶巴士 Apollo 正式实现量产，在限定路段和条件下可以实现完全不依赖驾驶员，由无人车自动完成所有操作。

2019 年，2020 年，2021 年……

未完待续。

第14章

精细解剖：神经网络的基本构成单元

第 13 章介绍了神经网络算法的概貌及深度学习的概念，并介绍了几种常用的深度学习开发框架。本章将会深入地剖析神经网络的各个组成单元及常用的训练策略，包括它们的数学原理、适用场景及各自存在的优势和不足等。

如第 13 章所说，现阶段的神经网络模型的开发所应用的“零件”实际上大部分都在各个开发框架中已经准备好，并不需要自己手动编写。然而，当需要将神经网络模型应用于某一领域的某个具体问题时，如何选择合适的“零件”，以及如果当前网络模型不工作或效果不佳时如何调整，则仍然需要我们对网络零部件的具体原理有较清晰的认识。因此，在分门别类地介绍各种常见的网络模型之前，本章先仔细梳理神经网络的基本构成单元。

首先介绍构成神经网络的最基础的结构 —— 神经元。

14.1 神经元结构

正如生物的神经元是神经系统的最小功能单元，在人工神经网络中，神经元也是组成所有大型网络的最基础的功能单元。每一个神经元“细胞”都可以被看成最小的神经网络，可以接受输入、更新参数，并输出一个结果。由许多这样的小“细胞”，最终构成了各种复杂庞大的神经网络。

人工神经网络发展到现在，神经元的模型基本已经固定了。常见的结构就是类似感知机模型的形式，这种结构由 McCulloch 和 Pitts 于 1943 年提出，因此也被称为 M-P 神经元。第 13 章介绍的 Rossenblatt 的感知机模型实际上就是来源于 M-P 神经元。然而近年来，另一种更加接近人脑的生物学属性的神经网络模型，即脉冲神经网络也得到了发展。脉冲神经网络采用了和常用的感知机模型形式的神经元不同的结构，用以模拟神经细胞的生物电位。由于现阶段仍然是 M-P 神经元的改进版本应用最广泛，因此这里着重讨论该类型的神经元结构，并对脉冲神经网络的神经元进行简要的介绍。

14.1.1 M-P 神经元结构

M-P 神经元结构如图 14.1 所示。其中，$\boldsymbol{x}=(x_1, x_2,\cdots, x_n)$ 代表所有输入该神经元节点的信号，$\boldsymbol{w}=(w_1, w_2,\cdots, w_n)$ 代表该神经元与各输入信号之间的连接上的权重，该权重参数是神经元本身的性质，在训练时更新，在测试时保持不变。图 14.1 中的 θ 表示该神经元的阈值，即只有超过 $\boldsymbol{w}^{\mathrm{T}}\boldsymbol{x}$ 的结果超过该阈值，才会对输出产生影响。θ 也是一个待学习的参数。

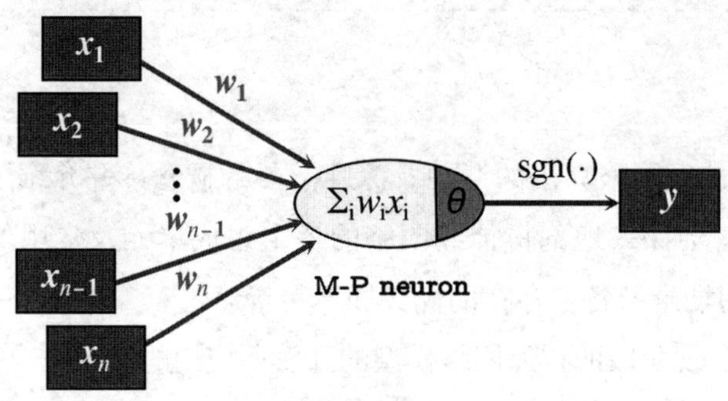

图 14.1　M-P 神经元结构

将该神经元的计算过程用数学形式表示为式（14.1）。

$$\begin{aligned} z &= \boldsymbol{w}^{\mathrm{T}}\boldsymbol{x} \\ y &= \mathrm{sgn}(z-\theta) \end{aligned} \tag{14.1}$$

sgn(•) 是符号函数，这里作为提供非线性的激活函数（Activation Function），其形式为式（14.2）。

$$\mathrm{sgn}(x)=\begin{cases} -1, & x<0 \\ +1, & x\geqslant 0 \end{cases} \tag{14.2}$$

这就是 M-P 神经元的基本结构。在前面介绍感知机模型的内容时，已经看到过这种数学形式。M-P 神经元具有如下几个特点：首先，它是一个多输入单输出的结构单元，这也就表明它具有一定的空间整合能力，将来自不同输入连接的上级神经元的输出进行整合，并形成新的输出结果；其次，它的阈值设定也模拟了生物体内神经元的动作电位，或者称为神经冲动中的阈电位的机理，使其具有更好的适应性；最后，神经元各路输入上的权重 w_i 取值可正可负，且绝对值可大可小，均通过数据训练得到。这里的 w_i 的正负就代表这一路上传来的信号是兴奋性的还是抑制性的，这两种类型的输入在生物的神经元中也是普遍存在的。

如果单纯地从数学角度来看，回想感知机模型的物理意义，这里的神经元通过连接权值对输入进行整合并进行阈值处理的结果，就是计算输入向量 $\boldsymbol{x}$ 与法向量 $\boldsymbol{w}$，截距为 $-\theta$ 的

超平面的距离（含有正负号，表示分别在超平面的两侧）。神经元输出结果实际上就是利用了一个非线性函数，判别输入落在了这个超平面的哪一侧。

根据这个视角，可以将神经元的结构稍做修改，如图 14.2 所示。

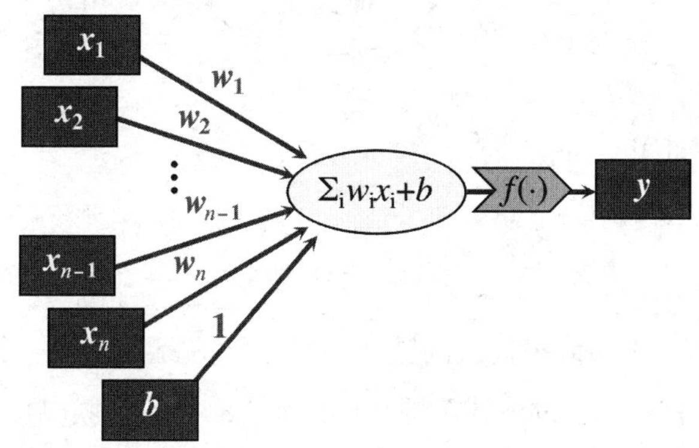

图 14.2　修改后的 M-P 神经元的表示方法

从图 14.2 中可以直接看出神经元所进行的数学操作。另外，用 f 表示神经元的激活函数，在感知机结构中，f 采用的是符号函数 sgn(•)；但实际应用中，f 可以有很多不同的选择，具体形式将在 14.2 节详述。

以上就是 M-P 神经元的基本结构。这种形式的神经元是目前最常见和使用最广泛的。后面章节中所有的神经网络采用的都是这种形式的神经元。

14.1.2　脉冲神经网络神经元

第 13 章提到过，感知机模型通常被称为第一代神经网络，采用 BP 算法的神经网络被称为第二代神经网络（也是现在最常见的），而这里将要介绍的脉冲神经网络被誉为第三代神经网络或者下一代神经网络。和第二代神经网络相比，脉冲神经网络的工作机制与人脑的生物学神经网络更为接近，因而也常被称为“类脑智能”。人们普遍认为，在该框架下，人工智能可以更好地与神经科学相结合，从而更深层次地揭示智能的本质。

脉冲神经网络的神经元结构与 M-P 神经元具有很大的不同。如图 14.3 所示，脉冲神经网络的输入和输出都是一个脉冲序列（Spike Train），而非 M-P 神经元中的连续数值。每个脉冲的幅度都是一样的，因此只能用“有脉冲”和“无脉冲”来表示 0 和 1 两个状态。而脉冲序列是一个时间序列，脉冲出现的位置代表时刻，因此，脉冲神经网络用脉冲序列作为输入 / 输出并没有损失信息，而是将信息储存在了时序之中。这也与生物神经网络结构类似。

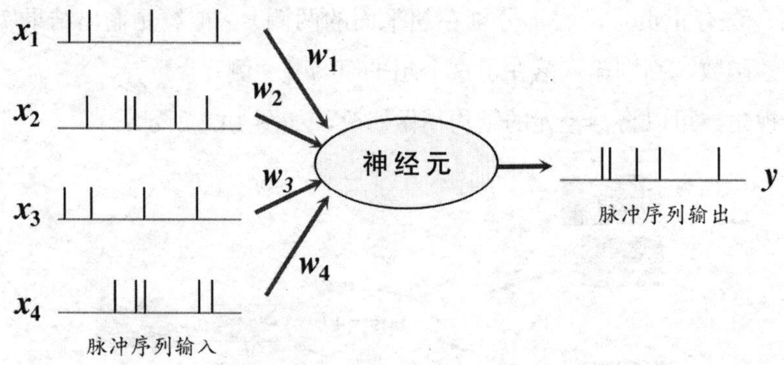

图 14.3　脉冲神经元

那么，脉冲神经网络如何对输入的脉冲序列进行整合并输出一个新的脉冲呢？这里仍然采用了类似生物体神经细胞的方式，即在神经元上维持一个膜电位的变量。

膜电位的建模也有不同的方式。这里介绍一种常用的建模方式，即 LIF（Leaky Integrate and Fire，带泄露积分触发）模型。在该模型中，膜电位具有整合、泄露及产生脉冲的功能。具体来说，在初始状态时，膜电位保持为零，当接收到某一个输入在时刻 t_0 的脉冲刺激时，膜电位就会产生累加效应，累加的电位的量由该输入连接上的权重（也称为突触影响，即 Synaptic Influence）决定。但是由于脉冲是瞬时的，并不具有时间长度，因此在没有输入脉冲时，膜电位会有一定程度的泄露。在膜电位的累加过程中，当膜电位从下往上到达某个阈值后，就会被重置到一个较低的值，同时产生一个脉冲作为输出，这就是神经元的激活（Fire）。

如图 14.4 所示，向上的箭头表示在某个时刻接收到了某个输入脉冲序列中的一次脉冲；中间的曲线表示膜电位的变化；而上方的脉冲则表示膜电位到达了阈值，产生了输出。

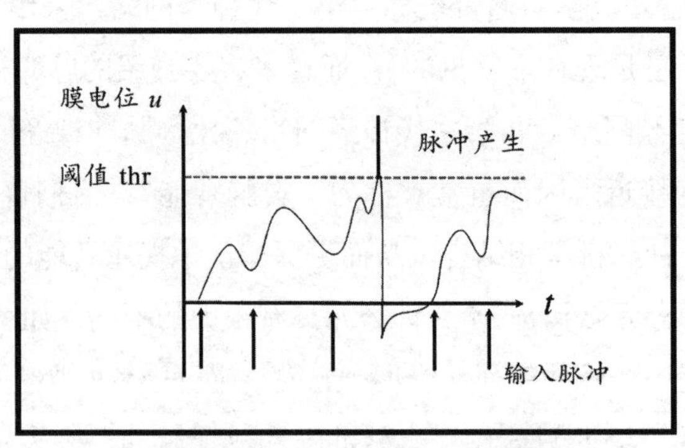

图 14.4　脉冲神经元的膜电位

虽然脉冲神经网络理论上来说具有很多已有神经网络不具备的优势，然而由于其脉冲形式不连续，因此对其进行求导和训练有一定的难度。现在已经有了一些方法用来对脉冲神经网络进行训练，但是总体来说，还没有一个像 BP 算法那样有效而通用的方式来对网络进行训练。

另外，在现在通用的第二代神经网络中，无论是图像、语音还是其他信号，都可以直接作为连续的实数值输入网络进行操作。然而对于脉冲神经网络来说，如何将待处理的信号编码为一系列的脉冲，并且对输出的脉冲进行解码，也是一个很大的问题。现有的方法中，有的将数值大小编码为某一时段内的脉冲的频率，有的将数值和脉冲的时延相对应等。但是由于神经科学中神经编码的本质仍然处在研究当中，因此关于脉冲神经网络的编码问题仍然需要进一步的研究。

总体来说，现阶段的脉冲神经网络在实践中和现在流行的第二代神经网络仍有一定距离，暂时还未达到实用化的水平，但是其理论上的优势使其具有较大的潜力，有望在未来为人工智能的发展找到一条新的路径。

注意

后面章节中提到的神经元都特指 M-P 神经元。M-P 神经元是即将介绍的卷积神经网络、循环神经网络等一系列网络结构的基本部件。对于脉冲神经网络仅了解即可。

14.2　激活函数

14.1 节讨论了两种神经元模型，包括 M-P 神经元模型及仍处在发展中的脉冲神经元模型。在 M-P 神经元模型中，图 14.2 中的激活函数 $f(\cdot)$ 可以有不同的形式。本节就重点讨论几种常见的激活函数。

14.2.1　Sigmoid 函数和 tanh 函数

首先介绍 Sigmoid 函数。该函数就是第 3 章介绍的逻辑斯蒂函数。

回顾该函数的形式，即式（14.3）。

$$\text{Sigmoid}(x) = \frac{1}{1+\mathrm{e}^{-x}} \tag{14.3}$$

利用 PyTorch 中的 Sigmoid(·) 函数，可以直接计算输入信号经过 Sigmoid 激活函数后的输出，代码如下：

```
# 导入用到的 Python 模块
import torch
import numpy as np
import matplotlib.pyplot as plt
# 生成横坐标点
```

```
x = np.arange(-10, 10, 0.1)
ten_x = torch.Tensor(x)
# 计算 Sigmoid 函数值
ten_y = torch.nn.Sigmoid()(ten_x)
y = np.array(ten_y)
# 作出函数图像
plt.figure(figsize=(10,8))
plt.plot(x, y)
plt.grid()
plt.xticks(fontsize=20)
plt.yticks(fontsize=20)
plt.title('Sigmoid function', fontsize=30)
plt.show()
```

其函数图像如图 14.5 所示。

该函数的来源和部分性质在第 3 章已经讲过，故在此不再重复。需要注意的是，作为神经元的激活函数，Sigmoid 函数可以为神经元提供非线性，这正是激活函数的作用，也是第 3 章强调该函数“化直为曲”的功能的原因（将线性操作转化为非线性操作）。另外，Sigmoid 函数由于输出为 0~1，在之前我们将其解释为置信的概率，而在神经网络中，可以将其看作一个神经元的激活率（Firing Rate）。

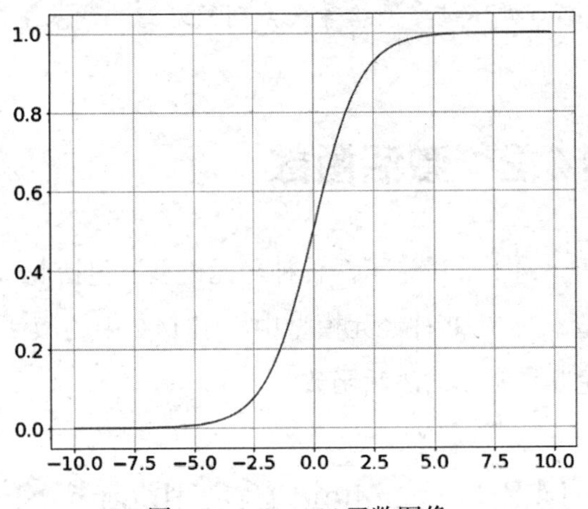

图 14.5　Sigmoid 函数图像

我们知道，在神经网络中是采用 BP 算法对参数进行优化的。那么，接下来考察以 Sigmoid 为激活函数时的反向传播求导过程。

记$s=\sum_i w_i x_i$，$y=\text{Sigmoid}(s)$为激活函数的输出，损失函数用 L 表示，那么，误差对某个输入信号的权值 w_i 的偏导数为式（14.4）。

$$\frac{\partial L}{\partial w_i}=\frac{\partial L}{\partial y}y(1-y)x_i \tag{14.4}$$

下面对式（14.4）进行逐项讨论。

首先，$\frac{\partial L}{\partial y}$ 是一个与损失函数形式有关的偏导值，这里影响不大，故暂且不讨论。

再看第二项，已知 y 的取值范围是 (0,1)，因此 $y(1-y)$ 恒为正数。

最后，对于第三项，在神经网络中，除了第一层以外，其他所有的神经元的输入都来源于上一层神经元的输出。由于 Sigmoid 的输出是正值，因此作为某一层的输入的 x_i 也应该是正值。因此这一项也应为正。

通过以上分析可以发现一个规律，即对于这一个神经元，损失函数对于每个参数 w_i 的偏导数的符号都相同，由 $\frac{\partial L}{\partial y}$ 决定。由于对参数的更新是根据偏导数来操作的，因此所有参数更新的方向都是相同的（要么都朝着正方向更新，要么都朝着负方向更新）。对于二维的参数值，可以将这种情况绘制出来，如图 14.6 所示。

图 14.6 展示了当实际的最优解在星号位置时，参数的下降过程。由于二维平面中符号相同的只有第 I、III 象限，因此每一步都只能朝向左下角或者右上角，虚线标出的是属于第 I 象限的梯度，实线标出的是属于第 III 象限的梯度，点划线表示直接下降到最优解的方向。可以看到，这样的约束使下降过程走出了一个“之”字形（Zig-zag）。这是 Sigmoid 函数的一个固有缺陷，根据上面的分析，其原因在于激活函数的输出值只有正数。

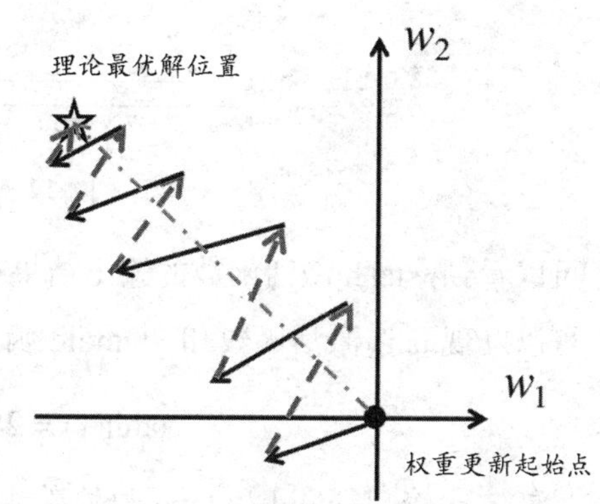

图 14.6　Sigmoid 函数下降过程中的“之”字形现象

另外，观察链式法则求导的第二项 $y(1-y)$，对于 Sigmoid 函数，当输入的绝对值较大时，y 会非常接近 0（$x<0$）或者 1（$x>0$）。无论哪种情况，这一项都会非常接近零。由于这是权重更新的偏导数的一个因子，当这一项接近零时，权重的更新的量就会接近零，也就意味着此时神经元几乎不能更新。这也是 Sigmoid 函数的一个缺陷，即它有饱和区，从而使学习效率降低。

那么，如何弥补这两个缺陷呢？“之”字形下降的现象既然是由于激活函数输出值为正导致的，那么可以通过输出负值来弥补。这就引出了另一种常用的 tanh 激活函数。而饱和区的问题是由于 Sigmoid 函数本身的形状决定的，因此完全可以不必采用这样的类似阶跃函数的形状，14.2.2 小节的 ReLU（Rectified Linear Unit，修正线性单元）激活函数就是抛弃了 S 形曲线的激活函数。

首先来看 tanh 函数（双曲正切函数），它的数学表达式为式（14.5）。

$$\tanh(x)=\frac{e^x-e^{-x}}{e^x+e^{-x}} \tag{14.5}$$

用 PyTorch 中的 tanh 函数作出它的函数图像，只需要将 14.2.1 小节代码中的 torch.

nn.Sigmoid() 替换为 torch.nn.Tanh() 即可，如图 14.7 所示。

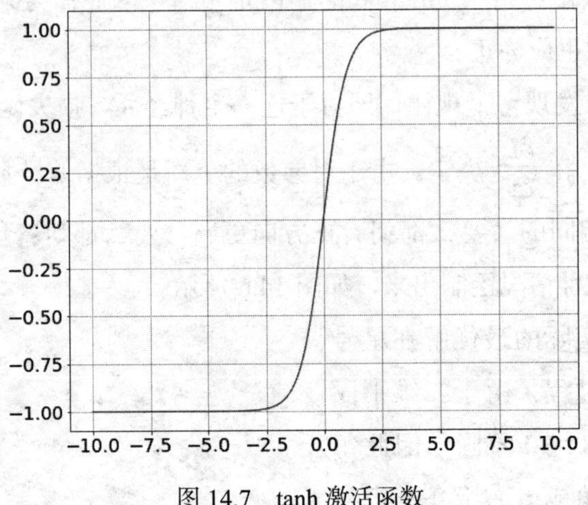

图 14.7　tanh 激活函数

可以看到，tanh 激活函数的输出结果有正有负，范围为 (-1,1)。实际上，经过简单的推导，可以发现 tanh 激活函数和 Sigmoid 函数之间是一个线性变换，即式（14.6）。

$$\tanh(x) = 2\mathrm{Sigmoid}(2x) - 1 \tag{14.6}$$

另外，比较 Sigmoid 和 tanh 两种激活函数的导数，如图 14.8 所示。可以看出，tanh 函数在自变量绝对值较大的地方仍会饱和，但是在其不饱和的区域内（原点附近的位置），导数值相比 Sigmoid 函数要大一些。

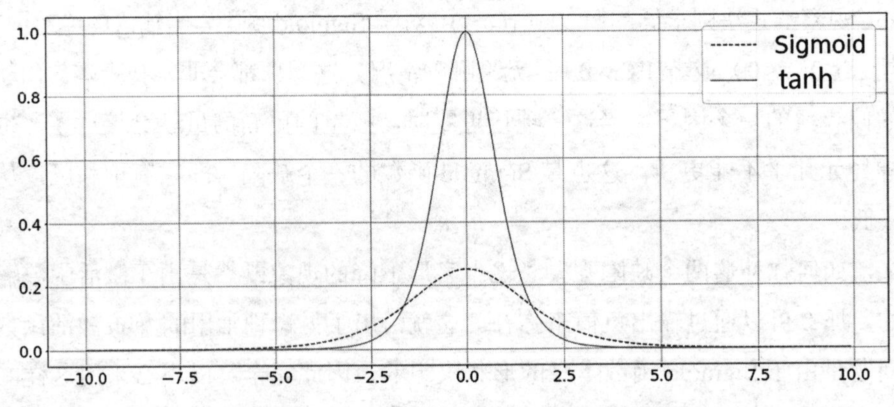

图 14.8　Sigmoid 函数的导数与 tanh 函数的导数

下面介绍 ReLU 函数是如何解决 Sigmoid 和 tanh 激活函数的饱和问题的。

14.2.2　ReLU 函数及其衍生体

ReLU 函数在实践中表现出了比 Sigmoid 类型的函数更好的性能，也更容易训练。因此，

在实际应用中，尤其是在卷积神经网络中，大部分的激活函数都应用 ReLU 函数。

ReLU 函数的基本型就是一个斜坡函数（Ramp Function）。其函数形式也非常简单，即式（14.7）。

$$\mathrm{ReLU}(x)=\max(0,x) \tag{14.7}$$

利用 PyTorch 中的 torch.nn.ReLU() 函数，用 14.2.1 小节代码中的方式，即可作出 ReLU 激活函数的函数图像，如图 14.9 所示。

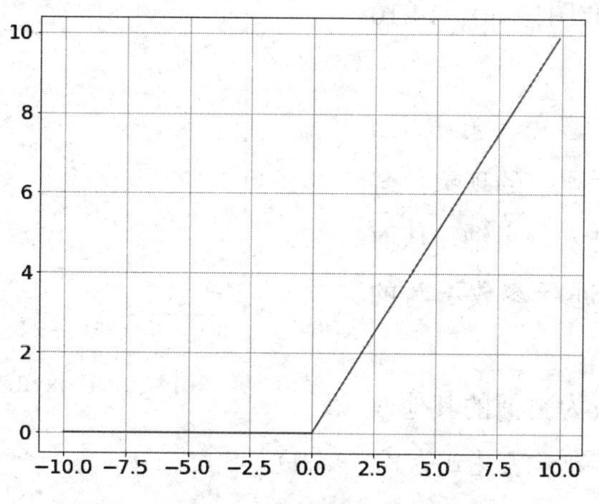

图 14.9　ReLU 激活函数的函数图像

可以看到，ReLU 激活函数的形式很简单，在负半轴全部为 0，而正半轴则是线性函数。这样的简单形式有利于简化计算的过程。另外，ReLU 函数还有以下几个优点。

（1）ReLU 函数的形式来自生物神经元的启发。和 Sigmoid 函数模拟神经元的激活率不同，ReLU 函数主要考虑生物神经元中活跃的神经元的稀疏性。对于大脑能量耗费的研究表明，大脑在编码信息时会采用一种分散和稀疏的方式，从而在编码的复杂性和低能耗之间寻求一个平衡。研究者估计，在大脑中同时活跃的神经元只有 1%~4%。ReLU 激活函数正是利用了其正半轴激活、负半轴静息的特点，来实现神经网络中的激活神经元的稀疏性。

（2）相比 Sigmoid 函数和 tanh 函数的导数在输入不同时具有较大的变化，且存在导数接近零的饱和区的问题，ReLU 函数在正半轴无论输入大小，导数恒为 1，且无饱和效应，有利于梯度下降的训练过程。这种实用性也是 ReLU 类型的激活函数应用最为广泛的主要原因。

然而，ReLU 函数也有其局限性，那就是在负半轴神经元会“死亡”（Dead），即梯度一直为零，因此无法进行更新。为了改善这一点，人们在上述原始的 ReLU 激活函数的基础上进行了一些改进，具体如下。

首先是 LeakyReLU，它的函数形式为式（14.8）。

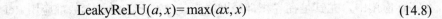

$$\text{LeakyReLU}(a,x)=\max(ax,x) \tag{14.8}$$

其中，a 为固定参数，取值为 0~1。

若 a=0，则退化为普通的 ReLU 函数；若 a=1，则退化为线性激活函数。

PyTorch 中的 torch.nn.LeakyReLU(a) 函数可以用来进行 LeakyReLU 的计算。其中函数的参数 a 就是式（14.8）中的 a。取 a=0.1，其函数图像如图 14.10 所示。

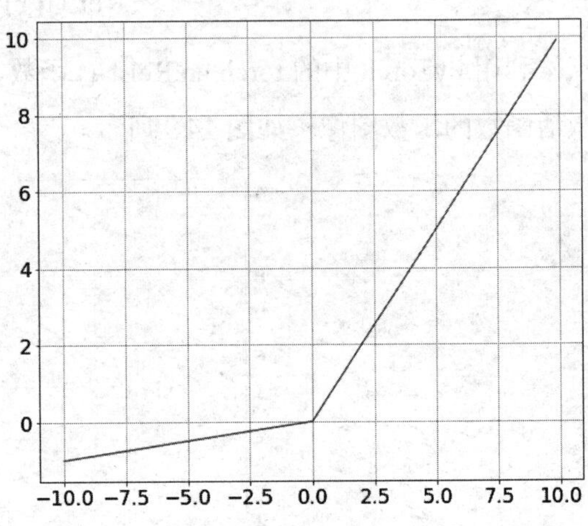

图 14.10　LeakyReLU 激活函数（a=0.1）

显然，LeakyReLU 避免了在 ReLU 函数中的负半轴神经元死亡的现象，避免了部分神经元过早进入负半轴，从而在后续的训练中不再进行参数更新的情况。

除此之外，还有较为类似的其他改良版本，如 pReLU，其数学表达式为式（14.9）。

$$\text{pReLU}(a,x)=\max(px,x) \tag{14.9}$$

这里的参数 p 是一个可学习的变量，随着网络的训练过程进行优化。

注意

LeakyReLU 和 pReLU 的区别在于，LeakyReLU 的泄露程度，即负半轴的斜率，是确定的；而 pReLU 的参数 p 是可以在训练过程中更新的。

其他 ReLU 的变体如下。

（1）NReLU（Noisy ReLU），其数学形式为式（14.10）。

$$\text{NReLU}(x)=\max(0,x+N(0,\text{sigma}(x))) \tag{14.10}$$

该函数在受限玻尔兹曼机（Restricted Boltzmann Machine，RBM）中得到应用，其基本思路是在输入中加入一定程度的正态分布噪声，使其具有一定的不确定性。

（2）ELU（Exponential Linear Unit，指数线性单元），其数学形式为式（14.11）。

$$\text{ELU}(a,x)=\begin{cases} a(\mathrm{e}^x-1), & x<0 \\ x, & x\geqslant 0 \end{cases} \tag{14.11}$$

利用 PyTorch 中的 torch.nn.ELU(a) 函数，做出其函数图像，如图 14.11 所示。

在 ELU 函数中，参数 a 控制的是对于绝对值较大的负数输入，函数值所能饱和到的数值。从图 14.11 中可以看到，ELU 函数具有负值，因此可以使激活函数输出的均值更接近 0。理论上来说，输出均值接近 0 会使学习的速度更快。另外，负半轴是逐渐饱和的，这就意味着对于极小的输入值，输入的变化信息不太会通过激活函数的输出传到下一级神经网络中。这也意味着其对于噪声具有一定的鲁棒性。

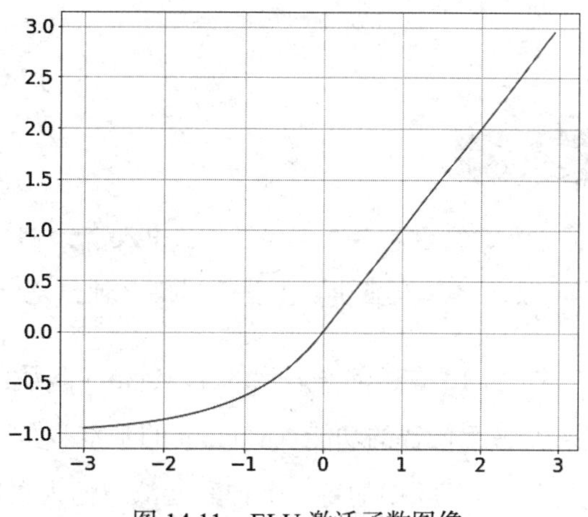

图 14.11　ELU 激活函数图像

到此为止，已经逐一介绍了常见的 ReLU 类型的激活函数，包括 ReLU 函数及由此改进的 LeakyReLU、pReLU、NReLU 和 ELU。

接下来介绍一种比较特殊的，也可以被看作一种激活函数的神经网络结构，即 Maxout。

14.2.3　大一统：Maxout

Maxout 就是对所有的 out 做 max 操作，即对所有输出值取最大，如图 14.12 所示。

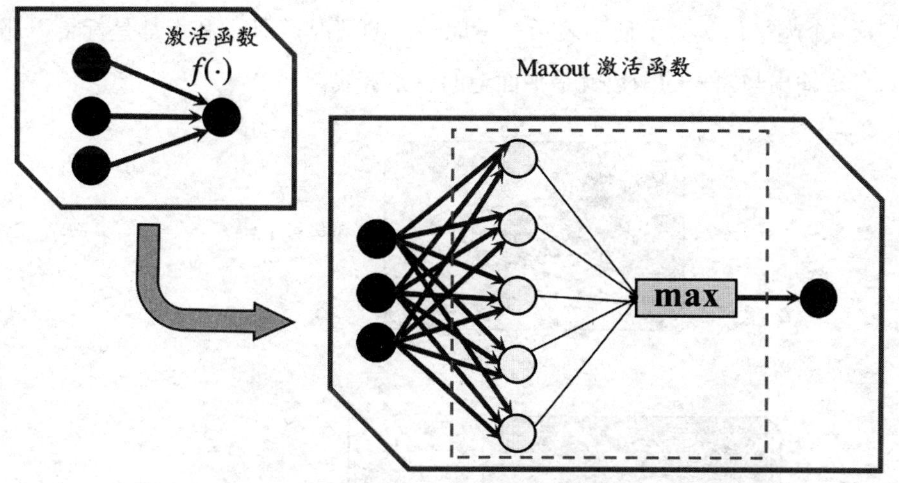

图 14.12　Maxout 基本原理

图 14.12 左上部分展示的是一个普通的激活函数为 f 的神经元，其中左边三个圆形表示输入，右边一个圆表示输出。这个 f 可以是前面介绍的任何一个非线性激活函数。如果用数学形式来表示，就是式（14.12）。

$$s = \boldsymbol{w}^{\mathrm{T}}\boldsymbol{x} + b$$
$$y = f(s) \tag{14.12}$$

注意

为了便于表示，在图 14.12 中没有绘制偏置 b 的输入。在后面的神经网络示意图中，偏置 b 都不单独画出。读者看到每个神经元时，知道它的参数是由 $\boldsymbol{w}$ 和 b 共同构成的即可。

图 14.12 右边部分展示的是 Maxout 激活函数的处理方式，虚线框里的部分实际上等价于一个激活函数的功能。Maxout 的基本步骤如下：首先，在输入和输出之间加入一层“隐含层”，这一层中的每一个神经元都与输入相连接，并且由输入和权重相乘得到。如果将中间这一层的每个神经元的输出用 h_i 表示，那么有式（14.13）。

$$h_i = \boldsymbol{w}_i^{\mathrm{T}}\boldsymbol{x} + b_i \tag{14.13}$$

最终的输出则取所有 h_i 中的最大值，即式（14.14）。

$$y = \max_i h_i \tag{14.14}$$

简言之，Maxout 的原理是对多个无激活函数，或者称为线性激活函数（y=x）的输出结果（out）取最大值（max）。

那么，Maxout 结构是如何实现激活函数的功能的呢？我们分别来看这个“隐含层”中的每一个神经元，如图 14.13 所示，由于是线性激活，因此每个神经元中的参数 $\boldsymbol{w}_i$ 和 b_i 实际上构成了一个超平面。为了便于表示，考虑一维的情况，即 w 和 b 都是标量，那么输出就是 y=wx+b，输出与输入的函数就是平面上的一条直线。

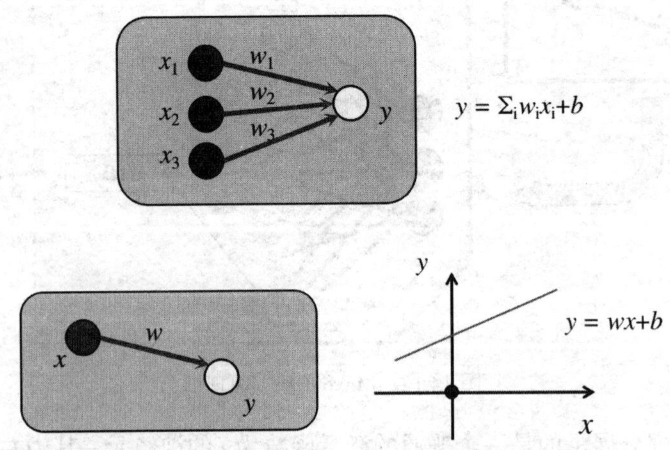

图 14.13　每个线性激活神经元都产生一个超平面（图中是一条直线）

Maxout“隐含层”的每一个不同神经元的输出，实际上就代表了一个由该神经元的参

数所确定的超平面。如图 14.14 所示（为了方便作图，将每个超平面都简化为不同的直线），对“隐含层”节点取最大值，实际上形成了一个以输入为自变量的新函数。

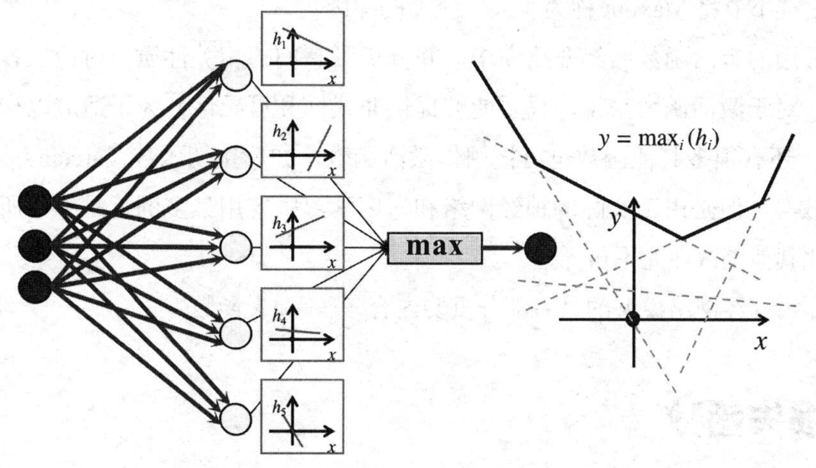

图 14.14　Maxout 操作形成的激活函数

图 14.14 右边的函数曲线就是 Maxout 的等效激活函数的函数曲线。观察该曲线，可以发现 Maxout 激活函数有以下几个性质。

（1）Maxout 激活函数是分段线性（Piece-wise Linear）的，这就意味着它是分段可导的。该性质对于 BP 算法进行网络训练至关重要。

（2）Maxout 激活函数是凸的。图 14.14 直观地展示了一维的情况，对于高维度超平面取最大值，得到的结果也是相同的。

综合上面两个性质，即分段线性且为凸函数，可以得到这样一个结论：Maxout 原则上可以拟合任意连续凸函数形式的激活函数，而且“隐含层”节点越多，分段就越精细，拟合结果也就越好。图 14.15 展示了用分段线性函数拟合绝对值函数、ReLU 函数和二次函数的情况。

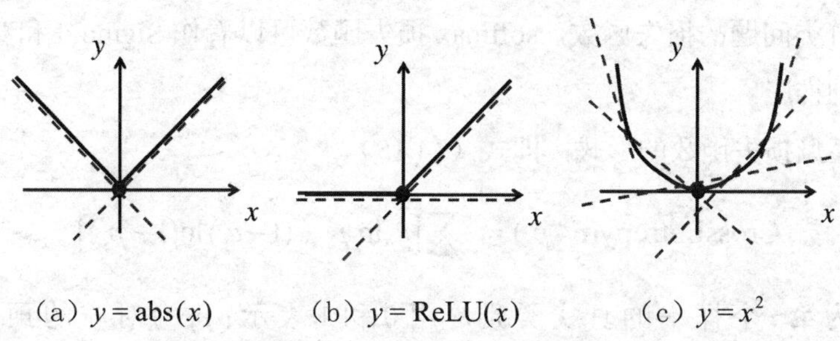

（a）$y = \text{abs}(x)$　（b）$y = \text{ReLU}(x)$　（c）$y = x^2$

图 14.15　用 Maxout 拟合不同凸函数

对于非凸函数，可以用两个凸函数相减。例如，用一个 Maxout 结构拟合出凸函数 $f(x)$，而用另一个 Maxout 结构得到 $g(x)$，那么，$f(x)-g(x)$ 就可以是一个非凸函数。

事实上，任何一个连续函数，只要利用两个 Maxout 结构单元，都可以进行一个较好的拟合。该性质被称为通用拟合定理（Universal Approximator Theorem）。这是 Maxout 的一个优势，也是本小节将 Maxout 称为“大一统”的原因。

至此，常用的激活函数已经介绍完毕，并分析了它们的相关性质，讨论了各自的优缺点。实际上，对于激活函数来说，只要能够提供非线性和可导性（为了适应以梯度为基础的 BP 算法），还有很多其他函数也可被用作激活函数，如反正切函数（arctan）、高斯函数或者正弦函数等。但是由于实际的神经网络和深度学习中应用最多的还是本节所介绍的这些函数，因此其他函数在此不再详述。

接下来介绍神经网络模型的另一部分重要内容 —— 损失函数。

14.3 损失函数

损失函数是神经网络所优化的目标函数，有的场合也称其为 loss 函数。根据不同的任务类型，损失函数也有不同的选择。这里主要介绍在分类问题中常用的交叉熵（Cross Entropy，CE）损失函数，以及在回归问题中用到的 l_1 损失函数和均方误差（Mean Square Error，MSE）损失函数。

14.3.1 交叉熵损失函数

首先介绍分类问题中最常用的交叉熵损失函数。

在第 3 章介绍逻辑斯蒂回归算法时，我们利用似然函数最大化的方法整理出了逻辑斯蒂回归在二分类问题中的损失函数，即交叉熵损失函数。同时，在处理多分类问题时介绍了二分类逻辑斯蒂回归的推广形式，即 softmax 函数形式。在神经网络中，交叉熵损失函数是一个常用的分类问题的损失函数，softmax 损失函数可以看作 Sigmoid 和交叉熵损失函数这样一个整体的推广。

首先看交叉熵损失函数的形式，即式（14.15）。

$$\text{CrossEntropy}(c_i, p_i) = -\sum_i \left[c_i \ln p_i + (1-c_i)\ln(1-p_i) \right] \tag{14.15}$$

其中，c_i 为第 i 个样本的真实类别，用 0 和 1 表示；p_i 为对应的预测概率，对应 Sigmoid 激活函数的输出，数值范围为 0~1。

观察交叉熵损失函数的定义可以发现，对于类别 c_i 为 1 的样本，$\ln p_i$ 被加入求和中；而对于类别为 0 的样本，$\ln(1-p_i)$ 被加入求和中。我们希望 p_i 在 c_i 为 1 的情况下更大，而在

c_i 为 0 的情况下最小（也就是 $1-p_i$ 最大），由于 ln(•) 函数是单调增函数，因此最大化 c_i 为 1 时的 $\ln p_i$ 与 c_i 为 0 时的 $\ln(1-p_i)$ 的和，就可以使输出的 p_i 更接近 c_i。由于损失函数需要最小化，因此在前面加一个负号，就得到了交叉熵损失函数。

以上是交叉熵损失的一个直观理解。实际上“交叉熵”这个概念是信息论里的一个重要概念，用于衡量分布之间的差异性。第 4 章的话题中讨论信息论的基本概念时对交叉熵也有一些介绍。

观察交叉熵函数的数学形式，会发现它只能处理 0 和 1 两个分类的情况。也就是说，只有将一类写成 0，另一类写成 1，以输出的结果靠近 0 还是靠近 1 来判断类别并进行优化。对于多分类问题，交叉熵损失只能采用 OvR（One versus Rest，异或）的策略，即将一类看作 1，其他都看作 0 来操作。

那么，对于多分类问题，有没有一种办法可以直接让每个样本的预测值都集中到它的正确类别呢？回想多分类的逻辑斯蒂的 softmax 函数，可以用 softmax 函数对每个样本预测一个类别的概率分布，然后将其与真实的概率分布（只有真实类别为 1，其余都为 0）用与交叉熵类似的方法进行比较。

用图 14.16 来说明多分类问题的交叉熵损失函数。

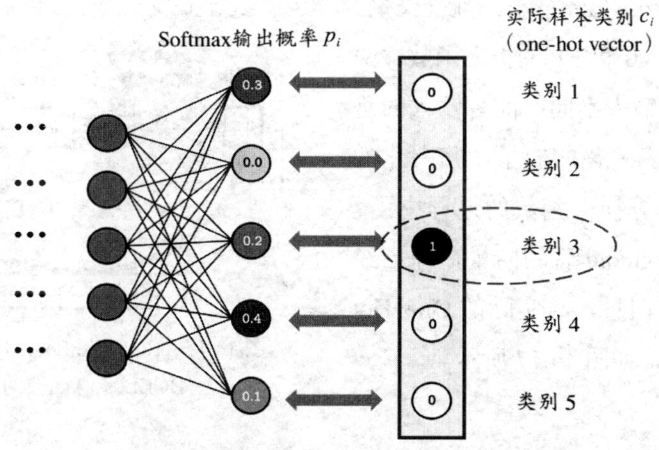

图 14.16　多分类问题中的交叉熵损失函数

图 14.16 的 $\boldsymbol{p}_i$ 和 $\boldsymbol{c}_i$ 都不再是一个数值，而是一个向量，$\boldsymbol{p}_i$ 表示预测概率分布，$\boldsymbol{c}_i$ 是样本实际类别的标签，只在真实类别的位置取 1，其余位置取 0，这样的形式通常称为独热向量（One-Hot Vector），比如这里的样本标签表示其属于类别 3。计算这种情况下的交叉熵损失函数，得到式（14.16）。

$$\text{CrossEntropy}(\boldsymbol{p}_i, \boldsymbol{c}_i) = -\sum_j c_{ij} \ln p_{ij} \tag{14.16}$$

也就是说，只计算对应于真实样本处的预测结果的对数值，对其进行优化。但是第 3 章介绍 softmax 函数时提到过，由于 softmax 对所有类别的预测概率值进行了归一化，因此优化过程实际上不仅仅是针对该类别的预测值，而是针对整个预测类别的概率分布，使其向正确的类别集中。

注意

这一部分多次提到了第 3 章介绍的逻辑斯蒂回归模型，这里要补充一点，逻辑斯蒂回归算法实际上可以看作以 Sigmoid 为激活函数，交叉熵为损失函数的一个单一神经元的神经网络模型。该结论通过观察逻辑斯蒂回归的数学形式不难得出。另外，神经网络实现二分类问题也可用 softmax 激活函数并结合交叉熵实现（实际上二分类的 softmax 等价于 Sigmoid，Sigmoid 只不过是把二维的概率分布用其中一个概率的值来代替了），Sigmoid 后接交叉熵是 softmax 在二分类的特例。

在 PyTorch 中也有一些对应的函数用于计算交叉熵损失函数。

首先介绍二分类问题的交叉熵计算函数。PyTorch 中有两个函数都可以实现该功能，分别是 torch.nn.BCEWithLogitsLoss() 和 torch.nn.BCELoss()。

BCE（Binary Cross Entropy，二元交叉熵）是处理二值的类别（0 和 1）的损失函数。两者的区别主要在于输入不同，前者输入的是没有经过 Sigmoid 归一化的向量，归一化的过程已经包含在计算损失函数的过程中了；而后者需要输入 Sigmoid 后的向量，即已经归一化的概率分布向量，与实际的 One-Hot 向量进行误差计算，如图 14.17 所示。

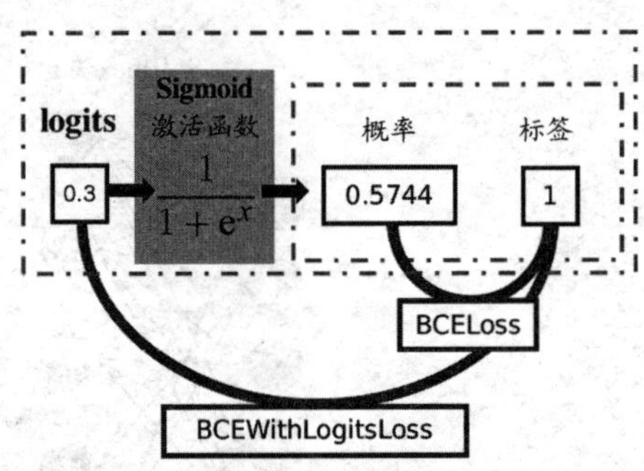

图 14.17　BCEWithLogitsLoss() 函数和 BCELoss() 函数的区别

注意

没有经过 Sigmoid 函数或者 softmax 函数归一化的输出一般称为 logits，logits 这个名称来源于对数几率（Log of Odds），相关概念可以回顾逻辑斯蒂回归的内容。在 PyTorch 及其他神经网络框架中，logits 一般指未经过归一化的网络输出结果。

下面实际应用这两个函数进行计算：

```
import torch
# Sigmoid 激活函数
```

```
activation = torch.nn.Sigmoid()
# 分别用两种方式计算交叉熵损失
loss_prob = torch.nn.BCELoss()
loss_logits = torch.nn.BCEWithLogitsLoss()
# 该样本类别为 1
target = torch.Tensor([[1]])
# 输出的未经归一化的 logits 是 0.3
logits = torch.Tensor([[0.3]])
# 转换为概率
prob = activation(logits)
# 分别计算交叉熵损失函数的值
loss_prob_value = loss_prob(prob, target)
loss_logits_value = loss_logits(logits,target)
# 打印结果
print('probability is : %4.4f' % prob)
print('BCE loss using probability : %4.4f' % loss_prob_value)
print('BCE loss using logits : %4.4f' % loss_logits_value)
```

结果如下：

```
probability is : 0.5744
BCE loss using probability : 0.5544
BCE loss using logits : 0.5544
```

可以看出，用概率作为输入并利用 BCELoss( ) 函数计算，与用 logits 作为输入并利用 BCEWithLogitsLoss( ) 函数计算的结果是一样的。在实际应用中，由于 BCEWithLogitsLoss( ) 函数在实现过程中采用了一些技巧，因此比先用 Sigmoid 激活函数，再通过 BCELoss( ) 函数计算具有更好的数值稳定性。

对于多分类问题，也是实际场景中最常见的分类问题，需要应用另一个损失函数来进行计算。该函数为 torch.nn.CrossEntropyLoss( ) 函数，它的输入是 logits，其 Softmax( ) 函数已经包含在损失函数之中。对应的 target 就是类别的序号，如 0, 1, 2 等。图 14.18 展示了该函数的基本原理。

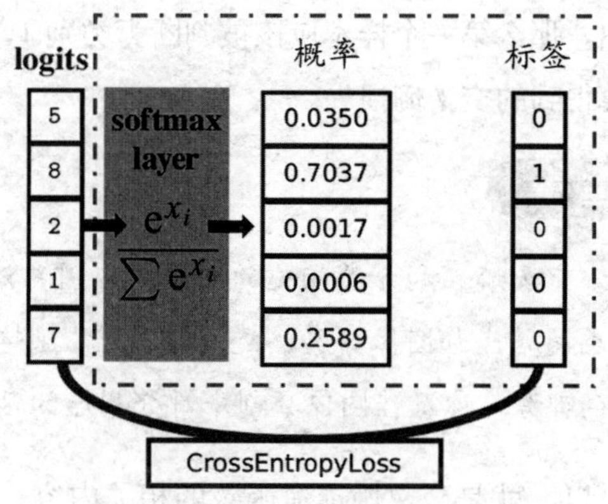

图 14.18 CrossEntropyLoss( ) 函数的基本原理

下面实际应用 CrossEntropyLoss( ) 函数进行计算：

```
import torch
# 使用 CrossEntropyLoss() 作为损失函数
loss = torch.nn.CrossEntropyLoss()
softmax = torch.nn.Softmax(dim=1)
# 定义两个样本的 logits，每一行代表一个样本，每一列代表一个类别，共五个类
a = [[5,8,2,1,7],[12,5,1,6,3]]
logits = torch.Tensor(a)
# 计算两个样本对于各个类别的概率分布
prob = softmax(logits)
# 定义两个样本类别，分别为类别 1 和类别 4
target = torch.LongTensor([1, 4])
# 计算交叉熵损失
loss_value= loss(logits, target)
# 打印各个变量
print(logits)
print(prob)
print(target)
print(loss_value)
```

打印结果如下：

```
tensor([[ 5.,  8.,  2.,  1.,  7.],
     [ 12.,  5.,  1.,  6.,  3.]])
tensor([[ 0.0350,  0.7037,  0.0017,  0.0006,  0.2589],
     [ 0.9965,  0.0009,  0.0000,  0.0025,  0.0001]])
tensor([ 1,  4])
tensor(4.6775)
```

可以看到，logits 经过 Softmax( ) 函数以后都变成了求和为 1 的概率。如果按照当前的输出，那么第一个样本应该被判断为类别 1，而第二个样本被判断为类别 0，最后输出的是计算得到的交叉熵损失。

注意

交叉熵在和分类相关的问题中应用广泛。这里说的分类相关的问题不仅包括单纯的分类问题，如图像分类、文本分类等，也包括如目标检测过程中对框出来的目标进行分类的部分，以及在图像分割中对分割后的区域进行类别预测的情况。

以上就是交叉熵损失函数的相关内容。接下来讨论回归问题中的常用损失函数，即 l_1 损失函数和均方误差损失函数。

14.3.2　l_1 损失函数和均方误差损失函数

对于回归问题，损失函数的设置较为简单，即尽可能使预测结果与实际标签接近。由于是数值连续的回归问题，因此可以直接用距离函数来度量预测值和真实值之间的接近程度。

常用的距离函数是 l_1 距离（曼哈顿距离，误差的 l_1 范数）和 l_2 距离（欧氏距离，误差的 l_2 范数）。这两种距离函数，或者说误差的范数，都可以构成回归问题的损失函数，这里称为 l_1 损失函数和均方误差损失函数。如果将预测结果记为 $\hat{\boldsymbol{y}}$，对应的真实值记为 $\boldsymbol{y}$，那么可以将这两者表达如下。

l_1 损失函数为式 (14.17)。

$$l_1\_\text{loss} = \left\| \boldsymbol{y} - \hat{\boldsymbol{y}} \right\|_1 \tag{14.17}$$

MSE 损失函数为式 (14.18)。

$$\text{MSE}(\boldsymbol{y}, \hat{\boldsymbol{y}}) = \sqrt{(\boldsymbol{y} - \boldsymbol{y})^2} \tag{14.18}$$

关于 l_1 和 l_2 范数作为正则项，以及两者作为距离函数（曼哈顿距离与欧氏距离）的相关内容，在讨论经典机器学习算法时已经有过较为详细的讲解，此处不再介绍。这里着重讨论作为回归问题损失函数的 l_1 和 l_2 范数的区别。

首先，作出 l_1 和 l_2 范数的图像。简单起见，这里只考虑一维的情况，此时 l_1 和 l_2 范数就变成了绝对值函数和二次函数，如图 14.19 所示。

由于是损失函数，因此这里的横坐标代表预测结果与实际结果之间的误差。观察图 14.19 可以看到，对于误差较小的情况，即靠近原点的部分，两者差异并不是很大；然而对于误差较大的位置，l_1 损失函数的函数值，或者说 l_1 损失函数对该误差的惩罚明显小于均方误差损失函数。这意味着什么呢？我们看图 14.20。

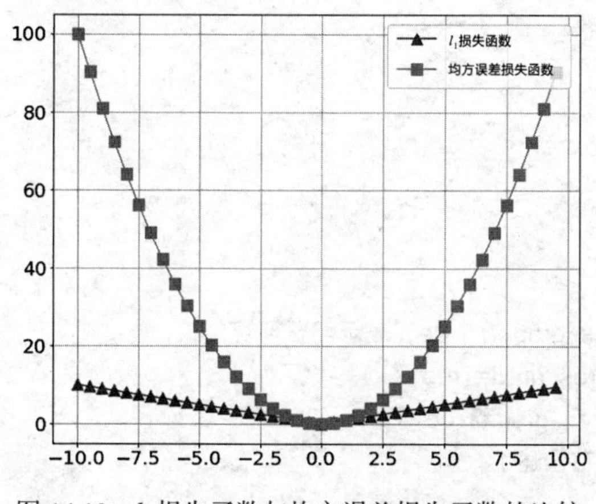

图 14.19　l_1 损失函数与均方误差损失函数的比较

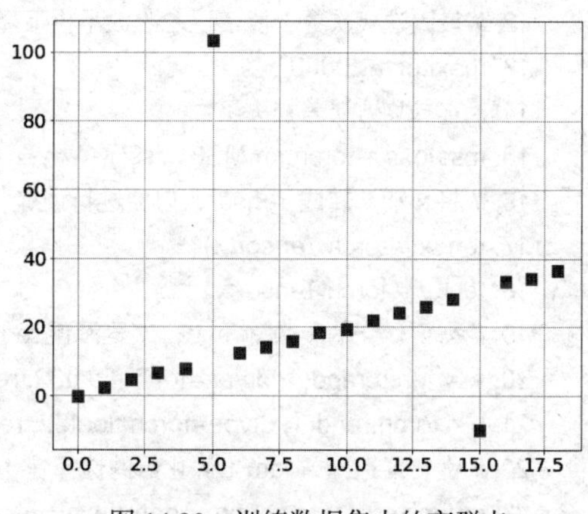

图 14.20　训练数据集中的离群点

在这个训练数据集里，输入是 x 坐标，待拟合的输出是 y 坐标。从图 14.20 中可以看到，这些点应该在一条直线上，即输入和输出之间应该具有某种线性关系。然而，可以很容易地发现，训练集中有两个点并不在这条直线上，而且距离其他的点较远。像这样的与整体差距较大的个别数据（样本），一般称为离群点或野值（Outliers）。

在实际应用中，离群点是很常见的。离群点可能来源于数据采集的仪器故障，或者产生数据的程序出现问题等。例如，用一个程序自动处理评分问卷信息，没有填写的缺省值为 999，填写的数值相对较小，那么这时 999 就是一个离群点。

在数据分析中，离群点应当被舍弃，不参与分析。而对于机器学习算法，我们也会希望它对于这样的离群点具有一定程度的鲁棒性，即如果数据中含有离群点，可以尽可能少地受到它的影响。

如果用常规的点拟合出了某个模型，离群点自然会带来一个较大的误差。再回到图 14.19，可以看到，对于这样一个较大的误差，l_1 范数的惩罚较小，l_2 范数的惩罚较大。也就是说，均方误差（l_2 范数）损失函数会更多地受到离群点的影响，而 l_2 范数则较少受到离群点影响，即 l_2 范数损失函数具有更好的对于离群点的鲁棒性。

下面通过一个简单的实验来说明这一点。

```
import torch
import numpy as np
import matplotlib.pyplot as plt
# 固定种子点，保证实验的可重复性
np.random.seed(2019)
# 生成线性的数据集
x = np.arange(0,19,1)
y = 2*x + np.random.randn(19)*0.5
# 设置离群点
y[5] = 10*y[5]
y[15] = -10
# 最大迭代次数，能使误差收敛不再下降即可
maxiter = 20000
# 选择均方误差损失函数
mseloss = torch.nn.MSELoss()
# 将 x 和 y 转成 Tensor，以便进行训练
ten_x = torch.Tensor(x)
ten_y = torch.Tensor(y)
# 需要优化的参数 w 和 b，这里设置 requires_grad 为 True，表示需要更新
w = torch.rand(1, dtype=torch.float32, requires_grad=True)
b = torch.rand(1, dtype=torch.float32, requires_grad=True)
# 优化器选择 Adam（优化器的选择在 14.4 节详述）
optimizer = torch.optim.Adam([w,b])
```

```
errorlist = np.zeros(maxiter)
# 开始训练迭代
for i in range(maxiter):
    y_hat = torch.add(torch.mul(ten_x, w), b)
    error = mseloss(y_hat, ten_y)
    errorlist[i] = error
    if (i+1) % 2000 == 0:
        print(error)
    optimizer.zero_grad()
    error.backward()
    optimizer.step()
# 迭代结束，绘制误差曲线图
plt.figure(figsize=(15,8))
plt.plot(range(maxiter), errorlist, '-', markersize=12)
plt.grid()
plt.xticks(fontsize=20)
plt.yticks(fontsize=20)
plt.title('Loss curve with MSELoss', fontsize=30)
plt.show()
# 将用均方误差损失函数优化后的 w 和 b 记作 w_mse 和 b_mse
w_mse = w.detach().numpy()[0]
b_mse = b.detach().numpy()[0]
np.save('w_mse.npy', w_mse)
np.save('b_mse.npy', b_mse)
np.save('x.npy', x)
np.save('y.npy', y)
```

实验输出结果如下：

```
tensor(537.0071, grad_fn=<MseLossBackward>)
tensor(527.0535, grad_fn=<MseLossBackward>)
tensor(519.5659, grad_fn=<MseLossBackward>)
tensor(512.5045, grad_fn=<MseLossBackward>)
tensor(507.0774, grad_fn=<MseLossBackward>)
tensor(503.4001, grad_fn=<MseLossBackward>)
tensor(501.3233, grad_fn=<MseLossBackward>)
tensor(500.5253, grad_fn=<MseLossBackward>)
tensor(500.4102, grad_fn=<MseLossBackward>)
tensor(500.4091, grad_fn=<MseLossBackward>)
```

可以看出，最终均方误差收敛到了 500 左右。

应用均方误差损失函数的误差曲线如图 14.21 所示。

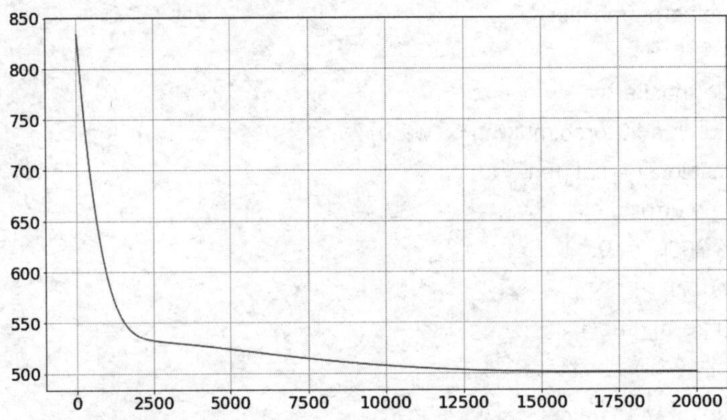

图 14.21　应用均方误差损失函数的误差曲线

类似地，应用 l_1 损失函数对同样的训练数据进行拟合。

```
import torch
import numpy as np
import matplotlib.pyplot as plt
np.random.seed(2019)
x = np.arange(0,19,1)
y = 2*x + np.random.randn(19)*0.5
y[5] = 10*y[5]
y[15] = -10
maxiter = 5000
# 这里使用 l1 损失函数进行拟合
l1loss = torch.nn.L1Loss()
ten_x = torch.Tensor(x)
ten_y = torch.Tensor(y)
w = torch.rand(1, dtype=torch.float32, requires_grad=True)
b = torch.rand(1, dtype=torch.float32, requires_grad=True)
optimizer = torch.optim.Adam([w,b])
errorlist = np.zeros(maxiter)
for i in range(maxiter):
    y_hat = torch.add(torch.mul(ten_x, w), b)
    error = l1loss(y_hat, ten_y)
    errorlist[i] = error
    if (i+1) % 1000 == 0:
        print(error)
    optimizer.zero_grad()
    error.backward()
    optimizer.step()
plt.figure(figsize=(10,8))
plt.plot(range(maxiter), errorlist, '-', markersize=12)
```

```
plt.grid()
plt.xticks(fontsize=20)
plt.yticks(fontsize=20)
plt.title('Loss curve with L1Loss', fontsize=30)
plt.show()
# 优化后的结果保存为 w_l1 和 b_l1
w_l1 = w.detach().numpy()[0]
b_l1 = b.detach().numpy()[0]
np.save('w_l1.npy', w_l1)
np.save('b_l1.npy', b_l1)
```

实验输出结果如下：

```
tensor(9.7918, grad_fn=<L1LossBackward>)
tensor(7.6765, grad_fn=<L1LossBackward>)
tensor(7.4444, grad_fn=<L1LossBackward>)
tensor(7.3495, grad_fn=<L1LossBackward>)
tensor(7.3406, grad_fn=<L1LossBackward>)
```

可以看出，最终 l_1 误差收敛到 7.34 左右。

同样地，绘制 l_1 误差拟合下的误差曲线，如图 14.22 所示。

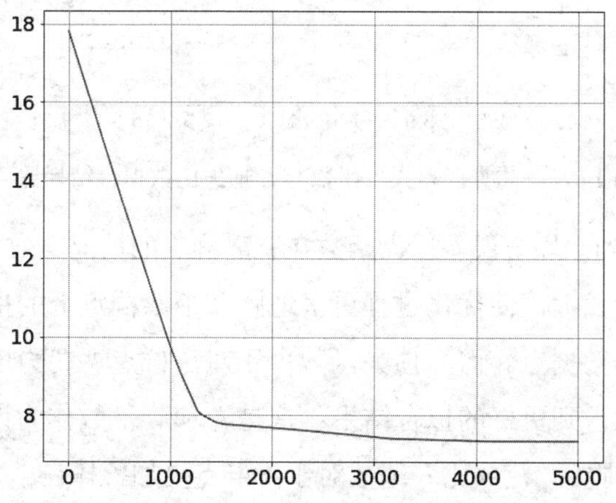

图 14.22　应用 l_1 损失函数的误差曲线

下面就比较两者拟合结果的区别。

```
import matplotlib.pyplot as plt
import numpy as np
x = np.load('x.npy')
y = np.load('y.npy')
w_mse = np.load('w_mse.npy')
b_mse = np.load('b_mse.npy')
```

```
w_l1 = np.load('w_l1.npy')
b_l1 = np.load('b_l1.npy')plt.figure(figsize=(10,8))
plt.plot(x, w_mse*x+b_mse, 'y--', w_l1*x+b_l1, 'r-', linewidth=3)
plt.legend(['MSE loss result', 'L1 loss result'], fontsize=20, loc=1)
plt.plot(x, y, 's', markersize=12)
plt.grid()
plt.xticks(fontsize=20)
plt.yticks(fontsize=20)
plt.title('Fitting results using L1 loss & MSE loss', fontsize=30)
plt.show()
```

输出结果如图 14.23 所示。

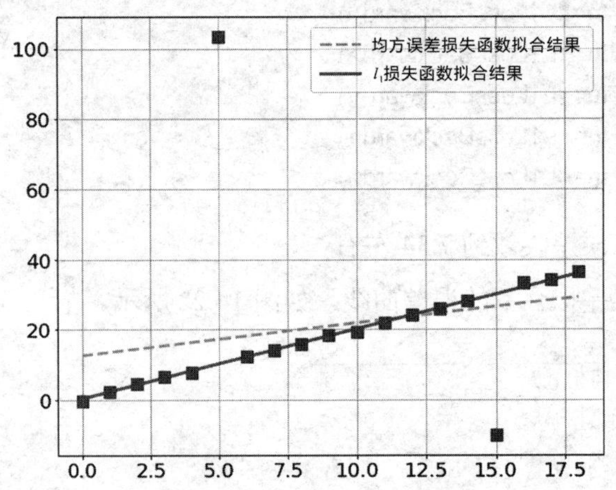

图 14.23　均方误差损失函数与 l_1 损失函数拟合结果比较

由图 14.23 可以看到，均方误差损失函数在有离群点的情况下效果会变差，原因在于 l_2 范数对于离群点的惩罚较大，使优化过程更多地顾及了离群点上的拟合，从而使得到的结果有些偏离常规的训练数据点。而 l_1 损失函数由于对离群点惩罚力度较小，因此不太受离群点的影响，从而可以得到更好的拟合结果。这是 l_1 和 l_2 范数作为误差的函数，即损失函数时的另一个重要的性质：l_1 范数比 l_2 范数对于离群点更加鲁棒。

常见的分类问题和回归问题的损失函数已介绍完毕。现在，我们已经基本了解了神经网络的基本结构（神经元及其连接方式、激活函数）及优化目标（损失函数），下面要做的就是通过 BP 算法，利用梯度下降对参数进行更新，从而对网络进行优化。

接下来讨论具体的实现参数的更新算法和策略。

14.4　下降方法与策略

对于神经网络来说，应用 BP 算法可以得到每个参数在当前情况下的导数值，从而可以

根据该导数值进行梯度下降，对参数进行更新。下面简单介绍几种在实际应用中常见的梯度下降方法的基本原理。

14.4.1　批量梯度下降与随机梯度下降

本节介绍比较基本的批量梯度下降（Batch Gradient Descent, BGD）和随机梯度下降（Stochastic Gradient Descent, SGD）。批量梯度下降指一次将所有样本进行扫描，并计算出梯度，即式（14.19）。

$$\boldsymbol{w}_{t+1}=\boldsymbol{w}_t-\eta_t\nabla f(\boldsymbol{w}_t) \tag{14.19}$$

其中，$\boldsymbol{w}$ 为待更新的参数；t 为第 t 次迭代；η 为第 t 次迭代的学习率；∇为用所有样本计算的梯度。

该方法原理直观，在样本量较小的时候也是有效的。然而，该方法的一个明显缺陷在于，当样本量较大时，对于全部样本进行计算速度会很慢。另外，采用这种方法，一旦达到了局部最优解（Local Optimum），就无法再从中出来继续学习，因为这时对于所有样本的梯度为 0。

于是，在此基础上进行改进，就形成了随机梯度下降。随机梯度下降的原理是，每次在所有样本中随机抽取一个样本求梯度，并利用该梯度进行更新，即式（14.20）。

$$\boldsymbol{w}_{t+1}=\boldsymbol{w}_t-\eta_t\boldsymbol{g}_t \tag{14.20}$$

这里的 $\boldsymbol{g}_t$ 为随机抽取的样本在第 t 次迭代的梯度。

显然，这种方法提高了计算速度，但同时也使下降过程不再像批量梯度下降那样稳定。虽然随机梯度下降不如批量梯度下降稳定，但是由于是随机抽样，因此一般也能够收敛到最优解。另外，由于每次样本选取都具有不确定性，如果某一次达到了局部最优解，后面选择的样本如果在此有一个梯度，就可以跳出局部最优，这是我们所希望的。

随机梯度下降还有一个优点在于，它可以用于在线学习（Online Learning）。在线学习指每进来一个新的数据，网络就根据新数据更新一次参数，使每一时刻的网络相当于利用了到该时刻为止的所有数据进行训练。由于随机梯度下降只需要一个样本的导数，因此很适合应用于在线学习任务。

以上就是批量梯度下降和随机梯度下降的相关原理。在应用中，有时也采用一种称为小批量梯度下降（Mini-batch Gradient Descent）的方法，即每次在所有的 N 个样本中取出 M 个组成一个小批量（Mini-batch），其中 M 是一个较小的数，梯度由该 M 个样本组成的小批量计算得到。每次用一个小批量进行训练，更新参数。

14.4.2 AdaGrad 算法和 RMSProp 算法

批量梯度下降和随机梯度下降具有一个共同点，即对所有的参数学习率是相同的。但是实际数据中可能有这样的情况：对于所有要更新的参数，有的已经几乎更新到最优解了，而有的却需要很大的调整，如图 14.24 所示。

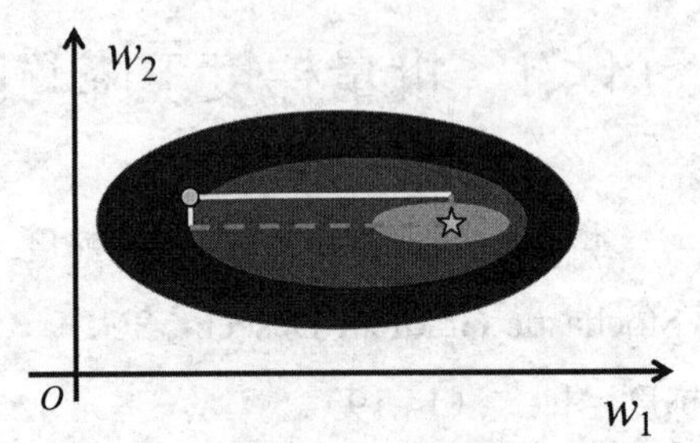

图 14.24 AdaGrad 的适应情形

图 14.24 中，圆点表示当前位置，星形表示最优解。可以看出，从当前位置到最优解，在 w_1 方向上距离较远，而在 w_2 方向上距离较近。也就是说，w_1 应该有较大的学习率，w_2 则只需要较小的学习率，稍微调整即可。

在实际场合，这种情况可能在特征不均衡的情况下出现。例如，含有某一特征的样本数量较少，那么其参加计算的次数也就较少，从而使这一特征对应的参数下降较少，导致不同参数下降不平衡。

AdaGrad 算法就是一种为了处理该问题而被提出的改进的梯度下降方法。它的基本思路是：对于每个参数自适应调节其学习率，调节方法是将每个参数已经累积更新的量记录下来，对于之前已经更新的较多的参数，相对来说可以更新得慢一些，即降低学习率；反之，对于之前更新较少的参数，将学习率调整得大一些，从而加快其更新。

具体方法如式（14.21）所示。

$$
\begin{aligned}
\boldsymbol{r}_t &= \boldsymbol{r}_{t-1} + \boldsymbol{g}_t \circ \boldsymbol{g}_t \\
\Delta \boldsymbol{w}_t &= -\frac{\varepsilon}{\delta + \sqrt{\boldsymbol{r}_t}} \circ \boldsymbol{g}_t \\
\boldsymbol{w}_{t+1} &= \boldsymbol{w}_t + \Delta \boldsymbol{w}_t
\end{aligned}
\tag{14.21}
$$

其中，$\boldsymbol{r}$ 是梯度的平方累积，初始值为 0，每一次更新都加上该次梯度 $\boldsymbol{g}_t$ 的平方；ε 是标量参数；δ 是为了保持数值稳定的一个小正数；$\circ$ 为阿达马乘积，即元素对应点（Entry-Wise）相乘（相当于 Matlab 中的点乘）。

$-\frac{\varepsilon}{\delta + \sqrt{\boldsymbol{r}_t}}$ 共同组成了学习率，这时的学习率已经不再是均一的了。累积梯度平方较大的参数学习率就较低，而累积梯度平方较小的参数学习率就比较高。

仔细观察式（14.21）就会发现，这种处理还有一些问题，即每次累加的都是 $\boldsymbol{g}_t$ 的平方，$\boldsymbol{r}_t$ 是随着 t 递增的。也就是说，随着迭代的进行，该自适应学习率的分母会递增，即学习率逐渐消失，无法更新。RMSProp 算法对这一情况进行了改进，其基本思路是，用均值代替求和，从而使学习率不会因为迭代次数多而变得过小。当然，这里的均值用的是移动

均值（Moving Average），即对之前的均值乘以一个系数，再加上当前的梯度平方，数学形式为式（14.22）。

$$\mathrm{MS}_t = \alpha \mathrm{MS}_{t-1} + (1-\alpha)\boldsymbol{g}_t \circ \boldsymbol{g}_t \tag{14.22}$$

14.4.3　不需要设置学习率的 AdaDelta 算法

AdaDelta 算法的基本数学形式为式（14.23）。

$$\begin{aligned} \Delta \boldsymbol{w}_t &= -\frac{\mathrm{RMS}(\Delta \boldsymbol{w}_{t-1})}{\mathrm{RMS}(\boldsymbol{g}_t)} \circ \boldsymbol{g}_t \\ \boldsymbol{w}_{t+1} &= \boldsymbol{w}_t + \Delta \boldsymbol{w}_t \end{aligned} \tag{14.23}$$

从 AdaDelta 算法的数学形式可以看出，该算法不需要手动设置一个学习率参数，因为它的学习率是上一次更新量的均方值（RMS）与该次梯度值的比值，分子、分母都可以在计算过程中得到。

那么，移除常数项的分子，用更新量 $\boldsymbol{w}_{t-1}$ 的 RMS 代替有什么优势呢？我们看到，AdaGrad 算法和 RMSProp 算法中的 ε 是一个无单位的数值，用它与梯度的平方和的根或者均方根的比值乘以梯度，如果把梯度和权重都看作带有单位的值，那么得到的结果也是一个无单位的数值，然后直接将这个数值赋值给权重的变化量。这种情况下由于单位不相同，因此可能会产生问题。

而 AdaDelta 算法用权重的 RMS 与梯度的 RMS 的比值乘以梯度，得到的结果应该和权重是同一个单位。那么将其赋值给权重的变化量则是合理的。这也是 AdaDelta 算法不用设置学习率的原因，因为合适的学习率可以在迭代过程中得到。

14.4.4　动量相关的下降策略

还有一个经常采用的策略称为动量（Momentum）。动量代表梯度下降时的惯性，即上一次迭代后的下降方向对该次迭代的影响。

动量法的基本数学形式为式（14.24）。

$$\begin{aligned} \Delta \boldsymbol{w}_t &= \gamma \Delta \boldsymbol{w}_{t-1} - \eta \boldsymbol{g}_t \\ \boldsymbol{w}_{t+1} &= \boldsymbol{w}_t + \Delta \boldsymbol{w}_t \end{aligned} \tag{14.24}$$

有动量与无动量的梯度下降比较如图 14.25 所示。

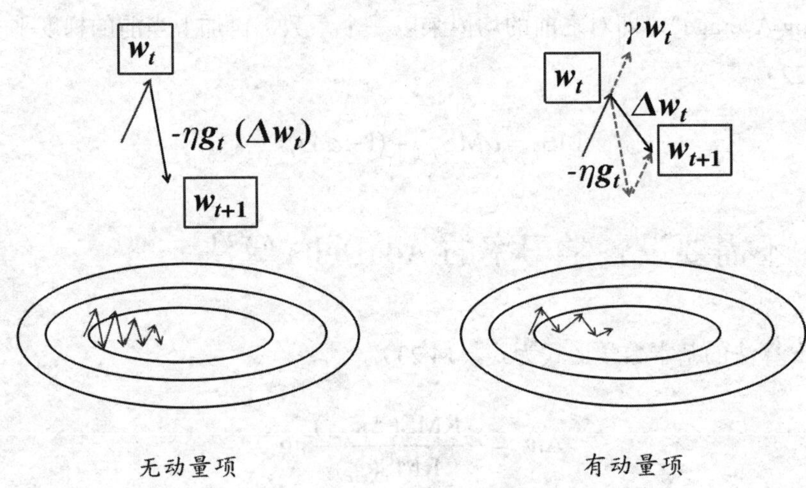

图 14.25　动量对梯度下降的影响

动量法下降就如同在山坡上向下滚一个小球，小球在下降的过程中一直积累动量，从而变得越来越快。当小球在某个点时，对于与梯度方向相同的参数维度，动量项增加；对于与梯度相反的维度，动量则减小。

动量法兼顾了之前下降的情况与当前点的梯度情况，因此有动量项的下降方式会减少振荡现象，使收敛速度加快，并且使收敛过程更加平稳。

至此，读者应该已经掌握了神经网络模型的最基本的零部件单元，后面章节介绍的模型都离不开这些零件。在本章的话题部分，将讨论神经网络中的一些常用技巧。在实际搭建网络训练模型时，如果应用了合适的技巧，很多时候能产生显著的效果。

14.5　本章话题：神经网络搭建与训练技巧

"Any sufficiently advanced technology is indistinguishable from magic."

—— Arthur C. Clarke *Profiles of the Future*

任何足够先进的技术，皆与魔法无异。

—— 阿瑟·C·克拉克《未来的轮廓》

14.5.1　数据增广

从前面的介绍可以看出，神经网络的参数量大，需要用来训练的样本量也很大。在某

些情况下，样本量相对较少，此时可以通过数据增广的方式对样本量进行人工扩充。例如，当训练集的输入是图片数据，而训练任务是对图片中的自然物体进行分类时，可以对图片进行一些预处理；同时要保证，这样的预处理之后，输入数据对于任务来说性质并不改变。例如，如果一幅图片被分类为“海鸥”这个类别，那么必须保证处理后的图片中也包含“海鸥”这一内容。

具体的常用数据增广方式有以下几种。

（1）平移：将图片沿着两个维度进行平移，可以生成多个具有相同类别的不同输入图片。

（2）镜像翻转：可以在不改变图像含义的情况下进行。

（3）缩放和裁剪：缩放是将图片扩大或者缩小到其他的尺寸；裁剪是从图像中随机进行剪切，然后重新缩放回原始图像的尺寸。

（4）加噪：即使是一张有噪的或者质量略低的图片，我们也可以辨认出它的内容所属的类别。因此，加噪可以增加样本的数量，使样本更加稳定，不容易过拟合。

14.5.2　初始化

神经网络的初始化是有一定的技巧的。由于网络权重参数庞大，再加上网络的非线性和目标函数非凸的影响，神经网络实际上更可能收敛到局部最优解，而非全局最优。因此，选择不同的初始化方法，很可能导致不同的训练结果。

最简单的初始化方法就是将全部的权重初始化为 0，然而这并不是一个好的策略。一种改进方式是对权重进行随机的初始化，每个权重在一开始被赋予一个符合某种分布的随机数值。随机初始化是实际应用中比较常用的方法。另外，还有一些更为高级的初始化方法，如 Xavier 初始化（Xavier Initialization，Xavier 是作者的名字），其目标在于使输入和输出具有同样的方差；何恺明提出的 He 初始化（He Initialization），该方法是针对 ReLU 激活函数的改进版。关于这两种方法的具体实现和推导，可以查阅相关论文，此处不再详述。

14.5.3　Dropout

Dropout 是神经网络中一种常用的正则化方法，该方法由人工智能的教父级人物 Hinton 等人提出。它的基本策略是，在训练过程中以概率 p 随机剪断两层之间的一些神经元连接，以防止过拟合。在预测阶段使用所有的连接，然后对这两层之间的训练得到的权重再乘以 p，得到输出结果。Dropout 在很多实际场景中效果显著。

对于该思路，方法的提出者在论文中举了一个例子来做类比，即生物演化中的有性繁殖。如果将生物演化看作一个自然界的优化过程，那么按照最朴素的想法，无性繁殖才是更优越的方法，因为无性繁殖基本可以完全地保存父本的特征，而这些特征是从开始演化到父本这一代已经优化好了的。然而我们知道，自然界中有性繁殖的生物反而是高等的生物。一个解释是这样的：虽然有性繁殖看似将已经优化好的结果打乱，但是它可以降低基因组之间的协同适应性（Co-Adaptation），从而使每个基因组都能独立地学到某些适应性的特征，使结果更为鲁棒。

Dropout 思路与其类似，虽然剪断了已经学习好的网络结构，使损失函数又重新升高，收敛变慢，但是最终得到的模型结果会获得更好的稳定性和泛化能力，因此 Dropout 是神经网络中广泛使用的一种技巧。

14.5.4 批规范化

批规范化（Batch Normalization, BN）也是网络中常用的技术手段。批规范化要解决的是内部协方差漂移（Internal Covariate Shift），即在网络训练过程中，中间层的输出落到对应的激活函数的饱和区域，从而导致训练过程变得困难。

批规范化通常以一个网络层的结构出现，简称 BN 层。BN 层的操作如下：对于上一层的输出，即输入 BN 层的数据，BN 层先对其进行均值方差归一化。但是这样一来，均值和方差内所含的信息就丢失了。为了弥补这一点，BN 层在输出时又对归一化后的结果进行了线性调整（即乘以系数再加上偏移），而且这里的系数和偏移是可以学习的变量形式。

通过 BN 层的处理，可以一定程度地避免网络陷入梯度消失或梯度爆炸的情形，因此可以提高收敛速度，并增强泛化能力。

14.5.5 预训练与微调

预训练（Pre-Train）和微调（Fine-Tune）也是在实际任务中经常用到的网络训练技巧。由于网络参数体量大，因此直接从头训练（Train From Scratch）速度较慢，容易陷入局部最优，且易于过拟合。一个解决方法就是先用类似的任务进行预训练，然后将模型保存下来，再针对实际任务对参数进行微调。

例如，我们的任务是对一组电子产品（手机、计算机、游戏机等）的图片进行分类，但是数据集比较小。考虑到图像分类任务有规模较大的公开数据集可以使用，如 ImageNet 数据集，那么可以先用 ImageNet 对模型进行预训练，使模型获得比较好的提取图像特征的

能力，然后将数据集换成目标电子产品图片数据集，再进行训练，这时的训练就会比一开始直接训练更容易收敛到好的效果。

在有些应用中，可以直接将已经在 ImageNet 上训练好的 VGG 网络或者 ResNet 网络用作特征提取器（Feature Extractor），然后对提取出的特征进行处理。这种操作也可以视为直接排除了微调的极端情况。

14.5.6 学习率设置

最后介绍一个在训练网络时至关重要的参数：学习率。学习率的大小既能影响模型最终的质量，又能影响参数收敛的速度，第 13 章已经展示过学习率过高或过低时的情况。

在实际训练网络的过程中，一个经验性的方法是让学习率随着迭代次数的增加而逐渐降低。这个技巧比较直观，因为越到迭代的最后，模型当前的参数距离最优解就越近，因此应该适当地放慢速度，以求更加精确。降低学习率的方式主要有两种，第一种是设置几个迭代轮数的阈值，当到达阈值后，换用更低的学习率。例如，设置 100 轮以内，学习率为 0.1；大于 100 小于 1000 轮，学习率为 0.02；大于 1000 小于 5000 轮，学习率为 0.01；大于 5000 轮，学习率为 0.001。第二种是将学习率写成迭代次数或训练轮数的函数，如将学习率设置为迭代次数的指数函数，那么在训练过程中，学习率就会指数级下降，也可以实现预期目标。

综上所述，虽然神经网络的原理不难理解，但是在实际训练网络和调节参数的过程中仍然需要很多的技巧和方法，对于已经成熟的方法，如 Dropout 和 BN，在需要时可以尝试使用；而对于很多依赖于经验的方法，如网络结构的设计、学习率初始值设置等，则需要通过多做相关任务积累经验。

第15章

机器之瞳：卷积神经网络与计算机视觉

第 13 章和第 14 章介绍了神经网络和深度学习的基本原理，并详细讲解了组成神经网络模型的零部件和细节，如神经元、激活函数、损失函数及下降方法等。有了这些基础知识，我们就可以讨论一些具体的神经网络模型了。首先要介绍的是在实际场景中，尤其是计算机视觉相关场景中最常见的卷积神经网络（Convolutional Neural Network，CNN）模型。下面介绍 CNN 模型的通俗解释和适用的任务类型。

（1）通俗解释：CNN 主要用于处理二维图像，其思路是通过一系列参数可调的卷积核（Convolution Kernel）对输入的二维图像进行卷积操作，并将得到的结果进一步进行卷积操作，形成级联，从而实现网络连接的局部化，减少参数量。另外，级联的神经网络通过逐步扩大感知域，可以提取输入图像中不同层次的模式特征，用于处理不同类型的任务。

（2）任务类型：CNN 可以处理多层次的任务类型。从底层的图像质量恢复和增强相关的任务类型（如去噪、去模糊、超分辨率），到高层的语义信息相关的任务类型（如分类、分割、检测和识别），通过设计合适的网络结构，都可以利用 CNN 模型进行处理，并取得较好的结果。实际应用中，对于具有与待处理任务相关的二维方向上的重复模式的二维数据（包括但不限于自然图像），原则上都可以利用 CNN 进行处理。

15.1　计算机视觉与自然图像

CNN 模型是当前应用最为广泛的深度学习与神经网络模型，尤其在计算机视觉领域有着非常广泛的应用。下面简单介绍计算机视觉（Computer Vision ,CV）及自然图像（Natural Image）的相关概念。

计算机视觉就是教会计算机“看”的能力，即视觉能力。从技术层面来说，计算机的“看”或者“视觉”实际上就是处理自然图像的能力。通过对图像的处理，以类似人眼视觉的方式，提取出图像中的信息和特征，并对图像中的目标进行分类、识别，以及对图像描述的内容进行理解。而自然图像指的是对自然物进行成像得到的二维图像，这个概念主要是用来区别一些特殊成像方式和特殊应用背景的图像，如医学影像等。日常生活中和网络上常见的各类图片，如人物照片、风景摄影等，基本上都属于自然图像的范畴。

对于计算机而言，灰度图像是以矩阵形式存储的，其中矩阵的两个维度就是图像的长和宽，其在某个位置的值表示在某个像素点的亮度，如图 15.1 所示。

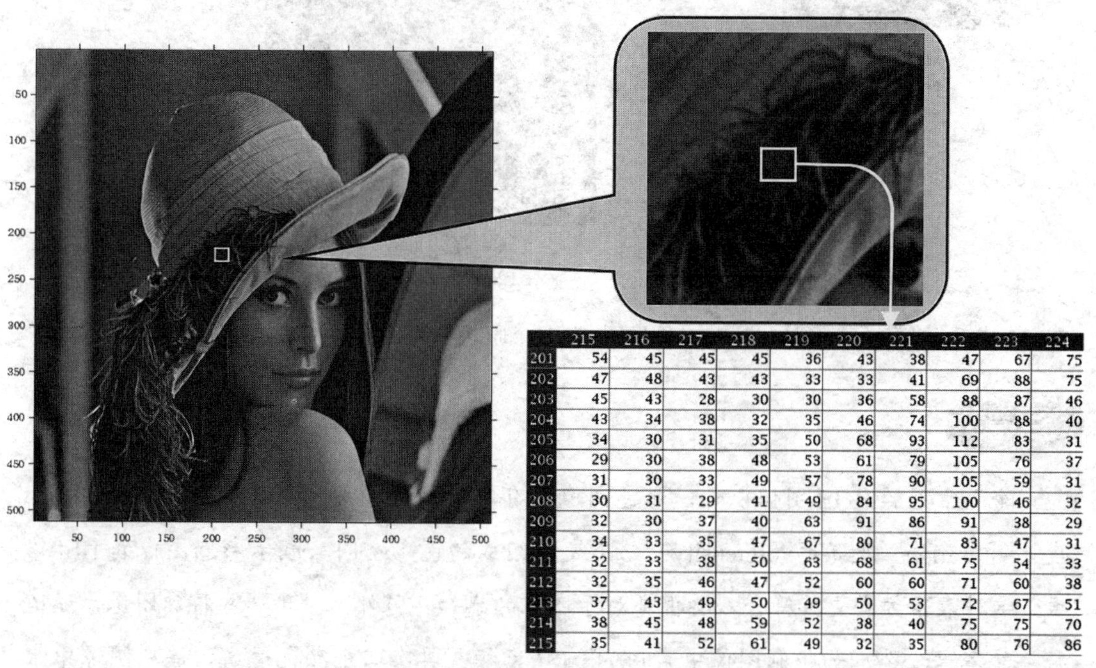

	215	216	217	218	219	220	221	222	223	224
201	54	45	45	45	36	43	38	47	67	75
202	47	48	43	43	33	33	41	69	88	75
203	45	43	28	30	30	36	58	88	87	46
204	43	34	38	32	35	46	74	100	88	40
205	34	30	31	35	50	68	93	112	83	31
206	29	30	38	48	53	61	79	105	76	37
207	31	30	33	49	57	78	90	105	59	31
208	30	31	29	41	49	84	95	100	46	32
209	32	30	37	40	63	91	86	91	38	29
210	34	33	35	47	67	80	71	83	47	31
211	32	33	38	50	63	68	61	75	54	33
212	32	35	46	47	52	60	60	71	60	38
213	37	43	49	50	49	50	53	72	67	51
214	38	45	48	59	52	38	40	75	75	70
215	35	41	52	61	49	32	35	80	76	86

图 15.1　灰度图像在机器中以二维矩阵的形式存在

图 15.1 中用来示例的图像是图像处理研究中常用的标准图像，称为 lena 图。由于其既有光滑的低频分量，如皮肤、镜子、背景，又有丰富的高频分量，如帽子上的纹理及羽毛装饰，因此经常被用来测试图像处理算法的性能。

彩色图像则相当于多个矩阵的组合或者说堆叠。例如，常见的 RGB 图像相当于由代表 R（Red）、G（Green）、B（Blue）的三个矩阵堆叠形成。如图 15.2 所示，这三个矩阵通常称为三个通道（Channel），表示彩色图像中红、绿、蓝三种颜色成分的比例。

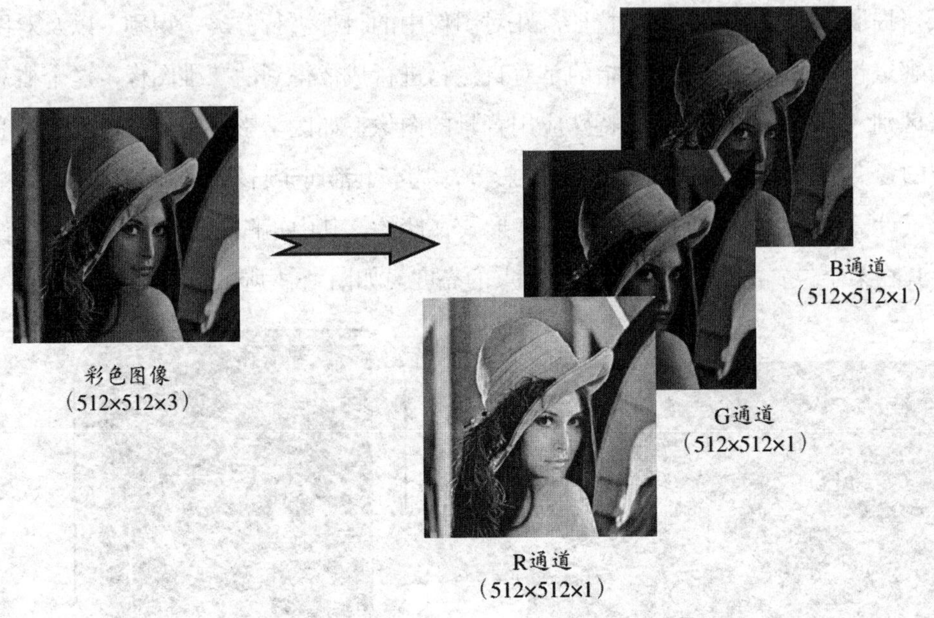

图 15.2　RGB 图像是表示三个通道的矩阵组合的结果

注意

除了常见的 RGB 图像以外，彩色图像还有其他表示方式，如用色调（Hue）、饱和度（Saturation）及亮度（Intensity）三个变量组成的色彩空间来表示彩色图像的 HSI 格式，这种表示方式更加符合人类视觉对于图像的感知。另外，对于一些特殊图像，通道数可能不只三个，如印刷图像中常用的 CMYK 模式具有四个颜色通道，遥感图像中常用的多光谱图像和高光谱图像的通道数就更多了，其中每个通道表示一个波段的光的成像结果。但是，无论什么类型的图像，其基本形式都是二维矩阵或者多个矩阵的堆叠，从而使图像处理的方法具有较强的推广性，很多图像处理算法对于各种类型的图像都能适用。

在自然图像中，图像的信息是多方面、多层次、多尺度的。仍以 lena 图像为例，如图 15.3 所示。其中，最底层的信息展示了图像的一些细节，如不同方向的边、角等，这些细节信息是在图像中多次重复出现的。然后就是局部结构信息，这一层次的信息表现了图像中局部具有的某种特征，如 lena 图中人像的眼睛、鼻子等结构，以及帽子上的羽毛等。最后，这些局部结构共同组成了具有语义含义的物理实体，如帽子、人脸等，这是图像所携带的较高层次的信息。

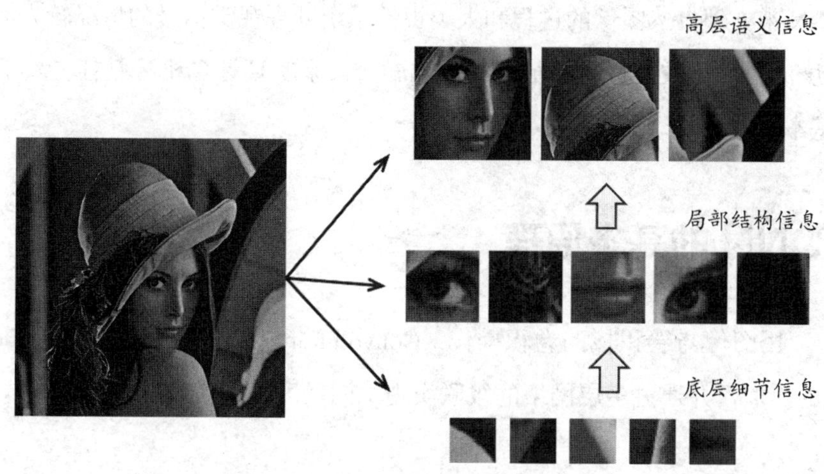

图 15.3　自然图像中不同层次的信息

不同层次的信息，有不同的作用和价值。当我们看到一幅图片时，自然地需要从整体来看这幅图像表示的内容是什么，如图像中是一张人脸还是一辆汽车，或者是一只狗？这里的“内容”就是偏语义层面的高层信息，往往对于图像的识别和理解有重要意义。另外，一张图像有时并不需要太清晰，我们也能依照高层语义信息辨认出图像要表达的基本内容。尽管如此，我们仍然希望有更加高清的图像。这种对高清图像的需求实际上也说明了底层细节信息的意义，在很多情况下，偏底层的信息一般对于图像的观感和视觉体验意义重大。

对于计算机视觉任务而言，最好的模型就是人眼及人类视觉系统。对于人类而言，视觉信号的感知（冲击响应）具有图 15.4 所示的结构。图 15.4 所示为一个二维高斯差分（Difference of Gaussian, DoG）形式的空域滤波器。人类视觉系统的响应是通过不同尺度、带宽和方向的 DoG 滤波器完成的。在图像处理中，DoG 滤波器通常被用于提取图像的边缘。因此，人眼视觉就是通过一系列的滤波器来提取不同尺度和方向的统计特征，并进行整合和处理的过程。

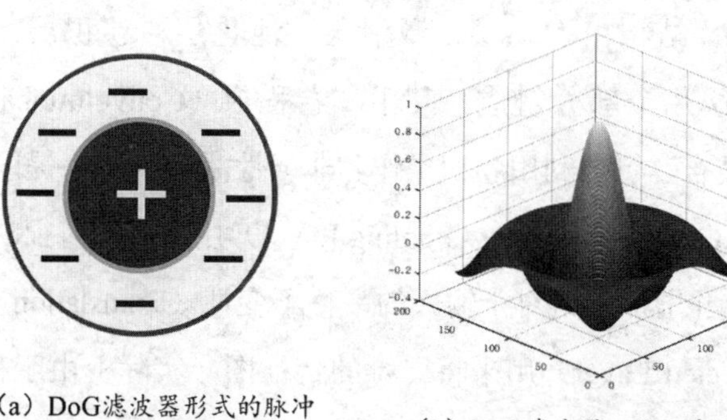

(a) DoG滤波器形式的脉冲响应二维示意图　(b) DoG滤波器三维示意图

图 15.4　人眼视觉系统中的 DoG 形式的冲击响应

利用 CNN 来处理自然图像的过程和人类视觉系统处理视觉信号的情况较为类似，也是通过各个尺度的局部滤波器进行特征的提取和融合，来实现计算机视觉任务。下面详细讲解 CNN 的基本原理。

15.2 CNN 的基本原理

CNN 中，用图像与卷积核的卷积操作（Convolution）来模拟人眼视觉中 DoG 滤波器对图像特征的提取，并通过多层网络的级联实现不同尺度的图像特征的提取。这就是 CNN 的基本思路。

下面展示一个最简单的用来做图像分类的 CNN 模型的网络结构，如图 15.5 所示。

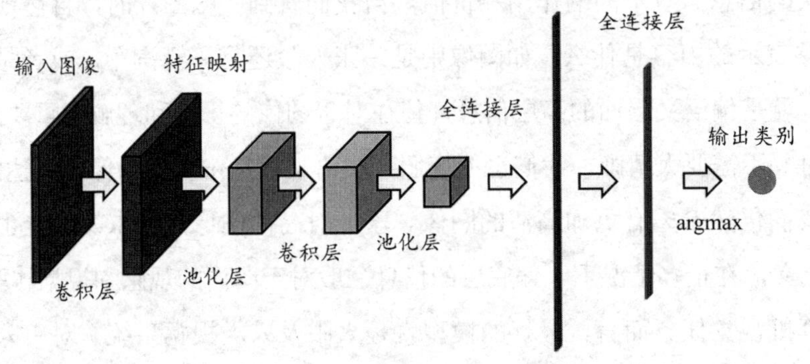

图 15.5　CNN 模型的网络结构

在图 15.5 所示的 CNN 结构中，输入是一张图片，输出是该图片的类别。和传统机器学习算法相同，CNN 在具体场景的应用也需要训练和测试两个阶段。在训练阶段，将有标签的训练集数据作为约束，优化网络中的参数变量；在测试阶段，将未知类别的图像输入网络，然后得到代表其类别的输出结果。

图 15.5 所示的 CNN 结构由卷积层、激活层、池化层、卷积层、激活层、池化层、全连接层、全连接层这几个部分组成。其中，卷积层（Convolutional Layer）和激活层（Activation Layer）相结合，可以利用卷积操作和非线性激活函数来提取图像特征，形成特征映射（Feature Map）的结构。池化层（Pooling Layer）用来降低特征映射的尺寸（维度），保留更加重要的特征，并增加网络对于输入的平移不变性（Translation Invariant）。最后的全连接层（Fully Connected Layer）用来将二维的特征图（实际上由于特征图有多个通道，因此也可以认为整体是三维的）转换为一维的特征向量并进行 MLP 形式的连接，输出最终预测结果。

注意

这里需要对最后的特征向量的相关问题进行详细说明。第 14 章讲解交叉熵损失函数时已经提到过，分类问题中最终输出的是各个类别的概率分布。在图 15.5 中，全连接层的最后输出就是类别的概率分布，因此向量的长度就是类别数量。在训练阶段，用独热向量作为输出的标签进行约束；在测试阶段，取输出的概率分布的最大值所代表的类别作为预测结果。

虽然不同场合中的 CNN 模型结构千差万别，但这些模型基本都是由上述的卷积层、池化层等部件为基础，加上一些其他的元素组合而成的。因此，下面先详细介绍这些零部件的具体细节和实现方式，然后对不同网络结构的经典 CNN 模型进行介绍。

15.2.1　卷积层

首先要介绍的就是卷积层。卷积层利用可调参数组成的卷积核与输入数据进行卷积操作，得到输出。二维数据的卷积操作过程如图 15.6 所示。

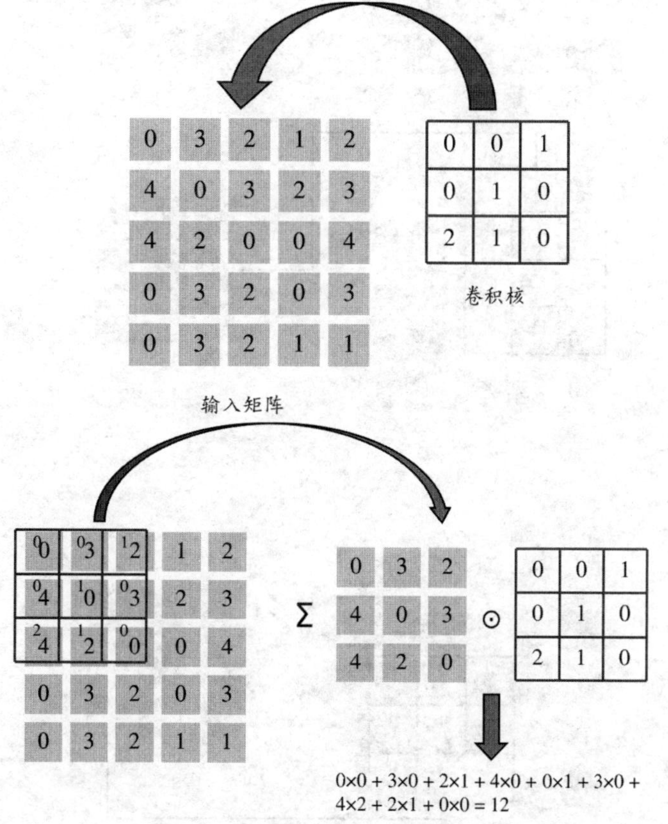

图 15.6　二维数据的卷积操作过程

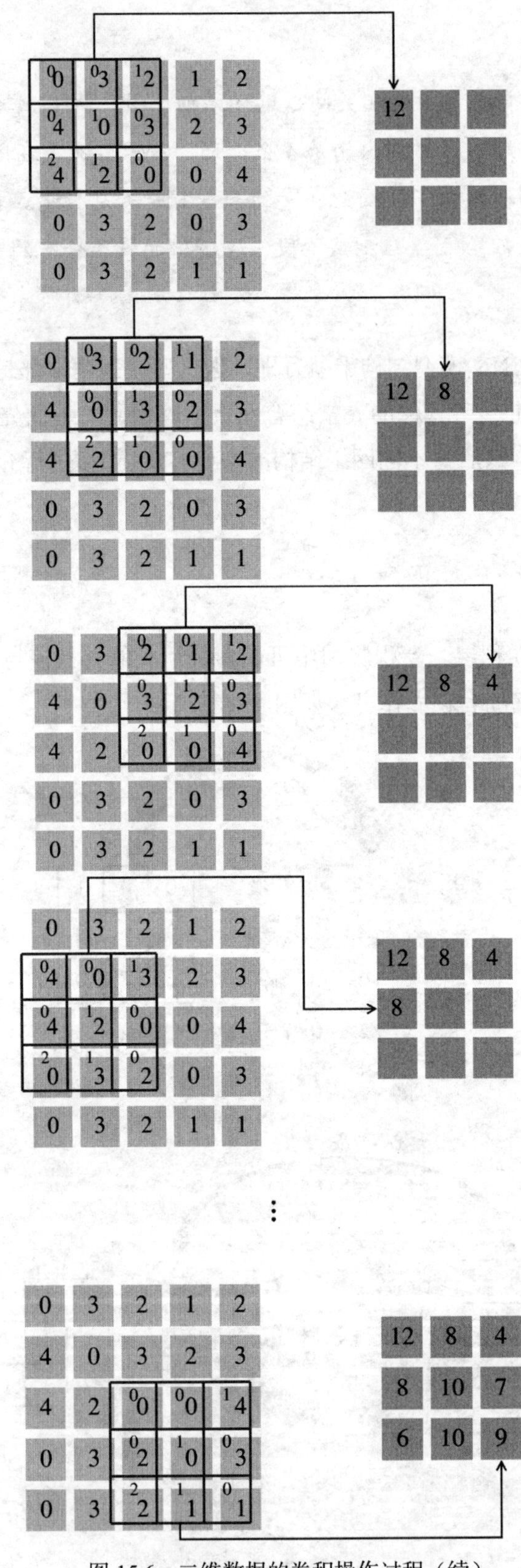

图 15.6　二维数据的卷积操作过程（续）

以图 15.6 为例，左边较大的矩阵表示输入的二维图像或者上一级的特征映射，右边较小的矩阵表示卷积核，卷积核每个位置上的值都是变量，可以通过网络训练过程中的求导和 BP 算法进行调整。卷积就是将卷积核矩阵以滑窗的形式依次划过输入矩阵，在每一个滑动到的位置上，卷积核与输入矩阵重叠的位置上的值相乘，然后进行求和，得到对应位置的输出。当所有的位置都被卷积核操作过一遍后，输出结果也形成了一个矩阵。这个过程就叫卷积操作。

一般来说，类似 MLP 网络，卷积操作完成后还要在最后加上一个偏置。将整个操作过程用数学形式来表示，那么可以写为式（15.1）。

$$o_{i,j}=\sum_{h,l=-(w-1)/2}^{(w-1)/2}\boldsymbol{a}_{i+h,\,j+l}\,\boldsymbol{k}_{c+h,c+l}+b \qquad (15.1)$$

$$c=(w+1)/2$$

其中，$o_{i,j}$ 为输出结果第 i 行第 j 列的值；w 为卷积核尺寸（卷积核尺寸通常为奇数，因此这里展示的是 w 为奇数的情况）；$\boldsymbol{k}$ 为卷积核矩阵；$\boldsymbol{a}$ 为输入矩阵；b 为偏置项。

在图 15.6 所示的卷积操作中，输出相对于输入尺寸发生了变化。这是由于卷积核本身具有一定的尺寸，从而在靠近边界的部分产生了边界效应。那么有没有可能让输入和输出之间的尺寸保持不变呢？答案是有，具体操作就是在输入的边界补 0，如图 15.7 所示。

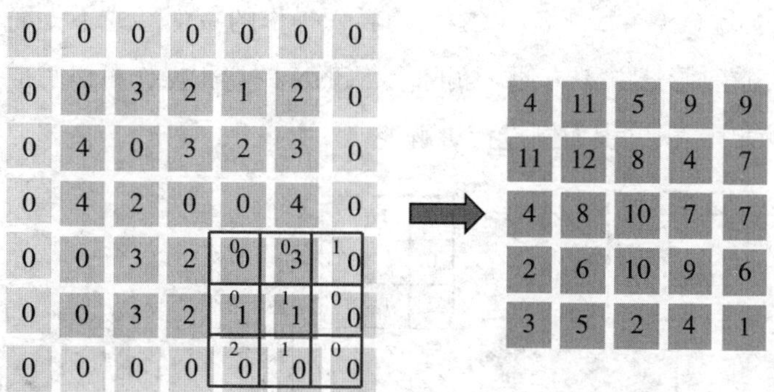

图 15.7　边界补 0 的卷积操作结果

显然，要想维持输出尺寸不变，那么补 0 的宽度应当为卷积核尺寸的一半，对于奇数尺寸的卷积核来说就是 $(w-1)/2$。

还有另一种处理边界问题的方式，即只要卷积核和输入矩阵有重叠，就进行计算。这种方法实际上较为符合“卷积”这个数学概念的原始定义。这样的处理结果如图 15.8 所示。

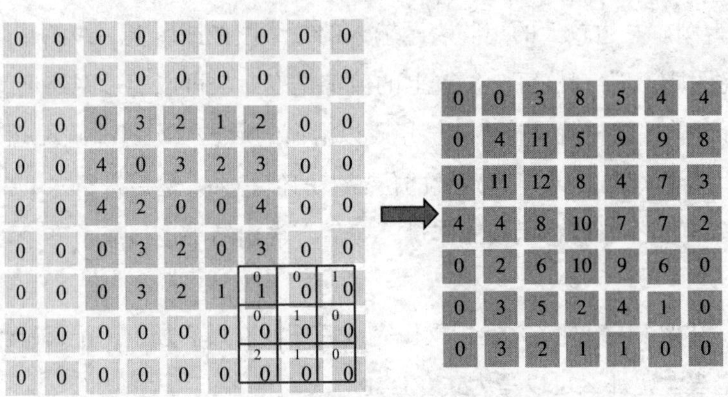

图 15.8　另一种处理卷积操作边界问题的方式

对比上面展示的三种边界问题的处理形式，这三种形式分别可以称为有效模式（Valid）、等大模式（Same）及全满模式（Full）。在编写 CNN 结构的程序时，如果知道卷积的模式及卷积核和输入矩阵的尺寸，就可以计算出输出的特征映射的尺寸。如果卷积核尺寸为 w，输入尺寸为 $m\times n$，则计算公式如下。

（1）有效模式：$(m-w+1, n-w+1)$。

（2）等大模式：(m, n)。

（3）全满模式：$(m+w-1, n+w-1)$。

以上展示了 CNN 的卷积操作的方式及对于边界问题的处理方式。但是，相比 MLP 网络中的线性表示方式（$y = \boldsymbol{w}^{\mathrm{T}}\boldsymbol{x} + b$），CNN 的卷积操作的数学形式不太简单直观，对于 BP 算法和求导来说，这种形式并不方便。实际上，CNN 的卷积操作可以写成矩阵相乘的形式。下面以图 15.9 所示的卷积过程为例进行讲解。

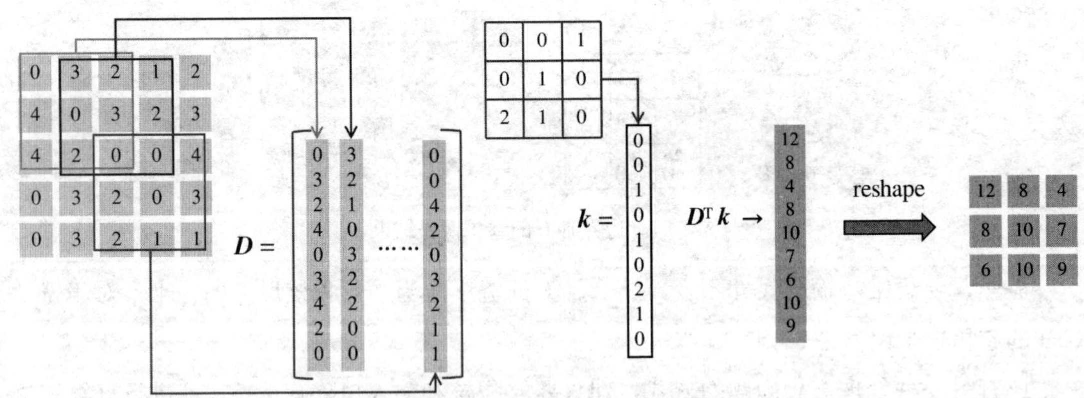

图 15.9　卷积操作转换为矩阵相乘

首先将卷积核向量转换为 $\boldsymbol{k}$，然后生成一个可以表示输入的新矩阵 $\boldsymbol{D}$。其中，$\boldsymbol{D}$ 的每一列 $\boldsymbol{d}_i$ 表示卷积核在某个位置时，与之重叠的位置的输入数值（向量化后）。这样，在该位置的输出就可以写成 $\boldsymbol{d}_i^{\mathrm{T}}\boldsymbol{k}$ 的形式。图 15.9 中的卷积操作可以写成式（15.2）的形式。

$$O=\begin{bmatrix}o_1\\o_2\\\vdots\\o_q\end{bmatrix}=D^{\mathrm{T}}k=\begin{bmatrix}d_1^{\mathrm{T}}\\d_2^{\mathrm{T}}\\\vdots\\d_q^{\mathrm{T}}\end{bmatrix}k=\begin{bmatrix}d_1^{\mathrm{T}}k\\d_2^{\mathrm{T}}k\\\vdots\\d_q^{\mathrm{T}}k\end{bmatrix} \tag{15.2}$$

其中，向量 $\boldsymbol{O}$ 为输出结果。

得到结果后，将 $\boldsymbol{O}$ 按照尺寸重新展成矩阵，就得到了最终结果。在网络训练过程中，通过对 $\boldsymbol{k}$ 向量的求导和反向传播，即可更新卷积核参数，实现网络的优化。由此也可以看出，卷积操作是可以用矩阵表示的线性操作，因此往往需要后面接一个激活层来提供非线性。

还有一个需要强调的问题，那就是对于多通道的输入应如何处理。前面用来举例的都是二维的单通道输入矩阵的卷积运算，但更常见的情况是输入图像有多个通道，如 RGB，或者中间层的输入矩阵为上一层的多通道的特征映射。对于多通道输入的卷积，如图 15.10 所示，卷积核也应具有同样的通道数，求和也是对所有通道进行求和。例如，输入为 $m\times n\times c$，则卷积核大小为 $k\times k\times c$，卷积核仍然沿着前两个维度滑动，每次取出 $k\times k\times c$ 的局部输入数据，然后与卷积核对应元素相乘并叠加。由于对所有输入的通道进行了叠加，每个 $k\times k\times c$ 的卷积核只能得到一个输出的特征映射的通道，因此如果要实现输出多通道的特征映射，就需要选择多个这样的卷积核。

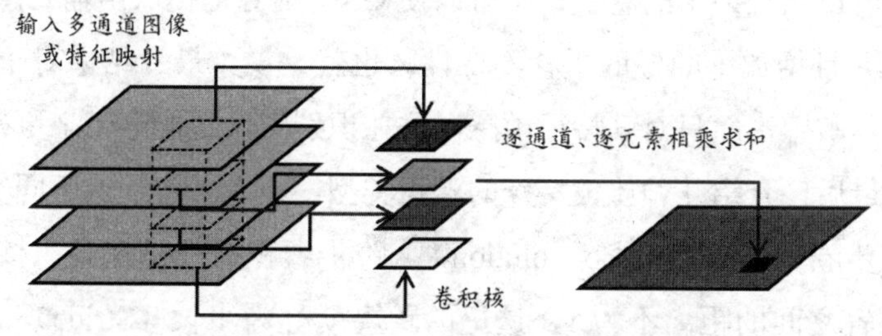

图 15.10　多通道卷积操作的实现

注意

一般来说，描述一个卷积层时需要指定输入通道数（该参数决定了卷积核的通道数）、输出通道数（该参数决定了采用多少个卷积核）、卷积核的尺寸（该参数决定了卷积核的大小，即感知范围的大小）及边界处理的模式（即有效模式、等大模式或全满模式，该参数决定了输出图像的尺寸大小）。

那么，卷积层所采用的卷积运算处理方式，相对于 MLP 网络的全连接方式有哪些优点呢？首先可以看到，卷积操作通过滑动窗，使计算过程实现了局部连接（Local Connection）和权重共享（Weight Sharing），从而大大减少了参数量。设想一下，如果用 MLP 的全连接网络，那么输出的特征映射每个位置的点都要由前面所有点计算得到，同时也需要与输入数据同等体量的参数来参与计算，如图 15.11 所示。而卷积层由于采用局部连接，输出中的某位置的点只和其邻近区域有关，并且各个输出元素共用同样的卷积核，从而使参数量大大减少。例如，图 15.11（a）所示的卷积层运算中，得到如图所示的输出所需的参数变量为 9 个（不包括偏置）。由于权重共享，因此每个输出只和这 9 个参数有关。而图 15.11（b）所示的全连接形式的连接方式中，输出的每个元素都与输入的每个元素有关，因此每个点需要 25 个参数变量。又由于没有共享参数，因此计算每个输出元素的参数变量都不同，一共需要 25×9=225 个变量，远远多于卷积模式下的 9 个（而且这里的输入只有 5×5，若输入尺寸更大，那么差距会更大）。

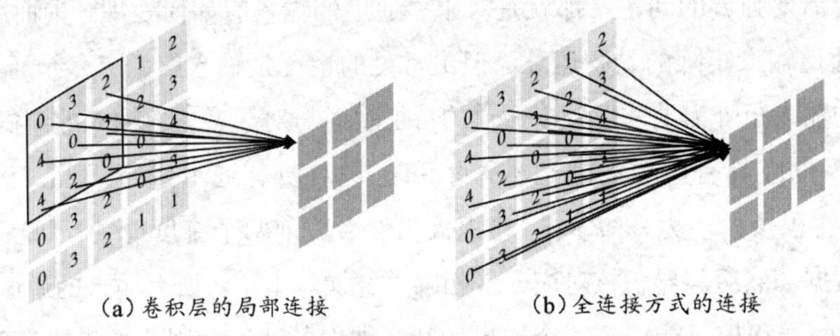

(a) 卷积层的局部连接
(b) 全连接方式的连接

图 15.11　权值共享大大减少了参数量

另外，滑动窗口结合共享的卷积核，可以使 CNN 更好地提取出输入图像中重复出现的有意义的模式，并且增加了图像的平移不变性。也就是说，最终结果对于输入图像中有效内容的具体位置不敏感，而只对其特征敏感，这在识别图像时能够带来更好的泛化性能。

在本小节的最后，介绍几种比较特殊的卷积类型，或者说卷积的不同实现方式。

首先介绍跨步卷积（Strided Convolution）。跨步卷积指的是在卷积核进行滑动的过程中，相邻两个位置之间的距离不为 1，这里的距离就称为步长（Stride），如图 15.12 所示。显然，普通的卷积可以视为步长为 1 的卷积。跨步卷积的步长越大，丢掉的内容就越多。但是由于一般来说不同位置的卷积核有重叠，即有一定的冗余，因此跨步卷积可以去除这种冗余，并且减少运算量，同时缩小输出尺寸。

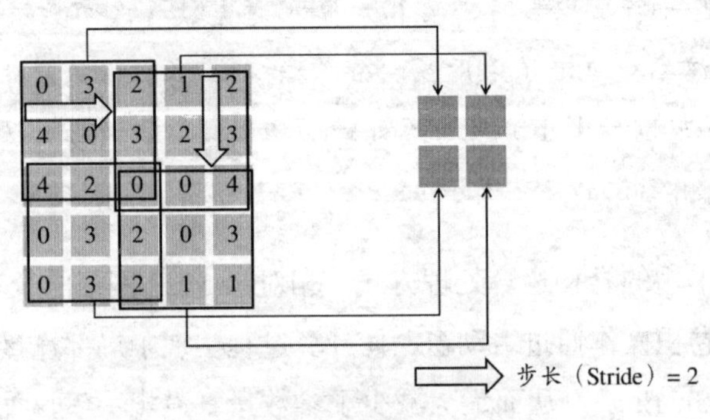

图 15.12　跨步卷积

其次介绍空洞卷积（Dilated Convolution 或 Atrous Convolution），也称膨胀卷积或带孔卷积，如图 15.13 所示。空洞卷积可以在不改变参数量和运算量，且不改变图像大小的前提下，扩大卷积核的视野，使其不再局限于邻域的那些点。卷积核中元素间的距离用超参数膨胀率（Dilation Rate）来定义，普通卷积的膨胀率为 1，表示元素之间紧邻，没有膨胀。空洞卷积在图像分割领域得到了较好的应用。

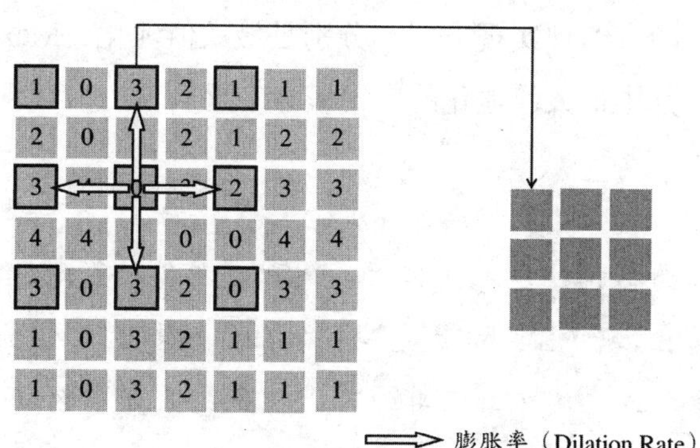

图 15.13　空洞卷积

最后介绍分组卷积（Group Convolution）。分组卷积指的是将输入和输出的特征映射的通道进行分离，得到不同的组，不同组之间独立进行处理，组与组之间没有连接，而组内的通道之间就像单独的普通卷积层一样进行处理，最后将处理结果进行拼接，得到最终的输出结果，如图 15.14 所示。分组卷积的超参为组数，如果组数为 1，即所有通道都属于同一组，那么就是普通卷积；如果通道大于 1 且小于输入通道数（且必须能被输入和输出通道数整除），则将输入和输出划分为多个组分别处理；而如果组数等于输入通道数，那么此时每个输入通道都单独进行处理，这种方式通常称为深度可分离卷积（Depth-wise Convolution）。

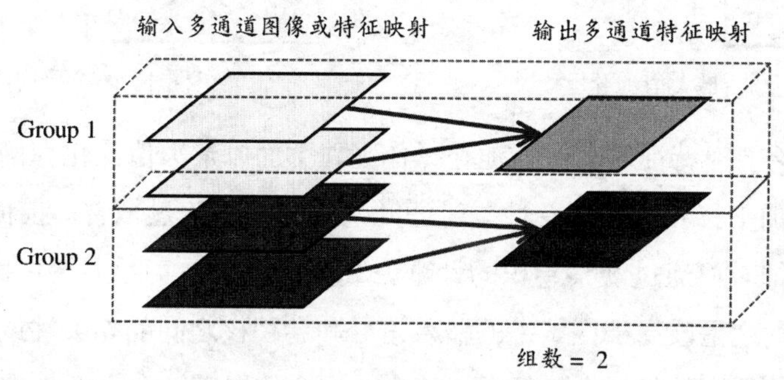

图 15.14　分组卷积

综上所述，跨步卷积是普通卷积在不同步长上的推广，步长为 1 则为普通卷积；空洞卷积是在膨胀率上的推广，膨胀率为 1 则为普通卷积；而分组卷积则是在组数上的推广，组数为 1 则为普通卷积。

以上介绍了卷积层的相关内容，下面介绍池化层。

15.2.2 池化层

池化（Pooling）指的是将输入中的局部进行整合，然后输出尺寸减小的特征映射的一种操作。池化层较为常见的有两种实现方式，分别是最大值池化（Max Pooling）和平均值池化（Average Pooling），其中最大值池化的应用最为广泛。

注意

池化层中的pool作为名词指水池，作为动词则是聚合和集中的意思。从池化层的具体操作方式中可以看出，池化实际上是将多个位置的取值进行了某种形式的汇合，因此这里应该翻译成聚合或者集中，而非池化。但是由于在多数场合中这个部件都被称为池化层，因此为了便于交流，这里仍称其为池化层。

首先介绍最大值池化，如图 15.15 所示。最大值池化是将某个局部区域内的所有元素取最大值，然后形成一个输出，对每个局部进行操作，就可以得到一个尺寸缩小的特征映射。

另一种池化方式是平均值池化，其基本思路与最大值池化类似，唯一不同的是平均值池化不是对区域内的元素取最大值，而是对这些元素取平均值，作为输出的结果，如图 15.16 所示。

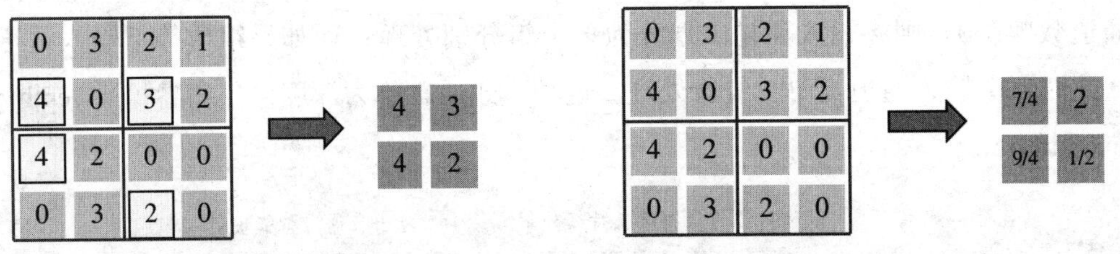

图 15.15　最大值池化

图 15.16　平均值池化

那么，为什么要对特征映射进行池化操作呢？下面以最大值池化为例进行说明。首先，池化操作可以增加平移和旋转不变性，过滤冗余信息，防止过拟合。前面提到过，卷积层的作用是提取特征。而通过观察卷积的计算公式可以知道，实际上卷积操作的输出中的每个元素值，表示的就是该局部区域中的输入信号和卷积核之间的相关性或者相似性。因此，如果输出的特征映射中的某一个值很大，就说明这个位置有一个有意义的“特征”。而通过最大值池化操作，如图 15.17 所示，即使特征发生了某种位移或者旋转，输出结果仍能保持不变。换句话说，就是使网络对于细微的空间位移不敏感。从过拟合的角度来说，就是可以消除部分不重要的冗余信息，对特征做一定的拣选，从而防止过拟合。

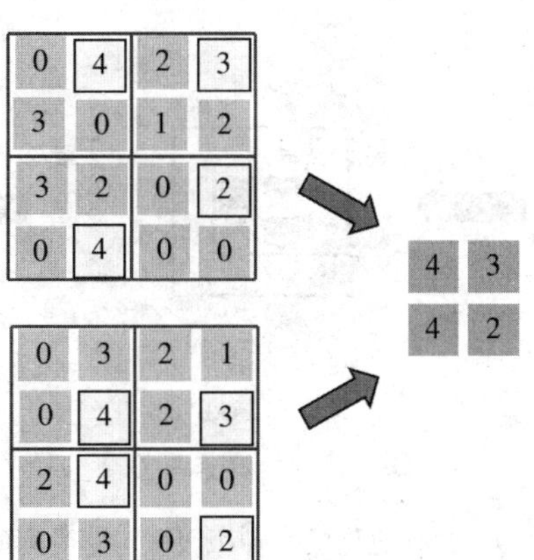

图 15.17　最大值池化增加了 CNN 的平移和旋转不变性

另外，池化操作通过缩小和聚合特征映射，增大了网络的感受野（Perceptive Field）。感受野指某一层的特征映射中的一个元素（像素点）对应到输入图像上的尺寸。如图 15.18 所示，经过一次卷积后，感受野的大小为 3×3；经过两次卷积后，由于第一次卷积得到的特征映射中的每个点都与输入的 3×3 的邻域有关，因此第二次输出的特征映射的感受野为 5×5，以此类推。通过卷积的级联和深化，可以逐步扩大感受野。

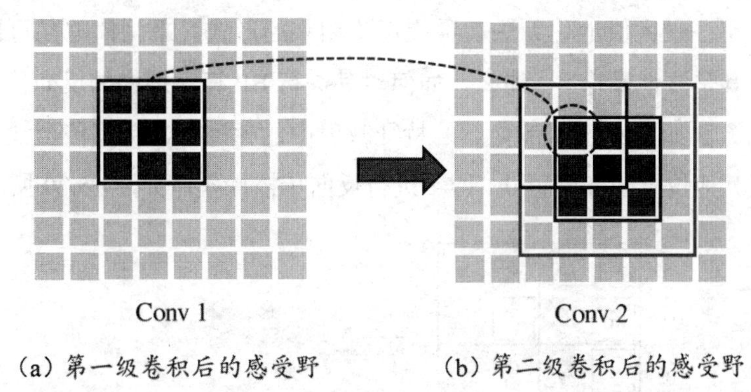

（a）第一级卷积后的感受野　　（b）第二级卷积后的感受野

图 15.18　卷积的级联可以扩大感受野

如果在卷积后加入池化层，情况就不太一样了，如图 15.19 所示。首先，和之前一样，最初通过一次卷积获得了 3×3 的感受野；然后，得到的特征映射进入池化层，特征映射的长和宽缩小到了 1/2。此时得到的小尺寸的特征映射中，每个点都与之前的四个点相关，对这样的特征映射进行 3×3 的卷积操作后，得到的一个元素与输入中的 8×8 的局部相关。或者说，需要输入中的 8×8 邻域内的元素参与运算，才能得到最后输出中的一个元素。

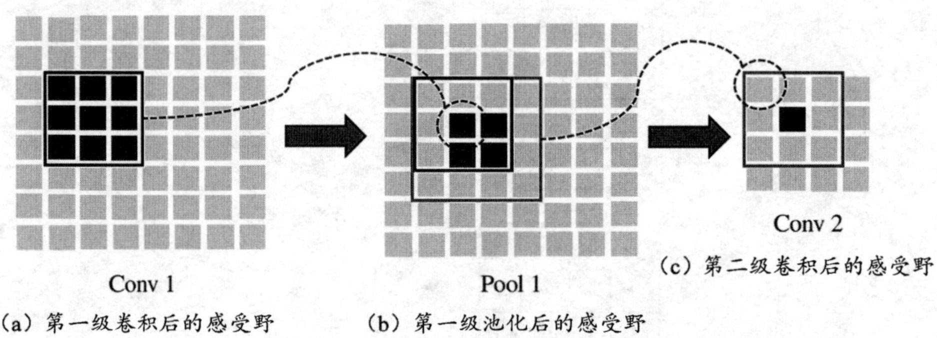

图 15.19　含有池化层的卷积级联对感受野的扩大

对比下面两种情况可以发现，由于池化层的存在，使池化后的每个元素都与前面的 2×2 局部区域中的元素建立了联系，因此可以更快地扩大感受野的范围。

还有非常重要的一点，那就是由于通过池化增加了感受野，因此网络的不同层“看到”的图像内容有所不同。在一个具有很多层的深度 CNN 中，开始的几层由于感受野很小，因此只能看到局部的特征，如边、角等。而后面的由于可以看的范围更大，因此可以捕捉到高层的语义特征。这样的有层次性的特征提取和整合方式，实际上与人类的视觉系统对于图像信息的处理方式具有一定的相似性。

不同于卷积层，最大值池化无法表示成矩阵相乘的形式（平均值池化可以写成矩阵相乘的形式，说明其是线性操作）。那么，如何对其进行 BP 算法那样的反向传播呢？最大值池化的反向传播方法如下：对于池化后的特征映射中的梯度项，将其传至池化前最大值所在的位置，并对其他位置的梯度置 0，即不进行反向传播操作，如图 15.20 所示。

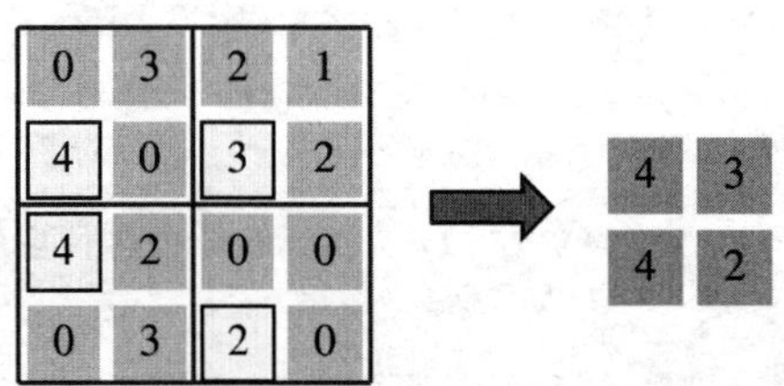

(a) 池化层前向传播

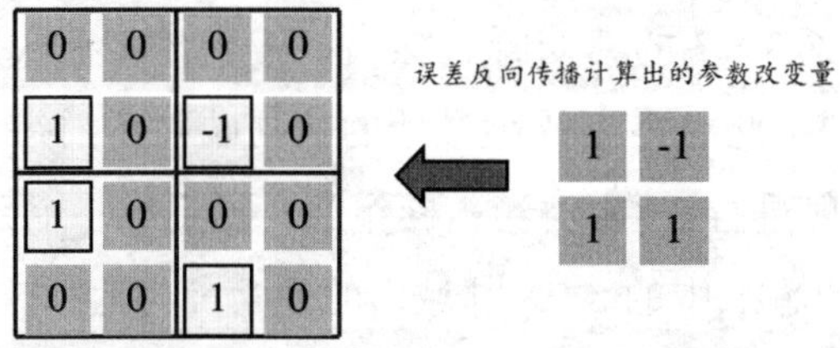

(b) 池化层BP算法误差反向传播

图 15.20　最大值池化的反向传播过程

以上是关于池化层的相关内容，下面介绍全连接层。

15.2.3　全连接层

对于图像的分类问题来说，全连接层接在网络的最后，用来将特征映射向量化，并利用该向量计算出类别结果。通过卷积和池化操作，在网络的最后几层卷积池化中，已经提取到了图像的高层语义信息，这些信息存在于特征映射中。对得到的特征映射进行向量化，可以认为获得了原图像的特征向量。因此，全连接层的作用可以被认为是：利用卷积和池化层得到的图像的特征向量，对图像进行分类。

注意

在没有 CNN 时，图像分类和识别等问题也是通过传统的提取特征向量的方法，如 SIFT、SURF 等提取图像特征，生成特征向量（描述子），然后进行判断的。从这一角度来说，CNN 的卷积池化部分可以视为一个自适应的特征提取器，而全连接层则替代了传统的对特征向量进行分类的操作。

但是，这样的全连接操作有一个弊端，即其所需的参数量需要预先设定好，也就是最后一层特征映射的尺寸和通道数应当是固定的，这样才能保证每次训练的参数量不变。例如，在图像分类中，训练集中的每一张图像都要被缩放到同等大小才能训练，而测试数据也要缩放成同等大小才能测试。这无疑是不方便的，因为卷积层的权重共享使得无论多大尺寸的输入都可以有同样的参数量，从而可以适应不同尺寸的输入，而全连接层这种操作又限制了这一可能性。那么，如何去除这种限制呢？这就要介绍一个操作，称为全局平均池化（Global Average Pooling，GAP）。

全局平均池化操作如图 15.21 所示。该操作的过程如下：对于最后一层获得的特征映射，并不将其直接向量化，而是对其每个通道求取平均值，并将各通道的平均值组成向量。这也正是“全局平均”的含义。通过这种操作，得到的向量的长度与最后一层特征映射的通道数一致。由于卷积层的参数数量只和卷积核的大小、输入层及输出层通道数有关，与输入图像及中间层输出的特征映射的尺寸无关，因此应用了全局平均池化的网络的参数量对于任意合理尺寸的输入是不变的，从而解决了全连接层的弊端。

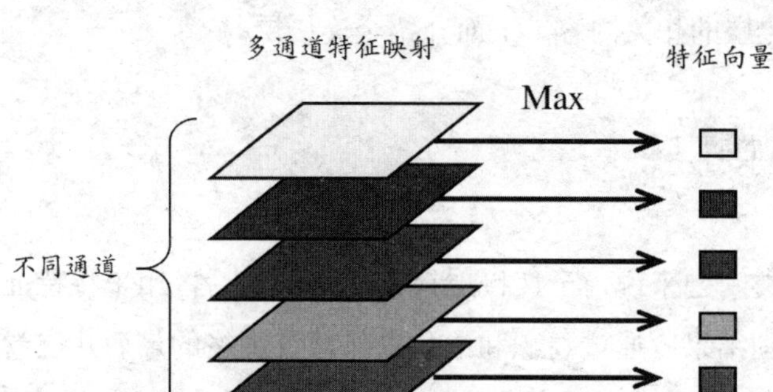

图 15.21 全局平均池化操作

其实，全局平均池化最初的目的是解决全连接层的过拟合问题，因此该方法的一个优点就是可以在一定程度上避免过拟合。另外，对特征映射的每个通道进行平均，所得的向量中的每个元素实际上都代表其所在的通道，因此相当于对每个特征映射通道赋予了一定的实际意义，在一定程度上增加了其可解释性。当然，这个方法也有其缺陷，即在有些情况下收敛较慢（因为对全局做了操作）。

以上就是对 CNN 模型的主要部件的介绍。下面介绍一些经典的 CNN 模型。

15.3 经典 CNN 模型简介

回溯 CNN 的发展历史，最早在 1998 年时，Yann Lecun 等人就已经发明了 LeNet, 用于手写体字母和数字的识别。该模型较为简单，加上当时计算机算力较弱，在一定程度上限制了网络的复杂化。另外，手写体数字识别这个任务相对较为简单，经典机器学习方法也可以给出较好的结果。综合上面种种原因，这个被追封为 CNN 始祖的 LeNet 其实在当时并没有引起轰动。

CNN 的真正兴起是在 2012 年，Alex Krizhevsky 利用比 LeNet 更复杂、层数更多的 AlexNet，一举获得了当年 ImageNet 竞赛的冠军。在此之后，CNN 逐渐被人们关注，相关研究迅速兴起，也产生了 ResNet、VGG、GoogLeNet 等一系列效果出众的经典 CNN 模型。

本节简要梳理这些经典模型，并且附上每种模型的原始参考文献，以供读者查找并阅读学习。

15.3.1 源头：LeNet

LeNet 是最早利用 CNN 的基本框架和环节来处理识别问题的网络。LeNet 由 Yann Lecun 等人提出，用于邮政编码等手写体字符的识别。LeNet 中最有代表性的网络结果为

LeNet-5，其网络结构如图 15.22 所示。

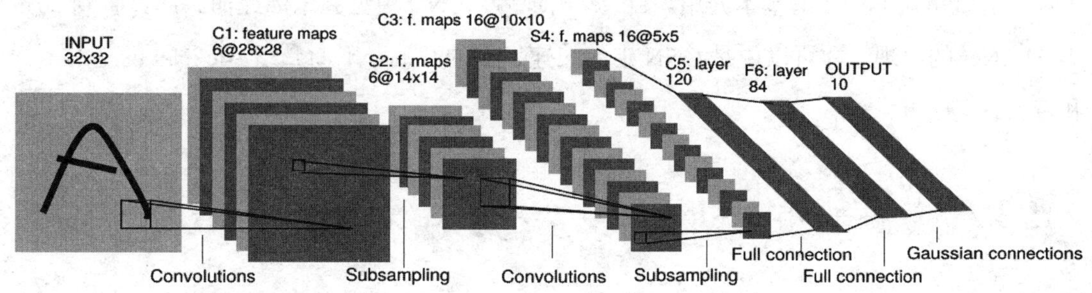

图 15.22　LeNet-5 的网络结构

（图片来源：Lecun Y , Bottou L , Bengio Y , et al. Gradient-based learning applied to document recognition[J]. Proceedings of the IEEE, 1998, 86(11):2278-2324.）

除去输入层和输出层，该网络一共由两个卷积层、两个降采样层和两个全连接层构成。输入图像大小为 32×32，卷积核大小为 5×5，第一次卷积后得到 6 个 28×28 的特征映射，然后降采样到 14×14。降采样的过程为，将一个局部内（如 2×2 区域）的元素求和，乘以一个可训练的系数，并加上偏置，通过一个激活函数得到输出。然后继续进行卷积和降采样，最终得到 16 个 5×5 的特征映射，最后进行向量化，经过全连接层输出结果。

LeNet-5 中首先应用了权值共享技术，实际上就是卷积操作。按照作者的观点，网络过小则拟合能力有限，网络过大参数又会过多，这实际上是一个两难的问题（Dilemma）。而卷积操作由于权值共享，用较少的参数实现了较好的拟合能力，实际上是对这种两难困境的一种解决方法。其次，该网络用了降采样过程，实际上就是现在常用的池化操作的雏形。对于损失函数，网络利用了径向基函数（Radial Basis Function，RBF），在训练过程中与对应的模式进行匹配。最后，LeNet-5 中，整体的网络架构已经是卷积层、池化层、全连接层的基本形式了，后面的无论是 AlexNet 还是 VGG，在这一方面都遵循这样的基本架构和模式。因此，称 LeNet 为所有 CNN 的源头并不为过。

除此之外，LeNet-5 网络中还有一个特点，即 C3 中的 16 个特征映射与它的上一层结果，即 6 个特征映射的 S2 并不是完全连接的。在连接 C3 和 S2 时，Lecun 采用了一定的策略，使后面的每个特征映射之和与前面的 3 ～ 4 个特征映射相连。这样连接的理由 Lecun 是这样解释的：其一，可以减少连接数目；其二，通过这种方式，可以破坏网络结构中上下层连接的对称性，从而期望学习到一个互补的特征映射。

LeNet 的最后，输出长度为 84 的全连接层的结果是用来与标准图像匹配的。由于每个数字和字母的模式图为 7×12，因此该输出长度为 84。模式图匹配的一个好处是，对于形状接近但是属于不同类的字符，如“0”“O”和“o”，在模式图上的差别会更为明显。

以上就是对 LeNet 的基本介绍。LeNet 出现后，CNN 模型并未因此而兴起，直到 2012 年 AlexNet 的出现，才可以说是 CNN 走向快速发展的开端。下面介绍 AlexNet 的基本结构和特点。

15.3.2 崭露头角：AlexNet

与 LeNet 一样，AlexNet 也是以提出者的名字命名的。AlexNet 的第一作者是 Alex Krizhevsky，此人是大名鼎鼎的 Hinton 的学生，并且因在 2012 年的 ImageNet 竞赛中获得冠军而备受瞩目。

ImageNet 是一个非常庞大的数据集，其中含有超过 1500 万张高清的标记好的图像数据，归属于约 22000 类。从 2010 年开始，ImageNet Large-Scale Visual Recognition Challenge (ILSVRC) 竞赛每年举办一场，主要侧重于图像的识别等任务。ILSVRC 竞赛有时也被称为 ImageNet 竞赛，其所用的数据是 ImageNet 数据集中的一个子集，从中抽取了 1000 个类别，每个类别约 1000 张图片。用该数据集进行训练、验证和测试，最终评价模型的效果。

基于 AlexNet 的各种版本的模型在 2012 年的 ImageNet 竞赛中取得了优异的成绩，远远超过了其他竞争对手，使人们看到了 CNN 处理大数据量和复杂问题的潜力。自此以后，基于 CNN 的模型成了 ImageNet 的主流，各种新型网络被提出，促进了 CNN 领域的发展。

AlexNet 的网络结构如图 15.23 所示。

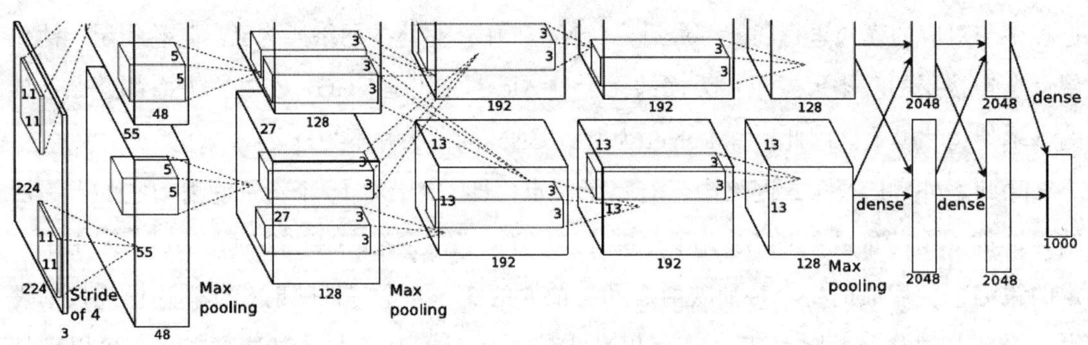

图 15.23 AlexNet 的网络结构

（图片来源：Krizhevsky A , Sutskever I , Hinton G . ImageNet classification with deep convolutional neural networks[C]// NIPS. Curran Associates Inc，2012.）

从总体结构上看，AlexNet 用了 5 层卷积、3 层池化及 3 层全连接。第一次和第二次卷积用的是 11×11 的卷积核，而其他则用了 3×3 的卷积核进行卷积操作。不同于 LeNet-5 中的降采样方式，AlexNet 应用了最大值池化的方式进行下采样。最后，经过两次长度为 4096 的全连接层，输出一个 1000 维的向量，代表需要划分的 1000 种类别。

AlexNet 在网络结构上也有一些特点。首先，AlexNet 提出了将 ReLU 作为激活函数，取代之前应用普遍的 Sigmoid 函数；其次，在第一个和第二个卷积操作和池化操作之间，采用一种称为局部响应归一化（Local Response Normalization，LRN）的策略，提高了网络的泛化性能；再次，从图 15.23 中可以看出，AlexNet 在训练过程中应用了多 GPU 部署的方法，不同 GPU 并行处理自己的运算，GPU 之间的交流只在特定的几层存在，从而解决了计算资源的瓶颈问题；最后，AlexNet 在训练过程中采用了数据增广和 Dropout 层，防止过拟合。

以上是 AlexNet 的相关内容，下面介绍 VGG 模型。

15.3.3　向深而行：VGG

VGG 模型是 2014 年 ImageNet 竞赛的定位项目的冠军和分类项目的亚军。下面介绍 VGG 的结构和特点。

VGG 模型是以作者所在课题组的名字命名的，VGG 表示的是 Visual Geometry Group，直译过来就是视觉几何学小组。VGG 有两种比较常见的模型，分别是 VGG16 和 VGG19，这里的 16 和 19 指的是网络的带权重的层数（也就是卷积和全连接，不含池化层）。由此可以看出，与之前的 LeNet 及 AlexNet 相比，VGG 的层数有了较为显著的增加。VGG 模型的基本结构如图 15.24 所示。

ConvNet Configuration					
A	A-LRN	B	C	D	E
11 weight layers	11 weight layers	13 weight layers	16 weight layers	16 weight layers	19 weight layers
input (224 × 224 RGB image)					
conv3-64	conv3-64 **LRN**	conv3-64 **conv3-64**	conv3-64 conv3-64	conv3-64 conv3-64	conv3-64 conv3-64
maxpool					
conv3-128	conv3-128	conv3-128 **conv3-128**	conv3-128 conv3-128	conv3-128 conv3-128	conv3-128 conv3-128
maxpool					
conv3-256 conv3-256	conv3-256 conv3-256	conv3-256 conv3-256	conv3-256 conv3-256 **conv1-256**	conv3-256 conv3-256 **conv3-256**	conv3-256 conv3-256 conv3-256 **conv3-256**
maxpool					
conv3-512 conv3-512	conv3-512 conv3-512	conv3-512 conv3-512	conv3-512 conv3-512 **conv1-512**	conv3-512 conv3-512 **conv3-512**	conv3-512 conv3-512 conv3-512 **conv3-512**
maxpool					
conv3-512 conv3-512	conv3-512 conv3-512	conv3-512 conv3-512	conv3-512 conv3-512 **conv1-512**	conv3-512 conv3-512 **conv3-512**	conv3-512 conv3-512 conv3-512 **conv3-512**
maxpool					
FC-4096					
FC-4096					
FC-1000					
soft-max					

图 15.24 VGG 模型的基本结构

（图片来源：Simonyan K, Zisserman A. Very deep convolutional networks for large-scale image recognition[J]. arXiv preprint arXiv:1409.1556, 2014.）

图 15.24 中，D 和 E 分别代表 VGG16 和 VGG19 两种模型。可以看出，VGG 的一个重要特点就是多个卷积后跟一个池化操作，现在的很多网络都继承了这一策略。另外，VGG 每一层的卷积核几乎都是 3×3，相比于之前的 5×5 和 11×11，卷积核尺寸变小。这一改变自然和 VGG 的最重要的特点 —— 深度的增加有很大的关系。之前提到过，卷积和池化操作的级联可以扩大网络的感受野，因此结果可以受到更多的输入数据的影响。而且，网络层数越多，感受野扩张得就越大。因此，即便使用 3×3 的卷积核，只要层数够深，就能获得很大的感受野。这种主张增加深度来提高 CNN 学习能力的策略，正是“深度学习”之滥觞。

然而，深度的增加又会带来其他问题，成为制约网络继续向深发展的瓶颈。打破这一瓶颈的，则是赫赫有名的 ResNet 网络。

15.3.4 打破瓶颈：ResNet

ResNet 的名称实际上是 Residual Network，即残差网络的缩写。顾名思义，该网络与残差有关。图 15.25 所示为 ResNet 文章中展示的普通网络（Plain Network）与 ResNet 的对比，其中左边为 VGG19，中间为 34 层的普通网络，右边为 34 层的 ResNet。

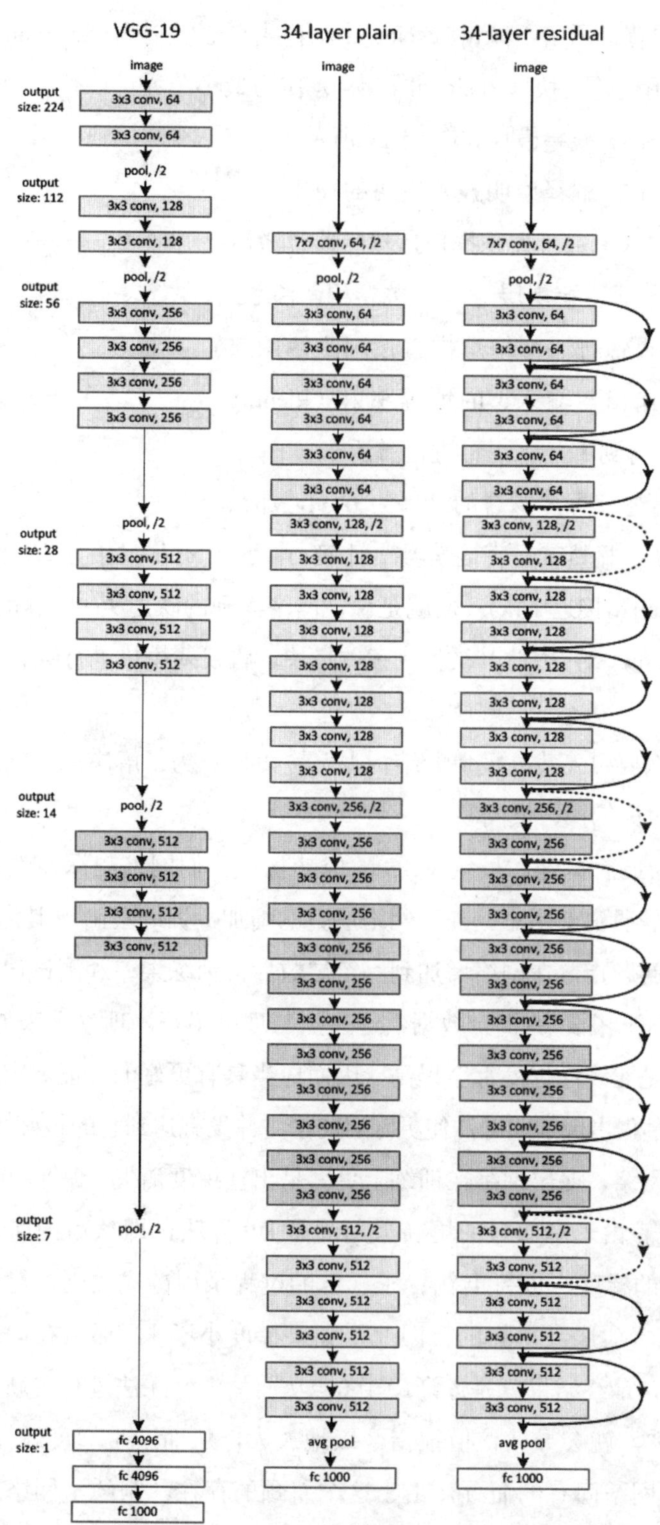

图 15.25　ResNet 与普通网络的对比

（图片来源：He K, Zhang X, Ren S, et al. Deep residual learning for image recognition［C］//Proceedings of the IEEE conference on computer vision and pattern recognition. 2016：770-778.）

可以看到，与普通网络不同，ResNet 引入了很多跳连线路（Shortcut）。ResNet 的一个重要的改进就是用残差模块（Residual Block）作为最小单元，取代了 VGG 普通网络中的由前向后的顺序连接。残差模块如图 15.26 所示。

下面结合图 15.26 解释说明残差模块的操作步骤。首先，对输入 $\boldsymbol{x}$ 进行卷积操作，然后通过激活函数激活，再进入下一卷积层进行一次卷积。注意，此时输出 $\boldsymbol{F}(\boldsymbol{x})$ 不再像普通网络那样直接用激活函数激活，而是将该输出与输入 $\boldsymbol{x}$ 的恒等映射（Identity Map）进行相加，得到 $\boldsymbol{F}(\boldsymbol{x})+\boldsymbol{x}$，再进行激活。

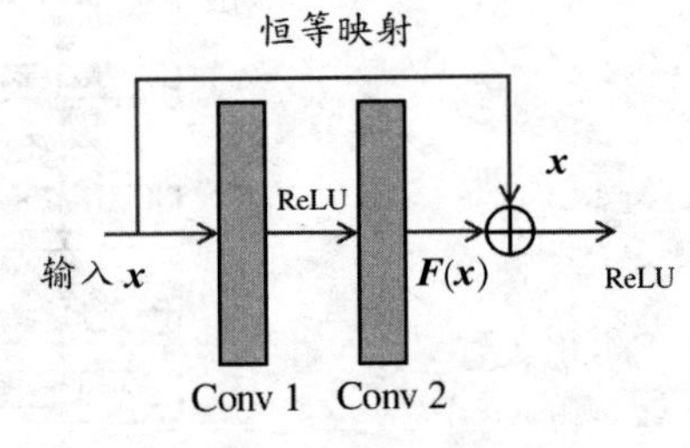

图 15.26　残差模块

假设输出的标签，即要拟合的结果为 $\boldsymbol{H}(\boldsymbol{x})$，那么对于普通网络来说，显然就是直接学习映射 $\boldsymbol{F}(\boldsymbol{x})$，使 $\boldsymbol{F}(\boldsymbol{x})$ 尽量接近 $\boldsymbol{H}(\boldsymbol{x})$。而对于以上残差模块，则希望 $\boldsymbol{F}(\boldsymbol{x})+\boldsymbol{x}$ 接近 $\boldsymbol{H}(\boldsymbol{x})$。也就是说，网络学到的映射 $\boldsymbol{F}(\boldsymbol{x})$ 实际上拟合的是标签与输入的残差，即 $\boldsymbol{H}(\boldsymbol{x})-\boldsymbol{x}$，因此其被称为残差模块。将残差模块进行级联，就得到了 ResNet 的基本结构。

那么，为什么要引入残差模块的结构呢？答案是：为了解决深层网络训练过程中的瓶颈问题。下面就来详细探讨该问题。

15.3.3 小节的最后提到，虽然 VGG 的成功告诉我们网络越深，效果理应越好，但是在实践过程中还是遇到了困难。随着网络层数的增加，训练会出现退化问题（Degradation Problem）。退化问题指，在网络增加到一定层数后，训练误差和测试误差都不再下降，即网络加深后反而不能更好地拟合数据，这显然与理论不符。理论上来说，网络层数越深，无论是参数量还是非线性程度都会提高，因而应当具有更好的性能。因此，这一问题的出现，应该是训练过程出现了问题，使更深层的网络并没有达到它的最好性能。

相比于浅层网络，深层网络在训练上更容易出现梯度消失 / 爆炸（Gradient Vanishing/Exploding）现象。由于对参数的更新采用的是 BP 算法，即从后向前进行误差传播，得到每一层的权重的梯度，进行更新；求梯度的过程采用链式法则，对于前面的层，其梯度是由后面的很多项连乘得到的。因此，如果梯度小于 1，那么在向前传递的过程中就会以指数级降低，最终结果就是逐渐趋于 0，从而消失，无法进行更新；而如果梯度大于 1，那么由于连乘，就会导致该值被指数级地放大，从而产生梯度爆炸，使模型不收敛。这是普通的深层网络固有的瓶颈，由于这个瓶颈的存在，制约了网络继续向更深处进行发展。

而残差模块在链式法则求导的主线上又增加了一个恒等映射的旁路，从而解决了深层

网络训练难以收敛的问题。恒等映射的旁路跳线结构可以这样理解：假设对于某个问题，数据流从主线传播的普通深层网络的结果还不如浅层网络，那么对于含有旁路的 ResNet 来说，在训练过程中，数据流还可以从旁路直接接到后面的层，等价于一个浅层网络。由此可见，带有旁路的深层网络的结果至少不会比浅层网络更差。而在训练过程中，ResNet 的作者还证明了，如果采用恒等映射作为旁路，就可以避免发生梯度消失和梯度爆炸的情况（参考文献：He K , Zhang X , Ren S , et al. Identity mappings in deep residual networks[J]. 2016.）。

ResNet 的成功是深度学习和 CNN 发展历史上的一个里程碑事件，有了 ResNet 的思路，制约深层网络训练的瓶颈被打破，网络可以提高到以前无法想象的深度。在 ResNet 的文章中，作者利用残差模块的思路，将网络提高到了上百层甚至上千层，远远超过了 VGG 的 16 层和 19 层（在实验中，作者给出了 1202 层网络的测试结果。结果表明，该千层 ResNet 训练过程没有遇到困难，但是在 CIFAR-10 数据集上的测试结果比 110 层的略差。原因在于任务可能产生了过拟合，因为 CIFAR-10 数据集比较简单，千层网络对于该问题过于复杂）。

注意

对 ResNet 的理论解释，有观点将其视为集成策略的一种。简单来说，由于网络增加了很多旁路，使从输入到输出可以走的路径变多了，因此最终得到的结果可以看成各个路径之间的集成。具体可参考 Veit A, Wilber M J, Belongie S. Residual networks behave like ensembles of relatively shallow networks[C]//Advances in neural information processing systems. 2016：550-558.

15.3.5　多尺度融合：GoogLeNet

最后介绍一个比较复杂的 CNN 模型，称为 GoogLeNet，它是 2014 年 ImageNet 竞赛中分类项目的冠军。从名字可以看出，这是 Google 研究团队提出的一种模型，模型名字中的 LeNet 暗含向 CNN 的鼻祖致敬之意。图 15.27 所示为 GoogLeNet 的基本结构（读者可在图片下方所写的参考文献中查看大图）。

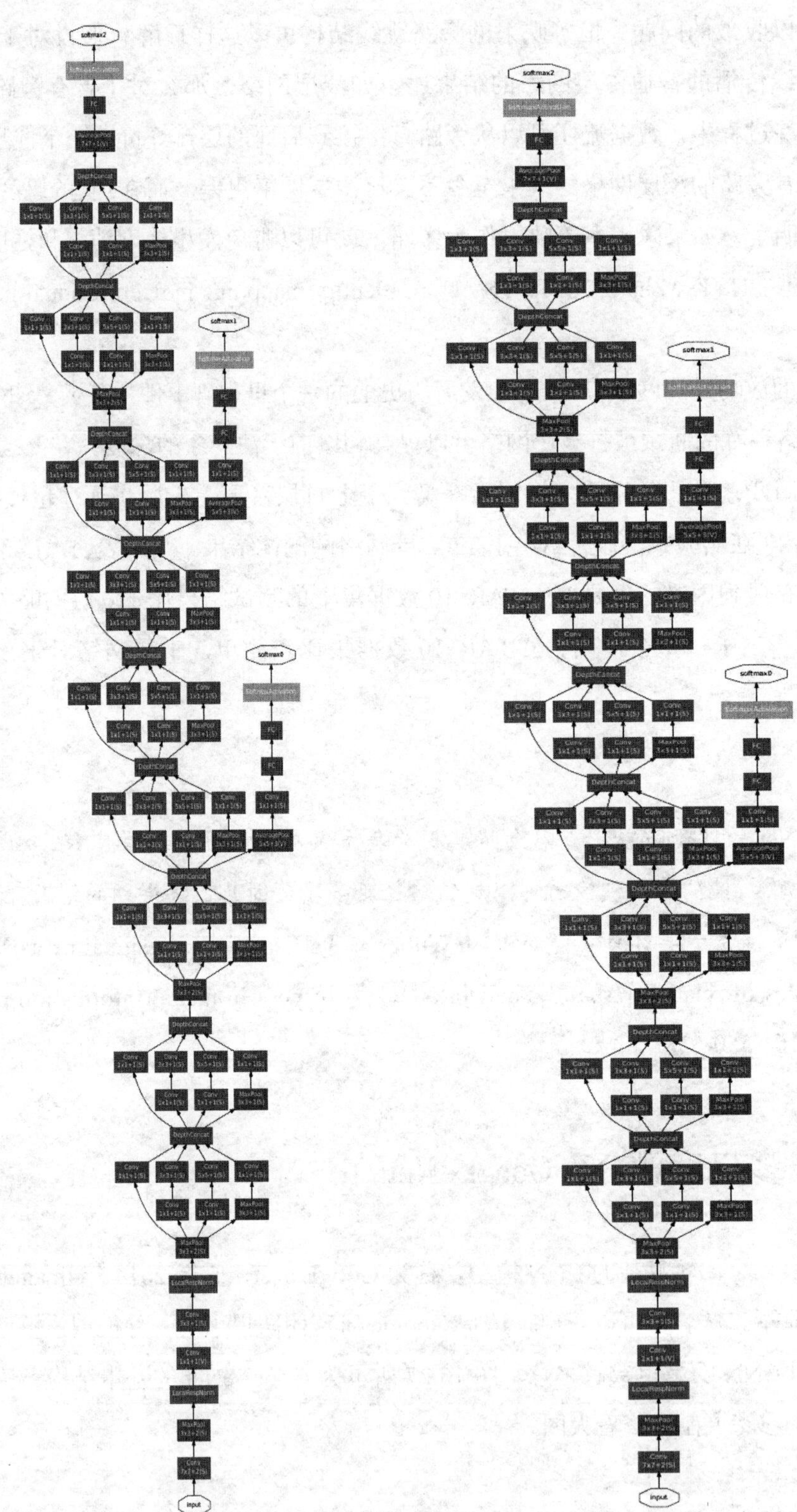

图 15.27　GoogLeNet 的基本结构 (为方便展示，将原图分为两部分，左图顶部与右图底部相接)

（图片来源：Szegedy C, Liu W, Jia Y, et al. Going deeper with convolutions[C]//Proceedings of the IEEE conference on computer vision and pattern recognition. 2015：1-9.）

从图 15.27 中可以看出，网络不再是由一个主线顺序连接的了，而是被分成了一个个小模块，然后将模块进行级联，并在后面的层中增加了几个旁路的输出。观察小模块的结构可以看出，每个小模块都有几个分支，即 GoogLeNet 在串行操作中增加了并行运算，并将并行的结果进行整合，作为下一个模块的输入。

下面介绍 GoogLeNet 中的每一个模块的实现过程及其作用。图 15.28 所示为一个 GoogLeNet 中的模块。GoogLeNet 中的每一个这样的模块被称为一个 Inception（由于后来作者又进行了更新，因此该模块一般被称为 Inception v1），可以看出，每个 Inception 中含有不同大小的卷积核及一个池化单元，用于提取不同尺度的特征，然后对得到的特征映射进行融合，作为最终的输出。

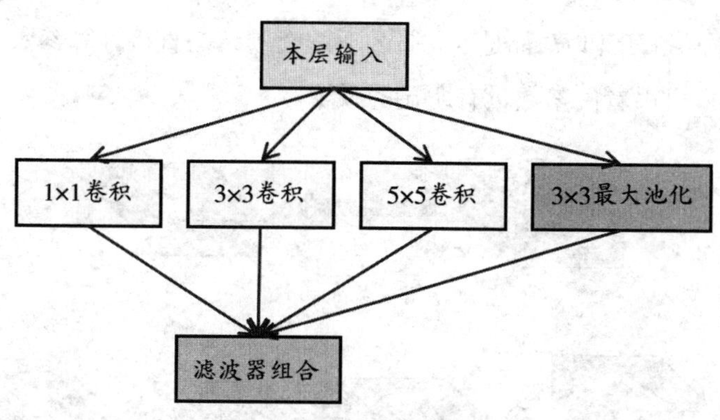

图 15.28　Inception 结构

但是，这样的操作势必会带来参数量的大量增加。为了减少参数量，同时保证功能的实现，作者对图 15.28 所示的结构进行了改进，得到图 15.29 所示的 Inception 结构。改进的方法如下：对于一个通道数较多的输入特征映射，先用 1×1 的卷积核压缩通道数，然后对压缩后的特征映射做 3×3 的卷积。对于池化操作，则是对池化后的结果利用 1×1 的卷积核压缩通道数，从而减少了所需的参数数量。

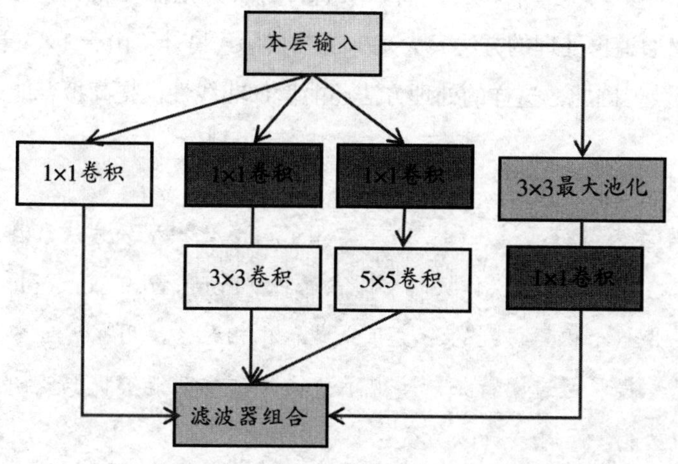

图 15.29　参数减少后的 Inception 结构

像这样利用1×1的卷积核压缩通道数以便减少参数的技巧，实际上在ResNet中已经有所应用。ResNet中先用1×1卷积核压缩通道，再用3×3卷积核提特征，然后用1×1卷积核将通道数增加，整体来看通道数形成了一个类似两头大中间小的“瓶颈”，因此这种结构有时也称为瓶颈结构。

下面以瓶颈结构为例，来简单计算基于1×1的卷积核的压缩能够减少多少参数量。如图15.30所示，输入通道数为C_1，输出为C_2，如果直接采用3×3卷积核，那么所需的参数量就是$C_1 \times C_2 \times 3 \times 3 = 9C_1C_2$。而如果采用瓶颈结构，先压缩通道再进行卷积，最后恢复，假设压缩后的通道数为H_1，卷积后为H_2，那么一共需要的参数量就是$C_1H_1 \times 1 \times 1 + H_1H_2 \times 3 \times 3 + H_2C_2 \times 1 \times 1 = 9H_1H_2 + C_1H_1 + C_2H_2$。由于$H_1$和$H_2$比$C_1$和$C_2$要小，假设$C_1$和$C_2$都是10，$H_1$和$H_2$都是5，那么不用瓶颈结构直接计算参数量为900，而采用瓶颈结构则为325，可以看出参数量有明显的减少。

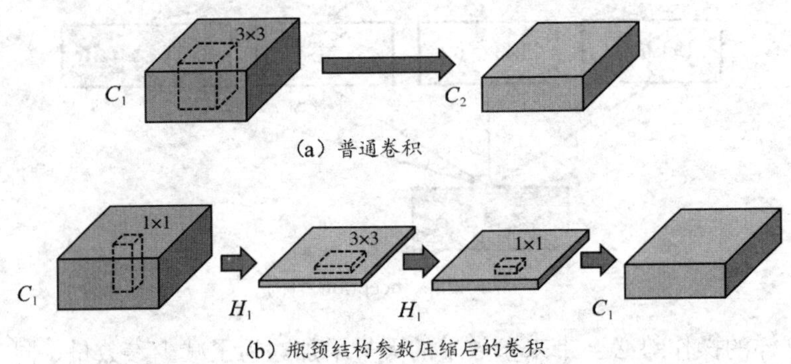

(a) 普通卷积

(b) 瓶颈结构参数压缩后的卷积

图15.30 基于1×1卷积的瓶颈结构对参数的压缩

Inception中，先用1×1的卷积压缩通道，再进行卷积。以5×5的卷积操作为例，如果输入为40通道，输出为5通道，那么先用1×1的卷积核压缩后再进行5×5卷积，一共需要40×5×1×1+5×5×5×5 = 825个参数；而如果直接计算，则需要40×5×5×5=5000个参数。相比之下，先压缩通道再处理的方法大大减少了参数量。另外，由于1×1卷积后也会有一个ReLU作为激活函数，因此，这样的处理方法还能增加非线性，提高拟合能力。

注意

用1×1的卷积来进行通道压缩是一个常用的轻量化模型的方法，在经典的轻量级模型MobileNet中，1×1的卷积操作被称为逐点卷积（Point-wise Convolution）。MobileNet将逐点卷积与在分组卷积里讲到的深度可分离卷积相结合，用深度可分离卷积提取空间特征，而逐点卷积提取通道间特征，实现了普通卷积核既能够提取空间特征，又能够提取通道间关系的功能，同时又减少了参数量。

15.4　用 PyTorch 实现一个卷积神经网络

至此，已经讲解完了关于 CNN 的基本原理，并介绍了几种经典的 CNN 模型的结构和特点。本节将利用 PyTorch 框架来编写一个简单的 CNN 模型，用来实现对于 MNIST 数据集中的图像进行分类。

首先介绍 MNIST 数据集。MNIST 数据集是机器学习中常用的一个经典数据集，它是 Yann LeCun 提供的一个手写数字数据集（数据链接地址为 http://yann.lecun.com/exdb/mnist）。MNIST 中共有 50000 张训练图片和 10000 张测试图片，每个图片的大小都为 28×28 像素点，包含 0 ～ 9 十个类别。手写数字的识别在实际中可以被应用于信件上的邮编的识别等场景。

下面利用 PyTorch 实现一个 CNN。首先，用命令行进入 Python 环境，通过 import torch 命令查看是否已安装了 PyTorch 模块，如果没有，则需要先通过官网（https://pytorch.org/get-started/locally）上给出的安装方法对 PyTorch 进行安装。图 15.31 所示为 PyTorch 的安装截图。

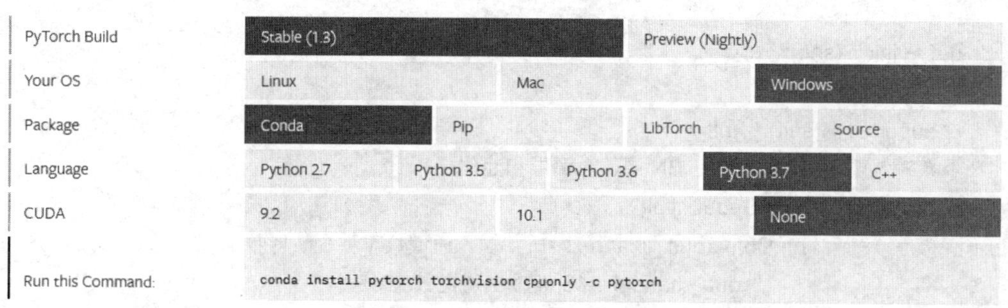

图 15.31　PyTorch 安装截图

如图 15.31 所示，这里选择 1.3 版本的 PyTorch，并根据自己的机器选择对应的操作系统。如果已经安装过 Anaconda，则可以选择用 conda 命令安装，否则可以选择 pip 命令。Python 版本号应与所安装的 Python 版本号相对应。Python 版本号可以通过在命令行中输入 python 命令进入 Python 环境后看到。图 15.31 中的 CUDA（Compute Unified Device Architecture，统一计算设备架构）是英伟达（Nvidia）公司推出的 GPU 架构，用来支持并行计算，加速矩阵运算速度。如果机器中装备了 GPU，那么可以先安装 CUDA 库来支持 GPU 计算，并根据 CUDA 版本号选择 PyTorch 的安装方法。如果机器中没有 GPU，则选择 None，表示只用 CPU 进行计算。选择完成后，将最下面一行的命令复制到命令行运行即可（Windows 操作系统为 cmd 或 Anaconda Prompt，Linux 操作系统为 Terminal）。

安装好 PyTorch 以后，还要通过 pip install 或者 conda install 命令安装 torchvision 模块。torchvision 模块中自带了下载和读取 MNIST 数据集的函数，因此可以不用到 MNIST 官网手动下载和解析数据。以上准备工作完成后，就可以开始实现 CNN 模型，并在 MNIST 进行测试了。代码如下：

```
# 导入用到的 Python 模块
import torch
import numpy as np
from torch import nn
from sklearn.metrics import confusion_matrix
import matplotlib.pyplot as plt
import torchvision
# 查看 PyTorch 版本
print(torch.__version__)
```

输出结果如下：

```
'1.3.0+cpu'
```

说明已经安装了最新版本的 CPU 版的 PyTorch。下面建立一个简单的 CNN 类，如下：

```
class CNN(nn.Module):

    def __init__(self):
        # 网络组件搭建
        super(CNN,self).__init__()
        # 输入层，包含卷积层、BN 层、激活层和池化层
        self.layer_1 = nn.Sequential(
                    nn.Conv2d(in_channels=1, # 输入通道数（特征映射数）
                          out_channels=16, # 输出通道数
                          kernel_size=3, # 卷积核尺寸
                          padding=1), # 补零宽度。最终尺寸为 16×28×28
                    nn.BatchNorm2d(16),
                    nn.ReLU(),
                    nn.MaxPool2d(kernel_size=2,
                            stride=2) # 16×14×14
                    )
        # 第二层，包含卷积层、BN 层、激活层和池化层
        self.layer_2 = nn.Sequential(
                    nn.Conv2d(in_channels=16,
                          out_channels=32,
                          kernel_size=3,
                          padding=0), # 32×12×12
                    nn.BatchNorm2d(32),
                    nn.ReLU(),
                    nn.MaxPool2d(kernel_size=2,
```

```
                        stride=2) # 128×6×6
                )
        # 第三层，包含卷积层、BN 层、激活层
        self.layer_3 = nn.Sequential(
                nn.Conv2d(in_channels=32,
                        out_channels=64,
                        kernel_size=3,
                        padding=1), # 64×6×6
                nn.BatchNorm2d(64),
                nn.ReLU()
                )
        # 输出层，包含全连接层、Dropout 层、激活层和另一个全连接层
        self.full_connect = nn.Sequential(
            nn.Linear(64 * 6 * 6, 1024),
            nn.Dropout(p=0.5),
            nn.ReLU(),
            nn.Linear(1024,10))
    def forward(self,x):
        # 前向传播流程
        x = self.layer_1(x)
        x = self.layer_2(x)
        x = self.layer_3(x)
        x = x.view(x.size(0),-1)
        x = self.full_connect(x)

        return x
```

从上面的代码中可以看到，网络一共分为四个部分，前面三部分由卷积层、BN 层、激活层及池化层（最后部分无池化层）组成，用于提取图像特征，压缩图像尺寸并扩展特征数目。最后一部分为全连接层，用于将得到的特征映射转为向量，输出各类别结果的概率向量。在网络中，我们用到了 BN 层和 Dropout 层，用于优化模型的训练过程，并提高泛化能力。

接下来准备 MNIST 数据集。如果本地没有 MNIST 数据集，可以用 torchvision 中自带的函数下载并解析，代码如下：

```
# 加载训练集，download=True 表示下载，root 为本地保存的位置
trainset = torchvision.datasets.MNIST(root='./mnist/',train=True, download=True, transform=torchvision.transforms.ToTensor())
# 加载测试集
testset = torchvision.datasets.MNIST(root='./mnist/',train=False, download=True, transform=torchvision.transforms.ToTensor())
```

```
# 打印两个数据集的基本信息
print(trainset)
print(testset)
```

输出结果如下：

```
Dataset MNIST
    Number of datapoints: 60000
    Split: train
    Root Location: ./mnist/
    Transforms (if any): ToTensor()
    Target Transforms (if any): None
Dataset MNIST
    Number of datapoints: 10000
    Split: test
    Root Location: ./mnist/
    Transforms (if any): ToTensor()
    Target Transforms (if any): None
```

可以看到，共有 60000 张图片用于训练，10000 张图片用于测试，并且都已经按照要求转换成了 Tensor 类型。

下面将这两个数据集做成数据加载器，用于在训练过程中批量加载数据：

```
# 批量大小为 128，即每次投入网络 128 张图片
bat_size = 128
trainset_loader = torch.utils.data.DataLoader(dataset = trainset, batch_size = bat_size, shuffle = True)
testset_loader = torch.utils.data.DataLoader(dataset = testset, batch_size = bat_size, shuffle = True)
```

首先测试数据加载器效果，并且查看数据集中图片的内容：

```
fig = plt.figure(figsize=(8,8))
for i, (image, target) in enumerate(trainset_loader):
    if i == 0:
        for num in range(25):
            ax = plt.subplot(5, 5, num+1)
            ax.imshow(np.squeeze(image[num]))
            ax.axis('off')
            ax.set_title(target[num])
```

输出结果如图 15.32 所示。

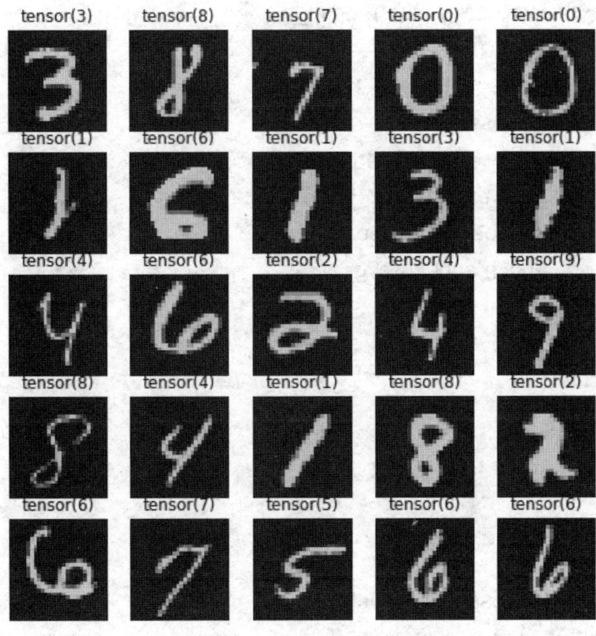

图 15.32　MNIST 数据集部分样本展示

下面就可以利用已经设计好的 CNN 对 MNIST 数据分类问题进行训练了，代码如下：

```
# 实例化一个 CNN 类
cnn = CNN()
# 优化方法选择 Adam( ) 方法
optimizer = torch.optim.Adam(cnn.parameters())
# 由于是多分类问题，因此选择交叉熵作为损失函数
loss_function = nn.CrossEntropyLoss()
tot_loss = 0.0
tot_all = 0.0
tot_correct = 0.0
loss_per_epoch = []
avg_acc_per_epoch = []
# 训练 20 轮
for epoch in range(20):
    for iteration, (X_bat, y_bat) in enumerate(trainset_loader):
        y_pred = cnn(X_bat)
        loss = loss_function(y_pred, y_bat)
        optimizer.zero_grad()
        loss.backward()
        optimizer.step()

        predict_y = torch.argmax(y_pred, 1).data.numpy()
        tot_correct += sum(predict_y == y_bat.data.numpy())
        tot_all += len(predict_y)
```

```
        tot_loss += loss.item() * len(predict_y)
    # 打印一轮中的平均精度和损失函数值
    avg_acc = tot_correct / tot_all * 100.0
    loss_epoch = tot_loss / tot_all
    print('[Epoch %d] avg_loss: %.4f, avg_acc: %.4f %%' % \
          (epoch+1, loss_epoch , avg_acc))
    loss_per_epoch.append(loss_epoch)
    avg_acc_per_epoch.append(avg_acc)

    tot_loss = 0.0
    tot_correct = 0.0
    tot_all = 0.0

fig = plt.figure(figsize=(15,5))

ax = plt.subplot(1,2,1)
ax.plot(range(1,21), loss_per_epoch)
ax.set_xlabel('Epoch')
ax.set_ylabel('Loss')
ax.set_title('Loss vs Epoch')

ax = plt.subplot(1,2,2)
ax.plot(range(1,21), avg_acc_per_epoch)
ax.set_xlabel('Epoch')
ax.set_ylabel('Train Accuracy')
ax.set_title('Train Accuracy vs Epoch')
```

输出结果如下：

```
[Epoch 1] avg_loss: 0.1269, avg_acc: 96.0833 %
[Epoch 2] avg_loss: 0.0491, avg_acc: 98.4867 %
[Epoch 3] avg_loss: 0.0395, avg_acc: 98.7650 %
[Epoch 4] avg_loss: 0.0308, avg_acc: 99.0817 %
[Epoch 5] avg_loss: 0.0249, avg_acc: 99.1667 %
[Epoch 6] avg_loss: 0.0238, avg_acc: 99.2433 %
[Epoch 7] avg_loss: 0.0182, avg_acc: 99.4250 %
[Epoch 8] avg_loss: 0.0171, avg_acc: 99.4567 %
[Epoch 9] avg_loss: 0.0151, avg_acc: 99.5100 %
[Epoch 10] avg_loss: 0.0121, avg_acc: 99.6217 %
[Epoch 11] avg_loss: 0.0138, avg_acc: 99.5800 %
[Epoch 12] avg_loss: 0.0099, avg_acc: 99.6767 %
[Epoch 13] avg_loss: 0.0117, avg_acc: 99.6467 %
[Epoch 14] avg_loss: 0.0073, avg_acc: 99.7700 %
[Epoch 15] avg_loss: 0.0087, avg_acc: 99.7033 %
[Epoch 16] avg_loss: 0.0082, avg_acc: 99.7267 %
```

```
[Epoch 17] avg_loss: 0.0069, avg_acc: 99.7883 %
[Epoch 18] avg_loss: 0.0089, avg_acc: 99.7200 %
[Epoch 19] avg_loss: 0.0053, avg_acc: 99.8283 %
[Epoch 20] avg_loss: 0.0032, avg_acc: 99.8900 %
```

可以看到，随着训练轮数的增加，训练集上的损失函数值呈下降趋势，训练集精度随之逐渐提升。随着训练轮数的增加，损失函数和训练精度的变化曲线如图 15.33 所示。

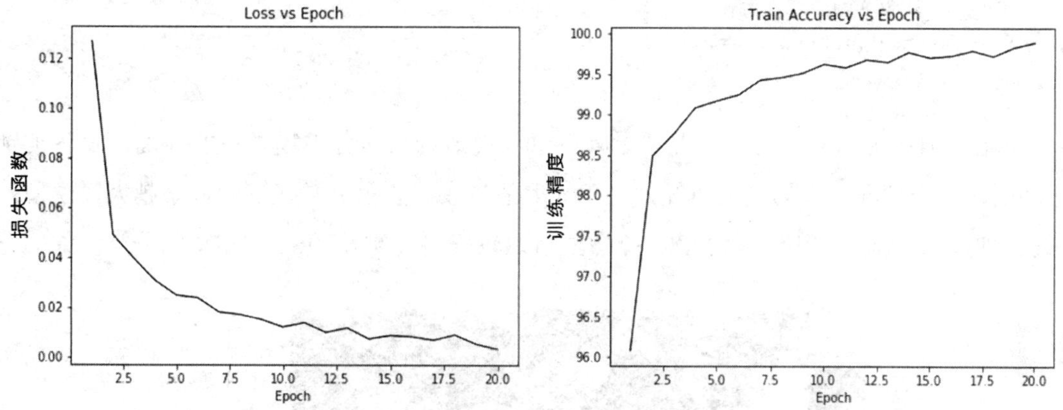

图 15.33　随着训练轮数的增加，损失函数和训练精度的变化曲线

下面用测试集对训练好的模型进行验证：

```
tot_test = 0.0
tot_test_correct = 0.0
pred_test_list = []
true_test_list = []
for image, target in testset_loader:
    y_out_test = cnn(image)
    y_pred_test = torch.argmax(y_out_test, 1).data.numpy()
    tot_test += len(y_pred_test)
    tot_test_correct += sum(y_pred_test == target.data.numpy())
    pred_test_list += list(y_pred_test)
    true_test_list += list(target.data.numpy())
test_acc = tot_test_correct / tot_test * 100.0
print('Test Accuracy : %.4f %%' % (test_acc))
```

输出结果如下：

```
Test Accuracy : 99.1400 %
```

可以看出，训练得到的模型在测试集上都可以表现出比较好的性能，说明了本节中设计的用于 MNIST 分类的 CNN 的有效性。

最后，做出该任务的混淆矩阵（Confusion Matrix）。混淆矩阵是一个长和宽都等于类别数的方阵，它的第 i 行第 j 列表示实际为第 i 类的样本被预测为第 j 类的数目。代码如下：

```
conf_mat = confusion_matrix(y_pred=pred_test_list, y_true=true_test_list)
fig = plt.figure(figsize=(8,8))
ax = fig.add_subplot(111)
im = ax.imshow(conf_mat, cmap=plt.cm.hot)
ax.axis('off')
fig.colorbar(im, shrink=.8)
fig.show()
```

输出结果如图 15.34 所示。混淆矩阵可以直观地看出多分类场景下的准确性及各类别之间的误分类情况。根据定义可知，对角线取值越大，表示分类正确的概率越大，模型效果也就越好。从混淆矩阵可以看出，本方法可以较好地实现 MNIST 数据集的分类任务。

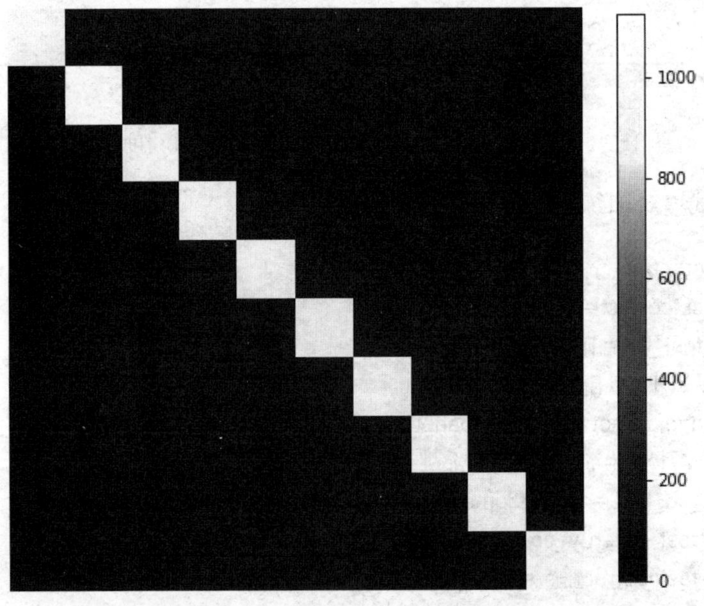

图 15.34　基于 CNN 的 MNIST 分类测试集混淆矩阵

15.5　本章话题：谈谈卷积

“卷积积分……表明了一个连续时间 LTI（线性时不变）系统的特性可以用它的单位冲激响应来刻画。”

——A.V. 奥本海姆《信号与系统》

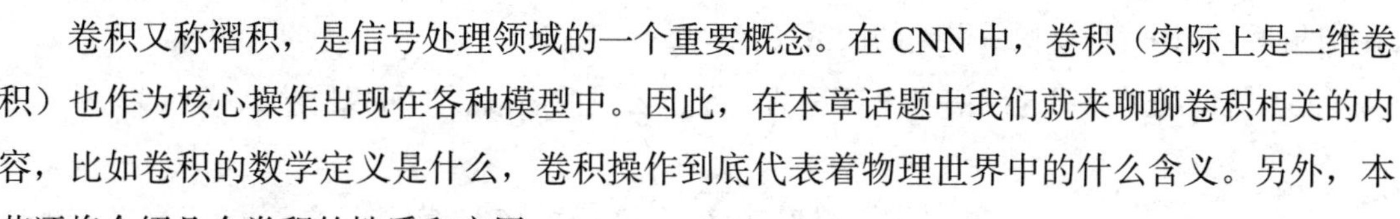

卷积又称褶积，是信号处理领域的一个重要概念。在 CNN 中，卷积（实际上是二维卷积）也作为核心操作出现在各种模型中。因此，在本章话题中我们就来聊聊卷积相关的内容，比如卷积的数学定义是什么，卷积操作到底代表着物理世界中的什么含义。另外，本节还将介绍几个卷积的性质和应用。

首先来看卷积的数学定义。该定义非常简单，其表达式为式（15.3）。

$$(f*g)(t)=\int_{-\infty}^{\infty}f(\tau)g(t-\tau)\mathrm{d}\tau \tag{15.3}$$

其中，$f(t)$ 和 $g(t)$ 为两个连续信号；$(f*g)(t)$ 为两者的卷积。

从式（15.3）中可以看出，卷积的定义是以积分的形式给出的。该积分采用了一个哑变量 τ 作为积分变量，将 $f(t)$ 和 $g(t)$ 在自变量相加为 t 的位置上的那些点的乘积都积分起来。这个定义不太直观，下面用一个简单的例子进行说明，如图 15.35 所示。

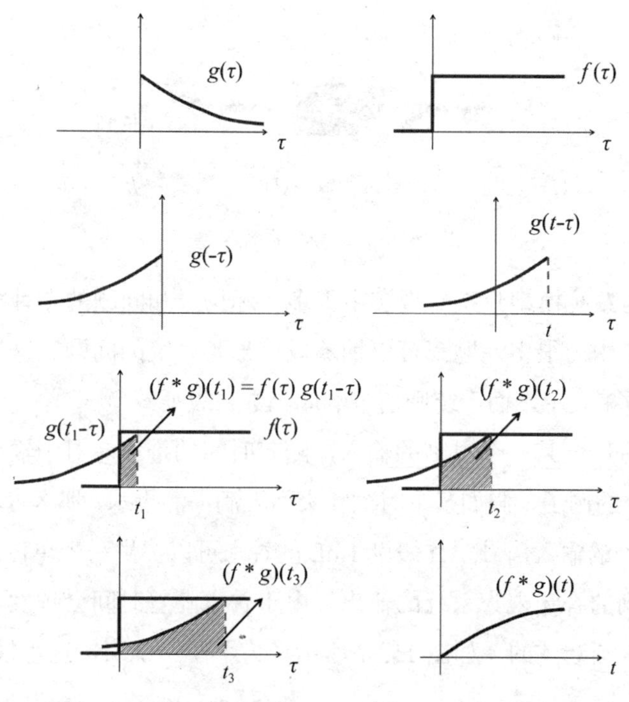

图 15.35　卷积过程

图 15.35 中选择的 $f(t)$ 和 $g(t)$ 分别是阶跃函数和一个有限区间内的类似指数曲线的函数。可以看出，卷积操作首先将自变量写为 τ，由于 $g(t-\tau)$ 中的 τ 前面有负号，因此需要进行一次翻转，然后 t 就可以看成一个函数图像移动的偏移。由于 t 和自变量 τ 异号，因此 t 为正时向右移动。

考虑到阶跃函数在正半轴的取值恒为 1，因此当 $f(\tau)$ 和 $g(t-\tau)$ 有交集时，两者相乘后的积分就等于图 15.35 中标出的阴影面积。随着 t 的改变，可以画出在 t 取不同值时的积分结果的曲线，这就是卷积后得到的函数图像。

上面的情况是针对连续信号来计算的，卷积公式的离散版本可以写为式（15.4）。

$$f(n)*g(n)=\sum_{m=-\infty}^{\infty}f(m)g(n-m) \tag{15.4}$$

理解了连续信号的卷积公式，离散信号的卷积也就不难理解了。到此为止，我们已经知道了卷积是如何计算出来的。但是，卷积具体代表什么含义呢？或者说，这个计算有什么用呢？它为什么在信号处理中占据如此重要的地位？接下来，我们就来探讨这些问题。

在具体讨论之前，首先补充一些信号与系统的基本概念。对于信号，各种信息的载体都可以表示为信号的形式，如声音、图像等。而系统这个概念比较抽象，可以将其简单理解为一种变换，或者一种处理加工。输入信号经过系统后会得到一个输出信号，该过程如图 15.36 所示。

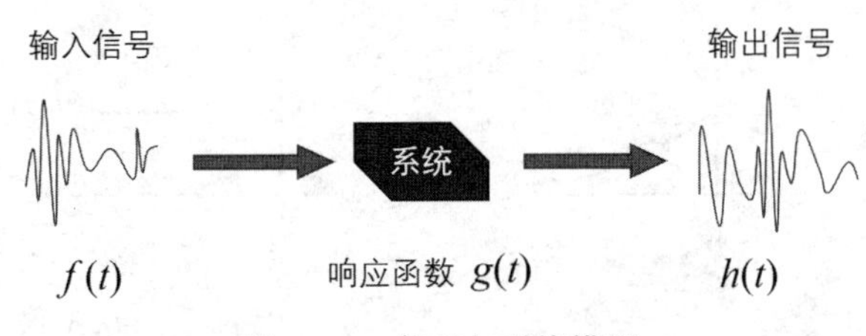

图 15.36　信号与系统模型

实际上，信号与系统模型只是对现实中很多实际场景和问题的一种抽象的、形式化的表述而已，日常生活中的很多问题都可以抽象成信号与系统的问题。这里将输入信号和输出信号用时序的函数来表示，而系统则通过响应函数来表征。

响应函数描述的是：某一个时刻的输入，随着时间的推移，对于输出的影响程度的变化。下面举一个形象的例子。假如某个时刻在桌面上滴一滴香水，那么可以将香水的量（单位：mL）看作该时刻的输入信号，并假设 1mL 的香水可以提供一个单位的香味，那么就可以将某个时刻感受到的香味视为系统的输出。由于香水随着时间会挥发，因此该系统的响应函数是随着时间逐渐衰减的，如图 15.37 所示（为了便于说明，这里采用了离散的时刻，单位为 s）。

如图 15.37 所示，该衰减函数是表达的含义如下：对于某一时刻滴在桌面上的 1mL 香水，当时可以提供一个单位的香味（即 $g(0)$），而 1s 过后，这 1mL 的香水只能提供 0.8 个单位的香味（即 $g(1)$）。以此类推，7s 之后，之前的 1mL 香水已经全部挥发完了，因此后面的函数值都是 0。

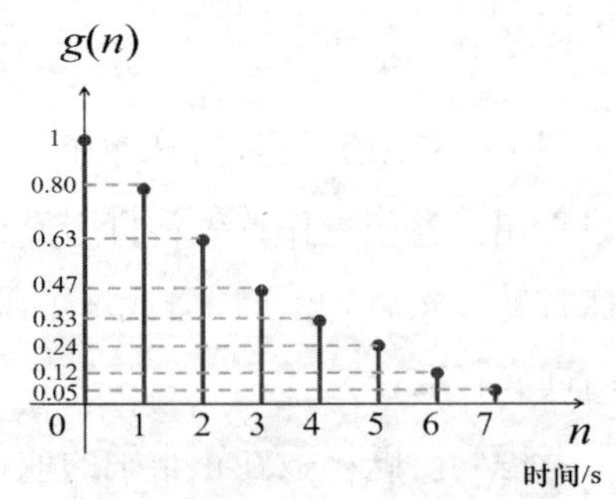

图 15.37　香味随时间衰减的响应函数

下面考虑这样一种情况：在某个时间段内，每隔 1s 在桌面上滴一定量的香水，该过程用函数 $f(n)$ 来表示。也就是说，第 0s（最开始）时，在桌面上滴 $f(0)$mL 的香水；1s 过后，再滴 $f(1)$mL，以此类推。这个 $f(n)$ 就是输入信号。如果将每个时刻感受到的香味作为输出信号 $h(n)$，那么就可以按照上面的思路计算 $h(n)$ 的形式了。

先从 $n = 0$ 开始。对于第 0s，桌面上的香水量为 $f(0)$mL，且都是刚刚滴上的，因此此时的香味的量为式（15.5）。

$$h(0)=f(0)g(0) \tag{15.5}$$

第 1s 后，新滴上去的香水为 $f(1)$mL，其带来的香味为 $f(1)g(0)$ 个单位。另外，之前第 0s 时滴上的香水，经过 1s 后，还能带来 $f(0)g(1)$ 个单位的香味。所以，此时的香味的量为式（15.6）。

$$h(1)=f(0)g(1)+f(1)g(0) \tag{15.6}$$

将这个过程继续下去，第 2s 后，滴 $f(2)$mL 的香水，其带来的香味为 $f(2)g(0)$ 个单位。第 1s 滴的 $f(1)$mL 香水距离现在已经过去了 1s，因此留下的香味为 $f(1)g(1)$ 个单位。同理，第 0s 滴的 $f(0)$mL 香水已经过了 2s，因此能够提供 $f(0)g(2)$ 个单位的香味。于是可以得到式（15.7）。

$$h(2)=f(0)g(2)+f(1)g(1)+f(2)g(0) \tag{15.7}$$

到了这里，想必读者已经能看出其中的规律了。对于第 ns 的输出，它是由前面的 0～ns 输入共同作用的累加。其中，第 ks 的输入为 $f(k)$，由于与当前相距 $(n-k)$s，因此其对应的响应函数值为 $f(n-k)$，该输入对当前的影响是 $f(k)g(n-k)$。累加可得式（15.8）。

$$h(n)=\sum_{k=0}^{n} f(k)g(n-k) \tag{15.8}$$

这正是离散情况下的卷积公式的形式，唯一的区别在于累加上下限。这时时间是从 0 开始的，而且当前时刻之后的输入不会影响输出（具有因果性），如果将这个限制去掉，在数学形式上进行推广，即考虑所有时刻的所有输入对当前输出的影响，得到的就是离散情况的卷积公式。如果输入 / 输出信号及冲击响应都是连续函数，那么将求和写成积分，就得到了卷积公式。

以上就是卷积的含义。从上面的讲解中，读者应该能够理解为什么在计算 $f(t)*g(t)$ 时需要先对 $g(t)$ 进行一次翻转。其根本原因在于，$f(t)$ 中的 t 和 $g(t)$ 中的 t 的含义是不同的。对于被看作输入信号的 $f(t)$ 中的 t，其代表的是输入的时刻，是一个绝对的坐标点；而 $g(t)$ 中的 t，则表示输出与输入相距的时间长度，是一个时间差。对于当前的输出时刻而言，输入的时刻越小，到当前的间隔时间差就越大。因此，为了方便计算，需要对 $g(t)$ 进行一次翻转，并进行平移，这样就可以让输入时刻小的对应到时间差大的位置，便于相乘和积分。

卷积作为一种数学运算，也具有一些常见的性质，如交换律、结合律、分配律等。利用卷积的积分定义，这些性质从数学上并不难证明。如何理解这些性质呢？按照前面的思路，卷积是输入信号经过系统处理的一个过程。交换律说明：将输入信号看作响应函数、系统响应函数看作输入信号，所得的结果是一样的。这让我们认识到，其实信号和系统在本质上是一样的，信号与系统模型无非是两个信号之间的相互作用。而结合律则可以理解如下：将一个信号依次通过系统 1 和系统 2，等价于通过由系统 1 和系统 2 级联组合成的一个等效系统。分配率的理解较为直观：将信号分成两路，分别经过两个系统，最后汇合得到结果，该操作与直接通过由两个系统并行组成的新系统得到的结果是一样的。

除此之外，卷积还有很多与傅里叶变换相关的性质，比如，两个时序信号在时域内进行卷积操作，等价于在频域内对两者进行乘积操作，等等，在此不再详述。

本章中所提到的卷积，实际上都是离散状态下的二维卷积，写成公式为式（15.9）。

$$(f*g)(m,n)=\sum_{i,j=-\infty}^{\infty}f(m,n)g(m-i,n-j) \tag{15.9}$$

可以看出，其基本原理与一维离散卷积是一致的，只是多了一个维度。

对图像和卷积核进行二维卷积操作，一般称为空间域滤波（Spatial Filtering）；相应地，卷积核称为空间域滤波器。空间域滤波在图像处理领域应用非常广泛，通过选取不同的卷积核，可以实现对图像的不同操作。例如，如果选用高斯滤波器或者均值滤波器，可以对图像的噪声进行压制，使图像更加平滑；而如果选用 Sobel 算子滤波器、LoG 滤波器及 DoG 滤波器等，则可以实现对图像中边缘的提取……通过设计不同的滤波器模式，可以对图像中感兴趣的信息进行提取。

在 CNN 中，卷积核（空域滤波器）的数量十分可观，更重要的是，卷积核的参数是通过任务导向，从训练数据中自适应地学习得到的。通过这种方式得到的卷积核赋予了神经网络提取图像各种特征的强大能力，从而使 CNN 在计算机视觉方面取得了显著的成果。

第16章

时序利器：循环神经网络

第 15 章介绍了在自然图像处理和计算机视觉领域应用广泛的 CNN 模型。本章将介绍另一类重要的神经网络模型，即循环神经网络（Recurrent Neural Network, RNN）。RNN 多用来处理时序数据。时序数据指的是按照时间顺序排列起来的数据，其主要特点在于，每个时间点上的元素都不是孤立的，而是与前后项相互联系的，元素的顺序本身就含有信息。下面简单介绍 RNN 的通俗解释和适用的任务类型。

（1）通俗解释：RNN 是一种能够进行“循环”操作的网络结构，这里的“循环”指的是对于一个时序数据中的每个元素，都要进入网络进行重复操作。每一次的输出结果都与上一次的输出有关，并且还要作为下一次循环的输入，以此类推，就构成了一个时序上连贯的、可以表示时序数据中不同元素的前后联系的模型。形象一点来说，就是 RNN 可以学习到在某个元素出现后，接下来应该出现什么。

（2）任务类型：相比 CNN 而言，由于 RNN 可以提取出前后元素之间的关联信息，因此其更适合处理带有上下文的时序数据。列举几个常见的时序数据的场景和任务：首先，自然语言处理（Natural Language Processing，NLP）的相关问题，如机器翻译、阅读理解等。在日常生活中，为了明白一句话的意思，我们自然会联系上下文、结合语境。这里的联系上下文就是利用前后项之间的时序信息，可以利用 RNN 来实现。另外，由于语音信号也是一种时序信号，前后之间关联密切，因此语音处理、语音识别等相关任务也可利用 RNN 实现。除此之外，诸如股票走势等生活中常见的时序信号，都可以利用 RNN 进行处理。

16.1 RNN 的原理和结构

RNN 是一种经典的处理时序数据相关任务的网络形式，其基本结构如图 16.1 所示。

图 16.1 所示的 RNN 中，输入和输出都标记了时刻 t，即时序数据中的每个时刻的取值是逐个输入网络的。和本时刻 t 的输入一起被输入网络的还有上一个时刻 t-1 的结果，两者

合并后，通过激活函数激活产生本时刻 t 的输出，而本时刻 t 的计算结果同样要和下一个时刻 t+1 及此时的输入数据共同进入网络，以此类推，形成循环。这也是 RNN 中“循环”的含义和由来。

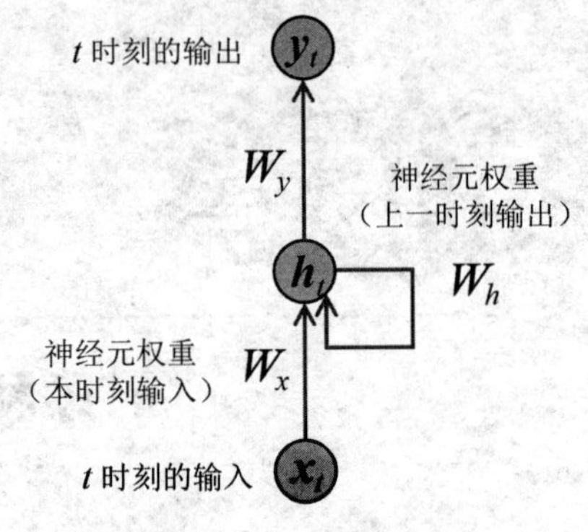

图 16.1　RNN 的基本结构

将 RNN 的操作写成数学形式，即式（16.1）。

$$\begin{aligned}&\mathbf{s}_t=\boldsymbol{W}_x\boldsymbol{x}_t+\boldsymbol{W}_h\boldsymbol{h}_{t-1}\\&\boldsymbol{h}_t=f(\mathbf{s}_t)\\&\boldsymbol{z}_t=\boldsymbol{W}_y\boldsymbol{h}_t\\&\boldsymbol{y}_t=g(\boldsymbol{z}_t)\end{aligned}\tag{16.1}$$

其中，$\boldsymbol{W}_x$、$\boldsymbol{W}_h$ 和 $\boldsymbol{W}_y$ 为网络的参数；$\boldsymbol{x}_t$ 是 t 时刻的输入；$\mathbf{s}_t$、$\boldsymbol{h}_t$ 和 $\boldsymbol{z}_t$ 为中间变量；f 和 g 分别为输入到隐层和隐层到输出的激活函数。

不同于之前的 MLP 和 CNN，RNN 还包含时间维度，因此图 16.1 所示的基本结构相较于之前的网络显得不太直观。可以将时间维度展开，每个时刻单独画出来，并标注各个时刻的参数共享，即可将 RNN 画成类似多层网络结构的直观形式，如图 16.2 所示。

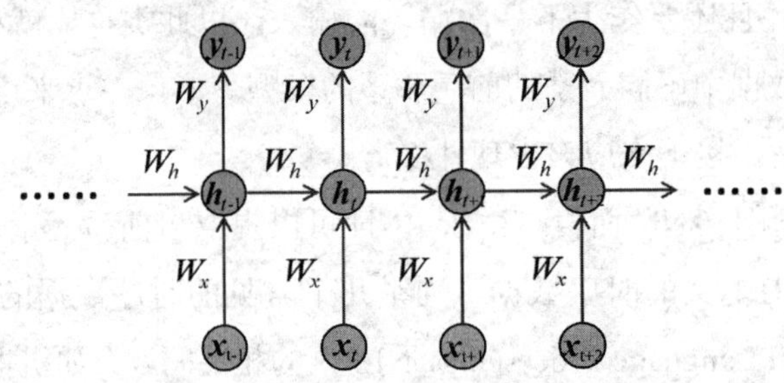

图 16.2　沿时间方向展开的 RNN 的基本结构

由图 16.2 可以看到，RNN 具有如下特点：首先，RNN 是一个时序的过程，它并不是一次性将一系列数据输入网络进行训练，而是按照顺序逐个将元素输入网络，并且在输入下一个元素时，把上一个元素经过网络的输出也一并输入进去。通过这样的方式建立起上下文之间的联系，从而使网络捕捉到时序关联的信息。

其次，RNN 模型参数也是共享的，这一点和 CNN 类似。但是，CNN 是在空间维度上共享权重，以便提取空间特征，这一特点使其天然适合处理具有空间特征模式，并且这种空间特征还具有重复性的自然图像数据。对于 RNN 而言，模型参数的共享是针对不同时刻的输入 / 输出而言的，即 RNN 是在时间维度上共享了权重，从而可以将时序特征学习到权重当中。

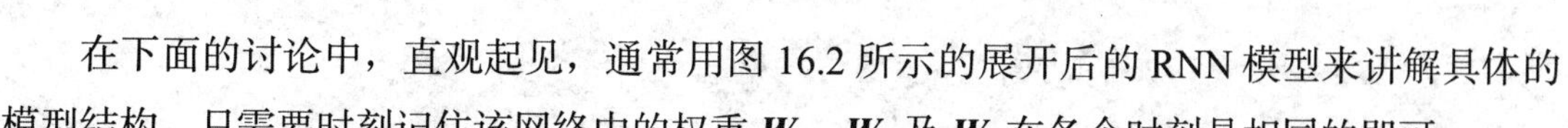

在下面的讨论中，直观起见，通常用图 16.2 所示的展开后的 RNN 模型来讲解具体的模型结构。只需要时刻记住该网络中的权重 $\boldsymbol{W}_x$、$\boldsymbol{W}_h$ 及 $\boldsymbol{W}_y$ 在各个时刻是相同的即可。

前面已经解释了为什么 RNN 适合处理序列相关的问题。序列中的元素一般以向量来表示，比如对于自然语言处理的问题，序列中的每个元素就是单词，而单词往往用词向量来表示。对于序列元素是标量的，可以看作长度为 1 的向量来处理。在后面的表述中，如果不特别说明，序列元素均以向量表示。

那么，序列相关的问题有哪些具体的形式呢？下面对此进行简单介绍。

图 16.3 所示为从向量序列到向量的 RNN 模型。在该情况下，RNN 的输入是一组时序数据，只输出单一的结果，不具有时序特征。这样的情况一般是等整个序列都进入网络计算后，将得到的输出序列的最后一项作为最终的对应于输入序列的输出结果。

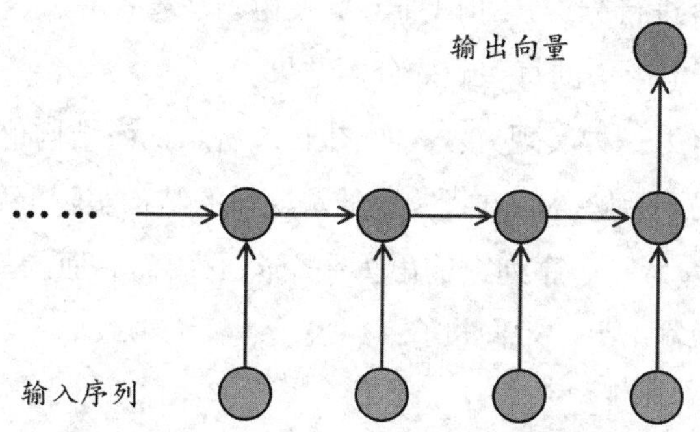

图 16.3　向量序列到向量的 RNN 模型

该形式模型的一个应用是文本的情感分析（Sentiment Analysis）。文本的情感分析指的是对于一个带有书写者主观情感倾向和判断的文本（如对某事的评论），判断和分析其所表达的情感色彩的类型。情感分析的应用非常广泛，在很多场合都需要进行情感分析。例如，对于一场新上映的电影，出品方可能想要了解观众对这部电影的评价，那么就可以通过抓取影评网站上的观众评论文本，对这些评论是正面的（积极的情感）还是负面的（消极的情感）进行分类，这就是一种情感分析。另外，在网络平台的评论区里有时会出现侮辱谩骂、人身攻击等内容，利用该方法可以对此进行甄别，从而减少这些评论的出现。除此之外，情感分析还可以对公众意见进行分析、对市场前景和趋势进行预测等，应用非常广泛。

情感分析的场景实际上是一个时序数据的分类问题，因此和分类问题相同，网络的输出是以向量形式表示的各类别的归属概率。因此，并不需要输出一个序列，只需要得到最终的概率向量即可，这就是图 16.3 所示的情况。

另一种情况如图 16.4 所示，该图表示从向量序列到向量序列（两者同步）的 RNN 模型。在这种情况下，循环过程中每个时刻的输出都被作为输出序列的一个元素，最终组成了整个输出序列。

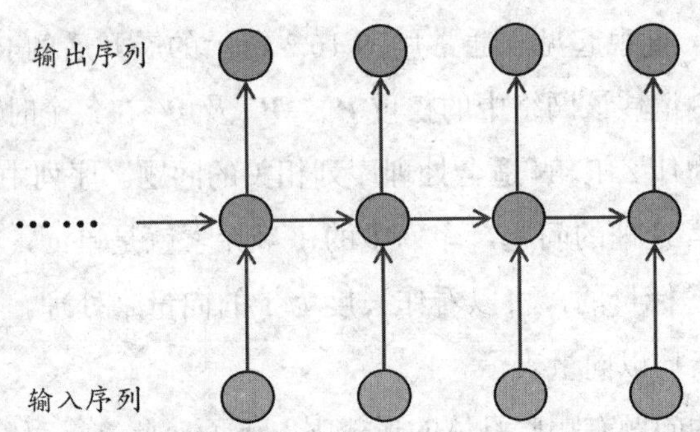

图 16.4 向量序列到向量序列（两者同步）的 RNN 模型

图 16.4 所示的 RNN 结构中，输入与输出是具有同步对应关系的序列。这样的结构可以应用于输入一个数据流，然后输出另一种形式的数据流的场合。例如，对于一部电影，需要对每个时刻的内容进行分类，如识别出是人物还是场景等。这样最终就可以得到一个类别序列，分别对应于电影中的每一帧的分类结果。

从序列到序列还有另一种实现方法，如图 16.5 所示，该结构也是从向量序列到向量序列，但是是通过先编码、后解码的方式实现的。这样的结构实际上可以看作两个 RNN 的组合：前面的一个是输入为一个序列，输出为一个向量；而后面的 RNN 则将前面输出得到的向量作为输入，然后输出另一个向量。

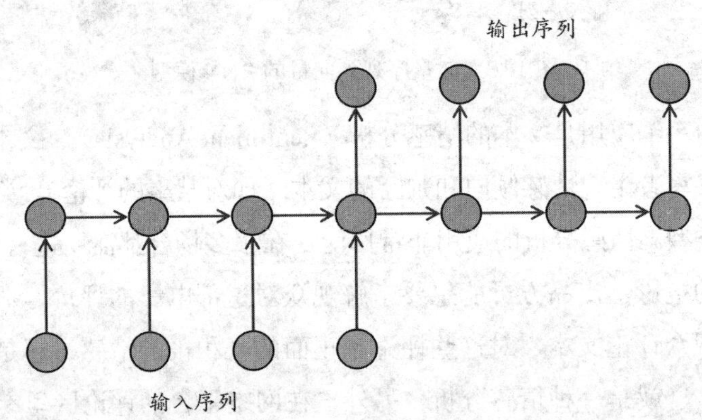

图 16.5 向量序列到向量序列（先编码、后解码）的 RNN 模型

实际上，在自然语言处理任务中，图 16.5 所示的模型框架通常被称为编解码（Encoder-Decoder）模型。该模型框架是一种 Seq2Seq（Sequence to Sequence）方法，即给定一个序列，根据某种要求生成另一个对应的序列。

该模型的应用很广，因为很多问题都可以被归结为由序列生成序列。例如，最常见的机器翻译任务就属于这类问题，给定一句以 A 语种表达的句子，通过 Seq2Seq 的方法，得到同一内容用 B 语种的表达。以中译英为例，如果输入为中文“真相只有一个”，那么输出则为英文“One Truth Prevails”。利用编解码模型，其过程如图 16.6 所示。

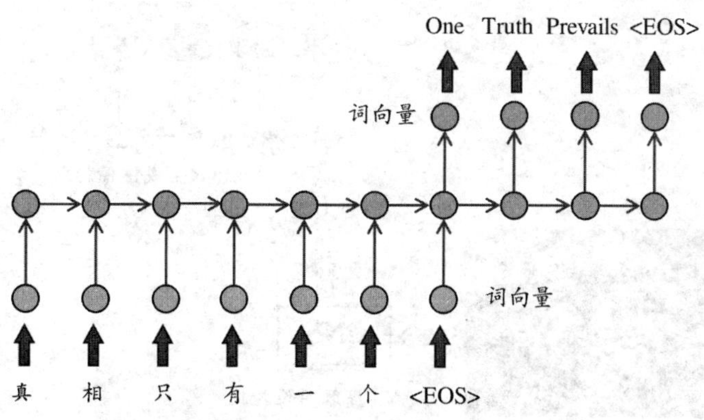

图 16.6　编解码模型处理机器翻译任务的过程

图 16.6 中，在输入和输出的末尾都有一个 EOS（End of Sentence，句末标识），表示这一句话到此结束。之所以需要 EOS，是因为在机器翻译中，输入语句的长度和输出语句的长度不一定相同，因此需要 EOS 来判断是否已经将输入读取完毕，以及判断翻译结果是否已经完全输出。中文句子进入编码器后，编码器将其编码为一个用来表征这句话所含语义的向量，然后通过解码器将该向量解译成另一种语言的语句。

除了机器翻译以外，问答聊天系统也是一个该模型的应用场景，即针对某个问题，训练 RNN 进行回答。例如，输入“法国的首都是哪里？”，网络输出“巴黎”，这就是一个 Seq2Seq 的例子。类似的还有对对联、对诗等模型，也可以用该方法来处理。

还有一个应用是文本摘要。对于一个较长的文本，将其整理成字数较少、言简意赅的摘要形式，这也是一个 Seq2Seq 的例子，因此也可以用编解码模型来完成。

RNN 模型的实际应用中还有一种结构，即从向量到向量序列，如图 16.7 所示。图 16.7 所示的 RNN 中只有一个向量作为输入，然后通过循环操作，生成一个输出序列。

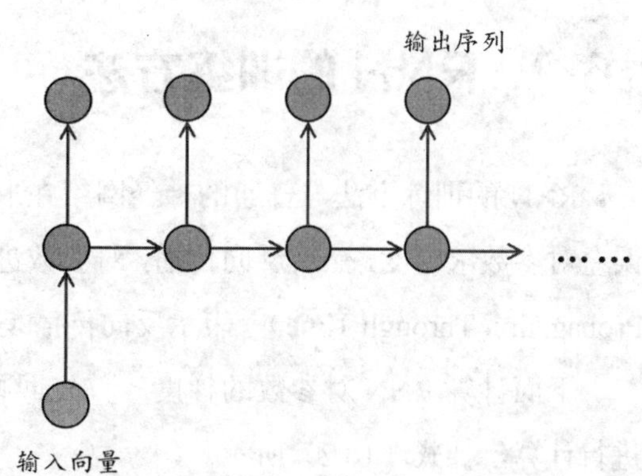

图 16.7　向量到向量序列的 RNN 模型

那么这个结构可以用在什么地方呢？一个有趣的应用叫作图像标注（Image Caption），通俗来说就是看图说话。例如，图 16.8 中图像的内容是一只猫在草地上，那么，可以利用 CNN 对该图像提取特征（当然，用其他方法提取图像特征也可以），得到含有图像信息的特征向量，然后将该特征向量作为 RNN 的输入，循环输出语句序列：“一”“只”“猫”“在”“草”“地”“上”“EOS”。整个过程如图 16.8 所示。

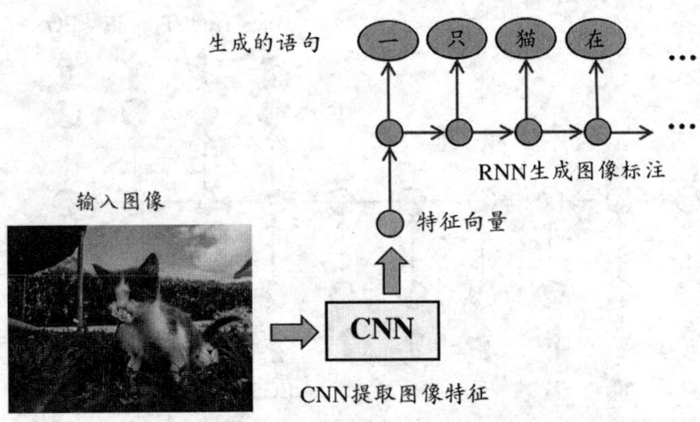

图 16.8　图像标注过程

另外，编解码模型的后半部分（解码器）可以看作一个图 16.7 所示的向量到向量序列的结构，只不过与图像标注以图像特征向量为输入不同，解码器的输入向量是由编码器 RNN 部分学习并编码的语义向量。

注意

图 16.5 所示的编解码模型，前半部分（编码器）就是图 16.3 所示的序列到向量模型，而后半部分（解码器）就是图 16.7 所示的向量到向量序列的 RNN 模型。

以上介绍了 RNN 的基本原理及不同结构的 RNN 的应用场景，下面介绍 RNN 的训练方法。

16.2　RNN 的训练方法

RNN 的训练方法与普通的神经网络在形式上有所不同，但是其原理是一样的，即通过误差对参数求梯度，然后反向传播，对参数进行更新。RNN 的训练方法通常称为 BPTT（Back Propagation Through Time），表示反向传播是在时间维度上进行的。

下面计算 RNN 对参数的梯度。首先回顾 RNN 的数学形式，为了简便计算，用标量来进行计算，如式（16.2）所示。

$$
\begin{aligned}
s_t &= w_x x_t + w_h h_{t-1} \\
h_t &= f(s_t) \\
z_t &= w_y h_t \\
y_t &= g(z_t)
\end{aligned}
\tag{16.2}
$$

记 t 时刻的标签为 d_t，t 时刻的误差记为式（16.3）。

$$e_t = \text{loss}(y_t - d_t) \tag{16.3}$$

这里不具体写出损失函数的形式，loss 可以是分类问题中的交叉熵函数，也可以是回归问题中的 l_1 范数或者 l_2 范数等。由此可以将时刻 t 的误差对参数 w_x、w_h 及 w_y 进行求梯度计算，以便完成误差的反向传播。首先计算 t 时刻的误差 e_t 对 w_y 的梯度，如式（16.4）所示。

$$\frac{\partial e_t}{\partial w_y} = \frac{\mathrm{d}e_t}{\mathrm{d}y_t}\frac{\mathrm{d}y_t}{\mathrm{d}z_t}\frac{\partial z_t}{\partial w_y} \tag{16.4}$$

由于 h_t 与 w_y 无关，因此最后一项可以直接用 h_t 表示，而前两项分别是损失函数的导数和激活函数 g 的导数。以上得到了 w_y 的更新方法，与之前的普通神经网络没有区别。

然后计算 e_t 对 w_x 的导数，用类似的方法，可以得到式（16.5）。

$$\frac{\partial e_t}{\partial w_x} = \frac{\mathrm{d}e_t}{\mathrm{d}y_t}\frac{\mathrm{d}y_t}{\mathrm{d}z_t}\frac{\partial z_t}{\partial h_t}\frac{\mathrm{d}h_t}{\mathrm{d}s_t}\frac{\partial s_t}{\partial w_x} \tag{16.5}$$

前面两项仍然是损失函数及激活函数 g 的导数，z_t 对 h_t 的导数为 w_y，前面已经更新过了，因此可以作为已知数。最后两项是激活函数 f 的导数和输入 x_t。对于 w_x 的梯度计算和更新，仍与普通神经网络一样。

最后要计算对 w_h 的梯度。注意，该参数的梯度计算和之前的两个有所不同，如式（16.6）所示。

$$\frac{\partial e_t}{\partial w_h} = \frac{\mathrm{d}e_t}{\mathrm{d}y_t}\frac{\mathrm{d}y_t}{\mathrm{d}z_t}\frac{\partial z_t}{\partial h_t}\frac{\partial h_t}{\partial w_h} \tag{16.6}$$

前面几项与更新 w_x 时一样，但是这里要注意，在最后一项中，$\frac{\partial h_t}{\partial w_h}$ 不能直接写成 h_{t-1}，因为在上一个时刻 t-1 时，h_{t-1} 的计算也与 w_h 有关，即式（16.7）。

$$h_{t-1} = f(w_x x_{t-1} + w_h h_{t-2}) \tag{16.7}$$

同理，t-2 时的 h_{t-2} 也和 w_h 有关，以此类推。将变量之间的依赖关系画出来，如图 16.9 所示（图中省略了 w_x 和 x_t）。

可以看到，每个时刻的 h_t 不仅直接与 w_h 有关，而且还因为与上一时刻的 h_{t-1} 有关，导致间接与 w_h 有关。根据图 16.9，利用链式法则，可以得到式（16.8）。

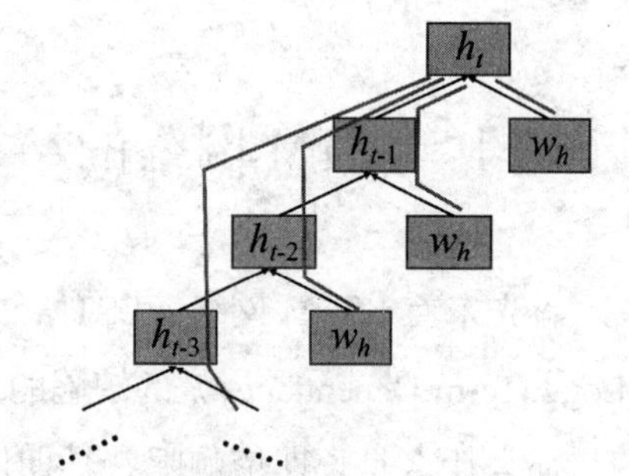

图 16.9 RNN 的参数变量间的依赖关系

$$
\begin{aligned}
\frac{\partial h_t}{\partial w_h} &= \frac{\mathrm{d}h_t}{\mathrm{d}s_t}h_{t-1} + \frac{\partial h_t}{\partial h_{t-1}}\frac{\partial h_{t-1}}{\partial w_h} \\
&= \frac{\mathrm{d}h_t}{\mathrm{d}s_t}h_{t-1} + \frac{\partial h_t}{\partial h_{t-1}}\left(\frac{\mathrm{d}h_{t-1}}{\mathrm{d}s_{t-1}}h_{t-2} + \frac{\partial h_{t-1}}{\partial h_{t-2}}\frac{\partial h_{t-2}}{\partial w_h}\right) \\
&\cdots
\end{aligned}
\tag{16.8}
$$

括号内的 $\frac{\partial h_{t-2}}{\partial w_h}$ 还可以继续回溯，直到最开始的时刻为止。可以将式（16.8）化简为式（16.9）。

$$
\frac{\partial h_t}{\partial w_h} = \sum_{k=1}^{t}\frac{\partial h_t}{\partial h_k}\frac{\mathrm{d}h_k}{\mathrm{d}s_k}h_{k-1} \tag{16.9}
$$

由此可以发现，对于某个时刻 t 的参数更新，需要之前每一个时刻的梯度都参与运算。这就是训练 RNN 时的 BPTT 算法。

注意

如果观察展开后的 RNN 结构，并且考虑到参数共享，可以发现 BPTT 算法实际上就是 BP 算法在这种特殊网络结构中的应用形式。

以上介绍了 RNN 的训练过程。这里用来计算和说明的 RNN 是通用的 RNN 模型，而在实际应用场合中，应用较多的实际上是 RNN 的改进版本。下面介绍常用的两种 RNN 的改进版变体：LSTM 网络和 GRU 网络。

16.3 LSTM 网络和 GRU 网络

RNN 有两种常见的改进模型，即 LSTM（Long Short Term Memory，长短期记忆）网络和 GRU（Gated Recurrent Unit，门控循环单元）网络。下面分别介绍这两种形式的 RNN 模型的结构和原理。

16.3.1 LSTM 网络的结构和原理

首先来看 LSTM 网络。LSTM 的提出主要是用来弥补 RNN 中固有的无法处理长期依赖（Long-Term Dependency）的缺陷的。

那么什么是长期依赖呢？长期依赖指在时序数据中，时间相隔较远的两个位置的元素可能也有很强的依赖关系。下面通过一个例子来进行说明。例如，要用 RNN 实现一个阅读

理解（或者称为文章补全）任务，即根据上下文，把缺失的单词预测出来。在某一篇文章中，开头有这么一段文字："福尔摩斯是阿瑟·柯南·道尔笔下的一位英国名侦探……"，然后在很长一段文字之后，出现了要补全的句子："福尔摩斯用 ____ 与华生交谈"，这里可以填入的选项有"英语""汉语""日语"。为了确定空白处的内容，必须要回溯到开头时提到的"英国"这个信息。"英国"和"英语"这两项虽然相隔很远，但是仍然具有很强的逻辑上的相关性，这就是时序数据中的长期依赖，即上下文信息在距离上可能会很远。

普通的 RNN 模型对这个问题表现并不好，回想 RNN 的参数反向传播和更新过程，距离长就意味着具有较多的导数连乘，从而产生梯度消失等问题，使距离较远的元素之间的信息无法较好地传递。

LSTM 网络的提出就是为了改善这一问题，它采用的方法是引入门控机制。门控机制就是用可以学习的参数来约束信息流动的程度，从而将有用的关联信息保留下来。下面结合 LSTM 网络结构（图 16.10）来说明这一机制具体实现的功能。

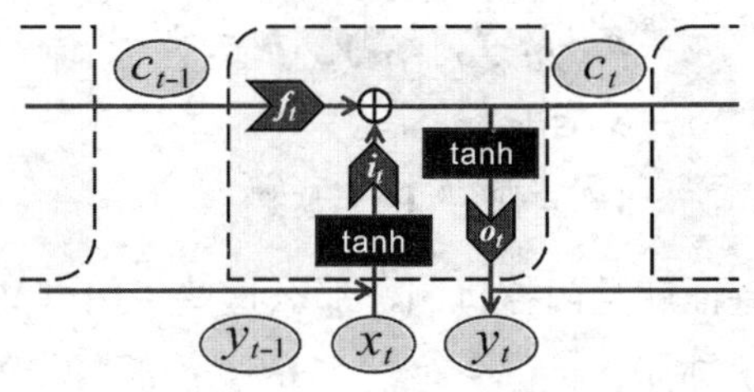

图 16.10　LSTM 网络结构

图 16.10 展示了一个 LSTM 单元（Cell）的基本结构，其中，三个燕尾形所在的位置表示三个门（Gate），门的作用是控制信息的流入程度。和图 16.1 所示的普通 RNN 模型相比，直观的感觉就是 LSTM 网络更复杂一些。其复杂性体现在两个方面：首先就是多了这些门，使输入、时序连接、输出三个过程都有了控制。另外，还可以看到，在 LSTM 网络中，某个时刻单元中的信息与该时刻输出的信息是不同的；而在普通的 RNN 中，这两个变量是相同的。复杂就意味着参数更多，因此 LSTM 网络的表达能力和学习能力也就更强。下面详细分析 LSTM 网络的结构。

注意

首先从总体上来看整个过程中信息的流动。LSTM 网络的每个单元都维护着一个单元状态（Cell State），即图 16.10 中的 $\boldsymbol{c}_{t-1}$ 和 $\boldsymbol{c}_t$。该变量贯穿时序方向，将上一个时刻单元的信息传给下一个单元。在传递过程中，$\boldsymbol{c}_{t-1}$ 需要先经过遗忘门（Forget Gate），即图 16.10 中的 $\boldsymbol{f}_t$，然后向后传播到 t 时刻。这时需要注意，在 t 时刻的单元里，LSTM 单元的真正输入实际上是本时刻的输入 $\boldsymbol{x}_t$ 与上一个单元的输出 $\boldsymbol{y}_{t-1}$ 的组合。该组合的输入首先经过 tanh 函数激活，然后经过输入门（Input Gate），再与上一时刻传播过来的信息进行汇合，形成 t 时刻的单元状态 $\boldsymbol{c}_t$。但是，该值是维护在单元中的，而不是 t 时刻的输出。$\boldsymbol{c}_t$ 需要经过tanh函数激活后再过一个输出门（Output Gate），才能得到 t 时刻的输出。另外，$\boldsymbol{c}_t$ 继续传给下一个时刻，重新进行以上信息传递流程。

将该过程用数学形式来表示，可以写成式（16.10）的形式。

$$\begin{aligned} \boldsymbol{c}_t &= \boldsymbol{f}_t \circ \boldsymbol{c}_{t-1} + \boldsymbol{i}_t \circ \tanh(\boldsymbol{W}_x \boldsymbol{x}_t + \boldsymbol{V}_y \boldsymbol{y}_{t-1} + \boldsymbol{b}_x) \\ \boldsymbol{y}_t &= \boldsymbol{o}_t \circ \tanh(\boldsymbol{c}_t) \end{aligned} \tag{16.10}$$

其中，$\circ$ 表示逐元素对应相乘，又称为阿达马乘（Hadamard Product）；$\boldsymbol{W}_x$、$\boldsymbol{V}_y$ 及 $\mathbf{b}_x$ 为待学习的参数。

在 LSTM 网络中，假设输入维度是 d，隐层维度为 h，那么各个变量的维度为式（16.11）。

$$\begin{aligned} &\boldsymbol{o}_t,\ \boldsymbol{i}_t,\ \boldsymbol{f}_t,\ \boldsymbol{c}_t,\ \boldsymbol{y}_t,\ \boldsymbol{b}_x \in \mathbb{R}^h \\ &\boldsymbol{x}_t \in \mathbb{R}^d \\ &\boldsymbol{W}_x \in \mathbb{R}^{d\times h}, \boldsymbol{V}_y \in \mathbb{R}^{h\times h} \end{aligned} \tag{16.11}$$

LSTM 网络最重要的特征就是门控机制，那么这些“门”又是如何得到的呢？代表门的向量的计算为式（16.12）所示。

$$\begin{aligned} &\boldsymbol{o}_t = \text{Sigmoid}(\boldsymbol{W}_o \boldsymbol{x}_t + \boldsymbol{V}_o \boldsymbol{y}_{t-1} + \boldsymbol{b}_o) \\ &\boldsymbol{i}_t = \text{Sigmoid}(\boldsymbol{W}_i \boldsymbol{x}_t + \boldsymbol{V}_i \boldsymbol{y}_{t-1} + \boldsymbol{b}_i) \\ &\boldsymbol{f}_t = \text{Sigmoid}(\boldsymbol{W}_f \boldsymbol{x}_t + \boldsymbol{V}_f \boldsymbol{y}_{t-1} + \boldsymbol{b}_f) \\ \\ &\boldsymbol{W}_o, \boldsymbol{W}_i, \boldsymbol{W}_f \in \mathbb{R}^{d\times h} \\ &\boldsymbol{V}_o, \boldsymbol{V}_i, \boldsymbol{V}_f \in \mathbb{R}^{h\times h} \\ &\boldsymbol{b}_o, \boldsymbol{b}_i, \boldsymbol{b}_f \in \mathbb{R}^h \end{aligned} \tag{16.12}$$

可以看到，门是通过将本时刻的输入和上一时刻的输出共同作为输入，并与可以学习的变量 $\boldsymbol{W}_o$, $\boldsymbol{W}_i$, $\boldsymbol{W}_f$ 和 $\boldsymbol{V}_o$, $\boldsymbol{V}_i$, $\boldsymbol{V}_f$ 相结合，共同形成的与隐层变量维度相同的向量。另外，还可以发现，由于经过了 Sigmoid 函数的激活，门向量的每个元素都为 0~1，可以将其看作一个百分比。于是这些门向量与经过这些门的输入向量进行阿达马乘的过程，就可以理解为根据一定的比例让输入信息通过，从而实现了“门”的功能，这也是这些中间变量被称为门的原因。

LSTM 网络也有很多改进和变体，如将上面的参数与输入的矩阵乘积改为卷积，可以得到卷积 LSTM 网络等，这里不再一一讲述。下面只挑选一种比较常用的，可以看作简化版 LSTM 网络的 GRU 网络进行简单介绍。

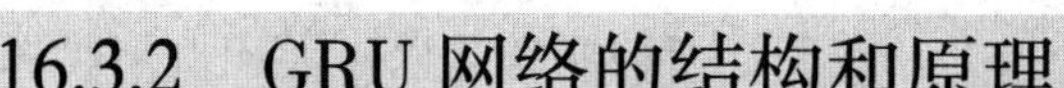

16.3.2　GRU 网络的结构和原理

GRU 网络也采用了门控机制，原理和 LSTM 网络较为类似，但是 GRU 网络的参数较少，且参数含义也不同于 LSTM 网络，因此本节进行单独介绍。

GRU 网络的结构如图 16.11 所示。

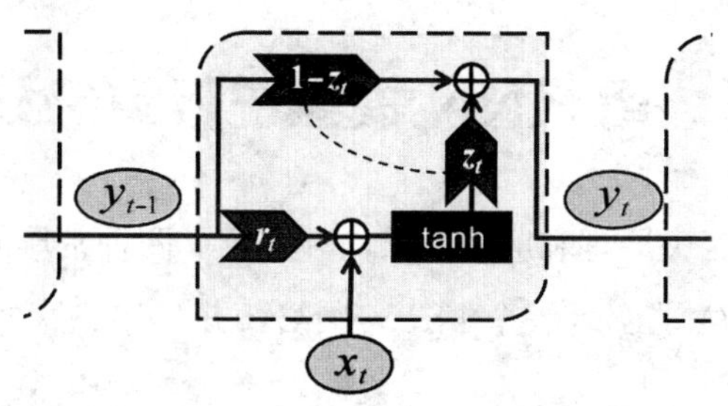

图 16.11　GRU 网络的结构

可以看出，GRU 网络的结构相对简单，每个单元中虽然画出来有三个门控单元，但是由于其中两个是相关的（和为 1），因此实际上只有两个作为变量的门。这两个门分别称为重置门（Reset Gate）和更新门（Update Gate）。在图 16.11 中，$\boldsymbol{r}_t$ 表示重置门，而 z_t 表示更新门。

GRU 网络的数学形式为式（16.13）。

$$
\begin{aligned}
\tilde{\boldsymbol{y}}_t &= \tanh(\boldsymbol{W}_x \boldsymbol{x}_t + \boldsymbol{V}_y(\boldsymbol{r}_t \circ \boldsymbol{y}_{t-1}) + \boldsymbol{b}_x) \\
\boldsymbol{y}_t &= (1 - \boldsymbol{z}_t) \circ \boldsymbol{y}_{t-1} + \boldsymbol{z}_t \circ \tilde{\boldsymbol{y}}_t \\
\\
\boldsymbol{z}_t &= \text{Sigmoid}(\boldsymbol{W}_z \boldsymbol{x}_t + \boldsymbol{V}_z \boldsymbol{y}_{t-1} + \boldsymbol{b}_z) \\
\boldsymbol{r}_t &= \text{Sigmoid}(\boldsymbol{W}_r \boldsymbol{x}_t + \boldsymbol{V}_r \boldsymbol{y}_{t-1} + \boldsymbol{b}_r)
\end{aligned}
\tag{16.13}
$$

$$
\begin{aligned}
\boldsymbol{W}_z, \boldsymbol{W}_r &\in \mathbb{R}^{d \times h} \\
\boldsymbol{V}_z, \boldsymbol{V}_r &\in \mathbb{R}^{h \times h} \\
\boldsymbol{b}_z, \boldsymbol{b}_r &\in \mathbb{R}^{h}
\end{aligned}
$$

观察图 16.11 并结合式（16.13）可以发现，相比于 LSTM 网络，GRU 网络少了一个输出的控制，每个单元的输出就是其时序传递的单元状态。GRU 网络的大体流程如下：首先，从上一个时序单元输入一个 $\boldsymbol{y}_{t-1}$，通过重置门后，与当前的输入 $\boldsymbol{x}_t$ 结合，经过 tanh 激活函数进行激活后，形成一个新的候选状态 $\boldsymbol{y}_t$；然后，更新门控制新候选状态 $\boldsymbol{y}_t$ 与上一次的状态 $\boldsymbol{y}_{t-1}$ 以什么样的比例进行重组和结合，形成本时刻的输出 $\boldsymbol{y}_t$。

考虑这两个门的功能，不难发现，重置门的作用是，在上一时刻的输出与本时刻输入组合共同形成组合输入的过程中，用来擦除或者说重置上一时刻的影响。重置门越接近 0，就意味着上一时刻的结果的影响越小，反之越大。而更新门控制的是以多大比例用候选状态更新现有状态，更新门的值越大，表示更新的强度越强，也就意味着新产生的候选状态权重更大，反之更小。

GRU 网络的特点是参数较少，从而比较容易训练。在一些任务中，GRU 网络能够取得与 LSTM 网络相似的效果。

16.4 代码实现：用 RNN 模型进行情感分析

本章介绍了 RNN 的相关原理和应用场景，并介绍了两种常用的 RNN 网络模型：LSTM 网络和 GRU 网络。本节尝试实现一个 LSTM 网络，并且用它来实现一个简单的情感分析任务。

文本情感分析又称倾向性分析，目的在于对一段话的情感是积极还是消极做出评价。例如，“这部电影真是太好看啦！”就代表说话人态度很积极；而相反地，“从来没吃过这么难吃的菜，已将这家饭店加入黑名单！”之类的话则反映了说话人的消极态度。这里使用一个经典的开源数据集 sentiment140（下载链接为 http://cs.stanford.edu/people/alecmgo/trainingandtestdata.zip）来实现基于 LSTM 网络的情感分析。该数据集来源于用户发表在 Twitter 上的推文数据，用 0 和 4 来表征消极和积极，因此可以视为一个二分类问题。由于 sentiment140 数据量较大，因此这里只选用 16 万条数据进行实验。

对于自然语言作为输入的任务，无法直接将句子输入网络中，因此首先需要对训练用的语料进行一些预处理，将每个句子转换为一个数值化的向量。针对英文推文的语料，采取的预处理主要包含以下内容：去除 @ 别人的内容，去除话题标签“#”，去除大小写的影响（统一转为小写），标点符号和英文的缩写处理（如“'ve”转换为“have”等），去除停用词（Stop Word，指在所有文本中出现次数都很多，但是信息含量较少的那些词语，如 is、at、from 等）。经过处理后，可以统计文本中的单词，并形成词典。这样，每个词都可以用其在词典中的位置作为编码来表示，从而实现了将自然语言的语句转为数学上可以计算的向量的目标。数据预处理的代码如下：

```
# 导入用到的 Python 模块
import nltk  # nltk 是英文自然语言处理模块
import numpy as np
import os
import pandas as pd
import re  # re 为正则表达式（Regular Expression）模块，用于字符串的模式匹配
import json
dirpath = 'trainingandtestdata'
```

```
train_name = 'training.1600000.processed.noemoticon.csv'
train_filepath = os.path.join(dirpath, train_name)
raw_table_all = pd.read_csv(train_filepath, sep=',', header=None, encoding='latin')
# 在 160 万数据中随机选择 10% 作为全部使用的数据
raw_table = raw_table_all.sample(frac=0.1, random_state=2019)
dataset = raw_table.loc[:, 5].copy()
target = raw_table.loc[:, 0].copy()
dataset.columns = ['data']
target.columns = ['label']
# 定义预处理函数，输出清洗后的文本数据
def preprocessing(text):
    # 去掉 @ 别人的内容
    at_content = '@[^ ]+'
    # 去掉 url 链接的内容
    url_content = 'http[^ ]+|www.[^ ]+'
    # hashtag 话题内容
    hashtag_content = '#[^ ]+'
    pattern = '|'.join([at_content, url_content, hashtag_content])
    stopword_list = nltk.corpus.stopwords.words('english')
    # 都转成小写字母
    text = text.strip().lower()
    text = re.sub(pattern,'',text)
    # 对缩写、标点、连接符等进行处理
    text = re.sub(',|\.|_|-|', '', text)
    text = re.sub("'s", ' is', text)
    text = re.sub("'t", ' not', text)
    text = re.sub("'m", ' am', text)
    text = re.sub("'re", ' are', text)
    text = re.sub("'ve", ' have', text)
    text = re.sub("'ll", ' will', text)
    word_list = nltk.word_tokenize(text)
    # 去掉停用词，生成清洗后的数据
    clean_word_list = []
    for each_word in word_list:
        if each_word not in stopword_list:
            clean_word_list.append(each_word)
    return ' '.join(clean_word_list)
# 对每条数据进行清洗，并保存清洗后的结果
clean_dataset = pd.DataFrame(columns=['data'])
clean_target = pd.DataFrame(columns=['label'])
for i, each_text in enumerate(dataset):
    clean_text = preprocessing(each_text)
    if clean_text:
        this_label = target.iloc[i]
```

```
        clean_dataset = clean_dataset.append(
                    pd.DataFrame({'data': [clean_text]}), ignore_index=True)
        clean_target = clean_target.append(
                    pd.DataFrame({'label': [this_label]}), ignore_index=True)
# 保存预处理后的文本
clean_dataset.to_csv('./clean_dataset.csv', header=True)
clean_target.to_csv('./clean_target.csv', header=True)
# 计算词频，并统计平均文本长度
freq_dict = dict()
tot_sentence_len = 0.0
for sen in clean_dataset.data:
    line_list = sen.strip().split(' ')
    tot_sentence_len += len(line_list)
    for each_word in line_list:
        if each_word in freq_dict.keys():
            freq_dict[each_word] += 1
        else:
            freq_dict[each_word] = 1
all_freqs = sorted(freq_dict.items(), key=lambda x: x[1], reverse=True)
all_words = [x[0] for x in all_freqs]
print('Number of words is : %d' % len(all_words))
print('Average sentence length is %.4f' % (tot_sentence_len / len(clean_dataset.data)))
# 输出结果
# Number of words is : 89466
# Average sentence length is 8.1725

# 选择频率最高的前 20000 个词形成词典，并保存
# 句子长度设置为 15，对于每条文本，多于该长度的截断，少于该长度的补全
n_dict = 20000
sentence_len = 15
diction = all_words[:n_dict-2]
diction.append('UNKNOWN')
diction.append('PADDING')
word_dictionary = dict()
for i, v in enumerate(diction):
    word_dictionary[v] = i
with open('./words.dict','w') as f:
    json.dump(word_dictionary, f)
# 将单词转为对应的词典编码
all_word_id_list = []
for sen in clean_dataset.data:
    line_list = sen.strip().split(' ')
    word_id_list = []
    for j, each_word in enumerate(line_list):
```

```
            if j == sentence_len:
                break
            if each_word in word_dictionary.keys():
                word_id_list.append(word_dictionary[each_word])
            else:
                word_id_list.append(word_dictionary['UNKNOWN'])
        if len(word_id_list) < sentence_len:
            padding = [word_dictionary['PADDING']] * (sentence_len - len(word_id_list))
            word_id_list += padding
        all_word_id_list.append(word_id_list)

# 保存模型输入和标签
np_clean_target = np.array(clean_target, dtype='int32')
np_clean_target[np_clean_target == 4] = 1
np.save('X.npy', np.array(all_word_id_list))
np.save('y.npy', np_clean_target)
```

上述代码实现了对原始文本数据的预处理，将文本转为大小为 160000×15 的矩阵 $\boldsymbol{X}$，矩阵中的每个元素取值为字典中单词的编号，因此取值范围为 0~20000。下面用预处理好的矩阵 $\boldsymbol{X}$ 和对应的标签 y 建立 LSTM 网络，实现情感分析任务。代码如下：

```
# 导入用到的 Python 模块
import torch
from torch import nn
import numpy as np
from sklearn.model_selection import train_test_split
from torch.utils.data import DataLoader, TensorDataset
import matplotlib.pyplot as plt
from sklearn.metrics import roc_auc_score, roc_curve
# 搭建一个 LSTM 网络，如果 bi_dir=True，则为双向 LSTM 网络
class LSTM_model(nn.Module):
    # n_dict 为词典中的元素个数，embed_dim 为词嵌入向量长度，hid_size 为隐层向量长度
    # num_layer 是网络层数，如果 num_layer 大于 1，那么上一次的结果就会作为下一层的输入
    # bi_dir 表示是否为双向 LSTM 网络，bat_size 为每批样本的数量
    def __init__(self, n_dict=5000, embed_dim=1000, hid_size=2048, num_layer=2,
        bi_dir=True, bat_size=64):

        super(LSTM_model, self).__init__()
        self.n_dict = n_dict
        self.embed_dim = embed_dim
        self.hid_size = hid_size
        self.num_layer = num_layer
        self.bi_dir = bi_dir
        self.bat_size = bat_size
```

```

        self.embedding_layer = nn.Embedding(num_embeddings=n_dict,
                                            embedding_dim=embed_dim)

        self.lstm_layer = nn.LSTM(input_size=self.embed_dim,
                                  batch_first=True,
                                  hidden_size=self.hid_size,
                                  num_layers=self.num_layer,
                                  bidirectional=self.bi_dir)

        self.full_connect = nn.Sequential(
                                nn.Linear(self.hid_size * (int(bi_dir) + 1), 1024),
                                nn.Dropout(0.5),
                                nn.Linear(1024, 256),
                                nn.Dropout(0.5),
                                nn.Linear(256, 1),
                                nn.Sigmoid()
                                )
    def forward(self, input_):
        assert len(input_.shape) == 2
        em = self.embedding_layer(input_)
        lstm_output, _ = self.lstm_layer(em)
        lstm_output = lstm_output[:,-1,:].contiguous().view(self.bat_size, -1)
        pred = self.full_connect(lstm_output)
        return pred
# 加载数据集和标签
X_dataset = np.load('X.npy')
y_dataset = np.load('y.npy')
# 划分训练和测试集
X_train, X_test, y_train, y_test = train_test_split(X_dataset, y_dataset, test_size=0.1,
random_state=2019)
# 设置参数
BATCH_SIZE = 128
N_DICT = 20000
EMBED_DIM = 64
HID_SIZE = 64
NUM_LAYER = 2
BI_DIR = True
EPOCH = 5
# 制作数据集
train_ten_dataset = TensorDataset(torch.LongTensor(X_train), torch.Tensor(y_train))
test_ten_dataset = TensorDataset(torch.LongTensor(X_test), torch.Tensor(y_test))
train_loader = DataLoader(dataset=train_ten_dataset,
                          shuffle=True,
```

```
                          batch_size=BATCH_SIZE,
                          drop_last=True)
test_loader = DataLoader(dataset=test_ten_dataset,
                         shuffle=False,
                         batch_size=BATCH_SIZE,
                         drop_last=True)
# 开始训练 LSTM 网络
bilstm_model = LSTM_model(n_dict=N_DICT,
                          embed_dim=EMBED_DIM,
                          hid_size=HID_SIZE,
                          num_layer=NUM_LAYER,
                          bi_dir=BI_DIR,
                          bat_size=BATCH_SIZE)
loss_function = nn.BCELoss()
optimizer = torch.optim.Adam(params=bilstm_model.parameters())
tot_loss = 0
tot_hit = 0
tot_all = 0
loss_per_epoch = []
acc_per_epoch = []
for epoch in range(EPOCH):
    for iteration, (X_bat, y_bat) in enumerate(train_loader):
        y_pred = bilstm_model(X_bat)
        loss = loss_function(y_pred, y_bat)
        optimizer.zero_grad()
        loss.backward()
        optimizer.step()

        tot_loss += loss.item()
        tot_hit += sum(np.round(y_pred.data.numpy()) == y_bat.data.numpy())
        tot_all += len(y_pred)
        if (iteration+1) % 100 == 0:
            print('>>> Iteration %d of Epoch %d avg_loss: %.4f, train_acc: %.4f %%' % \
                  (iteration+1, epoch+1, tot_loss / tot_all * 1.0, tot_hit / tot_all * 100.0))

    print('---- [ Epoch %d ] avg_loss: %.4f, train_acc: %.4f %% ----' % \
          (epoch+1, tot_loss / tot_all * 1.0, tot_hit / tot_all * 100.0))
    loss_per_epoch.append(tot_loss / tot_all * 1.0)
    acc_per_epoch.append(tot_hit / tot_all * 1.0)
    tot_loss = 0
    tot_hit = 0
    tot_all = 0
```

训练过程输出结果如下：

```
>>> Iteration 100 of Epoch 1 avg_loss: 0.0054, train_acc: 49.9062 %
>>> Iteration 200 of Epoch 1 avg_loss: 0.0054, train_acc: 50.7031 %
>>> Iteration 300 of Epoch 1 avg_loss: 0.0053, train_acc: 54.2057 %
>>> Iteration 400 of Epoch 1 avg_loss: 0.0052, train_acc: 57.2793 %
>>> Iteration 500 of Epoch 1 avg_loss: 0.0051, train_acc: 59.6875 %
>>> Iteration 600 of Epoch 1 avg_loss: 0.0050, train_acc: 61.3633 %
>>> Iteration 700 of Epoch 1 avg_loss: 0.0049, train_acc: 62.7790 %
>>> Iteration 800 of Epoch 1 avg_loss: 0.0048, train_acc: 63.8711 %
>>> Iteration 900 of Epoch 1 avg_loss: 0.0047, train_acc: 64.7665 %
>>> Iteration 1000 of Epoch 1 avg_loss: 0.0047, train_acc: 65.5281 %
>>> Iteration 1100 of Epoch 1 avg_loss: 0.0046, train_acc: 66.2223 %
---- [ Epoch 1 ] avg_loss: 0.0046, train_acc: 66.3567 % ----
>>> Iteration 100 of Epoch 2 avg_loss: 0.0039, train_acc: 75.8203 %
>>> Iteration 200 of Epoch 2 avg_loss: 0.0039, train_acc: 75.7812 %
>>> Iteration 300 of Epoch 2 avg_loss: 0.0039, train_acc: 75.7604 %
>>> Iteration 400 of Epoch 2 avg_loss: 0.0039, train_acc: 75.7715 %
>>> Iteration 500 of Epoch 2 avg_loss: 0.0039, train_acc: 75.7750 %
>>> Iteration 600 of Epoch 2 avg_loss: 0.0039, train_acc: 75.6940 %
>>> Iteration 700 of Epoch 2 avg_loss: 0.0039, train_acc: 75.7388 %
>>> Iteration 800 of Epoch 2 avg_loss: 0.0039, train_acc: 75.7969 %
>>> Iteration 900 of Epoch 2 avg_loss: 0.0039, train_acc: 75.8724 %
>>> Iteration 1000 of Epoch 2 avg_loss: 0.0039, train_acc: 75.8961 %
>>> Iteration 1100 of Epoch 2 avg_loss: 0.0039, train_acc: 75.9205 %
---- [ Epoch 2 ] avg_loss: 0.0039, train_acc: 75.9298 % ----
>>> Iteration 100 of Epoch 3 avg_loss: 0.0036, train_acc: 78.3047 %
>>> Iteration 200 of Epoch 3 avg_loss: 0.0036, train_acc: 78.4180 %
>>> Iteration 300 of Epoch 3 avg_loss: 0.0036, train_acc: 78.4089 %
>>> Iteration 400 of Epoch 3 avg_loss: 0.0036, train_acc: 78.4355 %
>>> Iteration 500 of Epoch 3 avg_loss: 0.0036, train_acc: 78.4047 %
>>> Iteration 600 of Epoch 3 avg_loss: 0.0036, train_acc: 78.3919 %
>>> Iteration 700 of Epoch 3 avg_loss: 0.0036, train_acc: 78.4163 %
>>> Iteration 800 of Epoch 3 avg_loss: 0.0036, train_acc: 78.4082 %
>>> Iteration 900 of Epoch 3 avg_loss: 0.0036, train_acc: 78.3958 %
>>> Iteration 1000 of Epoch 3 avg_loss: 0.0036, train_acc: 78.4547 %
>>> Iteration 1100 of Epoch 3 avg_loss: 0.0036, train_acc: 78.4098 %
---- [ Epoch 3 ] avg_loss: 0.0036, train_acc: 78.4040 % ----
>>> Iteration 100 of Epoch 4 avg_loss: 0.0033, train_acc: 81.2891 %
>>> Iteration 200 of Epoch 4 avg_loss: 0.0033, train_acc: 80.8047 %
>>> Iteration 300 of Epoch 4 avg_loss: 0.0033, train_acc: 80.4792 %
>>> Iteration 400 of Epoch 4 avg_loss: 0.0033, train_acc: 80.3691 %
>>> Iteration 500 of Epoch 4 avg_loss: 0.0033, train_acc: 80.3688 %
>>> Iteration 600 of Epoch 4 avg_loss: 0.0033, train_acc: 80.3685 %
>>> Iteration 700 of Epoch 4 avg_loss: 0.0033, train_acc: 80.4408 %
>>> Iteration 800 of Epoch 4 avg_loss: 0.0033, train_acc: 80.4248 %
```

```
>>> Iteration 900 of Epoch 4 avg_loss: 0.0033, train_acc: 80.4219 %
>>> Iteration 1000 of Epoch 4 avg_loss: 0.0033, train_acc: 80.4297 %
>>> Iteration 1100 of Epoch 4 avg_loss: 0.0033, train_acc: 80.3885 %
---- [ Epoch 4 ] avg_loss: 0.0033, train_acc: 80.3683 % ----
>>> Iteration 100 of Epoch 5 avg_loss: 0.0030, train_acc: 82.6484 %
>>> Iteration 200 of Epoch 5 avg_loss: 0.0030, train_acc: 82.6680 %
>>> Iteration 300 of Epoch 5 avg_loss: 0.0030, train_acc: 82.4948 %
>>> Iteration 400 of Epoch 5 avg_loss: 0.0030, train_acc: 82.3125 %
>>> Iteration 500 of Epoch 5 avg_loss: 0.0030, train_acc: 82.3125 %
>>> Iteration 600 of Epoch 5 avg_loss: 0.0030, train_acc: 82.3568 %
>>> Iteration 700 of Epoch 5 avg_loss: 0.0030, train_acc: 82.3248 %
>>> Iteration 800 of Epoch 5 avg_loss: 0.0030, train_acc: 82.3379 %
>>> Iteration 900 of Epoch 5 avg_loss: 0.0030, train_acc: 82.3281 %
>>> Iteration 1000 of Epoch 5 avg_loss: 0.0030, train_acc: 82.3016 %
>>> Iteration 1100 of Epoch 5 avg_loss: 0.0031, train_acc: 82.2344 %
---- [ Epoch 5 ] avg_loss: 0.0031, train_acc: 82.2314 % ----
```

可以看到，损失函数值随着训练逐渐降低，训练集精度随之提高。下面将训练好的模型应用到测试集上，并计算 AUC，画出 ROC 曲线。代码如下：

```
test_hit = 0
test_all = 0
y_true = []
y_score = []
for iteration, (X_bat, y_bat) in enumerate(test_loader):

    y_pred_test = bilstm_model(X_bat)
    test_hit += sum(np.round(y_pred_test.data.numpy()) == y_bat.data.numpy())
    test_all += len(y_pred_test)
    y_score += list(y_pred_test.data.numpy())
    y_true += list(y_bat.data.numpy())

print('Test AUC : %.4f' % roc_auc_score(y_true=y_true, y_score=y_score))
fpr, tpr, thresholds = roc_curve(y_true=y_true, y_score=y_score)
fig = plt.figure(figsize=(4,4))
ax = fig.add_subplot(111)
ax.plot(fpr, tpr)
plt.xlabel('FPR')
plt.ylabel('TPR')
plt.title('ROC curve')
```

输出结果如下：

```
Test AUC : 0.8347
```

测试集 ROC 曲线如图 16.12 所示。

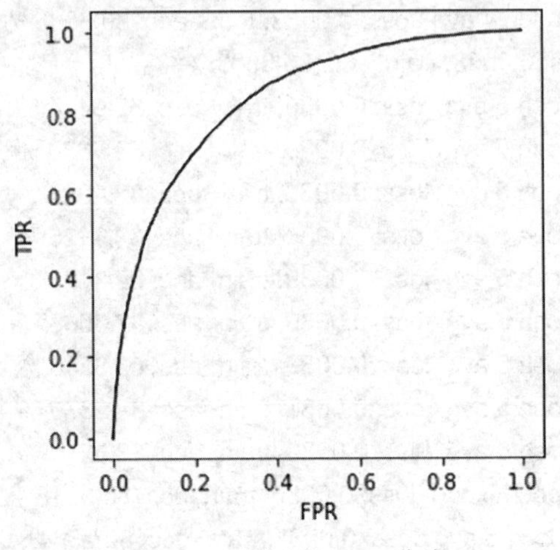

图 16.12 测试集 ROC 曲线

可以看到，测试集上 AUC 的值为 0.83。限于内存和训练时间，本实验只采用了 10% 的数据进行训练和测试。测试集上的表现说明了基于 RNN 的模型在处理具有时序关系的自然语言文本时的有效性。

16.5 本章话题：自然语言处理任务

前面在介绍 RNN 时提到了 RNN 在自然语言处理任务中的应用场景，在本章话题中，我们就来聊一聊自然语言处理这个学科领域。

自然语言指人类相互交流和日常使用的语言，如英语、汉语、日语等。自然语言处理是一门涵盖语言学、计算机科学、机器学习算法等领域的交叉学科，其主要目的就在于使计算机能够理解人类的自然语言。实际上，该任务对于计算机来说是很有挑战性的，因为我们日常使用的语言在逻辑上并不规范，甚至还有多义性。自然语言处理任务所包含的内容和应用场景都很丰富，下面简要列举一些。

首先，词向量（Word Vector）构建是将自然语言转换为数学表示的重要方法。该任务旨在将某种语言中的每个单词都映射成固定长度的向量，用该向量来代表这个单词。从词语到向量的映射应该满足一个基本的需求，即词语之间的关系（如差异性、逻辑关系等）都要在向量中得到保持。例如，如果把“国王”“男人”“女人”和“女王”这几个单词分别映射成向量 $\boldsymbol{v}_1$，$\boldsymbol{v}_2$，$\boldsymbol{v}_3$，$\boldsymbol{v}_4$，那么应当期望 $\boldsymbol{v}_1-\boldsymbol{v}_2+\boldsymbol{v}_3$ 可以得到 $\boldsymbol{v}_4$，即把词语之间所蕴含的内容在词向量中通过数学的方式反映出来。

词向量学习的一个比较经典的思路如下：利用代表两个词语的向量之间的相似性度量

（如内积），来拟合这两个词语在语料库中共同出现的概率。利用这种方法对模型进行训练，结果就是：如果两个词经常有相同的邻域词语，那么这两个词的向量就很相近。例如，语料库中有这样两个句子："哆啦 A 梦喜欢吃铜锣烧"和"元太喜欢吃鳗鱼饭"，那么，由于"铜锣烧"和"鳗鱼饭"都出现在"喜欢"和"吃"这两个词的附近，因此最终的词向量中，这两个向量的距离应该比较近。这也是符合我们的直观认知的，因为这两个词向量都表示食物，具有相似性。词向量学习有时也被称为词嵌入（Word Embedding），形象地表明了把一个自然语言中的单词嵌入一个定长的向量中的过程。

自然语言处理中的另一个任务是主题模型（Topic Modeling）。主题模型任务的场景如下：给定一些文档，从中找到潜在的主题。例如，对于新闻报道，有的可能属于体育类，有的属于科技类等。在现实情况下，有些文档一般不只包含一个主题，如有一篇新闻报道了某体育明星参加综艺的消息，那它可能同时包含了体育和娱乐这两个主题。主题模型就是希望通过大量的语料发现潜在的主题，并指出每篇文档中所包含的主题内容。

主题模型的一个经典实现方法是隐狄利克雷分布（Latent Dirichlet Allocation，LDA）模型，该模型的基本思路如下：对于每篇文档，都可以将其视为一个词袋，里面装着各种不同的词。在 LDA 模型中，产生一篇文档的过程如下：首先，按照主题的概率分布选择一个主题，然后用该主题对应的词典的概率分布选择一个词语，写入文档中。重复进行该过程，就可以生成一篇文档。而 LDA 模型就是要根据已知的文档进行建模，求解文档生成的逆过程。LDA 先假设主题的分布及该主题下的词典中的词语分布是指定参数的狄利克雷分布，然后通过贝叶斯的方法根据后验概率（已知文档中的词语分布情况）求解出狄利克雷分布的参数，从而找到每篇文档的主题分布情况。

文本情感分析也是自然语言处理的一个广泛应用，16.4 节中已经实现了一个简单的情感分析任务。文本情感分析包含很多层次的很多内容，其核心在于通过人们对于某事物的评论性的文本的分析和归纳，来推论出文本的写作者对于某事物的倾向性，如积极还是消极，或者更细分的程度。由于现在的互联网中有很多平台（如大众点评、豆瓣、微博、新闻平台及各类专题论坛等）都支持用户发表意见和评论，因此利用情感分析技术可以分析人们对于某物品或者事件的评价，对于舆情分析、口碑预测等任务有重要帮助。

另外，当下比较火的两个领域——机器翻译（Machine Translation）和问答系统（Question Answer System）也属于自然语言处理的范畴，下面进行简单介绍。

机器翻译就是用算法和模型取代人工，实现不同语言间的互译。机器翻译最初主要利用语言学的规则和规则相关的算法实现，而现在则多用统计模型实现，可以取得更好的效果。基于统计的机器翻译不需要预设语言学的各种规则，只需要对两种语言的平行语料进行建模和训练，就可以实现这两种语言之间的翻译。随着神经网络，尤其是 RNN 模型的出现，使 RNN 被广泛应用于机器翻译领域，如 Google 翻译的模型也是以 RNN 为基础实现的。

问答系统是用来对人们提出的问题进行回答的模型。近年来各种智能音箱、聊天机器人、智能客服等，其背后都是问答系统模型。计算机和人工智能领域有一个重要的概念叫作“图灵测试”（The Turing Test）。图灵测试由艾伦·图灵提出，指人类通过问话的形式与具备人工智能的机器交流，如果机器的回答能让人无法判断和自己交流的是人类还是机器，那么就算其通过了测试。现在的问答系统在很多限定的问题域中可以得到较好的效果，但是对于很多人类认为是常识的任务仍然存在困难，这也是现在的人工智能框架的一个固有弱点。从这个意义上说，图灵测试依然是一个较为严格的条件。

第17章

左右互搏：生成对抗网络

前面已经讲完了深度学习和神经网络模型中的两种最为基础和重要的模型：CNN 和 RNN。本章介绍一个比较新的模型框架，叫作生成对抗网络（Generative Adversarial Network, GAN）。该模型自提出到现在，已经有了许多的改进版本，并且被广泛应用到了一些实际任务中，如图像超分辨率、风格转换等，取得了十分惊艳的效果。下面首先介绍 GAN 的通俗解释和任务类型。

（1）通俗解释：GAN 的思路比较有趣，简单来说，就是利用两个神经网络进行博弈和对抗，其中一个称为生成器，另一个称为判别器。生成器的目标是尽可能生成与训练集数据类似的假数据，并试图欺骗判别器，让其无法区分到底是生成的假数据还是原本的训练集数据；而判别器的目标则是尽可能区别和判断到底是训练集数据还是生成器生成的数据。通过这两者的不断对抗，最终使判别器无法区分生成器生成的数据和真实的训练数据，即生成器网络成功地“骗过”了判别器网络。这就意味着，此时的生成器可以用来生成与训练集网络分布相同的数据。

（2）任务类型：如上面所述，GAN 的主要作用是生成与训练集分布相同的数据。在最原始的 GAN 中，生成器每一次生成的数据是随机的，只能保证服从训练数据的分布。例如，用人脸数据集训练得到的 GAN 可以随机合成一张假的人脸图像（在训练集中不存在）。这样的 GAN 可以用来生成数据，如生成“二次元”人物头像等。在后来的改进版本中，GAN 模型往往也有一个输入 - 输出对的概念，从而实现对应某个输入的特定输出，且该输出服从样本的分布。这样的 GAN 模型有很多应用，如图像的风格迁移、超分辨率、字体转换、图像去噪和恢复等。

17.1 对抗样本与神经网络的攻击算法

GAN 是一种利用神经网络和深度学习方法实现的策略框架，最早由 Ian J Goodfellow 等人于 2014 年提出（参考文献：Goodfellow I J, Pouget-Abadie J, Mirza M, et al. Generative

Adversarial Nets[C]// International Conference on Neural Information Processing Systems. MIT Press, 2014.）。在这之前，Szegedy C 等人对神经网络的对抗样本现象进行了很多研究工作，由于对抗样本方法与 GAN 模型比较相关，因此首先来详细了解对抗样本的相关问题。

第 13 章简单提过对抗样本的相关概念，并以此说明了神经网络模型的脆弱性。对于神经网络而言，可以通过对输入数据加入一个人为设计的不易察觉的细微扰动，使网络以一个高置信度输出一个错误的答案。这样一个人为设计的、用于“欺骗”神经网络的样本就是对抗样本（Adversarial Example）。下面详细介绍对抗样本的概念及其与 GAN 的联系。

17.1.1 聪明的汉斯

在介绍对抗样本及神经网络的脆弱性时，一个经常讲的例子就是“聪明的汉斯”（Clever Hans），下面先讲一讲这个故事。

汉斯是一匹马的名字，这匹马生活在 20 世纪早期的德国，它的主人是一位数学教师，业余也会训马。汉斯在当时非常有名，原因是它会做一些数学计算，甚至能回答更加高级的智力问题。例如，你可以向它提问：2 加 4 等于多少？它就会用蹄子敲 6 下，表示结果得 6，而且计算的结果准确度相当高，如图 17.1 所示。

图 17.1　聪明的汉斯

汉斯的智力让当时的人们非常惊讶，它的主人自然也非常喜爱这匹聪明的马，并且四处向人们炫耀它的马有多么聪明，汉斯一时成了社会热点。然而，“马红是非多”，汉斯终于被一群心理学家注意到了，这些科学家非常好奇这匹马为什么可以完成诸如数学计算之类的高级智力任务，于是对其进行了观察和实验。

首先，科学家们发现，汉斯的主人在整个过程中并没有给它什么暗号或者提示（整个过程没有作弊）；然后，科学家们让汉斯无法看到提问的人，再来回答问题，这时发现，汉斯的聪明消失了，它回答问题的准确率大大下降，无法再进行数学计算了。

根据该线索，科学家们通过进一步研究发现，实际上，无论是汉斯的主人还是其他提问者，确实都没有故意暗示过汉斯正确答案是多少。然而，汉斯却可以察觉到人们更希望它敲蹄子时在哪里停下，于是，它在接近正确答案时就放慢速度，同时观察提问的人的细微动作或者表情，在合适的地方停下来。通过这种方式，它成了一匹被人们误以为具备了

数学能力甚至高级智力的“聪明的汉斯”，而实际上，它的聪明只不过是可以观察人们的反应，对于人们问他的问题，以及数字和运算本身，汉斯其实没有任何概念。

这就是聪明的汉斯的故事，该故事在心理学上有时也被称为“聪明的汉斯效应”。在科学实验中，为了消除这种非故意的影响，很多实验通常采用双盲的形式，即被试和主试都不知道真实答案，从而也就避免了主试的主观期望引发的细微线索影响到被试的判断结果。

为什么要在这里讲这样一个故事呢？这是因为，神经网络实际上也存在类似的问题。做一个简单的类比：马主人训练汉斯学习数学运算，就相当于我们训练神经网络解决某个问题（如图像分类），我们期望的是网络“真正地”学习到问题本身和对应的答案，而不是过拟合到另外的事件上。对于“聪明的汉斯”来说，它实际上没有学到数学运算的任务本身（输入的算式与输出结果之间的对应关系），而是错误地学到了“训练者的表情、动作和神态与停止敲蹄子”之间的关系。尽管这样训练得到的结果在平常的测试中都能通过，但是一旦人为地将训练者从汉斯的视线中移除，就无法得到正确的结果。同样地，对于神经网络来说，虽然在实际拍摄的自然图像中测试效果较好，但是一旦人为地加入一些设计好的噪声，生成的 GAN 就无法正确地识别了。

那么，如何才能生成对抗样本呢？下面介绍一个简单的生成对抗样本的思路。

17.1.2 生成对抗样本的思路

利用对抗样本可以对神经网络模型进行攻击，使其按照所设定的预期目标进行错误的判断。生成对抗样本的具体任务内容如下：给定一个训练好的分类网络，生成一张与 A 类样本接近的人造样本，使神经网络对于该人造样本能够以较高的置信度判断成 B 类。

首先回顾网络的训练过程。图 17.2 展示了神经网络训练的基本过程。首先，给定训练样本输入 - 输出对，然后调节网络参数，使训练样本输入经过网络后的输出能够尽可能地与真实答案输出（标签）接近。通过不断地迭代和梯度下降，可以逐渐得到一个符合该要求的网络。该过程称为网络的训练。

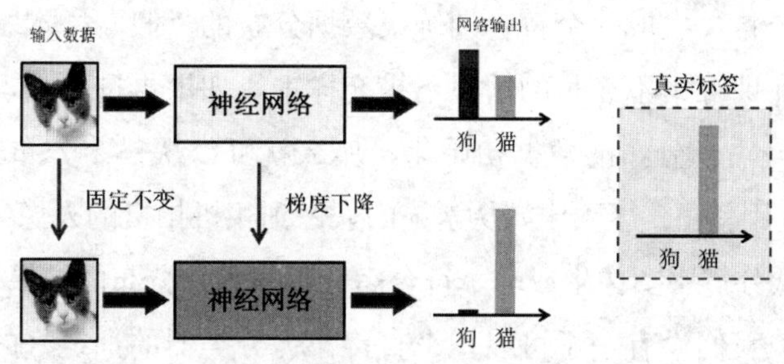

图 17.2 神经网络训练的基本过程

神经网络的训练简要来说就是：输入确定，标签给定，然后通过更新网络参数，使输出靠近给定的标签。类似地，生成对抗样本简要来说就是：网络给定，伪标签（这里的标签是篡改后的标签，即预定的希望网络输出的结果。例如，对于一张猫的图片，我们想让其被判断为狗，那么这里的“狗”就是伪标签）给定，然后更新输入，使输出逐渐靠近给定的伪标签。如图 17.3 所示，对抗样本的生成可以采用类似训练网络的方法，通过损失函数计算误差，然后通过梯度下降逐渐更新输入。

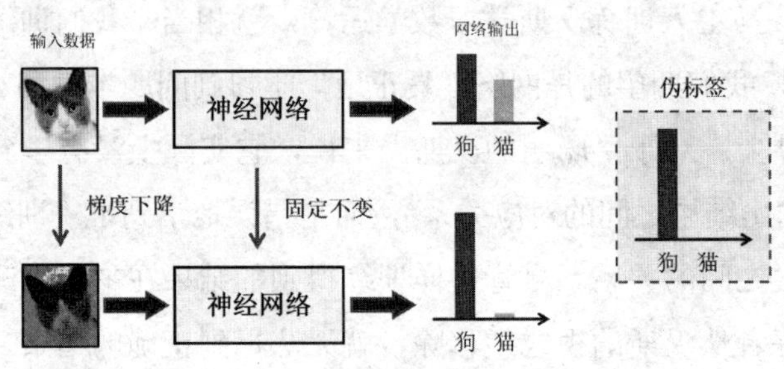

图 17.3 对抗样本的生成过程

对比图 17.2 和图 17.3 可以看出，训练网络和生成对抗样本这两个过程实际上就是将神经网络和输入数据调换了位置，训练是给定数据调节网络，而生成对抗样本则是给定网络调节数据。两者都是利用梯度下降的方法，逐渐迭代优化实现的。

17.1.3 对抗样本的启发

从上面讨论的对抗样本的相关内容中可以发现，我们实际上能够利用某种方法，合成一个能被网络判断为某个类别 A 的样本。由于对抗样本是从某个其他类别 B 的样本开始生成的，因此其虽然能被判断为 A，但是看上去仍然是 B 的特征。而如果从随机数据开始生成，然后利用神经网络分类模型进行约束，使其靠近 A 类别，那么应该可以生成与 A 类样本相似的“假”样本，如生成一幅猫的图像或者一张人脸图像。

我们知道，神经网络分类器实际上学习的是训练数据的分布，那么，我们可以利用分类器神经网络作为监督，生成一个符合训练集数据分布的“假”样本。该过程可以被应用在一些任务中，如在训练集不充足的情况下扩充样本。如果再进一步，输入不是用随机数据初始化，而是用另一个分布的数据初始化，那么就可以从一个分布转移到另一个分布。这样一来，可能的应用就更广了，比如从素描的人像到相机拍摄的人像（风格迁移类应用），或者超分辨率（从低分辨率图像生成一个符合高分辨率图像分布的结果）等。

但是很多时候，我们没有一个可以用来直接作为分类器的训练好的神经网络，更可能的情况是，我们有一类样本（如一组人脸图片的集合），然后想要生成一个符合该集合中数

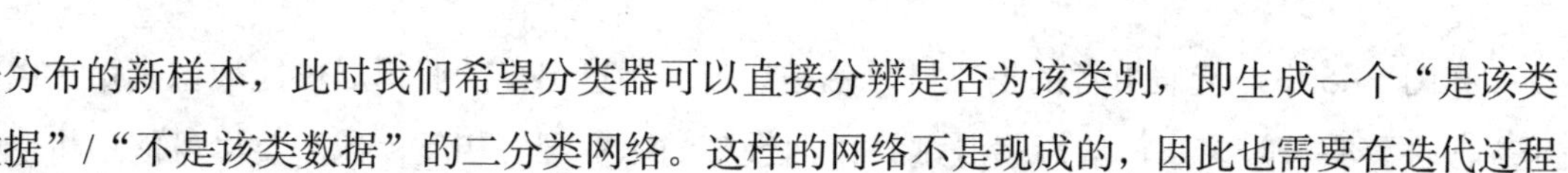

据分布的新样本，此时我们希望分类器可以直接分辨是否为该类别，即生成一个“是该类数据”/“不是该类数据”的二分类网络。这样的网络不是现成的，因此也需要在迭代过程中逐渐学习和优化。

GAN 就是利用这样的思路和方法来实现某类分布的样本生成，以及不同分布间的样本转换的。下面简要介绍 GAN 的原理。

17.2　GAN 的原理

GAN 的基本结构如图 17.4 所示。可以看到，模型的主体由两个部分构成，分别称为生成器（Generator）和判别器（Discriminator）。这两个部件都是由神经网络构成的。其中，生成器的作用是从随机数据或者其他分布的数据中生成一个与训练集类似（同分布）的数据，而判别器的作用则是用神经网络分类器辨别出哪些是生成器网络生成的“假”数据，而哪些是真正的训练集样本。

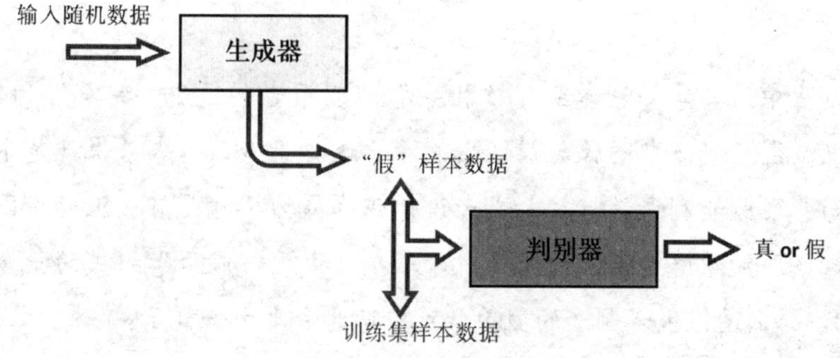

图 17.4　GAN 的基本结构

在一开始，这两个网络都是未经训练的，即参数都是随机的。只有随着网络的训练，才能使生成器具有生成与训练集同分布样本的能力，而判别器具有分辨和识别样本真伪的能力。那么，这个训练过程是怎样的呢？

为了形象说明，下面举一个例子，即警察和造假币者的博弈过程，如图 17.5 所示。

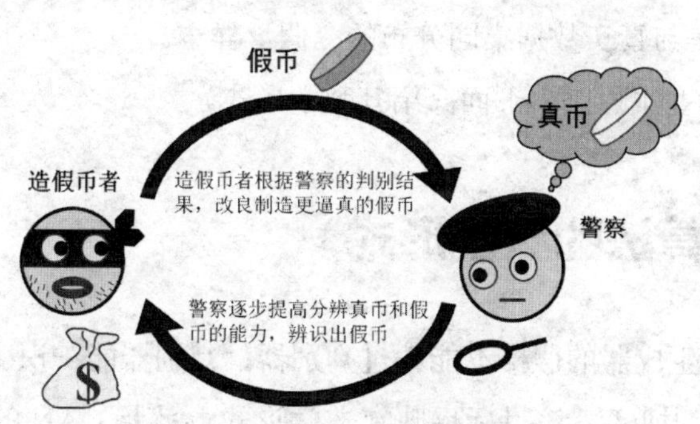

图 17.5　警察和造假币者的博弈过程

在图 17.5 中，造假币者的主要目标就是让自己制造出来的假币尽可能地像真币，以至于无法被警察分辨出来，从而蒙混过关；而警察的职责刚好相反，他需要尽可能地将造假币者制造的假币与真币区分出来。

假设在这两个人的博弈过程中，警察是从不会分辨假币开始，通过一次次鉴别真币与假币，逐渐提高自己的业务技能。另外，还要假设造假币者能够知道他所造的假币是因为什么原因被警察辨认出来的。基于这样的假设，警察可以逐渐提高自己的分辨能力，对细节的分辨能力越来越强；同时，造假币者也可以逐步改进自己的造假工艺，直到所有可能被识别为假的细节都逼真到与真币没有区别。

经过一次又一次地从“改进假币”到“被警察发现”，再到进一步“改进假币”，然后继续“被警察发现”……长此以往，假设造假币者的技术工艺足够改进所有可能的细节，那么最终的结果肯定是：造假币者将所有的细节都修改到与真币一致，从而制造出了足以以假乱真的假币。而警察对于这些真币和假币已经无法再进行区分了。这时，迭代过程结束，我们认为，造假币者已经成功地“骗过”了警察。

注意

在这个过程中，其实警察起到了“指导”造假币者制造更“完美”的假币的作用。因为一旦哪里做得不好，警察就会辨认出假币，这对于造假币者来说就是下一个需要改进的地方。而警察所能利用的特征，或者说辨识的能力毕竟是有极限的，因此，只要让警察无法分辨（用数学语言来说，就是对于一个“真币 - 假币”组成的集合的分类正确率只有 50%），那么造假币者制造的假币就可以认为和真币一样了。

对应到本章介绍的 GAN 中，可以看出，造假币者对应的就是网络中的生成器，而警察对应的则是判别器。另外，还需要注意的一点就是之前的假设：警察从头开始学习识别假币，以及造假币者可以知道警察是如何识别的。这个假设对应到 GAN 中，表示的是网络的生成器和判别器部分都是从头开始训练且同步训练的。正如警察 - 造假币者的博弈结果是造假币者制造出了以假乱真的假币，GAN 的最终训练结果就是：生成器可以生成足以骗过判别器的样本，也就是与真实数据集同分布的“假”样本。

以上就是 GAN 的基本思路，下面介绍其数学形式。

17.3 GAN 算法的数学形式

GAN 的目标是，生成器的假样本能骗过判别器、判别器能辨识生成器的假样本，从而形成生成器和判别器的博弈。该目标反映在数学形式上就是 GAN 的目标函数。下面分析

GAN 目标函数（或者说损失函数）的数学形式。

对于一个 GAN 来说，其输入 $\boldsymbol{z}$ 是一个随机噪声，经过生成器网络 G 后，得到的结果为 $G(\boldsymbol{z})$，这里的 $G(\boldsymbol{z})$ 就是假样本，记作 $\boldsymbol{x}_f$，而真实样本记作 $\boldsymbol{x}_r$。

先来看判别器 D 的目标。判别器要区分 $\boldsymbol{x}_f$ 与 $\boldsymbol{x}_r$，实际上就是对两类样本进行分类。设定真实样本的标签为 1，而假样本的标签为 0，那么，对于这样一个简单的二分类问题，常用的损失函数就是交叉熵损失，即式（17.1）。

$$\begin{aligned}\text{D\_loss} &= -\boldsymbol{E}_{x_r}\left[\log p\right]-\boldsymbol{E}_{x_f}\left[\log(1-p)\right]\\ &= -\boldsymbol{E}_{x_r}\left[\log(D(\boldsymbol{x}_r))\right]-\boldsymbol{E}_{x_f}\left[\log(1-D(\boldsymbol{x}_f))\right]\end{aligned} \tag{17.1}$$

对于判别器来说，要做的就是使 D_loss 尽量大，也就是说，尽可能判别出真实样本和生成的假样本，即式（17.2）。

$$\min_{\mathrm{D}} \quad \text{D\_loss} \tag{17.2}$$

或者换一种写法，写为式（17.3）。

$$\max_D \quad \boldsymbol{E}_{x_r}\left[\log(D(\boldsymbol{x}_r))\right]+\boldsymbol{E}_{x_f}\left[\log(1-D(\boldsymbol{x}_f))\right] \tag{17.3}$$

这就是判别器的目标函数的数学形式。

下面考虑生成器的目标。生成器的目标是让判别器尽量不能判断，也就是说，生成器的目标函数仍然需要判别器的目标函数，只不过生成器是将其向着反方向进行优化，使交叉熵尽量变大。由于假样本 $\boldsymbol{x}_f$ 就是 $\boldsymbol{z}$ 通过生成器网络 G 生成的，因此生成器的目标函数可以写为式（17.4）。

$$\min_G \quad \boldsymbol{E}_{x_r}\left[\log(D(\boldsymbol{x}_r))\right]+\boldsymbol{E}_z\left[\log(1-D(G(\boldsymbol{z})))\right] \tag{17.4}$$

由于第一项与生成器无关，因此生成器的目标可以只优化第二项，即式（17.5）。

$$\min_G \quad \boldsymbol{E}_z\left[\log(1-D(G(\boldsymbol{z})))\right] \tag{17.5}$$

前面提到过，GAN 的生成器和判别器都是从初始状态同时开始训练的，因此 GAN 的损失函数（通常称为 GAN loss）可以写成式 (17.6)。

$$\min_G \max_D \quad \boldsymbol{E}_{x_r}\left[\log(D(\boldsymbol{x}_r))\right]+\boldsymbol{E}_z\left[\log(1-D(G(\boldsymbol{z})))\right] \tag{17.6}$$

这就是 GAN 模型的损失函数的数学形式。对该损失函数进行梯度下降优化，训练网络，就可以得到一个能够生成与训练集真实样本同分布的假样本的生成网络。

根据以上数学形式，可得 GAN 模型的具体训练步骤，如下所示。

（1）根据随机噪声 $\boldsymbol{z}$ 的先验分布生成一组随机噪声，同时从训练集中选取一组真实样本。

（2）将随机噪声通过生成器 G 生成假样本 $\mathbf{x}_f$，通过梯度上升法优化 $\max_D \ \boldsymbol{E}_{x_r}[\log(D(\boldsymbol{x}_r))] + \boldsymbol{E}_{x_f}[\log(1-D(\boldsymbol{x}_f))]$ 来更新判别器 D。

（3）更新生成器 G。考虑到损失函数中的第一项只和真实样本有关，而与生成器无关，因此可以通过梯度下降优化 $\min_G \ \boldsymbol{E}_z\left[\log(1-D(G(z)))\right]$ 来更新生成器 G。

（4）重复步骤（1）~（3），直到网络收敛，即判别器无法判别出真实样本和生成的假样本。

下面介绍两种经典的基于 GAN 理论的网络模型。

17.4 经典 GAN 模型简介

自从 GAN 的思想被提出以来，对其的改进和应用层出不穷。本节对两个经典的 GAN 模型进行详细介绍，即 DCGAN 和 pix2pix 模型。

17.4.1 DCGAN

DCGAN（Deep Convolutional GAN）模型于论文 *Unsupervised Representation Learning with Deep Convolutional Generative Adversarial Networks* 中被提出。DCGAN 最主要的贡献就是提供了一种较为实用的用于图片生成和特征提取的 GAN 结构，并且展示了由该方法得到的特征向量具有算术运算特性。

下面来看 DCGAN 模型的网络结构，其生成器如图 17.6 所示。

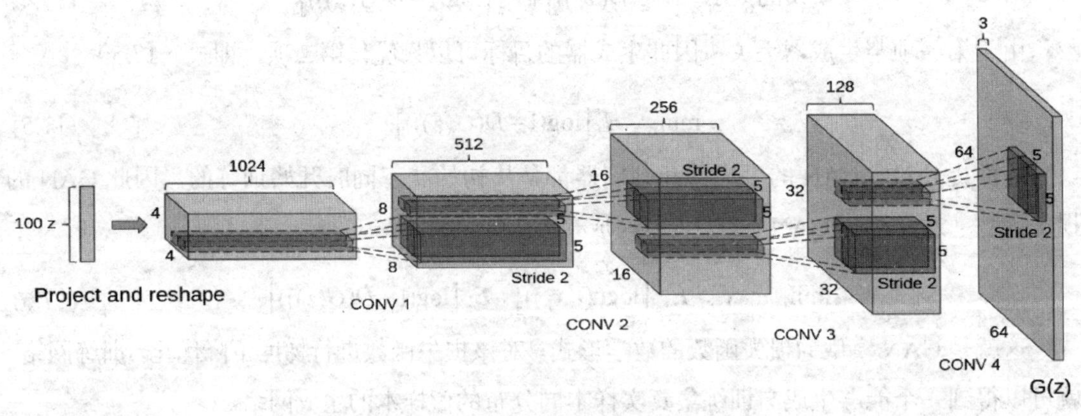

图 17.6　DCGAN 的生成器

（图片来源：Radford A, Metz L, Chintala S. Unsupervised representation learning with deep convolutional generative adversarial networks[J]. arXiv preprint arXiv:1511.06434, 2015.）

下面结合图 17.6 来说明 DCGAN 的生成器结构。DCGAN 的生成器由多个特征映射的

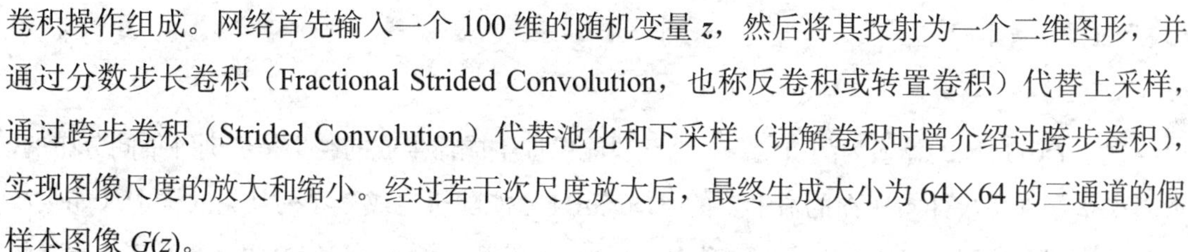

卷积操作组成。网络首先输入一个 100 维的随机变量 z，然后将其投射为一个二维图形，并通过分数步长卷积（Fractional Strided Convolution，也称反卷积或转置卷积）代替上采样，通过跨步卷积（Strided Convolution）代替池化和下采样（讲解卷积时曾介绍过跨步卷积），实现图像尺度的放大和缩小。经过若干次尺度放大后，最终生成大小为 64×64 的三通道的假样本图像 $G(z)$。

判别器是一个普通的图像分类网络，没有全连接层，基本与生成器结构对称，逐渐缩减维度，输出判别结果。论文中总结了一个稳定的 DCGAN 结构所采用的一些技巧和方法，主要包括以下几点：首先，以跨步卷积和分数步长卷积进行缩放，代替传统的池化和上采样，这样可以赋予网络更多的学习空间，可以更灵活地实现不同尺度特征映射之间的转换；其次，DCGAN 的生成器和判别器都用了批规范化层；再次，DCGAN 去掉了全连接层，都改成卷积层，用全局平均池化（GAP 层）代替全连接操作，增加了模型的稳定性；最后，对于激活函数的选择，建议对生成器中除最后一层外都用 ReLU 激活函数，而对于判别器则采用 LeakyReLU 作为激活函数。

DCGAN 可以用来合成指定的图像。例如，当训练集是人脸时，可以生成假的人脸图像；训练集是卧室照片时，也可以生成假的卧室照片。而且，在 DCGAN 的论文中，作者还发现了一个有趣的现象，即用来生成图像的向量具有算术运算能力。例如，有三个随机向量，分别是生成戴眼镜男人的人脸图像的随机向量 z_1，不戴眼镜的男人对应的向量 z_2，以及不戴眼镜的女人的对应向量 z_3，那么，将 $z_1-z_2+z_3$ 输入网络，得到的结果就是一个戴眼镜的女人的人脸图像。另外，作者还发现，如果对向量 z 取一组渐变的值，输入 DCGAN，那么其生成的图像会出现语义上的变化，如物体的出现或者消失。在这个过程中没有突变现象。以上这些特性说明 DCGAN 模型学习到了一个较好的图像表达方法，其提取到的特征是有意义的。

注意

这里需要注意的是，生成假图像并不是依靠对训练集的记忆。例如，对于人脸图像来说，生成器生成的假人脸图像在人脸训练集中是找不到的，但是假人脸图像也具有人脸的五官特征，也可以看作一张人脸。该现象说明，GAN 实际上学到的是训练集分布的流形特征。第 8 章已经介绍过，流形是高维空间中的一个低维的嵌入，流形的实际维度远低于它形式上的数据维度。在 DCGAN 中，我们可以认为，待学习的训练集流形的内禀维度小于 100 维。因此，训练好的生成器就可以将 100 维的随机向量映射到流形中的某个点，该点是训练集数据所在的流形上的点，但不必是训练集数据中的点。

17.4.2 pix2pix

由于 DCGAN 的输入为随机变量，因此只能保证生成器生成的结果是和训练集同分布的，或者说是在训练集样本所在的流形上的。DCGAN 只能随机生成一系列某类的样本（如生成人脸图片、生成卧室图片、生成手写数字等），但是在很多场合，我们希望学习图到图之间的映射关系，即希望输出的图不但符合训练集样本的流形分布，还要可控（与输入图像具有对应关系）。这样的任务比较多，如给定一幅简笔画，将其转为类似照片的图像；或者给定一幅低清图像，将其变成一幅高清图像等。本小节要介绍的 pix2pix 模型就是实现这类任务的基于 GAN 的网络模型。

pix2pix 是从像素点到像素点的网络模型，其结构如图 17.7 所示。

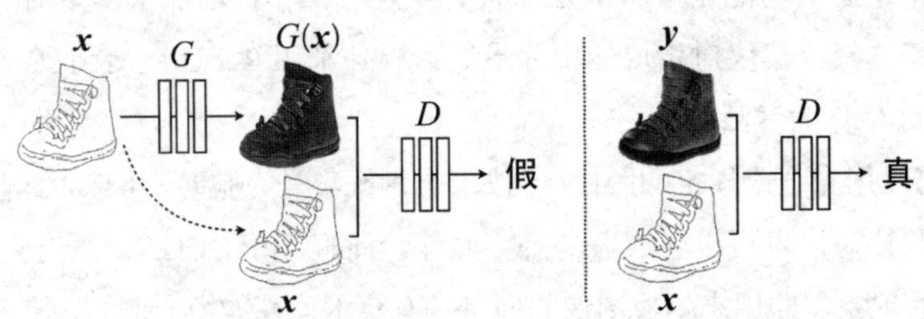

图 17.7 pix2pix 结果

（图片来源：Isola P, Zhu J Y, Zhou T, et al. Image-to-image translation with conditional adversarial networks[C]// Proceedings of the IEEE conference on computer vision and pattern recognition. 2017：1125-1134.）

图 17.7 展示了一个从物体的简笔画或者说轮廓图生成具有照片形式的图像的 GAN。其中，左边表示生成的假样本的处理过程，右边表示真实样本的处理过程。首先，我们会发现一个与 DCGAN 最大的不同，即该网络的输入是预先给定的。对于左图，将简笔画 $\boldsymbol{x}$ 和随机噪声 z 共同输入生成器网络 G，得到假的照片图像；然后，将输入样本 $\boldsymbol{x}$ 与对应的假照片图像 $G(\boldsymbol{x})$ 共同输入判别器。而对于右图，是将简笔画 $\boldsymbol{x}$ 与对应的真实照片图像 $\boldsymbol{y}$ 共同输入判别器。对于假照片 $G(\boldsymbol{x})$ 与简笔画 $\boldsymbol{x}$ 的组合，判别器应输出假（Fake）；而对于真的照片 $\boldsymbol{y}$ 与简笔画 $\boldsymbol{x}$ 的组合，判别器应输出为真（Real）。这样一来，判别器不但能够学会判断生成的照片是否符合自然图像的分布，也能学到简笔画与生成的照片图像是否对应。这种将真实照片与生成的假照片输入判别器时都带上原始输入 $\boldsymbol{x}$ 的 GAN 称为条件 GAN（Conditioned GAN），简称 CGAN。相反，如果对于真实照片的判别只使用真实照片，而不考虑对应的简笔画，则为无条件 GAN（Unconditioned GAN）。

如前所说，pix2pix 的基本目标有两个，如下所示。

（1）输出与输入对应。

（2）输出符合真实标签的流形。

反映到损失函数上，可以将损失函数拆解为两个部分，一部分约束输出尽量接近标签，即满足第一条，该约束项用普通回归问题中常用的输出与标签的距离函数即可。在 pix2pix 网络模型中，该项为式（17.7）。

$$\text{Loss\_}\,l_1(G) = \boldsymbol{E}_{x,y,z}[\|\boldsymbol{y} - G(\boldsymbol{x},\boldsymbol{z})\|_1] \tag{17.7}$$

之所以选用误差的 l_1 范数损失，而不是常用的 MSE 损失，主要是考虑到 l_1 范数可以降低结果的模糊程度（Blurring）。

损失函数的另一部分自然就是约束输出更符合真实标签的流形。这一部分称为 CGAN 损失，因为它对真实图像和假图像都参考了输入的简笔画图像。其数学形式为式（17.8）（注意，D 包含两个变量）。

$$\begin{aligned}&\text{Loss\_CGAN}(G, D)\\&= \boldsymbol{E}_{x,y}[\log D(\boldsymbol{x}, \boldsymbol{y})] + \boldsymbol{E}_{x,z}[\log(1 - D(\boldsymbol{x}, G(\boldsymbol{x}, \boldsymbol{y})))]\end{aligned} \tag{17.8}$$

最终的优化目标为式 (17.9)。

$$\min\nolimits_G \max\nolimits_D \quad \text{Loss\_CGAN}(G, D) + \lambda \text{Loss\_}\,l_1(G) \tag{17.9}$$

利用 pix2pix 模型可以实现很多有趣的任务。论文作者展示了从地图到航拍照片、从简笔画到肖像画、从语义分割结果生成街景图片等任务的结果。感兴趣的读者可以直接阅读该论文（图 17.7 中给出了文章引用），这里不再赘述。

17.5 动手搭建一个 GAN 模型

本节尝试用 PyTorch 实现一个简单的 GAN 模型，用来生成假的人脸图像。采用 DCGAN 类型的网络，将噪声向量输入生成器，用来生成与实际人脸图像类似的合成图像。本实验使用的数据集是一个很常见的开源数据集，称为 CelebA（主页链接为 http://mmlab.ie.cuhk.edu.hk/projects/CelebA.html）。该数据集包含 20 多万张人脸图片及对应的标注信息，用于人脸识别等任务。由于这里的任务不是人脸的检测和识别，因此不需要用到标注信息。从 CelebA 数据集中抽取出 2000 张图片作为训练集，然后建立 GAN 模型，生成类似的人脸图像。代码如下：

```


# 导入用到的 Python 模块
import torch
import numpy as np
from torch import nn
```

```
import matplotlib.pyplot as plt
from torchvision import transforms
from PIL import Image
from glob import glob
import os
from torch.utils.data import TensorDataset, DataLoader
# 图片加载函数，训练集图片放在目录 img_align_celeba 下，此处选择 2000 张进行训练
def load_target_images(folder='img_align_celeba', size_s=32):
    img_names = glob(os.path.join(folder, '*'))
    trans = transforms.Compose([
            transforms.Resize(size_s),
            transforms.CenterCrop(size_s),
            transforms.ToTensor(),
            ])
    for i, each_img in enumerate(img_names):
        img = Image.open(each_img)
        img = trans(img).unsqueeze(0) # (1,C,H,W)
        if i == 0:
            all_imgs = img
        else:
            all_imgs = torch.cat((all_imgs, img), axis=0)
        if i == 2000:
            break
    return all_imgs
# 图片保存函数，将生成的一批假图像中的部分保存为图片
def save_img(fake_img, savepath='./epoch.png'):
    fig = plt.figure(figsize=(8,6))
    for i in range(6):
        ax = fig.add_subplot(2,3,i+1)
        ax.axis('off')
        ax.imshow(np.squeeze(fake_img[i,:,:,:].detach().numpy()), cmap=plt.cm.gray)
    fig.savefig(savepath, format='png', transparent=True, dpi=200, pad_inches = 0)
# 加载训练集图像，尺寸为 32×32
all_imgs = load_target_images(size_s=32)
# 定义生成器和判别器网络
# 生成器网络，输入噪声向量 z，得到与训练集图像尺度相同的假图像（Fake Image）
class Generator(nn.Module):
    def __init__(self, num_z=100, num_feat=16):
        super(Generator, self).__init__()
        self.g_layer_1 = nn.Sequential(
                    nn.ConvTranspose2d(
                        in_channels=num_z,
                        out_channels=num_feat*8,
```

```
                    kernel_size=4,
                    stride=1,
                    padding=0),
                nn.BatchNorm2d(num_feat*8),
                nn.LeakyReLU(0.2),
                ) # (128, 4, 4)
        self.g_layer_2 = nn.Sequential(
                nn.ConvTranspose2d(
                    in_channels=num_feat*8,
                    out_channels=num_feat*4,
                    kernel_size=4,
                    stride=2,
                    padding=1),
                nn.BatchNorm2d(num_feat*4),
                nn.LeakyReLU(0.2),
                ) # (64, 8, 8)
        self.g_layer_3 = nn.Sequential(
                nn.ConvTranspose2d(
                    in_channels=num_feat*4,
                    out_channels=num_feat*2,
                    kernel_size=4,
                    stride=2,
                    padding=1),
                nn.BatchNorm2d(num_feat*2),
                nn.LeakyReLU(0.2),
                ) # (32, 16, 16)
        self.g_layer_4 = nn.Sequential(
                nn.ConvTranspose2d(
                    in_channels=num_feat*2,
                    out_channels=num_feat,
                    kernel_size=4,
                    stride=2,
                    padding=1),
                nn.Conv2d(
                    in_channels=num_feat,
                    out_channels=1,
                    kernel_size=3,
                    stride=1,
                    padding=1),
                nn.Sigmoid(),
                ) # (3, 32, 32)

    def forward(self, g_input):
```

```
        x1 = self.g_layer_1(g_input)
        x2 = self.g_layer_2(x1)
        x3 = self.g_layer_3(x2)
        g_output = self.g_layer_4(x3)
        return g_output
# 判别器网络，实际上就是一个 CNN 分类器
class Discriminator(nn.Module):
    def __init__(self, num_feat=64, batch_size=64):
        super(Discriminator, self).__init__()
        self.batch_size = batch_size
        self.d_layer_1 = nn.Sequential(
                        nn.Conv2d(
                            in_channels=1,
                            out_channels=num_feat,
                            kernel_size=3,
                            stride=2,
                            padding=1),
                        nn.BatchNorm2d(num_feat),
                        nn.ReLU(inplace=True)
                        ) # (64, 16, 16)
        self.d_layer_2 = nn.Sequential(
                        nn.Conv2d(
                            in_channels=num_feat,
                            out_channels=num_feat*2,
                            kernel_size=3,
                            stride=2,
                            padding=1),
                        nn.BatchNorm2d(num_feat*2),
                        nn.ReLU(inplace=True)
                        ) # (128, 8, 8)
        self.d_layer_3 = nn.Sequential(
                        nn.Conv2d(
                            in_channels=num_feat*2,
                            out_channels=num_feat*4,
                            kernel_size=3,
                            stride=2,
                            padding=1),
                        nn.BatchNorm2d(num_feat*4),
                        nn.ReLU(inplace=True)
                        ) # (256, 4, 4)
        self.d_layer_4 = nn.Sequential(
                        nn.Conv2d(
                            in_channels=num_feat*4,
```

```
                                     out_channels=1,
                                     kernel_size=4,
                                     stride=1,
                                     padding=0),
                               nn.Sigmoid()
                               ) # (1, 1, 1)
    def forward(self, d_input):
        d1 = self.d_layer_1(d_input)
        d2 = self.d_layer_2(d1)
        d3 = self.d_layer_3(d2)
        d4 = self.d_layer_4(d3)
        d_output = d4.contiguous().view(self.batch_size, -1)
        return d_output
# 模型权重初始化函数
def init_net_weights(module):
    class_name=module.__class__.__name__
    if 'Conv' in class_name:
        nn.init.kaiming_uniform_(module.weight.data)
# 设置参数
# 训练轮数
EPOCH = 200
# 批样本数量
BATCH_SIZE = 16
# 生成器和判别器学习率
G_LR = 5e-4
D_LR = 1e-4
# 生成器和判别器特征映射数量参数
G_FEAT = 64
D_FEAT = 32
# 噪声维度
NUM_Z = 100
# 生成器和判别器训练间隔
TRAIN_D_EVERY = 3
TRAIN_G_EVERY = 1
# 模型保存间隔
SAVE_EVERY = 1
# 生成训练数据加载器
real_img_dataset = TensorDataset(all_imgs)
real_loader = DataLoader(dataset=real_img_dataset,
                         shuffle=True,
                         batch_size=BATCH_SIZE,
                         drop_last=True)

```

```
# 训练网络
gen_net = Generator(num_z=NUM_Z, num_feat=G_FEAT)
dis_net = Discriminator(num_feat=D_FEAT, batch_size=BATCH_SIZE)
gen_net.apply(init_net_weights)
dis_net.apply(init_net_weights)
loss_function = nn.BCELoss()
g_optimizer = torch.optim.Adam(params=gen_net.parameters(), lr=G_LR)
d_optimizer = torch.optim.Adam(params=dis_net.parameters(), lr=D_LR)
label_0 = torch.zeros(BATCH_SIZE)
label_1 = torch.ones(BATCH_SIZE)
label_each_batch = torch.cat((label_0, label_1), axis=0)
for epoch in range(EPOCH):
    tot_g_loss = 0.0
    tot_d_loss = 0.0
    tot_g_train = 0
    tot_d_train = 0
    for iteration, real_img in enumerate(real_loader):
        real_img = real_img[0]
        # 训练判别器
        if iteration % TRAIN_D_EVERY == 0:
            d_optimizer.zero_grad()
            # 生成假图片，并用判别器判别
            noise_z = torch.randn(BATCH_SIZE, NUM_Z, 1, 1)
            fake_img = gen_net(noise_z)
            pred_fake = dis_net(fake_img.detach())
            pred_real = dis_net(real_img)
            pred_each_batch = torch.cat((pred_fake, pred_real), axis=0).squeeze()
            # 计算 loss 并进行梯度下降
            d_loss = loss_function(pred_each_batch, label_each_batch)
            d_loss.backward()
            d_optimizer.step()
            tot_d_loss += d_loss.item()
            tot_d_train += 1
        # 训练生成器
        if iteration % TRAIN_G_EVERY == 0:
            g_optimizer.zero_grad()
            # 用生成的假图片计算 loss，优化生成器，令生成图片的判别结果更接近真实标签
            noise_z = torch.randn(BATCH_SIZE, NUM_Z, 1, 1)
            fake_img = gen_net(noise_z)
            pred_fake = dis_net(fake_img).squeeze()
            g_loss = loss_function(pred_fake, label_1)
            g_loss.backward()
            g_optimizer.step()
```

```
            tot_g_loss += g_loss.item()
            tot_g_train += 1
        if (iteration +1) % 5 == 0:
            print('>>> Epoch %d | Iteration %d --> G_loss : %.4f, D_loss : %.4f' \
                % (epoch +1, iteration +1, g_loss.item(), d_loss.item()))
    print('>>> Epoch %d  --> G_loss : %.4f, D_loss : %.4f' \
                % (epoch +1, tot_g_loss / (tot_g_train +1) , tot_d_loss / (tot_d_train +1)))
    if (epoch +1) % SAVE_EVERY == 0:
        save_img(fake_img=fake_img, savepath=str(epoch+1)+'.png')
        torch.save(gen_net, 'generator' + str(epoch+1) + '.pkl')
        torch.save(dis_net, 'discriminator' + str(epoch+1) + '.pkl')
```

运行上述训练过程，训练完成后，生成一组随机噪声，输入生成器，观察生成器的输出结果。代码如下：

```
z_test = torch.randn(16, NUM_Z, 1, 1)
fake_img_test = gen_net(z_test)
figure = plt.figure(figsize=(4,4))
for i in range(len(fake_img_test)):
    ax = figure.add_subplot(4,4,i+1)
    ax.axis('off')
    ax.imshow(np.squeeze(np.array(fake_img_test[i,:,:,:].detach())), cmap=plt.cm.gray)
```

输出结果如图 17.8 所示。

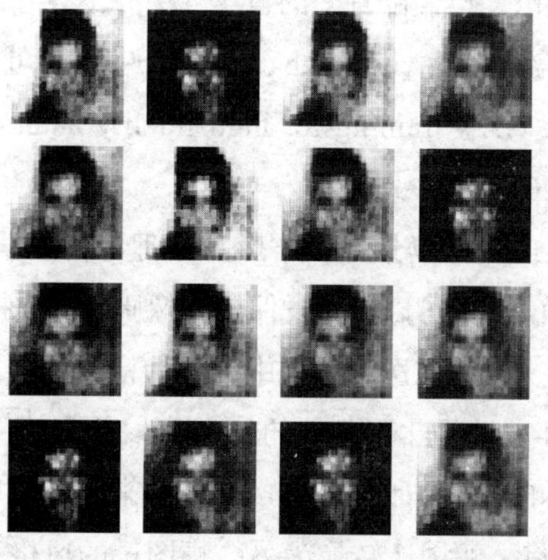

图 17.8　GAN 生成的假人脸图像

可以看出，经过一定的训练以后，生成器可以利用随机噪声生成具有人脸特征的图像，说明通过生成器和判别器的博弈，生成器最终学习到了训练数据集的分布特征。

17.6 本章话题：生成对抗网络模型一些有趣的应用

通过本章的讨论，读者应该已经对 GAN 模型有了一定的了解。GAN 模型的思路本身就很有创意，它通过数据训练出了一个可以通过自己的一部分与另一部分较量和博弈而逐渐变强的事物。其实，除了思路新颖有趣外，在实际应用中，GAN 模型也能做很多有趣的事情。下面就来简单地列举一些。

首先介绍一些比较容易想到的任务场景，如超分辨率。利用 GAN 的超分辨率可以将高清图像做到非常逼真，这时由于 GAN 可以捕捉到高清图像的分布信息，从而生成一个与高清图像分布相同的合成图像，这样的图像从视觉上来看会更像一张真实的高清图像。相对而言，基于 CNN 的模型来做超分辨率，得到的图像往往会有些模糊。原因在于，CNN 更多的是一个基于统计和插值的过程，因此得到的结果更倾向于训练集中与真实答案相似的结果的“平均”，而该平均可能不再落在真实答案的分布上。而 GAN 则是一个生成模型，因此其得到的结果相当于在最可能的真实答案的分布中“选择”了一个最可能的，保证结果一定落在真实图像的分布上，从而得到更好的视觉效果。除了超分辨率以外，GAN 模型还可以用来对雾天、雨天、雪天拍摄的照片中的障碍物（如雨滴）等进行消除，变换成晴朗天气时拍的照片的景象。

另外，图片生成也是 GAN 的基本功能。在实际应用中，可以用 GAN 生成二次元头像、表情包图片，还可以合成非常逼真但是并不存在的人脸。例如，基于 GAN 的图像模型 BigGAN，能够生成许多足以“以假乱真”的自然界中并不存在的高清图像，感兴趣的读者可以自行前去欣赏（链接为 http://arxiv.org/abs/1809.11096。还可参考阅读 Brock A, Donahue J, Simonyan K. Large scale GAN training for high fidelity natural image synthesis[J]. arXiv preprint arXiv:1809.11096, 2018.）。

GAN 的另一个被广泛应用的场景是医学影像处理。在医学影像领域，GAN 被用来做图像（如 CT 图像）的去噪，从而可以在尽量保证成像质量的前提下，尽可能降低辐射剂量，减轻对患者的伤害。另外，GAN 在医学影像中的病灶检测、脏器分割（本质上是图像的目标检测和语义分割）问题上也表现出了很好的效果。

风格迁移（Style Transfer）也可以利用 GAN 模型来实现。风格迁移指的是在保持图像内容基本不变的前提下，将一幅图像转换为另一幅图像的风格。例如，将一张相机拍摄的自然景物的照片转换成莫奈作品的风格，或者高更的风格、梵高的风格等。这里的“风格”主要表现在图像的纹理和结构特征上。图像风格迁移可以看作从一个域到另一个域的转换，因此 pix2pix 等 GAN 就可以实现该功能。风格迁移还可以应用于卫星遥感图像到地图的转换等任务。除了图像外，字体的风格迁移也是 GAN 模型的一个有趣的应用。

GAN 模型生成逼真图片的强大能力也被广泛应用于各种娱乐场景。例如，男女人脸的互换，即输入一张男人的脸的图像，GAN 模型输出一张五官相似但是更加女性化的人脸，反过来也可以。GAN 模型还可以用来预测一个人在不同年龄段的脸的变化。既然这些可以应用到图像，那么人们自然就想将它们推广应用到视频中。近几年出现的 deepfake 软件就是应用 GAN 模型对视频中的人物进行“换脸”，产生视觉上并没有太大的违和感的假视频。但是，这一应用也为有特殊目的的人群伪造假视频提供了途径，因此也遭到了一些人的批判和抵制。

以上介绍了 GAN 的一些实际应用场景。随着 GAN 模型的继续发展和改进，肯定还会有很多有趣的“玩法”被挖掘出来，让我们拭目以待。

第18章

尾声：无处不在的机器学习与普惠的人工智能

首先要恭喜诸位读者，一直坚持到了这本还不算薄的书的最后一章。因为本书是一本入门读物，所以笔者在写作的过程中，时刻注意尽量用通俗直白的日常语言并辅以一些示例来讲解那些不太直观的数学模型和公式，尽量减少读者对这些算法和数学模型的疏离感，以帮助读者更快地把握算法的思路。

笔者一直以为，了解“为什么”远比仅仅知道“是什么”更有意义，因此本书在每一章正式讲解模型的数学形式和算法步骤之前，都用很大一段篇幅描述了“为什么人们会设计出这样一种算法或模型”，或者说“这个算法或模型为什么长这个样子”。了解模型的整体设计思路后，再进行具体的算法的学习，会有事半功倍的效果。另外，这种思路的培养和训练，也可以使读者在无法直接套用现有模型时，也能按照合理的思路设计自己的解决方案。

本书从人们最熟悉的线性回归开始，一步步进入机器学习这门学科，从经典的 SVM、逻辑斯蒂回归等，到当今正蓬勃发展的深度学习和神经网络，都有所涉及。当然，限于本书的篇幅和笔者的能力水平，本书仅仅介绍了其中最为经典和有代表性的算法。如果了解了这些算法后，对机器学习这个领域产生了兴趣，那么笔者建议可以再去学习一些偏理论的专业书籍、文章及课程资料，更深入地理解算法原理，并了解更多的模型。

本章探讨机器学习和人工智能在各行各业的应用，以及机器学习应用的一些经验，并对全书进行总结。另外，对于想要进一步了解机器学习和人工智能领域的读者，本章最后也推荐了一些质量较好的学习资料，以供读者后续学习参考。

18.1 人工智能和机器学习算法的应用

随着起床铃声，你从睡梦中醒来，呼唤一声智能音箱，让它播放一首你喜欢的歌曲，然后你抓起枕头底下的手机，用指纹或者人脸解锁屏幕，打开新闻 App，屏幕上展示的全

都是你感兴趣的消息和新闻。这时，你的邮箱中收到了一封英文邮件，你点开翻译软件将它翻译成中文。刷完手机后，你起床给自己做了早餐，喜欢分享的你给早餐拍了一张美美的照片，试了各种滤镜，最终把它变成了一张莫奈风格的油画，分享在社交软件上。吃过早饭，你要开车出去，在智能导航的指引下，按照规划好的路线顺利到达了目的地……

上面的场景，估计每个人都会感觉似曾相识。没错，人工智能算法的应用太过于广泛，以至于我们早已习惯它的存在，甚至对它有些“脱敏”了。仅仅这样的一小段生活场景，其中用到的人工智能技术就包括语音识别、指纹识别、人脸识别、智能推荐系统、机器翻译、图像风格迁移、导航系统与路线规划算法……这些业务之所以能够实现，机器学习算法在其中起到了至关重要的作用。

随着机器学习的发展，尤其是深度学习在近年来的突飞猛进，“人工智能”在社会生活中的各个行业都得到了很多应用，其发展到如今，已经足以称得上是一场普惠的技术革命了。

如果按照技术上的任务类型来划分，这些应用大致可以分成以下三个领域。

（1）结合互联网大数据的数据挖掘（Data Mining）和机器学习技术。

（2）计算机视觉（Computer Vision，CV）和图像处理（Image Processing）与认知的相关技术。

（3）自然语言处理相关技术。

下面分别来探讨这三个领域的相关内容。首先是基于互联网大数据的数据挖掘技术。互联网发展至今，已经积累了大量的用户交互数据，并且每时每刻都在增加和更新数据集。大规模数据量为机器学习和数据挖掘提供了充足的训练样本，使很多任务可以实现。在机器学习和数据挖掘技术还不成熟的时候，人们对于这么大量的数据实际上是不太能驾驭的。传统的方法往往需要通过基于统计或者规则的方式来对大规模的数据进行处理和分析。而在体量如此巨大、内容如此丰富的互联网数据面前，传统的方法已然无法开发出数据的全部潜能。机器学习和深度学习的发展为这类任务的处理和解决注入了新的力量。

通过前面对算法部分的讲解可以知道，对于机器学习，尤其是深度学习来说，一个很关键的瓶颈就是数据。如果一个实际任务能够归结到某类机器学习类的问题（如分类、回归等），那么基于现在比较成熟的传统机器学习或深度学习模型，只要给定足够的样本数据，就可以期望得到一个较好的结果。而大数据的存在正好为这些算法的实现提供了条件。没有大数据，机器学习得到的结果的泛化性能和实际场景下的应用情况是得不到保证的；相反，如果没有机器学习方法，大数据中丰富的信息和潜在的知识也无法被高效地提取和利用。只有将丰富的数据与合适的算法结合起来，才能使两者发挥出最大的能力。

这里讨论的互联网大数据，实际上就是用户在使用互联网时生成的个人信息与历史行为信息。个人信息包括用户在注册网站时填写的个人身份信息、标注的兴趣标签、关注的内容等，而历史行为信息则包括用户的浏览内容、点击情况、在某个页面的停留时间等。我们只需要考虑每天需要与互联网（无论是电脑端的网页还是手机端的 App）打多少次交道，就不难想象出这个数据体是多么庞大了。

一个最为常见和广泛应用的案例就是推荐系统（Recommendation System）。推荐系统的功能是根据用户的喜好来为用户推荐合适的内容。例如，我们常用的网易云音乐、豆瓣等平台就是利用推荐系统和用户数据来实现“千人千面”的个性化音乐、图书、电影推送等服务的。

例如，对于一个图书推荐系统，首先要做的就是收集用户读过的且系统里有的图书信息，有时还需要收集用户对读过的每本书的评价，然后以此形成所有人的读书情况和阅读偏好的数据库。通过该数据库，能够发现用户之间的相似性及图书之间的相似性。用户之间的相似可以通过他们阅读的书目的相似性来度量，而图书之间的相似性则可以通过它们之间拥有的读者群体的重合度来度量。因此，基于上面两个相似性，既可以给用户推荐和他曾经读过的书类似的书（例如，如果用户读过江户川乱步、横沟正史的推理小说，那么可以给他推荐岛田庄司或者东野圭吾的书），也可以给用户推荐和他有相似的阅读偏好的用户读过的书（例如，A 喜欢读的书和 B 重合度比较高，而且 B 阅读了《斜屋犯罪》，同时这本书 A 没有读过，那么就把它推荐给 A）。

当然，在实际业务中，一个好的推荐系统的实现需要很多复杂的算法和模型，但是其中的基本思路就是将算法模型应用于大规模用户数据，从而提取出有价值的内容和信息。

另一个重要的应用领域则是计算机视觉与图像处理。近几年来，随着深度学习及 CNN 模型方面的工作不断推进，很多图像相关的任务，尤其是之前传统方法难以解决或解决效果不太好的任务，都通过精心设计和实验验证的 CNN 模型得以较好地解决。这些任务可以粗略地分成两大类：一类是与图像的语义认知相关的，另一类则是与图像质量恢复和提升相关的。与图像的语义认知相关的任务主要有图像分类（Image Classification）、图像语义分割（Semantic Segmentation）、目标检测（Object Detection）等；而与图像质量相关的任务则包括图像去噪（Denoising）、超分辨率（Super-resolution）、去模糊（Deblur）、去雾（Dehaze）等。下面分别讨论这几类任务。

图像分类任务较好理解，第 15 章提到过，图像分类指将整张图看作一个整体，对其中的内容进行分类。这一任务在现实中也有很多应用。例如，我们经常用的拍照识花及拍照识别商品，或者文字识别，都可以看作将图片针对特定的类别进行分类。图像分割问题指在像素层面对图像中的物体进行分割，并标记为不同的类别。形象来说，就是描出物体的轮廓，然后指出其所属的类别。图像分割技术在医学影像分析（如特定病灶范围的标记与识别）、自动驾驶（如街景物体分割）等领域都有重要的应用。图 18.1 展示了一幅街景图像及其对应的分割结果，可以看出，车辆、树木、建筑都被仔细地分开，并且不同的类别都以不同颜色进行了标示。

（a）街景图像

（b）分割结果

图 18.1　街景图像语义分割

目标检测任务则有所不同，它并不是“描绘”出物体在图像中的具体轮廓，而是用一个矩形框“框出”物体所在的范围。目标检测的最终目标就是尽可能准确地回归出矩形框所在的位置和大小，从而恰好将物体包含在框内。

目标检测任务的一个重要应用就是人脸检测。对于人脸检测，要检测的类别只有一类，即人脸。人脸被准确地框出后，就可以对其应用识别操作。人脸识别系统已经被广泛应用于考勤、安防、支付等需要身份认证的场合，大大减少了人力成本，而且使我们的日常生活更为便捷。

另一类应用主要集中于图像质量的恢复和提升。其中，图像去噪就是对图像中原有的由于采集或者传输引起的噪声进行一定程度的滤除，从而使图像中的有效信息更加清晰。超分辨率是从低分辨率图像生成一张清晰的高分辨率图像，如将一幅 360P 的图像填充成 1080P，且视觉效果不降低。理论上来说，将一张高分辨率图像压缩至低分辨率图像的过程中会有大量的细节损失，因此从低分辨率插值得到原来质量的高分辨率图像在理论上是不可行的。然而，利用深度学习技术，结合大量的自然图像样本，模型可以学习到从低分辨率到对应的高分辨率图像之间的映射关系，从而实现超分辨率任务。其他任务如去模糊、去雾等，分别是从模糊图像和有雾霾的自然景观图像中对清晰的和无雾霾情况的图像进行恢复，以期得到更好的视觉效果。这类任务和模型被广泛地应用于提高视频的清晰度、提升拍照手机的拍摄质量等场景中，并取得了显著的效果。

最后讨论自然语言处理相关的任务。正如之前提到的，自然语言处理在机器翻译、问答系统中起着重要的作用。小冰、小度、小爱同学都是通过 NLP 技术和我们对话交流的。机器翻译的水平也在逐步提高，除了非常专业的论文外，日常生活中的文档，如报纸杂志上的文章，直接通过机器翻译就能得到较好的效果，只需要对其进行校对和修正即可，从而大大减少了翻译工作中的人力成本消耗。

综上可以看出，现有的基于机器学习算法的系统和服务已经渗透到我们生活的方方面面，并且为我们提供了很大的便利。接下来简单讨论遇到研究和工作中的实际问题时，应用机器学习进行建模的基本流程。

18.2 机器学习处理实际问题的基本流程

本节讨论在遇到实际业务中的问题时，应用前面所学到的机器学习方法来处理和解决这些问题的具体步骤和流程。

首先，具体业务中的问题往往形式上是较为复杂的，而且很可能与专业背景有紧密的联系。遇到这样的问题之后，需要做的第一步是详细了解业务需求，确定问题本质，并将其规约到机器学习的问题领域。例如，问题是否可以看作分类问题或者回归问题？还是其他的类型，如聚类问题？或者从另一个角度，是不是图像相关问题？或者序列数据相关问题？如果要解决的实际问题可以被建模成机器学习领域的这几类经典问题，那么就意味着这些问题可以用已经较为成熟的方法来处理和解决。后面的问题就是如何选择和应用合适的模型了。

模型的选择建立在对问题的特点有比较清楚的把握的基础上。即使对于同一类问题，也有不同的方法和模型可供选择。例如，如果一个问题被归结为分类问题，那么究竟是选择 SVM 还是逻辑斯蒂回归，或者是更为复杂的神经网络模型？这就取决于问题本身的属性与模型的契合度了。如果是对二维图像相关的数据进行分类，那么可以尝试 CNN 模型；如果仅仅是对人工提取的具有特定含义的属性进行分类，那么可以采用决策树、随机森林等可解释性较好的方法；如果要求输出一个判别的概率，那么可以采用逻辑斯蒂回归或者 MLP 模型等。

选择好模型后，即可开始为模型的训练做准备了。与直接根据领域知识和规则来解决问题的方法不同，机器学习需要训练数据。因此，为训练进行准备的第一个步骤就是数据的收集与预处理。这里的数据可能是已经通过实验或者业务场景收集好的，也有的是需要根据目的和需求去特意收集的。如果是有监督学习，可能还需要人工对训练集的样本进行标注操作。数据收集完成后，多数情况下还需要对数据进行清洗和预处理。该步骤主要包括：对缺失值较多的样本进行剔除，对个别缺失值进行填充；数据形式规范化，如对于某个特征可能的取值有若干类，那么需要将这几个类别和数字建立映射关系，并转换为 one-hot 向量等；野值（离群点）的识别和剔除；对有需要的特征进行分箱、取对数等操作。经过以上预处理后，数据集就可以用来训练机器学习模型了。

训练机器学习模型是整个流程的核心和关键，这一步得到的模型直接影响到在实际测试集上的应用效果。训练阶段需要注意的一点是，拿到训练集数据后，一定要先将其分成

训练集和验证集，从而便于调参和验证模型的效果。如果多次调参后效果仍不理想，可以考虑更换其他模型再进行试验。调参可以采用网格点搜索（Grid Search）结合 K 折交叉验证的方法进行。

模型训练好之后，最后一步就是将模型应用于实际场景中。对于实际场景中的数据，应该对其进行与生成训练集时一样的预处理，然后输入模型，得到结果。在实际应用中，对测试集上模型的表现也要进行监测和统计，以便了解模型的实际性能，实现模型改进和不断迭代。

18.3　本书模型总结

本节对本书中介绍的模型进行总结。本书中所讨论的主要内容已经以思维导图的形式展示在图 18.2 当中，下面结合图 18.2 来回顾所学的内容。

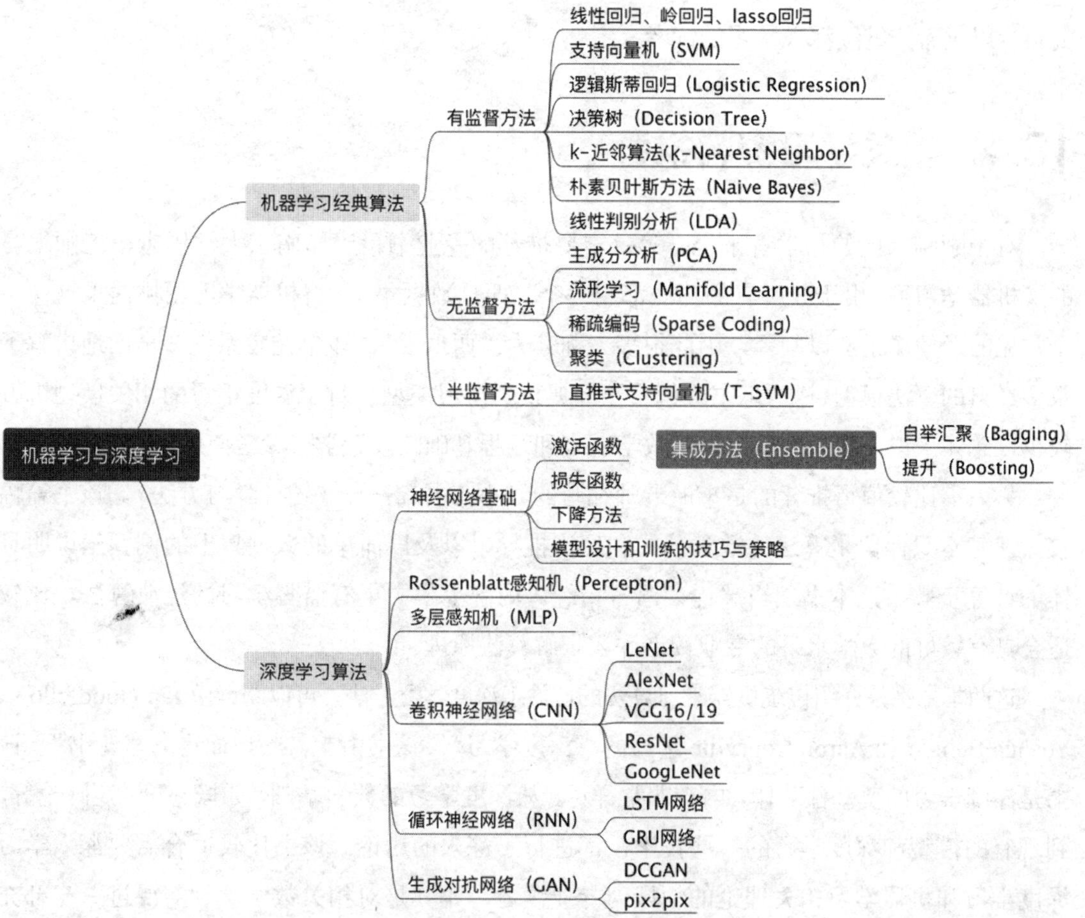

- 机器学习与深度学习
  - 机器学习经典算法
    - 有监督方法
      - 线性回归、岭回归、lasso回归
      - 支持向量机（SVM）
      - 逻辑斯蒂回归（Logistic Regression）
      - 决策树（Decision Tree）
      - k-近邻算法(k-Nearest Neighbor)
      - 朴素贝叶斯方法（Naive Bayes）
      - 线性判别分析（LDA）
    - 无监督方法
      - 主成分分析（PCA）
      - 流形学习（Manifold Learning）
      - 稀疏编码（Sparse Coding）
      - 聚类（Clustering）
    - 半监督方法
      - 直推式支持向量机（T-SVM）
  - 集成方法（Ensemble）
    - 自举汇聚（Bagging）
    - 提升（Boosting）
  - 深度学习算法
    - 神经网络基础
      - 激活函数
      - 损失函数
      - 下降方法
      - 模型设计和训练的技巧与策略
    - Rossenblatt感知机（Perceptron）
    - 多层感知机（MLP）
    - 卷积神经网络（CNN）
      - LeNet
      - AlexNet
      - VGG16/19
      - ResNet
      - GoogLeNet
    - 循环神经网络（RNN）
      - LSTM网络
      - GRU网络
    - 生成对抗网络（GAN）
      - DCGAN
      - pix2pix

图 18.2　本书模型总结

本书内容主要分为两部分，第一部分主要介绍了经典的机器学习模型，或者说是“前深度学习模型”，其中第 2 章介绍的是深度学习相关的概念，以及当下较为流行的几类深度学习模型。

在经典机器学习模型中，主要讲解的是有监督方法和无监督方法的相关模型，并通过 T-SVM 模型简要介绍了半监督学习的基本思想。另外，还介绍了集成学习的概念，并分析了 Bagging 和 Boosting 的联系和区别。

在深度学习模型中，首先讲解了深度学习和神经网络的基本概念和各种组成“零件”，并分析了不同“零件”的不同特点。接下来介绍了现在常用的三种网络模型：CNN、RNN 及 GAN。在每种类型的模型中，都列举了几种网络结构的实例，以便具体说明其适合处理的问题和网络的搭建方法。

然而，本书作为一本入门读物，无法更加深入及面面俱到。机器学习算法的领域非常广阔和有趣，如果在学习本书的过程中对该领域感兴趣，那么可以继续学习一些更加深入的书籍、论文及课程资料等。下面就通过笔者自己的经验来为大家推荐一些比较好的学习资料，以供希望继续深入学习的读者参考。

18.4 相关学习资料推荐

对于刚刚入门的初学者来说，第一本要推荐的专业书籍当属南京大学周志华老师编写的《机器学习》。由于其所有的算法都用一个“西瓜数据集”，将机器学习用挑西瓜这样一个常见的形象场景加以阐释，因此很多人称其为“西瓜书”。该书比较系统和全面地讲解了很多经典的算法模型，“西瓜书”偏重于经典机器学习模型，对于深度学习的相关模型讲解较少，总体来说，比较适合有一定数学基础和编程基础的读者学习参考使用。

另一本比较值得推荐的是李航老师编写的“小蓝书”——《统计学习方法》。该书篇幅较短，基本只保留了算法的数学公式和理论推导，以及以简单的数据集上的例题来说明具体的计算步骤。这本书逻辑严谨，语言精练，内容上集中了有监督学习的经典算法，比较适合具有较好的数学水平的专业读者深入了解算法原理。

这两本书都是介绍传统机器学习算法的，关于深度学习方法，可以阅读由 Ian Goodfellow、Yoshua Bengio 和 Aaron Courville 编写的《深度学习》。该书由于其封皮而得名“花书”。该书是深度学习的奠基性著作，内容非常详尽，从深度学习的数学基础，如概率论、矩阵论等，到现有的模型和深度学习的一些技术，都进行了深入的讨论。该书比较适合需要深入学习深度学习和机器学习相关理论的领域内专业读者，尤其是对相关数学基础需要进一步补充的读者。

最后还要推荐一本 Christopher M. Bishop 的著作——*Pattern Recognition and Machine Learning*，简称 PRML。该书和《深度学习》类似，都是篇幅较长，内容较为详尽的类型。PRML 也是从数学基础讲起，模型和算法部分覆盖了分类和回归线性模型、神经网络模型、核方法等，涉及的领域非常全面，属于机器学习领域的经典之作，适合领域内专业读者深入学习参考。

由于现如今机器学习，尤其是深度学习和神经网络技术的迅速发展，单纯依靠阅读专业书籍已无法跟进领域的前沿成果，因此还需要阅读和学习领域内相关的经典论文和最新成果，从而更好地把握当前机器学习领域的发展状况。关于深度学习的一些经典论文和模型，在前面对应的章节中已经有所讲解。若想进一步深入了解算法，可以根据对应的参考文献找到原文仔细研究。

除了参考书和论文外，还有几门与机器学习相关的比较好的课程推荐给大家。首先是吴恩达的机器学习课程（https://www.coursera.org/learn/machine-learning）。这门课程非常有名，而且是很多人"入坑"机器学习领域的第一门课。这门课程比较适合有一定数学基础和编程基础，并且希望了解机器学习相关知识的读者。

另一门比较类似的是台湾大学李宏毅老师的机器学习课程（http://speech.ee.ntu.edu.tw/~tlkagk/courses_ML16.html）。这门课程的特点在于其深入浅出的讲解和风趣幽默的语言，基础内容的介绍非常详细，并且加入了比较前沿的研究内容，对于初学者较为友好。

如果希望了解更多和计算机视觉或者自然语言处理相关的机器学习内容，有两门课是一定要学习的，那就是斯坦福大学的两门公开课："CS231n：Convolutional Neural Networks for Visual Recognition"（http://cs231n.stanford.edu）和"CS224n：Natural Language Processing with Deep Learning"（https://web.stanford.edu/class/cs224n）。其中 CS231n 是由人工智能领域的专家李飞飞老师设计的课程，重点讲解 CNN 及其在计算机视觉领域的应用。CS224n 是由 CS224n（Natural Language Processing）和 CS224d（Natural Language Processing with Deep Learning）两门课程合并起来的，侧重于讲解深度学习在自然语言处理领域的应用。这两门课程都是斯坦福大学面向领域内学生的专业课程，需要一些先修课程和知识，如概率论、矩阵论、机器学习基础，以及 Python 编程基础等。所以，这两门课程适合对于机器学习和深度学习有一定了解后，准备重点关注机器学习在计算机视觉或者自然语言处理方面的研究的学习者。

以上就是对于想要继续深入研究机器学习领域的读者的建议和推荐，对于已经阅读完本书内容的读者，只要继续按照由浅到深的次序，循序渐进地进行学习，最终一定可以熟练掌握机器学习算法，并将其应用到自己的研究和业务中。